轻松学

精品图书 + 视频教学 + 海量赠品 + 网络服务 = 轻松学

新手学电脑

王璐 ◎ 主编

东南大学出版社

内容简介

本书是《轻松学》系列丛书之一，全书以通俗易懂的语言、翔实生动的实例，全面介绍了新手在学习电脑中的各种应用。本书共分14章，内容涵盖了从零开始学电脑，电脑打字轻松上手，Windows XP系统的基础操作，管理电脑中的资料，电脑的日常应用，Word和Excel办公软件的应用技巧，网上冲浪，网络聊天与收发电子邮件，网络休闲娱乐，常用工具软件的应用，电脑的维护方法以及电脑综合应用技巧等内容。

本书采用图文并茂的方式，使读者能够轻松上手。全书双栏紧排，双色印刷，同时配以制作精良的多媒体互动教学光盘，让读者学以致用，达到最佳的学习效果。此外，配套光盘中免费赠送海量学习资源库，其中包括3～4套与本书内容相关的多媒体教学演示视频。

本书面向电脑爱好者，是广大电脑初级、中级、家庭电脑用户和老年电脑爱好者的首选参考书。

图书在版编目（CIP）数据

新手学电脑/王璐主编. —南京：东南大学出版社，2010. 4
（“轻松学”系列/王璐主编）
ISBN 978-7-5641-2168-6

Ⅰ. ①新… Ⅱ. ①王… Ⅲ. ①电子计算机—基本知识
Ⅳ. ①TP3

中国版本图书馆CIP数据核字（2010）第063428号

新 手 学 电 脑

出版发行 东南大学出版社
社　　址 南京市四牌楼2号（邮编：210096）
出 版 人 江　汉
责任编辑 张绍来
经　　销 全国各地新华书店
印　　刷 江苏徐州新华印刷厂
开　　本 787 mm×1 092 mm　1/16
印　　张 12.75
字　　数 280
版　　次 2010年4月第1版
印　　次 2010年4月第1次印刷
定　　价 32.00元（含光盘）

丛书序

学电脑有很多方法，更有很多技巧。一本好书不仅能让读者快速掌握基本知识、操作方法，还能让读者无师自通、举一反三。为此，东南大学出版社特别为电脑初学者精心打造了品牌丛书——《轻松学》。

本丛书采用全新的教学模式，力求在短时间内帮助读者精通电脑，达到全方位掌握的效果。本丛书挑选了最实用、最精炼的知识内容，通过详细的操作步骤讲解各种知识点，并通过图解教学和多媒体互动光盘演示的方式，让枯燥无味的电脑知识变得简单易学，力求让所有读者都能即学即用，真正做到满足工作和生活的需要。

丛书主要内容

本套丛书涵盖了电脑各个应用领域，包括电脑硬件知识、操作系统、文字录入和排版、办公软件、电脑网络、图形图像等，在涉及软硬件介绍时选用应用面最广最为常用的版本为主要讲述对象。众多的图书品种，可以满足不同读者的需要。本套丛书主要包括以下品种：

《中文版Windows 7》	《五笔打字与Word排版5日速成》
《电脑入门(Windows XP+Office 2003+上网冲浪)》	《电脑组装·维护·故障排除》
《新手学电脑》	《Office 2007电脑办公速成》
《新手学上网》	《中文版Photoshop CS4图像处理》
《家庭电脑应用》	《Photoshop数码相片处理》
《老年人学电脑》	《网上购物与开店》

丛书写作特色

作为一套面向初中级电脑用户的系列丛书，《轻松学》丛书具有环境教学、图文并茂的写作方式，科学合理的学习结构，简练流畅的文字语言，紧凑实用的版式设计，方便阅读的双色印刷，以及制作精良的多媒体互动教学光盘等特色。

（1）双栏紧排，双色印刷

本套丛书由专业的图书排版设计师精心创作，采用双栏紧排的格式，合理的版式设计，更加适合阅读。在保证版面清新、整洁的前提下，尽量做到不在页面中留有空白区域，最大限度地增加了图书的知识和信息量。其中200多页的篇幅容纳了传统图书400多页的内容，从而在有限的篇幅内为读者奉献更多的电脑知识。

（2）结构合理，循序渐进

本套丛书注重读者的学习规律和学习心态，紧密结合自学的特点，由浅入深地安排章节内容，针对电脑初学者基础知识薄弱的状态，从零开始介绍电脑知识，通过图解完成各种复杂知识的讲解，让读者一学就会、即学即用，真正达到学习电脑知识不求人的效果。

（3）内容精炼，技巧实用

本套丛书中的范例都以应用为主导思想，编写语言通俗易懂，添加大量的“注意事项”

和“专家指点”。其中，“注意事项”主要强调学习中的重点和难点，以及需要特别注意的一些突出问题；“专家指点”则讲述了高手在电脑应用过程中积累的经验、心得和教训。通过这些注释内容，读者可轻松领悟每一个范例的精髓所在。

（4）图文并茂，轻松阅读

本套丛书采用“全程图解”讲解方式，合理安排图文结构，每个操作步骤均配有对应的插图，同时在图形上添加步骤序号及说明文字，更准确地对知识点进行演示，使读者在学习过程中更加直观、清晰地理解和掌握其中的重点。

光盘主要特色

丛书的配套光盘是一张精心制作的DVD多媒体教学光盘。它采用了全程语音讲解、情景式教学、互动练习、真实详细的操作演示等方式，紧密结合书中的内容对各个知识点进行深入的讲解，书盘结合，互动教学，达到无师自通的效果。

（1）功能强大，情景教学，互动学习

本光盘通过老师和学生关于电脑知识的学习展开教学，真实详细的动画操作深入讲解各个知识点，让读者轻松愉快、循序渐进地完成知识的学习。此外，在光盘特有的“模拟练习”模式中，读者可以跟随操作演示中的提示，在光盘界面上执行实际操作，真正做到了边学边练。

（2）操作简单，配套素材一应俱全

本光盘聘请专业人士开发，界面注重人性化设计，读者只需单击相应的按钮，即可进入相关程序或执行相关操作，同时提供即时的学习进度保存功能。光盘采用大容量DVD光盘，收录书中全部实例视频、素材和源文件、模拟练习，播放时间长达20多个小时。

（3）免费赠品，附赠多套多媒体教学视频

本光盘附赠大量学习资料，其中包括3～4套与本书教学内容相关的多媒体教学演示视频。读者花最少的钱学到最多的电脑知识，真正做到物超所值。

丛书读者对象

本套丛书的读者对象为电脑爱好者。本丛书是广大初中级电脑用户、家庭电脑用户、中老年电脑爱好者，或某一应用软件的初学者的首选参考书。

如果您在阅读图书或使用电脑的过程中有疑惑或需要帮助，可以通过我们的信箱（Email：qingsongxue@126.net）联系，本丛书的作者或技术人员会提供相应的技术支持。

前　言

如今，电脑操作已经成为不同年龄层次的人群必须掌握的一门技能。为了使读者在短时间内轻松掌握电脑各方面应用的基本知识，并快速解决实际生活中遇到的各种问题，我们组织了一批教学精英和业内专家特别为电脑学习用户量身定制了这套《轻松学》系列丛书。

《新手学电脑》是这套丛书中的一本，该书从读者的学习兴趣和实际需求出发，合理安排知识结构，由浅入深、循序渐进，通过图文并茂的方式讲解新手学电脑的各种应用方法。全书共分为14章，主要内容如下：

第1章：介绍了电脑的用途、分类和组成，从最基本的硬件开始认识电脑。

第2章：介绍了添加、删除和切换不同的输入法以及使用紫光拼音输入法录入文字的方法。

第3章：介绍了有关Windows XP桌面的组成，窗口、对话框的操作方法和技巧。

第4章：介绍了更换桌面壁纸和主题外观、创建专属帐户、调整系统日期时间的方法。

第5章：介绍了管理文件的知识和基础，包括新建、复制、移动、搜索文件等。

第6章：介绍了安装与删除电脑软件、软件的通用操作方法以及一些常用外设的正确使用。

第7章：介绍了使用系统自带的应用程序以及使用播放器播放音乐和电影的方法。

第8章：介绍了使用Word进行文档编辑处理和美化文档操作以及打印文档的方法。

第9章：介绍了使用Excel制作电子表格并对表格中的数据进行计算和分析的方法。

第10章：介绍了接入Internet的常用方法，以及如何使用IE浏览器搜索和下载网络资源等。

第11章：介绍了网上比较流行的几种娱乐休闲方式，包括看电影、在线视频和玩游戏等。

第12章：介绍了常用工具软件的使用，包括截图软件、相片处理软件和解压缩软件等。

第13章：介绍了电脑维护在安全方面的维护方法，包括系统还原、备份文件等。

第14章：介绍了办公软件、上网和工具软件等在实际生活中的一些实用技巧。

此外，本书附赠一张精心开发的DVD多媒体教学光盘。它采用全程语音讲解、情景式教学、互动练习等方式，紧密结合书中的内容进行深入的讲解，使读者在阅读本书的同时，享受到全新的交互式多媒体教学。光盘附赠大量学习资料，其中包括3～4套与本书内容相关的多媒体教学演示视频。读者即学即用，可在短时间内掌握最为实用的电脑知识，真正达到轻松掌握，学电脑不求人的效果。

除封面署名的作者外，参加本书编写的人员还有王毅、孙志刚、李珍珍、胡元元、金丽萍、张魁、谢李君、沙晓芳、管兆昶、何美英等人。由于作者水平有限，本书难免有不足之处，欢迎广大读者批评指正。我们的联系信箱是qingsongxue@126.net。

《轻松学》丛书编委会

2010年2月

CONTENTS 目录

第01章 从零开始学电脑

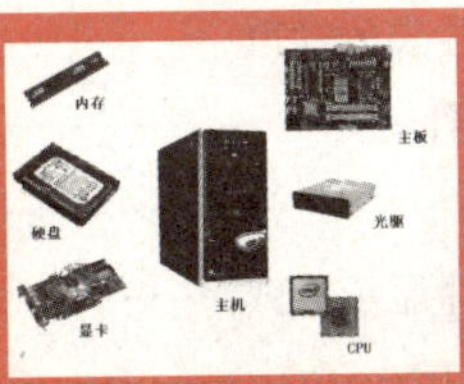

第02章 电脑打字轻松上手

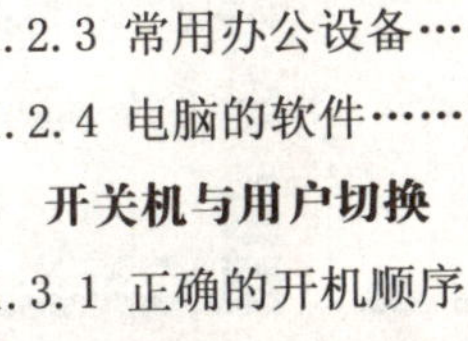

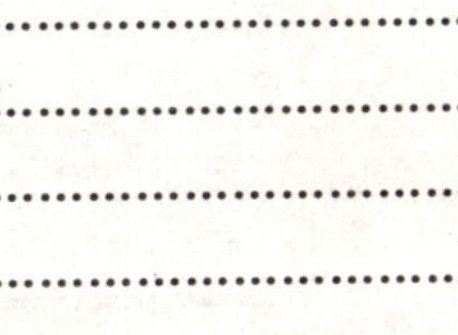

第03章 轻松操作Windows XP

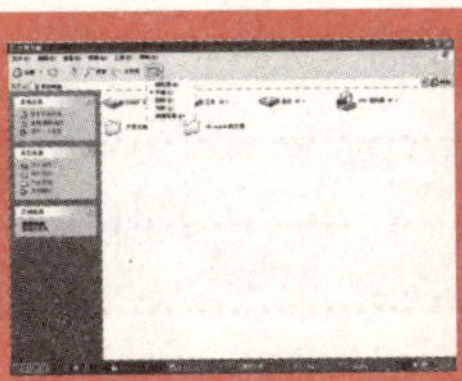

第04章 个性化操作环境

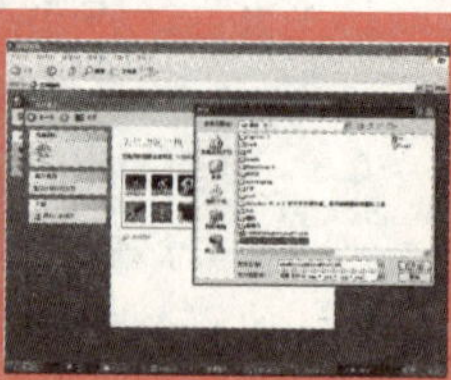

第05章 管理电脑中的资料

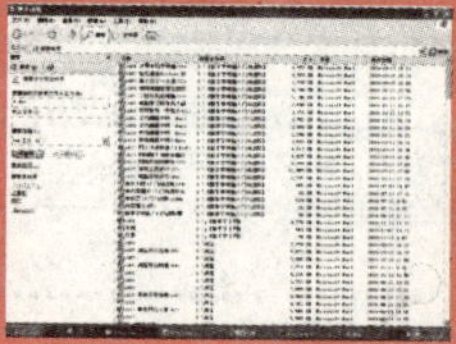
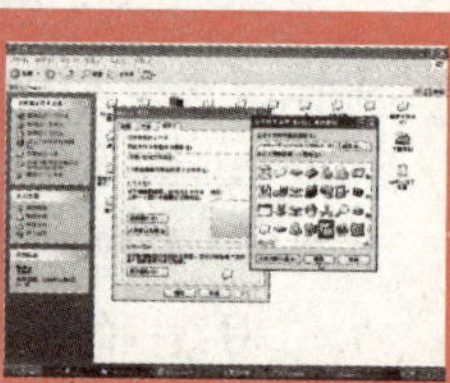

第06章 电脑软硬件的管理

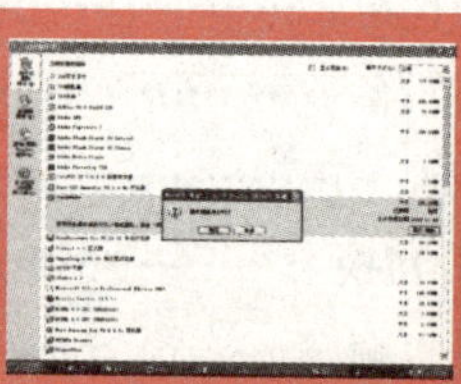
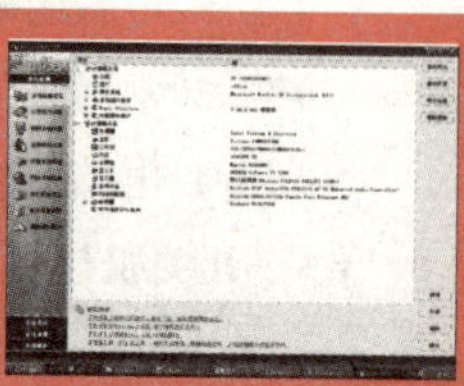

第07章

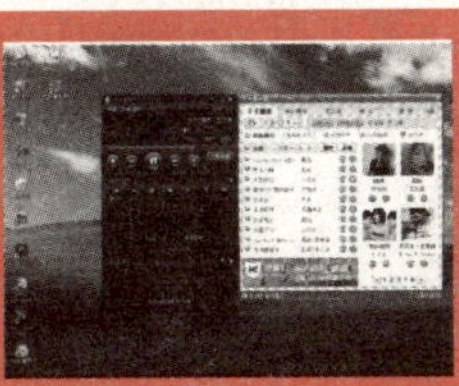

电脑的日常应用

第08章

文档编辑大师Word应用

第09章

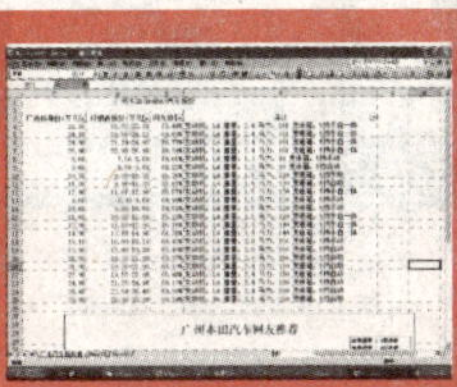

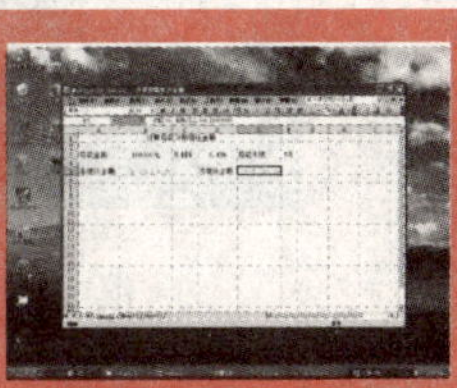

表格编辑大师Excel应用

第10章 第一次接触Internet

第11章 网络休闲娱乐与日常应用

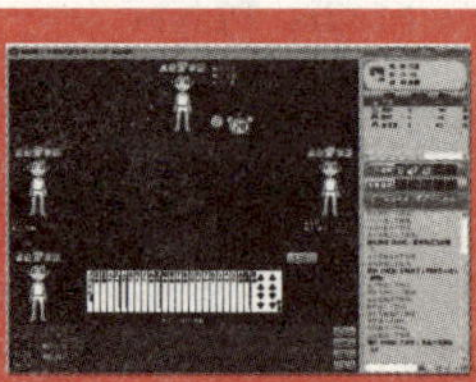

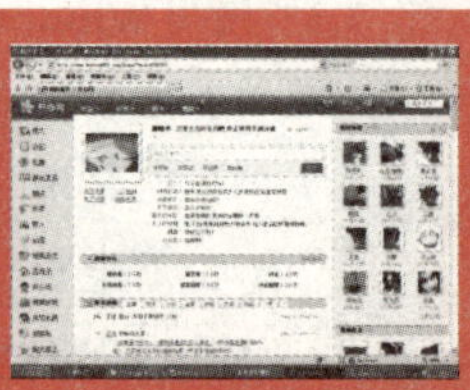

第12章 常用工具软件的应用

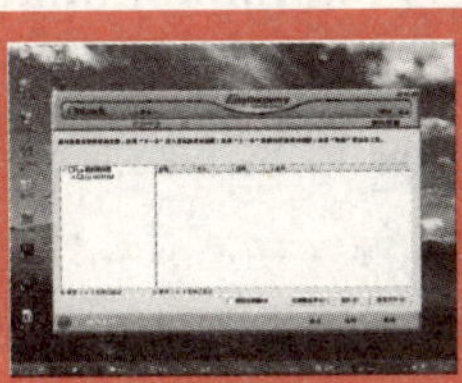
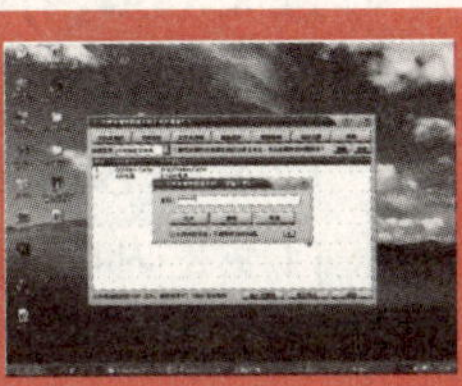

第13章 电脑的安全和维护

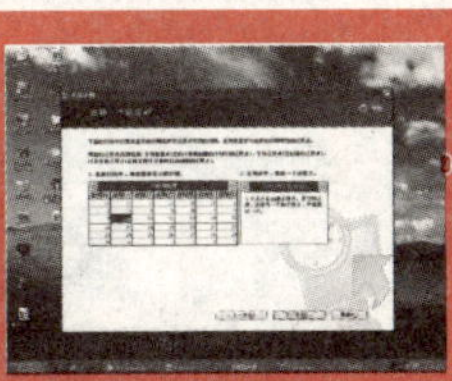

第14章 电脑综合应用

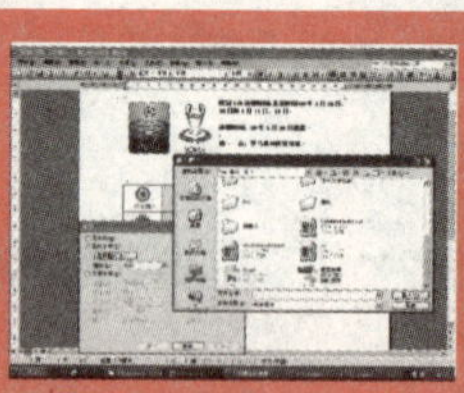
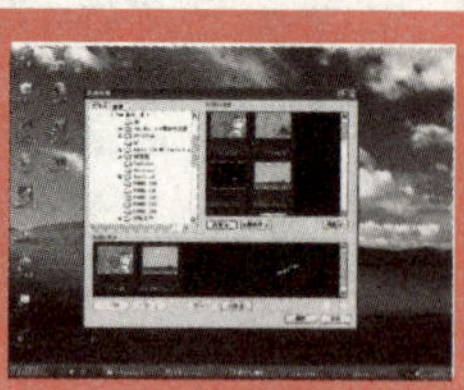

Chapter 01 从零开始学电脑

现如今，电脑已经成为人们日常生活和学习中的重要工具。熟练操作电脑是每个新兴人类必不可少的技能。本章介绍了电脑的组成结构和分类以及一些基本操作。

- 电脑的用途
- 电脑的组成和分类
- 开关机与用户切换
- 电脑的遥控器——鼠标
- 电脑的输入设备——键盘

1.1 电脑的用途

随着科学技术的发展，电脑已拥有了管理数据、处理图形图像、辅助设计、辅助教学、上网冲浪和娱乐游戏等功能，涉及日常生活的众多领域，与人们的生活息息相关。

1.1.1 编辑文字

使用电脑比用传统方法输入文字速度更快，还可以复制重复文字内容，更方便的是可以完成在手写编辑条件下无法完成的工作，例如插入图片、更改文字字体等。在电脑上安装了记事本、写字板或Word等文字处理软件后，就可以很方便地来编辑文字，例如制作比赛宣传海报等。

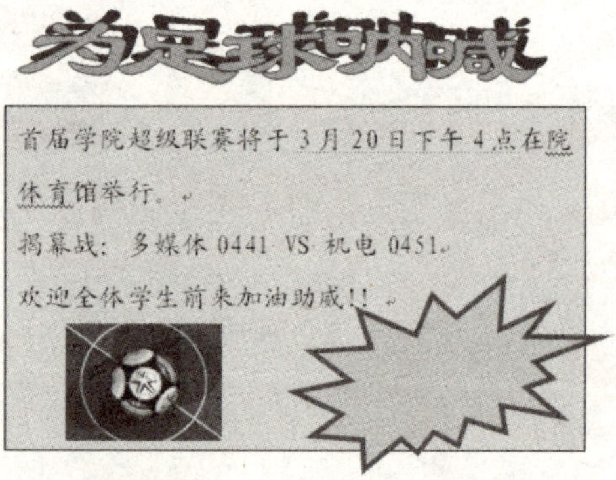

1.1.2 管理数据

管理数据是指使用电脑来收集、加工和管理各种形式的数据资料。由于电脑运算速度快、精确度高，所以常用于公务财务管理、火车票销售和统计数据等领域。此外，还可以以数据为基础，来创建图表，例如销售统计表、支出表等。

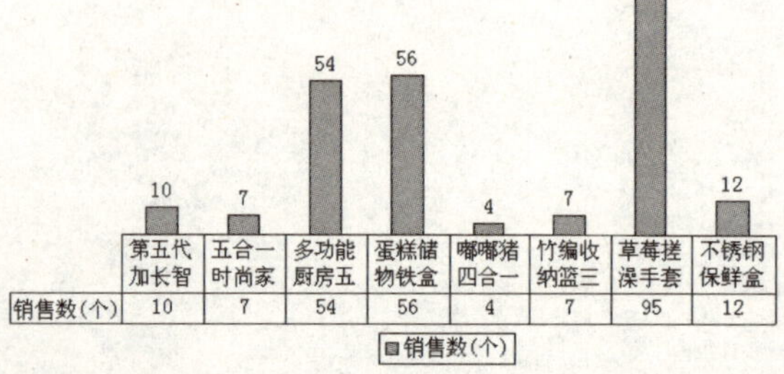

1.1.3 辅助教学

传统的黑板和粉笔教学模式已经逐渐从某些课程中淡化出去，使用电脑来辅助教学逐渐成为主流。以电脑为载体，将教案以直观生动的视频、声音、图片、文字和表格等方式展示给学生，这样课程内容更加丰富、直观，例如使用电脑制作化学教案。

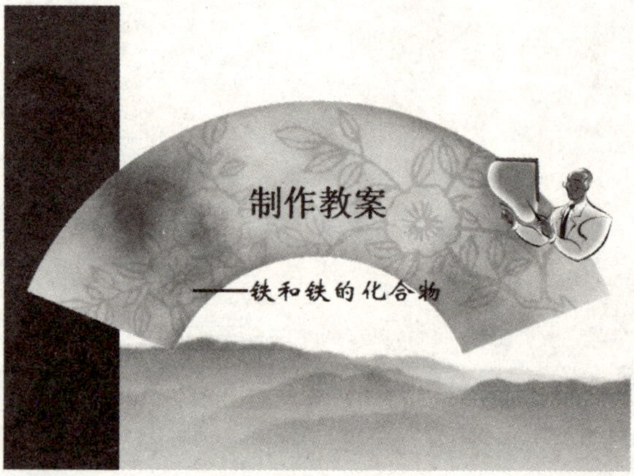

1.1.4 处理图形图像

经常留意户外的平面广告，会发现如今的广告图片不仅仅是为了告之产品信息而已。一个有创意的广告图片能更好地吸引人们的眼球，使得人们能记住广告上的信息。使用电脑处理图形图像，进行一些简单的操作，就可以达到惊人的效果，例如制作广告海报、修改拍摄的数码照片等。

1.1.5 游戏娱乐

在电脑上玩游戏、听音乐和看DVD，不仅可以陶冶情操，也是一个增长见闻、学习知识的过程，例如使用电脑观看电视剧。

1.1.6 网络通信

随着互联网技术的不断普及和发展，“上网”一词从几年前的鲜为人知，到如今的人人皆晓，网络在日常生活中起着非常大的作用。通过互联网，可以非常方便地查询和浏览信息、发表和转载文章、上传和下载资料等。其中，通过互联网，使用专门的通讯工具，可以做到即时通讯，例如好友之间通过网络通讯工具即时聊天。

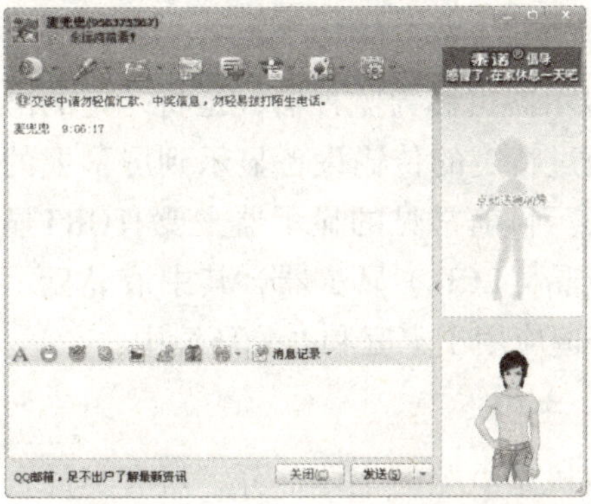

1.2 电脑的组成和分类

电脑又称为计算机，是一种能高速自动化按照预设的程序对各种数据和信息进行加工、处理和存储的电子设备。它分为硬件和软件两部分，这两部分之间有着紧密的关联，有了硬件，软件才能运行；有了软件，才能命令硬件去执行任务。

1.2.1 电脑的分类

微型机（个人电脑Personal Computer，简称PC）是目前应用最广泛的电脑，又分为台式电脑和笔记本电脑两类。

1. 台式电脑

台式电脑最为常见，一般由显示器、主机、键盘和鼠标组成，还可以根据实际需求，外接许多外部设备。

2. 笔记本电脑

笔记本电脑，又称为手提电脑，是一种小型且可携带的个人电脑。为了缩小体积，笔记本电脑将所有的部件，例如主机、键盘和鼠标等都集成于手提式机箱内。随着科技的不断进步，如今的笔记本电脑体积更小，携带更为轻便，功能更加强大。

1.2.2 电脑的硬件组成

下面以最常用的台式机为例，介绍电脑的有关组成结构。用户必须了解这些硬件，以便在今后的操作和维护过程中能得心应手。

电脑的硬件可以分为显示器、鼠标、键

盘和主机，此外，常用的电脑外接硬件包括打印机、扫描仪、音箱和移动存储器等。

1. 显示器

显示器也称为监视器，是将一定的电子文件通过特定的传输设备显示到屏幕上的显示工具。目前常见的显示器主要有CRT显示器和液晶（LCD）显示器，其中液晶显示器已经普遍应用于家庭和办公环境中。

2. 主机

主机是电脑的主体部分，所有文件资料和数据信息都由主机控制。

主机机箱内安装了电脑的主要部件，包括主板、内存、显卡、CPU、硬盘、光驱和电源等。

在主机机箱外部有电源开关、USB接口、麦克风和耳机插孔以及指示灯等。

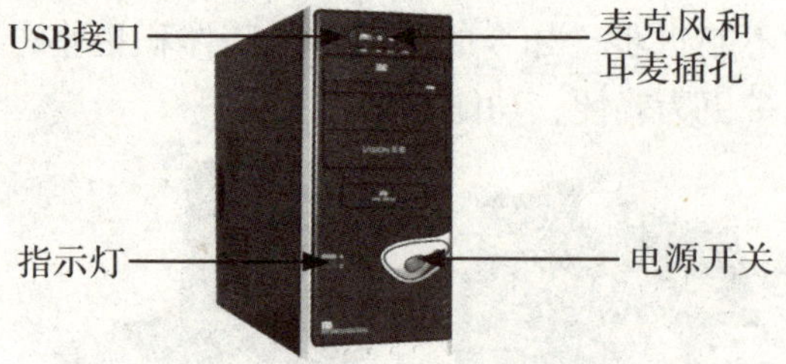

- 主板：是机箱内最大的一块电路板，CPU、内存、显卡和各种扩展卡都安装在主板上。
- CPU：又称中央处理器，可以说是电脑的心脏。CPU一般由逻辑运算单元、控制单元和存储单元组成，这三部分分工协作，从而实现分析、判断和运行等功能。此外，在逻辑运算和控制单元中包括一些寄存器，用于CPU在处理数据过程中数据的暂时保存。

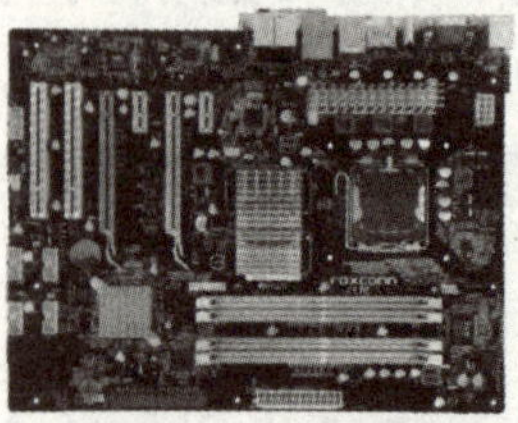

- 内存：电脑的主存储器。发出的指令首先保存在内存中，然后发送给CPU进行处理。

专家指点

目前的主板上至少有两个内存插槽，单根内存条插在靠近CPU的插槽；双根内存条将大内存插在靠近CPU的插槽，这样做可以减少CPU读取指令时间。

- 硬盘：用于安装操作系统、应用软件和存储各种文件资料，是电脑中固定的储存器，容量较大，以GB为单位。目前台式机主流的硬盘容量有500G、1 TB和1.5 TB；笔记本硬盘容量也普遍在320 G或更高。

- 显卡：是连接主板和显示器的适配器，可以控制电脑的图形输出。显卡由显示芯片、显示内存和RAMDAC（随机数模转换记忆体）等组成，决定了屏幕上的输出，包括画面显示速度、颜色和分辨率等。
- 网卡：也称为网络适配器，可以接受其他网络设备传输来的数据包，再转换为系统可以识别的数据，同时也可以将本地电脑中的数据打包传输到网络中。

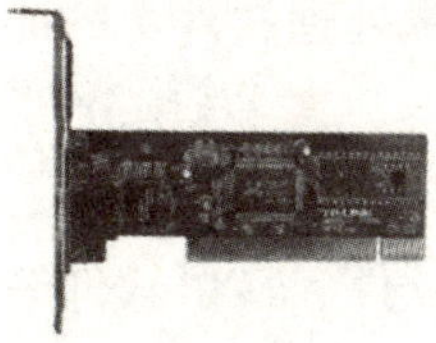

- 光驱：是用于读取光盘内容的驱动器。目前，光驱主要分为CD-ROM光驱和DVD光驱。

2. 鼠标

鼠标也称为鼠标器，用于将发出的指令传送到主机，从而取代繁琐的指令，使得操作更加方便。从外观上，鼠标可以分为两键鼠标、三键鼠标和多键鼠标，三键鼠标是目前最常用的。

3. 键盘

键盘是最常用的输入设备，可以将信息输入到电脑中，从而向电脑发出命令或输入数据。

4. 音箱

音箱是将音频信号转换为声音的一种设备。简单来说就是音箱自带了功率放大器，对音频信号进行放大处理后回放出声音。

在选购音箱时，要注意音箱输出的音色是否均匀，还应当注意音箱箱体的密闭性，密闭性越好，输出的音质就越好。

1.2.3 常用办公设备

打印机和扫描仪是最常用的办公设备，其中打印机是输出设备，是将电脑处理结果打印在相关介质上；扫描仪是输入设备，可以获取图像并输入到电脑中，从而实现对图像的编辑、处理、储存和输出。

> **专家指点**
> 打印机可以分为点阵式打印机、喷墨式打印机和激光打印机。照片、图纸、菲林软片甚至纺织品等都可以作为扫描仪的扫描对象。

1.2.4 电脑的软件

电脑软件是指计算机系统中的程序及其文档。根据功能的不同，软件分为系统软件和应用软件。

1. 系统软件

系统软件可以管理、监控和维护电脑资源，包括操作系统、数据库管理系统、语言处理程序和实用程序等。

- 操作系统：用于管理和控制电脑系统中的所有软件资源和硬件资源，是系统软件的核心部分。目前比较常用的操作系统有Windows XP/2000/Vista和Linux等。
- 数据库管理系统：是操纵和管理数据库的软件，可以有效地实现数据信息的存储、更新、查询、检索和通信控制等。
- 语言处理程序：可以将用户编写的源程序转换为电脑能够识别并执行的程序。
- 实用程序：为其他系统软件和应用软件以及用户提供某些通用支持的程序，典型的实用程序有诊断程序、调试程序和编辑程序等。

2. 应用软件

应用软件是为解决各种实际问题而专门

研制的软件，可以分为通用软件和专用软件两类。

- 通用软件：是最基本的应用软件，如办公软件（Word、Excel和WPS等）、图形图像处理软件（Photoshop、Illustrator等）等。
- 专用软件：是为了实际工作需要而开发的实用软件，例如会计核算软件、财务软件、订票软件等。

1.3 开关机与用户切换

电脑与平常的家用电器一样，它并不是一台复杂的机器。但掌握好正确的启动和关闭电脑的方法，养成良好的开/关机习惯，能减少电脑硬件损耗，延长电脑使用寿命。

1.3.1 正确的开机顺序

在现实生活中，许多人启动电脑都是首先打开主机电源，然后再打开其他外部设备电源，这样由外部设备启动产生的电流脉冲会干扰主机的正常启动，而且可能会损耗电脑硬件。

启动电脑的正确顺序是先打开连接的所有外部设备，例如打印机、音箱等，然后再打开主机电源。

1.3.2 启动和关闭电脑

先按下显示器上的电源开关，指示灯点亮后表示已经打开显示器，然后按下主机机箱上的Power按钮，打开主机电源开关，点亮机箱上的指示灯即可。

启动电脑后，稍后会自动进入操作系统界面。

关闭电脑时，可以单击左下角的【开始】菜单按钮，然后单击【关闭计算机】按钮，打开【关闭计算机】对话框。

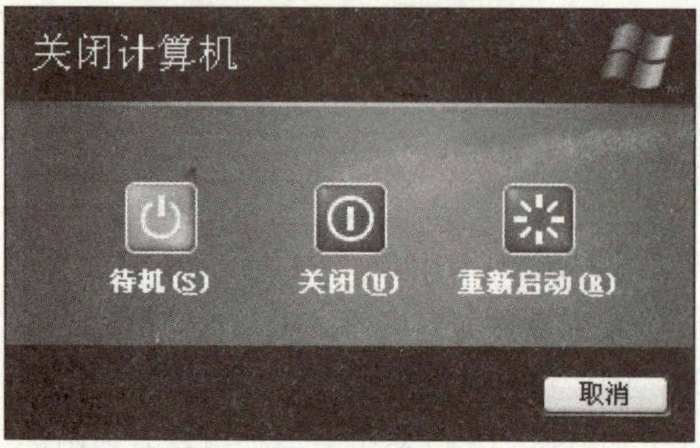

在【关闭计算机】对话框中显示了【待机】、【关闭】和【重新启动】3个按钮，单击【关闭】按钮，等电脑自动关闭主机电源后，再关闭显示器电源即可正常关机；单击【待机】按钮可以进入待机状态；单击【重新启动】按钮，可以重新启动电脑。

1.3.3 切换用户

如果本地电脑上创建了多个用户，可以随时切换不同的用户。

单击左下角的【开始】菜单按钮，在弹出的【开始】菜单中单击【注销】按钮，打开【注销Windows】对话框，单击【切换用户】按钮即可切换不同的用户。

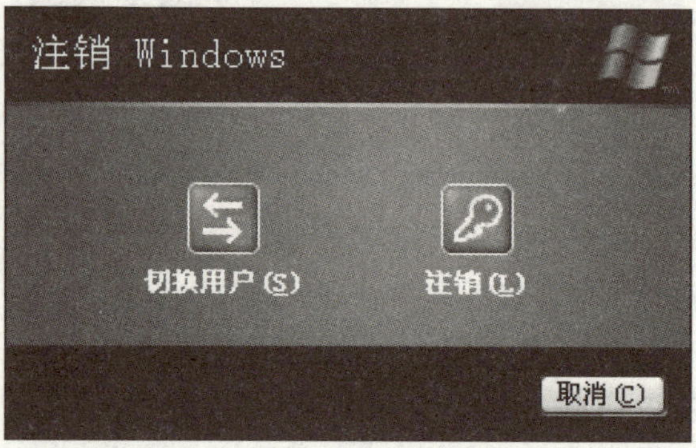

1.4 电脑的遥控器——鼠标

鼠标是电脑最重要的输入设备之一。在操作过程中，使用鼠标可以快速地向电脑发出指令；而使用键盘，可以将英文字母、数字等输入到电脑中。

1.4.1 正确的鼠标握法

在使用三键鼠标时，正确把握鼠标的姿势应该注意以下几点：手掌掌心压住鼠标，大拇指和小指自然放在鼠标的两侧，食指和无名指分别控制鼠标的左键和右键，中指用来控制鼠标中间的滚轮键。

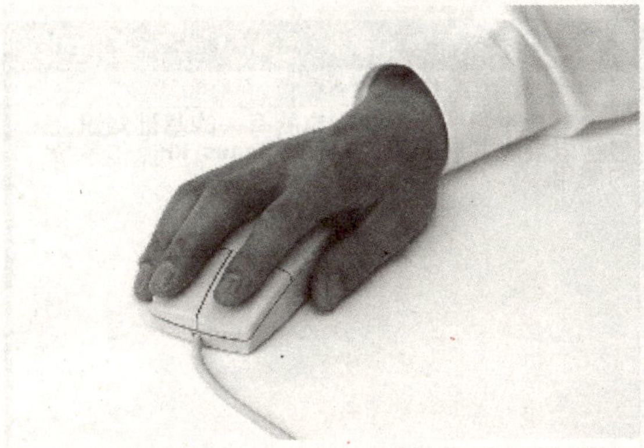

1.4.2 不同光标形状的含义

当不执行任何操作时，鼠标的光标显示为一个箭头形状，而一旦执行不同的操作命令时，光标将显示不同的形状。以下是常见的光标显示形状。

- 光标显示：正常显示形状。
- 光标显示：选择帮助命令。
- 光标显示：后台处理。
- 光标显示：忙碌状态。
- 光标显示I：定位光标。
- 光标显示：指向链接。
- 光标显示↕ ↔ ⤢ ⤡：分别表示垂直、水平、沿对角线方向调整窗口。
- 光标显示：移动对象。
- 光标显示：禁用状态。
- 光标显示+：精确调整对象。

1.4.3 鼠标的操作要领

两键、三键或多键鼠标的基本操作方法基本相同，主要包括移动、单击、双击、右击和拖动5个基本操作。

- 移动：通过移动鼠标使屏幕上的光标做同步移动。
- 单击：移动鼠标指针指向对象，然后快速按下鼠标左键并弹起的过程。
- 双击：移动鼠标指针指向对象，连续两次单击鼠标左键并弹起的过程。
- 右击：也称为右键单击，移动鼠标指针指向对象，快速按下鼠标右键并弹起的过程。
- 拖动：移动鼠标指针指向对象，按住鼠标左键的同时移动鼠标指针到其他位置，然后释放鼠标左键的过程。

1.5 电脑的输入设备——键盘

用户向电脑发出的命令、编写的程序等都要通过键盘输入到计算机中，而且电脑会自动按照用户发出的指令来操作，从而实现人机对话。

1.5.1 键盘的布局

目前最常用的标准键盘有104键、107键两种，都分为4个区，上排为功能键区，下方左侧为主键盘区，中间为光标控制键区，右侧为小键盘区。

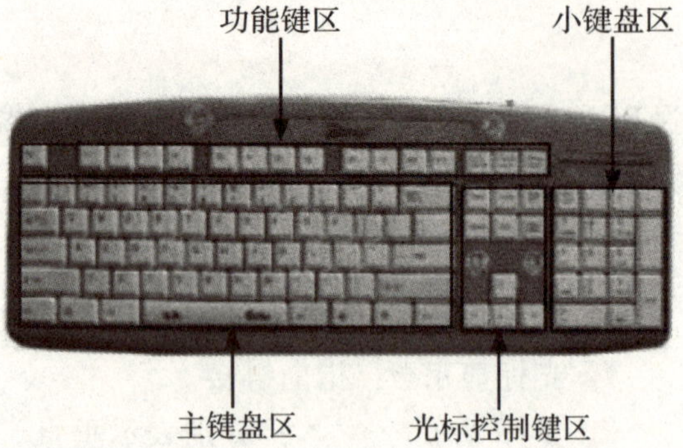

◆ 功能键区：一共有16个键，位于键盘的顶端，排列成一行。最左边的是Esc键，中间的12个键从左至右依次是F1~F12，在不同的应用程序中，它们各自有不同的功能。另外还有Power键、Sleep键和WakeUp键。

◆ 主键盘区：位于功能键区的下方，是4个键区中键数最多的，一共有61个键，其中包括26个字母键、14个控制键、21个数字和符号键。

◆ 小键盘区：一共有17个键，其中包括NumLock键、数字键、双字符键、Enter键和符号键。其中数字键大部分为双字符键，上档符号是数字，下档符号具有光标控制功能。NumLock键是数字锁定键，按下该键，可以锁定数字键，再次按下，可以解除锁定。

专家指点

每个键盘都有3个状态指示灯：当启用数字小键盘时灯亮起；启用大写字母功能时灯亮起；启用滚动锁定功能时灯亮起。

1.5.2 录入简单的文字

在认识了键盘的布局后，就可以使用键盘录入简单的文字。

最常用的文字录入环境就是文本文档。打开一个文本文档后，选择合适的输入法，即可录入文字。

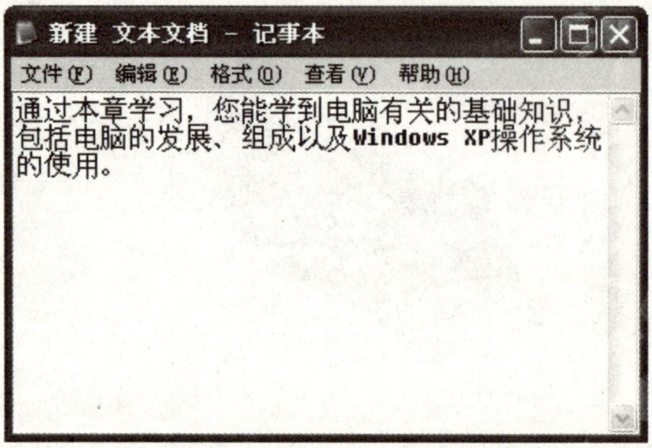

有关使用电脑打字的详细内容，包括输入法的选择等操作会在下一章中介绍。

Chapter 02

电脑打字轻松上手

在使用电脑时，经常需要输入文字以编辑文档、填写资料等。本章主要介绍了使用常用输入法输入汉字的方法。用户通过学习，能轻松掌握电脑打字。

- 学习打字前的准备工作
- 选择和切换输入法
- 添加和删除输入法
- 特殊文本的输入

参见随书光盘

例2-1 选择和切换输入法
例2-2 添加全拼输入法
例2-3 安装紫光拼音输入法
例2-4 输入特殊符号
例2-5 在记事本中写日记

2.1 学习打字前的准备工作

在学习电脑打字之前，首先要掌握一些打字要领，包括手指在键盘上的键位定位和正确的手指键位分工。

2.1.1 基准键位

在平时操作电脑过程中，用户要养成双手时刻位于键盘的基准键位上。

- 将左手小指、无名指、中指和食指分别放在A、S、D、F键上。
- 将右手食指、中指、无名指和小指分别放在J、K、L和【；】键上。
- 将左右手拇指轻放在空格键上。

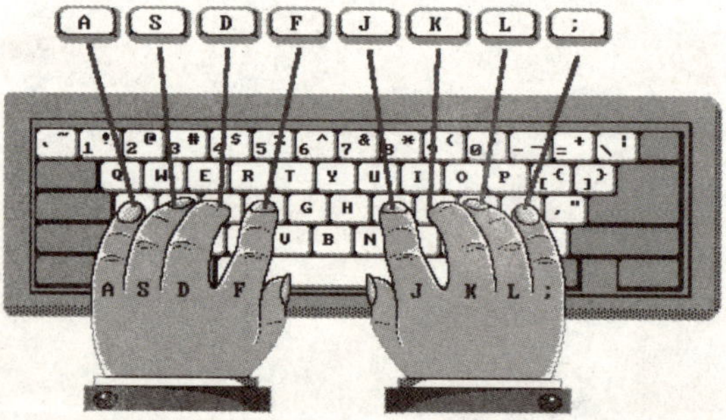

2.1.2 手指正确的键盘定位

键盘上的字符分布是根据字符的使用频率确定的，将键盘一分为二，左右手分管两边，每个手指负责击打一定的键位。利用手指在键盘上合理的分工以达到对键盘进行快速、准确地敲击的目的。

除大拇指外，每个手指都负责一部分键位。击键时，手指上下移动，指头移动的距离越短，错位的可能性越小且平均速度越快。基准键位所在的行离其他行的平均距离最短，因此手指应一直放在基准键上，当击打其他键位时，手指移动并快速地击键，击完键后必须立即返回到基准键位上，再准备击打其他键位。

1. 左手分工

小指分管键：1、Q、A、Z和左Shift键。此外，还负责左边的一些控制键。

无名指分管4个键：2、W、S和X。

中指分管4个键：3、E、D和C。

食指分管8个键：4、R、F、V、5、T、G和B。

2. 右手分工

小指分管键：0、P、【；】、【/】和Enter键，此外还负责右边的一些控制键。

无名指分管4个键：9、O、L、【.】。

中指分管4个键：8、I、K、【，】。

食指分管8个键：6、Y、H、N、7、U、J和M。

专家指点

大拇指专门击打空格键。当左手击完字符键需按空格键时，用右手大拇指击空格键；反之，则用左手大拇指击空格键。

注意事项

在基准键位的基础上，对于其他字母键则采用与8个基准键的键位相对应的位置来记忆，凡在斜线范围内的字母键，都必须由规定的手的同一手指管理，这样，既便于操作，又便于记忆。

2.2 选择和切换输入法

Windows XP操作系统自带的汉字输入法有微软拼音输入法、全拼输入法、智能ABC输入法和双拼输入法等。进行汉字输入时，首先要选择一种合适的输入法。当选择了一种输入法后，如果要使用其他输入法，可以切换输入法。

2.2.1 选择输入法

单击任务栏中语言栏的【输入法】按钮 ▬（语言栏中的一个键盘图标），在弹出的快捷菜单中可以选择要使用的输入法。

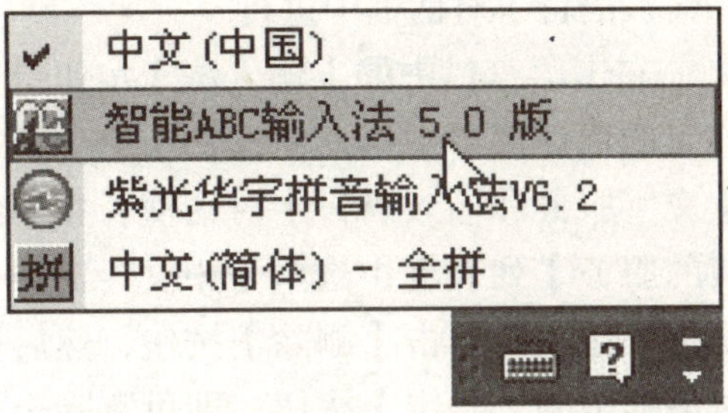

使用鼠标选择输入法时，如果输入法前面带有✔标记，表示为当前已经选择的输入法。

2.2.2 切换输入法

切换输入法方法如下。

- 按下Ctrl+Space组合键，可以启动或关闭中文输入法。
- 按下Ctrl+Shift组合键，可以采用循环切换的形式，在各个输入法和英文输入方式之间依次进行转换。

下面根据实例步骤，启动智能ABC输入法，使用Ctrl+Space组合键切换中英文输入状态，在文本文档中输入一段文字。

【例2-1】熟练选择和切换输入法，在文档中输入文本内容。视频

01 单击任务栏中语言栏的【输入法】按钮▬，在弹出的快捷菜单中可以选择智能ABC输入法。

02 输入文本内容“轻松学会电脑打字”。

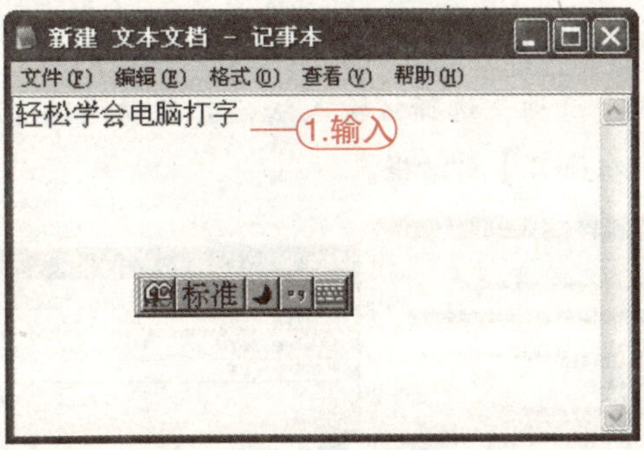

03 按下Ctrl+Space组合键，切换到英文输入状态，输入文本内容“Easy to learn computer typing”。

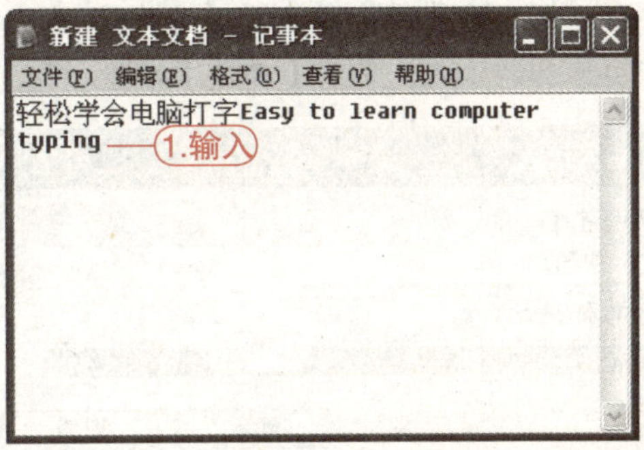

2.3 添加和删除输入法

系统自带的输入法可以随时添加或删除，也可以添加其他输入法，例如紫光拼音、搜狗拼音等。当不需要使用这些输入法时，可以删除它们。

2.3.1 添加系统自带输入法

单击语言栏中的【输入法】按钮▬，在弹出的快捷菜单中显示了系统已经添加的输入法，为了满足实际需求，可以向该菜单中添加输入法。

【例2-2】添加全拼输入法。视频

01 右击语言栏中的【输入法】按钮，在弹出的快捷菜单中选择【设置】命令，打开【文字服务和输入语言】对话框。

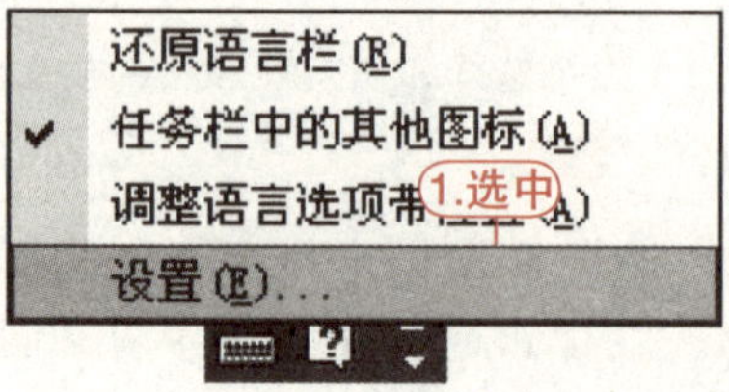

02 单击【添加】按钮，打开【添加输入语言】对话框。

03 在【添加输入语言】对话框的【键盘布局/输入法】下拉列表中选择【中文（简体）－全拼】选项，选择该输入法，会自动返回【添加输入语言】对话框。

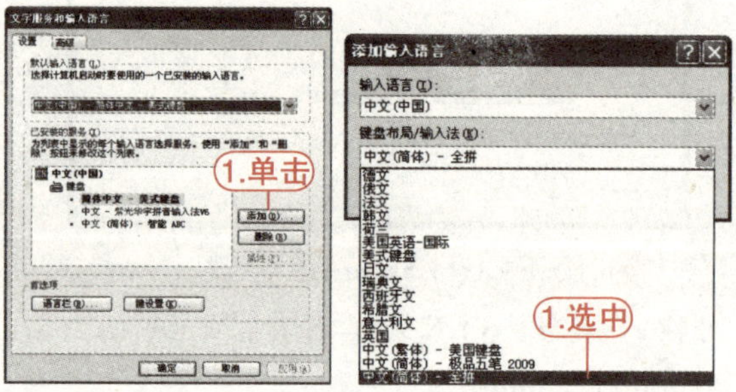

04 在【键盘布局/输入法】下拉列表中显示了要添加的输入，单击【确定】按钮。

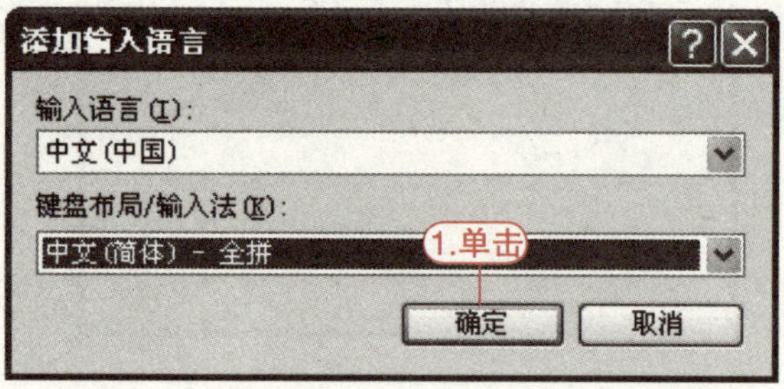

05 返回【文字服务和输入语言】对话框，在该对话框的【已安装的服务】列表框中显示了添加的输入法。

06 单击【确定】按钮，添加全拼输入法。

07 单击语言栏中的【输入法】按钮，在弹出的快捷菜单中显示添加的全拼输入法。

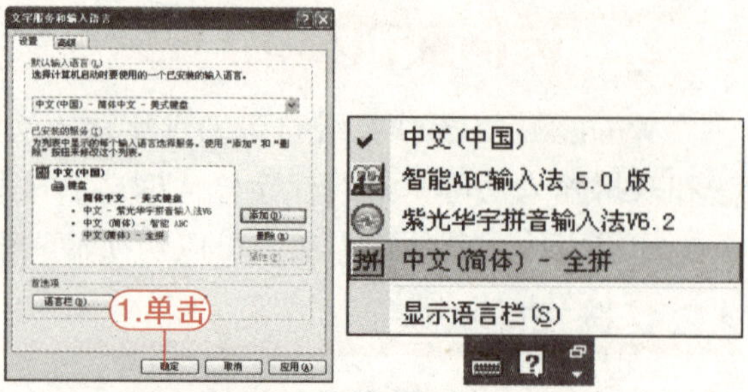

2.3.2 删除系统自带输入法

删除系统自带输入法同样在【文字服务和输入语言】对话框中进行。

右击语言栏中的【输入法】按钮，在弹出的快捷菜单中选择【设置】命令，打开【文字服务和输入语言】对话框，在【已安装的服务】列表框中选中【中文（简体）－全拼】选项，单击【删除】按钮，然后单击对话框中的【确定】按钮，即可删除全拼输入法。

2.3.3 添加紫光拼音输入法

紫光拼音输入法并不是系统自带的输入法，所以需要安装该输入法后才可以使用。

【例2-3】安装紫光拼音输入法。视频

01 双击紫光拼音输入法安装文件，打开安装对话框。

02 单击【下一步】按钮。

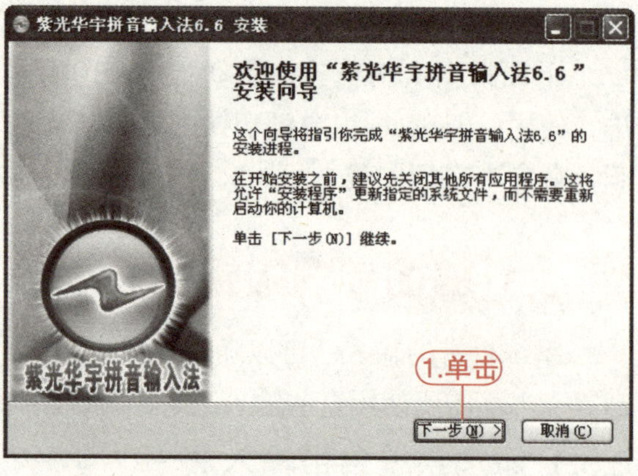

03 选中【我接受"许可证协议"中的条款】复选框，然后单击【下一步】按钮。

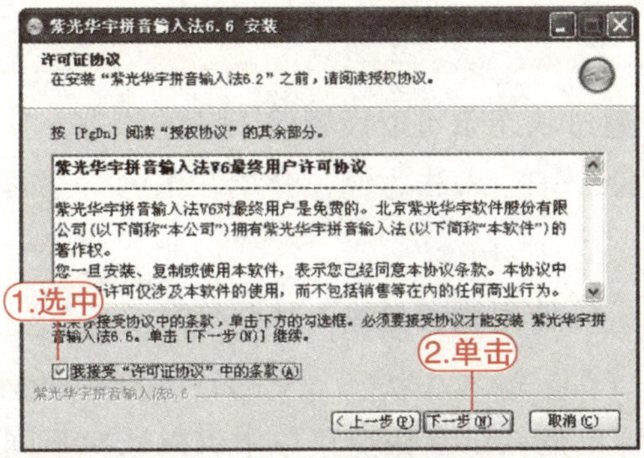

04 一直单击【下一步】按钮，完成安装前的相关设置。

05 当对话框中显示【安装】按钮时，选中【自动更新】单选按钮，自动更新单词库，然后单击【安装】按钮，开始安装紫光拼音输入法。

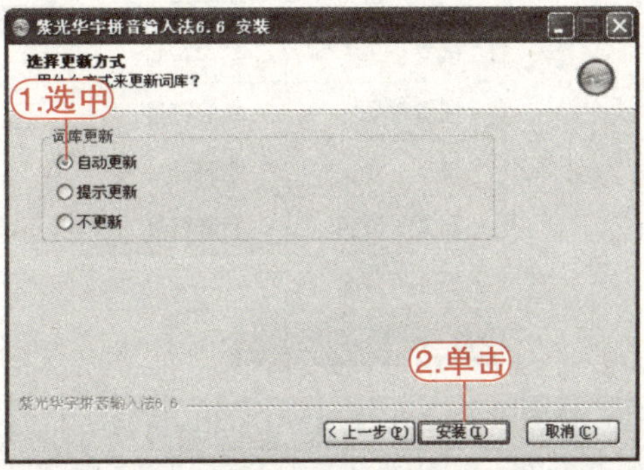

06 安装紫光拼音输入法后，单击语言栏中的【输入法】按钮，在弹出的快捷菜单中已经显示了安装的紫光拼音输入法。

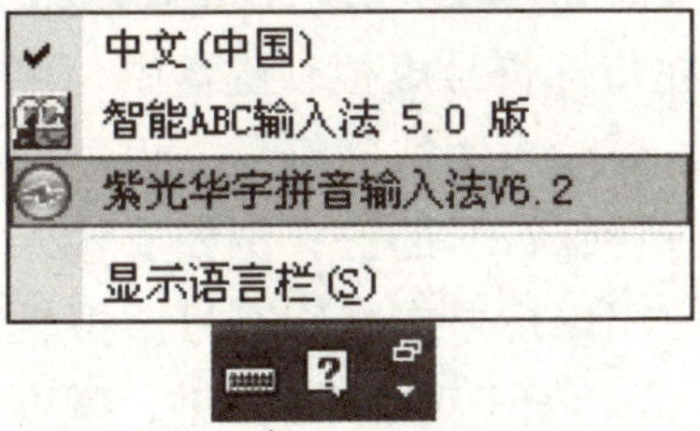

2.3.4 删除紫光拼音输入法

由于紫光拼音输入法不是系统自带的输入法，因此需要卸载才能彻底删除紫光拼音输入法。

打开紫光拼音输入法安装的文件夹，默认为路径为C:\Program Files\Unispim6。

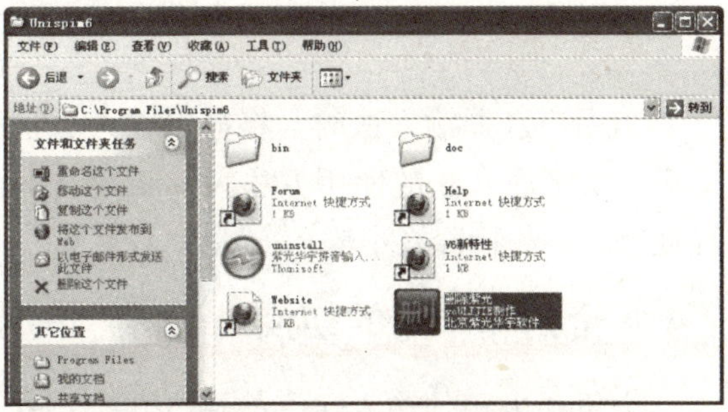

双击文件夹中的【删除紫光】图标。

在打开的对话框中单击【是】按钮，即可卸载紫光拼音输入法。

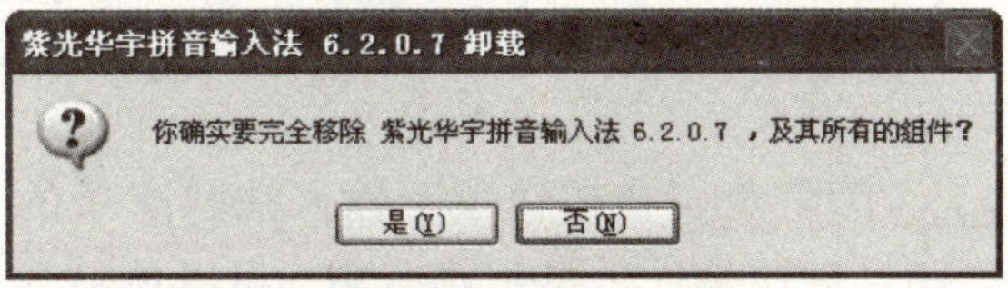

2.3.5 设置系统默认输入法

设置系统默认的输入法的好处是无需反复切换输入法，将最常用的输入法作为默认的输入法，可以提高工作效率。

右击语言栏中的【输入法】按钮，在弹出的快捷菜单中选择【设置】命令，打开【文字服务和输入语言】对话框。在【默认输入语言】下拉列表中选择【中文（中国）-中文（简体）-智能ABC】选项，然后单击【文字服务和输入语言】对话框中的【确定】按钮，即可将智能ABC输入法设置为默认输入法。要设置其他输入法为默认输入法的方法相同。

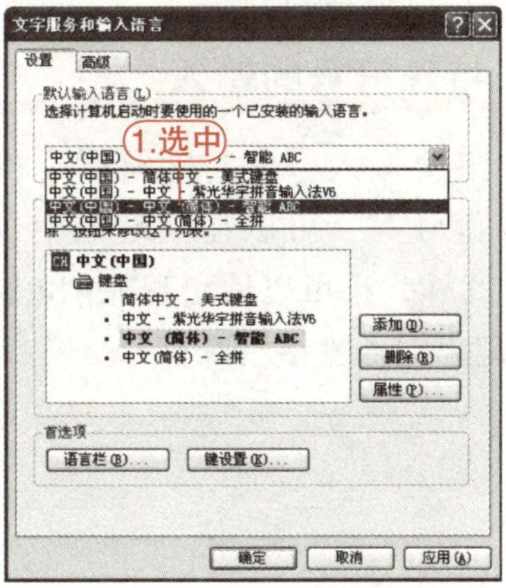

2.4 特殊文本的输入

当用户选择输入法时，将显示输入法状态条，通过状态条可以设置输入法的状态并输入文字，汉字输入法的使用方法大体相同，下面以智能ABC输入法为例，介绍在电脑打字时经常碰到的一些特殊文本输入方法。

2.4.1 全角和半角的切换

全角和半角是输入汉字的输入状态，在全角状态下，输入的字母和数字占用一个汉字的位置；半角状态下输入的字母和数字占半个汉字的位置。

选择智能ABC输入法，将显示输入法状态条。

半/全角切换按钮位于输入法状态条的中间，默认是处于半角状态。可以单击半角状态按钮，切换到全角状态；同样，单击全角状态按钮，可以切换到半角状态。

2.4.2 中英文标点符号的切换

在输入标点符号时，需要使用中英文标点符号切换按钮。

英文标点符号按钮位于半/全角切换按钮的右侧，单击按钮可以切换到英文标点符号输入状态；单击按钮可以切换到中文标点符号输入状态。

2.4.3 特殊符号的输入

如果要输入一些特殊符号，例如※、★和◎符号等，可以在软键盘中选择这些符号。此外，还可以使用智能ABC输入法的“V”键来输入更多特殊符号。

1. 使用软键盘输入特殊符号

右击输入法状态条上的软键盘按钮，在弹出的软键盘快捷菜单中可以选择不同类型的软键盘。

要输入特殊符号，选择软键盘快捷菜单中的【特殊符号】命令，再次单击软键盘按钮，打开特殊符号虚拟软键盘。

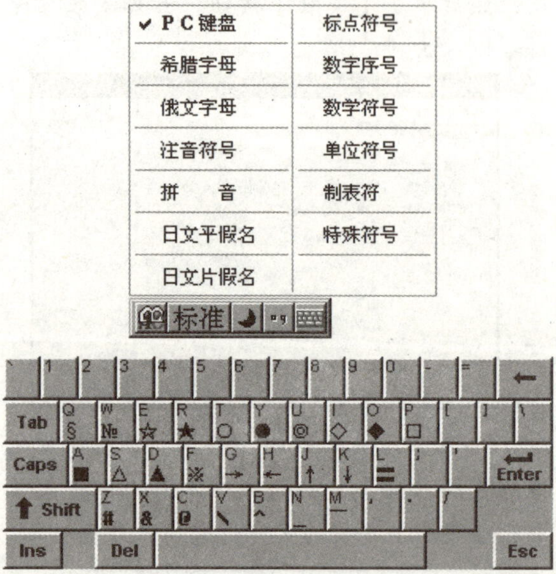

在特殊符号虚拟软键盘中，可以使用鼠标单击要输入的特殊符号，也可以敲击键盘上对应特殊符号的键，例如要输入☆符号，可以使用鼠标单击特殊符号虚拟软键盘中的E键，或者敲击键盘中的E键，就可以输入☆符号。

2. 使用“V”键输入特殊符号

软键盘中的特殊符号都是分类好的，如果不熟悉输入的特殊符号位于哪一类，可以通过在智能ABC输入法状态下的“V”键来输入更多的特殊符号，例如℃、£符号等。

【例2-4】使用智能ABC输入法，输入文本内容"￡1.00 = ￥10.1603"。视频

01 打开一个文本文档，选择智能ABC输入法。

02 按下键盘上的V+数字键1，弹出特殊符号候选框。

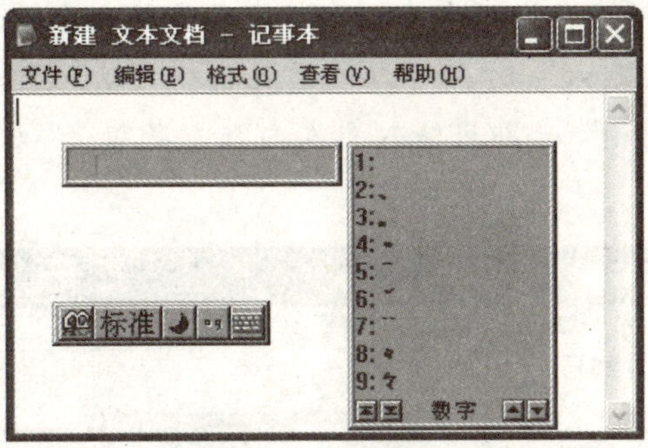

03 按下PageDown键进行翻页操作，直到当前候选框中显示有"英镑"符号￡。对应的数字编号为2。

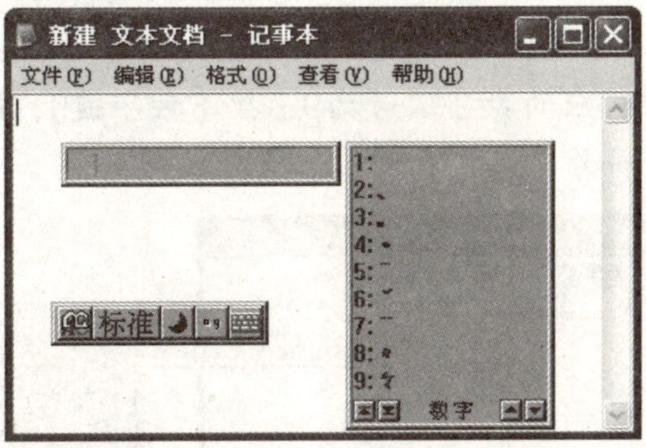

04 按下数字键2，就可以输入"英镑"符号￡。

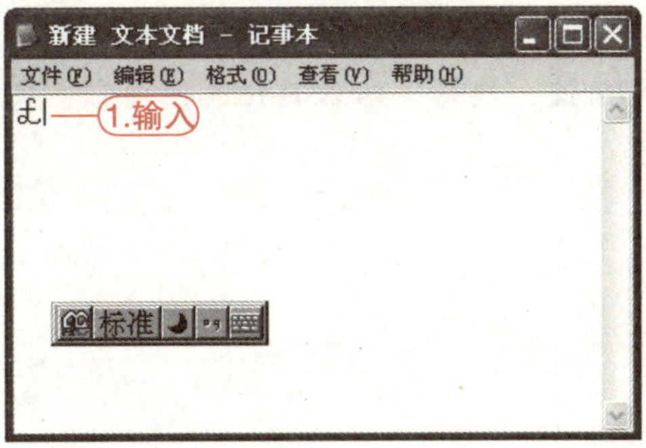

05 单击输入法状态条上的半角状态按钮，切换到全角状态。

06 在"英镑"符号￡后输入"1.00="。"="符号位于键盘上Backspace左边。

07 按下V+数字键3，然后弹出特殊符号候选框。

08 在当前候选框中就显示了"人民币"符号￥，对应的数字编号为4。

09 按下数字键4，即可输入"人民币"符号￥。

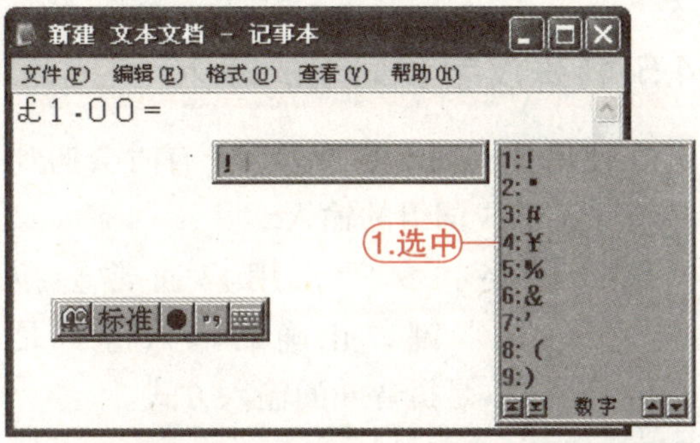

10 最后在全角状态下输入"10.1603"。

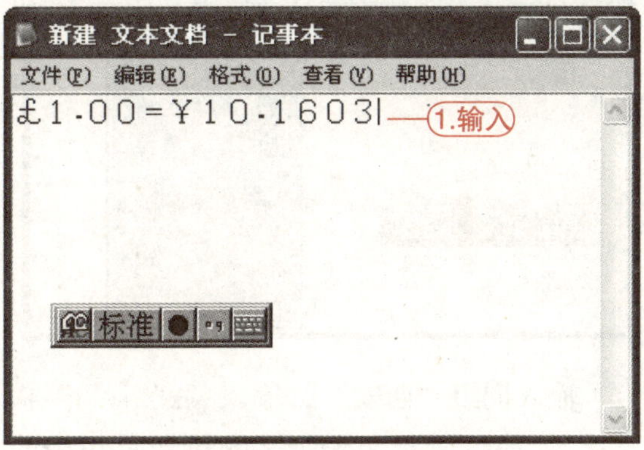

2.4.4 偏旁部首的输入

使用全拼输入法还可以输入偏旁部首。选择全拼输入法，输入字母"pianpang"，弹出候选框，选择要输入的偏旁部首即可。

注意事项

输入法也并非万能，在输入一些很少使用的特殊符号，例如"版权号"©时，可以从其他文档编辑软件中复制这类特殊符号，例如Word特殊符号中就包含"版权号"©。

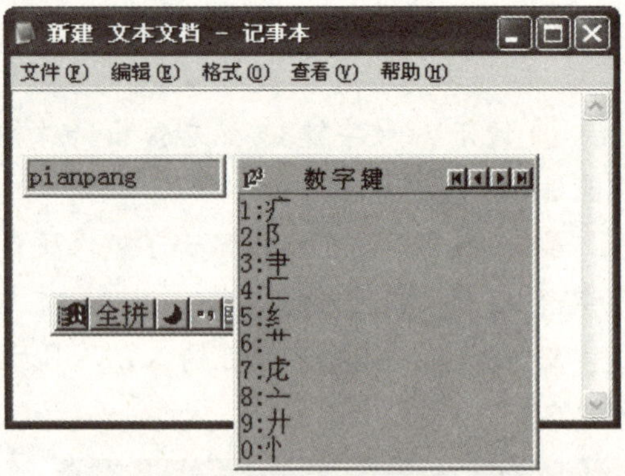

2.4.5 特殊汉字和词组的输入

在使用智能ABC输入法时，有时会遇到一些特殊汉字或词组的输入。

输入汉字“女”，用户通常会按下“n”+“u”键，正确的输入应该是“n”+“v”，v是拼音ü的输入方式。

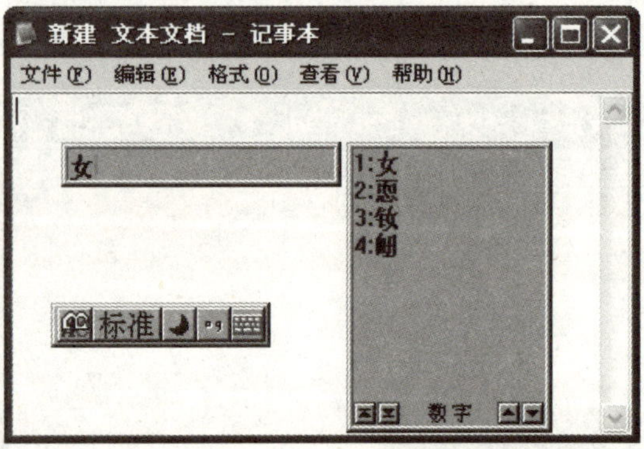

输入词组“西安”，输入“x”+“i”+“a”+“n”，是“先”字的拼音，正确的输入应该是“x”+“i”+“'”+“a”+“n”（xi'an），以“'”将拼音分成xi和an。

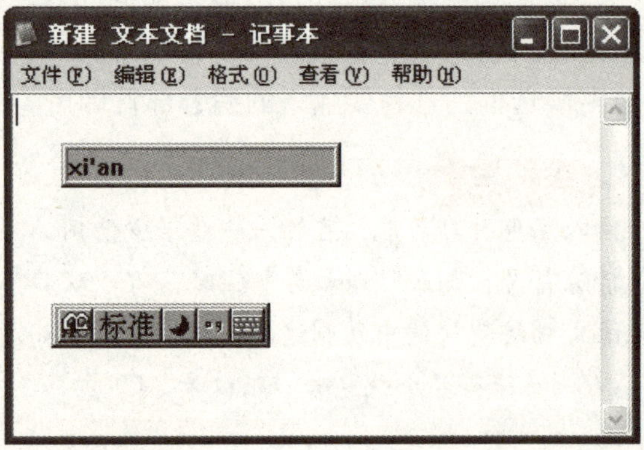

【例2-5】打开记事本，写一篇日记。视频

01 单击【开始】按钮 开始 ，弹出【开始】菜单，选择【所有程序】|【附件】|【记事本】命令，打开记事本。

02 单击任务栏中语言栏的输入法按钮，选择智能ABC输入法。

03 在记事本中输入日期和天气。在输入“星期六”时，可以使用混拼模式输入文本“xqliu”，即可输入文本内容“星期六”。

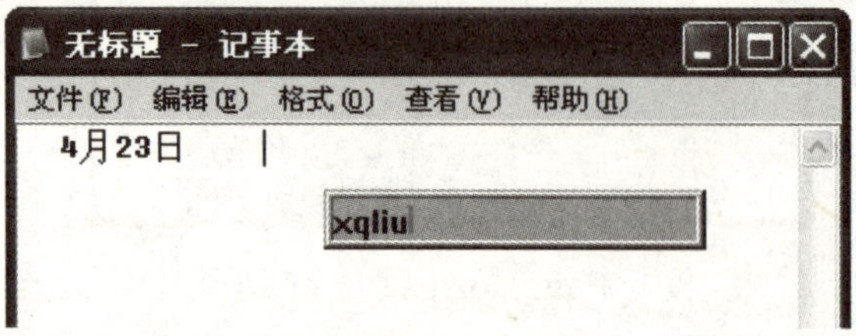

04 在输入天气内容的符号¤时，可以按下V+数字键1，弹出候选框，然后按下PageDown键进行翻页操作，直到显示¤符号，对应的数字编号为9，按下数字键9，输入¤符号。

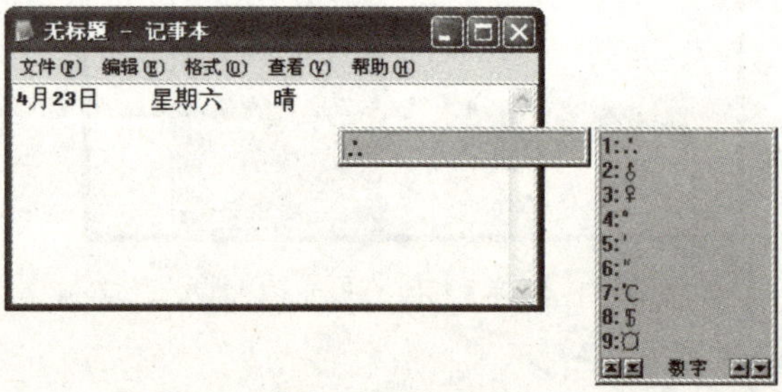

05 将光标移至¤符号后面，连续两次按下Enter键，换行。输入日记其他内容，完成日记。

Chapter 03 轻松操作Windows XP

Windows XP操作系统是一款视窗操作系统，它集稳定性、安全性和易用性于一身。本章主要介绍了有关Windows XP操作系统的使用方法，包括桌面、窗口、菜单、对话框的基本操作。

- Windows XP的桌面
- 窗口的操作
- 菜单的操作
- 对话框的操作
- 灵活操作任务栏

参见随书光盘

例3-1 创建桌面快捷方式
例3-2 排列桌面图标
例3-3 在任务管理器中结束程序

3.1 Windows XP的桌面

登录Windows XP系统后，在屏幕上显示的就是Windows XP工作界面，这个工作界面也就是电脑的桌面。

3.1.1 认识桌面

默认情况下，Windows XP桌面是由鼠标光标、桌面图标、任务栏和语言栏等4个部分组成。

1. 桌面图标

桌面图标代表了不同的程序或对象，常见的桌面图标有【我的电脑】、【回收站】和Internet Explorer浏览器等。

2. 任务栏

任务栏位于桌面的最下方，它由【开始】按钮、快速启动栏、任务按钮区和通知栏组成。

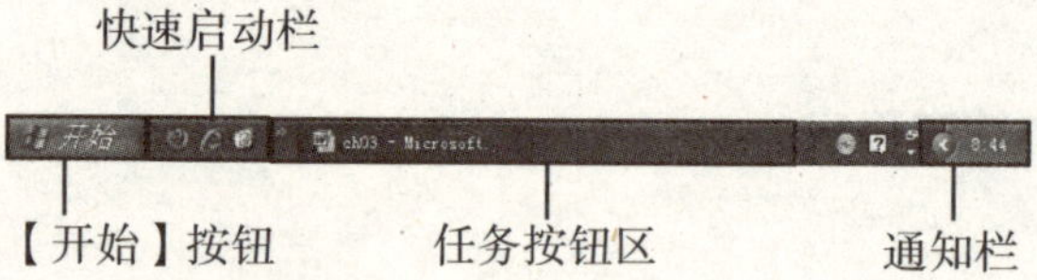

3. 语言栏

语言栏位于任务栏的上方，可以选择要使用的输入法。

3.1.2 管理桌面图标

桌面上的图标其实是程序或文件等对象在桌面上的快捷方式，图标下方对应的是图标的名称。图标可以分为一般图标、快捷方式图标和系统图标。系统图标是系统桌面上的默认图标，它的特征是在图标左下角没有↗标志。

1. 添加系统图标

在第一次进入Windows XP系统时，桌面上只显示【回收站】图标，其他系统图标可以在【开始】菜单中找到，如果需要将这些图标移至桌面上，可以单击【开始】按钮，在弹出的菜单中右击要显示的图标，然后选择【在桌面上显示】命令即可。

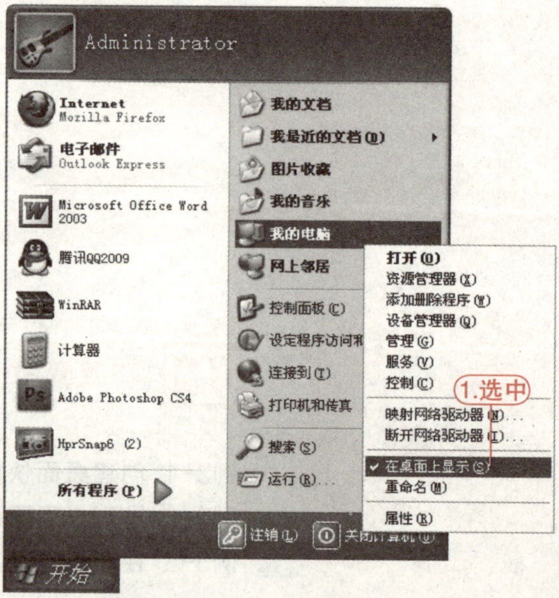

2. 创建快捷方式图标

创建快捷方式图标的方法也很简单，例如添加【写字板】应用程序快捷方式。

【例3-1】创建【写字板】应用程序桌面快捷方式。视频

01 单击【开始】按钮，在弹出的菜单中选择【所有程序】|【附件】|【写字板】应用程序。

02 右击【写字板】应用程序，在弹出的快捷菜单中选择【创建快捷方式】命令，即可在桌面上添加【计算器】快捷方式。

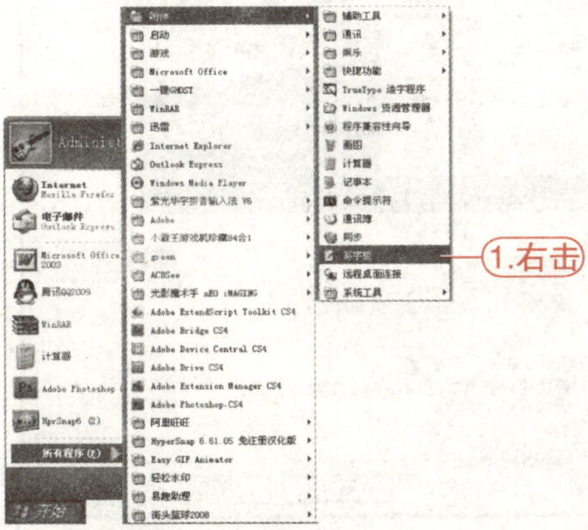

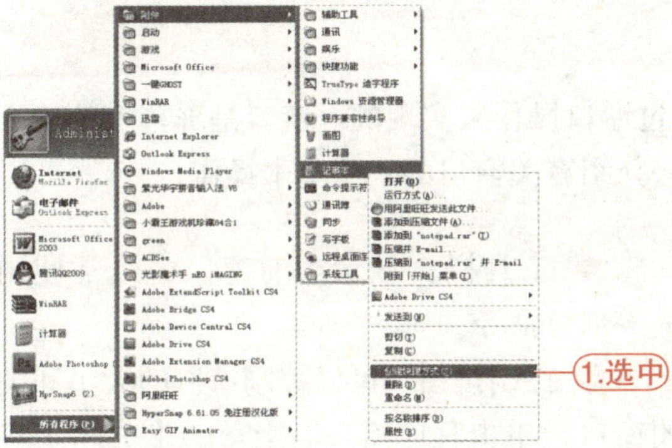

3. 排列桌面图标

如果创建的桌面快捷方式过多，桌面上的图标会显得非常凌乱。可以使用鼠标拖动的方法，将这些图标进行对齐操作，但这样操作比较烦琐并且不可能使图标完全对齐，此时就可以使用【排列图标】命令来对齐桌面图标。

【例3-2】排列桌面图标。视频

01 进入Windows XP操作系统。

02 右击桌面空白位置，在弹出的快捷菜单中选择【排列图标】命令，弹出子菜单。

03 在【排列图标】命令子菜单中可以选择排列图标类型方式。

04 选择【自动排列】命令，桌面上凌乱的图标便会自动排列。

3.1.3 使用【开始】菜单

【开始】菜单是电脑中应用程序的“大本营”，单击【开始】按钮，即可弹出【开始】菜单。

1. 认识【开始】菜单

【开始】菜单是由固定程序列表、常用程序列表、所有程序列表、系统文件夹列表、系统设置列表、搜索和运行列表以及【注销】和【关闭计算机】按钮组成。

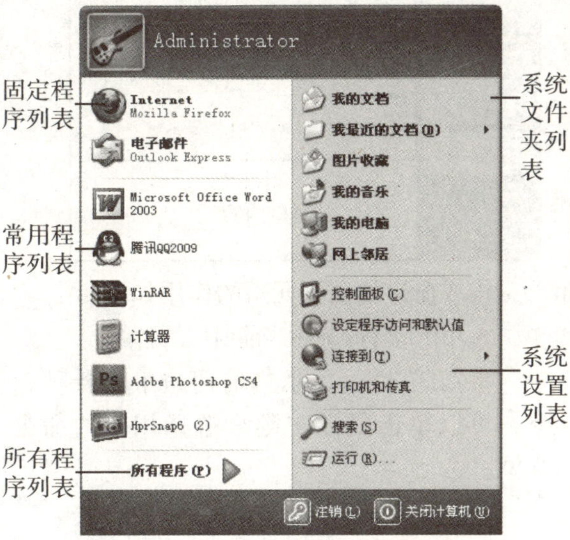

2. 设置【开始】菜单经典模式

【开始】菜单经典模式是源于Windows XP之前的Windows系列操作系统，要设置这种模式，可以右击【开始】按钮，在弹出的快捷菜单中选择【属性】命令，打开【任务栏和「开始」菜单属性】对话框。

在【任务栏和「开始」菜单属性】对话框中默认选中的是【「开始」菜单】模式，选中【经典「开始」菜单】单选按钮，就可以设置为经典模式。

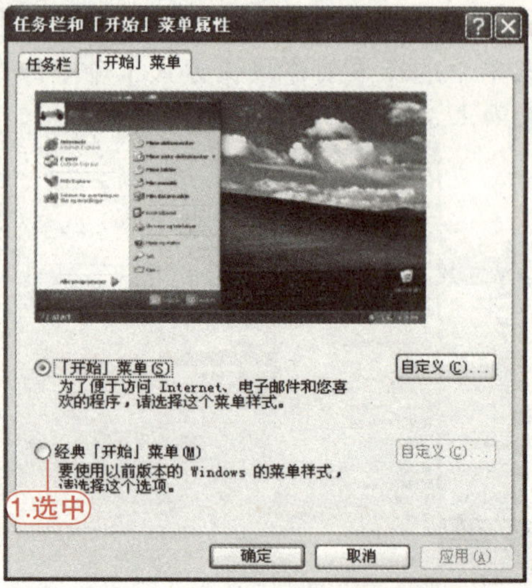

3.2 窗口的操作

Windows XP操作系统所有的操作几乎都是通过窗口操作来实现的。窗口是屏幕上的一个矩形区域，可以查看文件、文件夹或图标。下面将介绍有关窗口的一些基本操作。

3.2.1 认识窗口

窗口的基本结构大体都相同，一般由窗口名称、菜单栏、工具栏、控制按钮和窗口内容等基本元素组成。

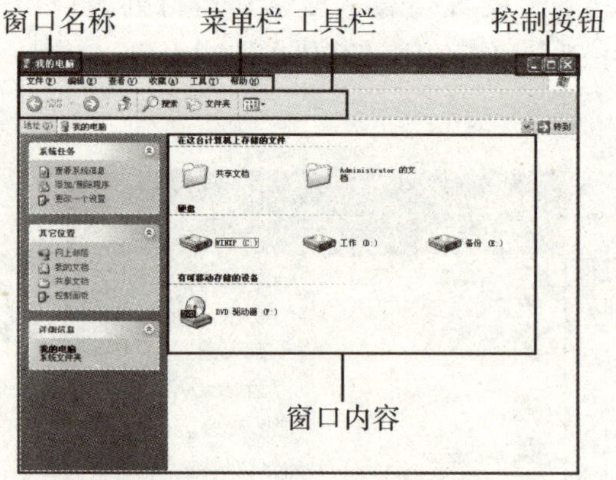

构成窗口的基本元素的作用如下。

- 窗口名称：显示当前窗口的名称。
- 菜单栏：显示当前窗口中的各种命令，可以单击鼠标左键来选择相应的命令菜单。
- 工具栏：显示当前窗口中经常使用的一部分命令。
- 控制按钮：可以控制窗口的大小和关闭窗口，单击程序窗口右上角的【关闭】按钮☒可以退出程序，同样单击该按钮可以关闭窗口。
- 窗口内容：显示当前窗口中执行命令的对象。

3.2.2 窗口的基本操作

下面介绍有关窗口的基本操作，包括打开、关闭、移动和切换窗口等。

1. 打开和关闭窗口

打开窗口的方法很简单，以打开【网上邻居】窗口为例。直接双击桌面上的【网上邻居】图标，或者右击【网上邻居】图标，在弹出的快捷菜单中选择【打开】命令，即可打开【网上邻居】窗口。

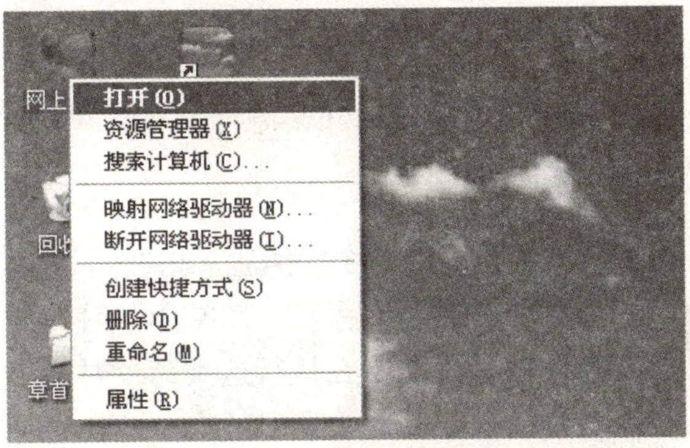

在窗口中查看、操作文件或文件夹后，应该关闭窗口，以节省内存资源。要关闭窗口，单击窗口右上角的【关闭】按钮即可。

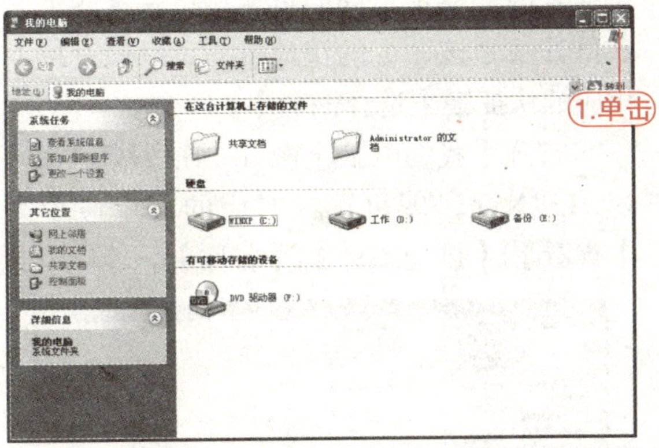

在打开一个窗口时，桌面的任务栏会显示该窗口图标。右击该图标，在弹出的快捷菜单中选择【关闭】命令即可关闭窗口。

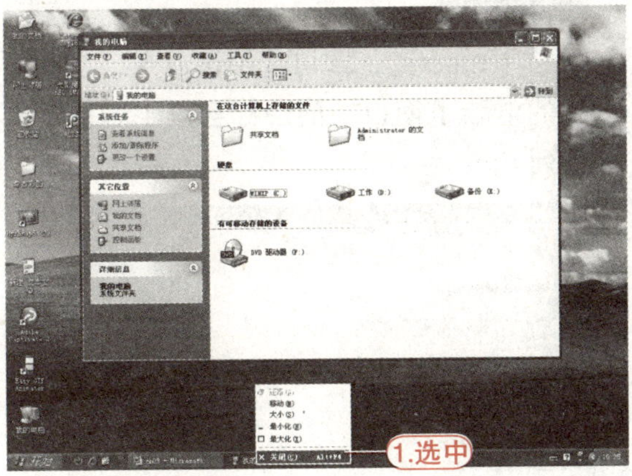

2. 移动窗口

当同时打开多个窗口时，当前窗口会挡住其他内容，可以通过移动窗口操作来改变窗口位置。

要移动窗口，将鼠标光标移至窗口最上方的蓝色长方块处，也就是窗口名称所在的标题栏处，然后按住鼠标左键将窗口拖动到适当位置后释放鼠标即可。

3. 缩放窗口

打开的窗口都是固定大小的，可以通过缩放窗口操作来最大化、最小化和自行调整窗口大小。

- 单击窗口右上角的【最小化】按钮，窗口会以标题按钮的形式收缩到任务栏按钮区中。
- 单击窗口右上角的【最大化】按钮，窗口会放大到整个屏幕大小。
- 最大化窗口后，【最大化】按钮会自动变成【向下还原】按钮。单击该按钮，可以还原窗口到原始大小。
- 将鼠标光标移至窗口的边框位置，当光标显示为↕↔⤡⤢时，按住鼠标左键拖动，可以自行调整窗口大小。

4. 切换窗口

当用户同时打开多个窗口时，只能针对当前窗口进行操作，如果要对其他窗口进行操作，必须先将目标窗口切换为当前窗口。切换窗口的方法有以下两种。

- 单击任务栏中需要切换到的任务窗口按钮。
- 按下Alt+Tab键，显示任务切换栏，按住Alt键，每按一下Tab键，可以切换到下一个窗口图标，切换到目标窗口时释放按键即可。

3.3 菜单的操作

菜单是一组包含功能相同或相近的操作命令集合，分为窗口菜单和快捷菜单。菜单中的每一项都对应一个命令，用菜单的形式显示命令既直观又简洁。

3.3.1 认识菜单

在Windows XP操作系统中，每个菜单栏通常包括若干组菜单，每组菜单又包括若干个功能相同或相近的菜单项。

打开【我的电脑】窗口，选择【查看】菜单，弹出菜单命令。

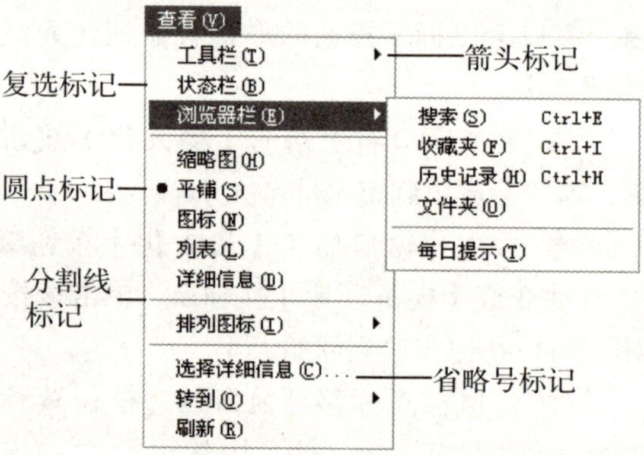

有关菜单的各个标记含义如下。

- 【复选标记】：菜单命令左侧出现✔标记，该标记是一个复选标记，可以单击选中和取消选中。
- 【箭头标记】：分为右箭头标记▸和下箭头标记▾，如果某个菜单中包括下一级子菜单，将光标移至带有▸标记的菜单名称上即可打开下一级子菜单；如果某个菜单比较长，有些菜单项会被隐藏起来，在菜单的下方会显示一个▾标记，单击该标记可以显示全部菜单命令。
- 【圆点标记】：菜单命令左侧显示一个黑色的圆点标记，表示当前选择的命令是唯一的，在同一个命令组中只能选择其中的一个。
- 【分割线标记】：菜单中显示一条灰色分割线，将整个菜单中的命令分为若干命令组，同组中的命令功能通常相近。
- 【省略号标记】：菜单命令后面如果带有省略号，表示在执行这类命令时会打开一个对话框，需要设置对话框，才能实现该命令的部分或完全功能。

3.3.2 快捷键选择菜单命令

许多菜单命令的右侧会显示括号，并且在括号内会显示不同的英文字母，这些英文字母其实是该命令的快捷键，可以通过按下相应的快捷键来选择该命令。

打开【我的电脑】窗口，连续按下Alt、V、I和N键，即可选择对应的菜单命令为【查看】|【排列图标】|【名称】。

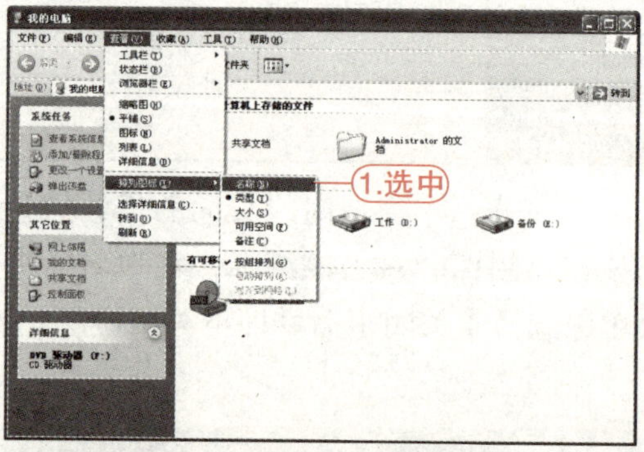

按下Enter键，即可选中该命令，在此时【我的电脑】窗口中的图标会以【名称】方式排列。

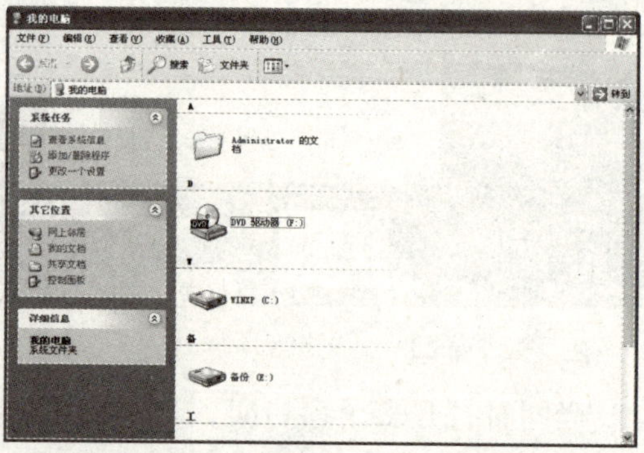

3.4 对话框的操作

Windows XP系统中许多应用程序具有多种条件的选择性，当用户选择并执行带省略号的命令后，会打开一个对话框，为用户和程序提供交流的窗口，系统会按指定的参数设置运行。

3.4.1 认识对话框

对话框中的界面元素主要由选项卡、预览框、下拉列表框、命令按钮、列表框、文本框、复选框、单选按钮等组成。

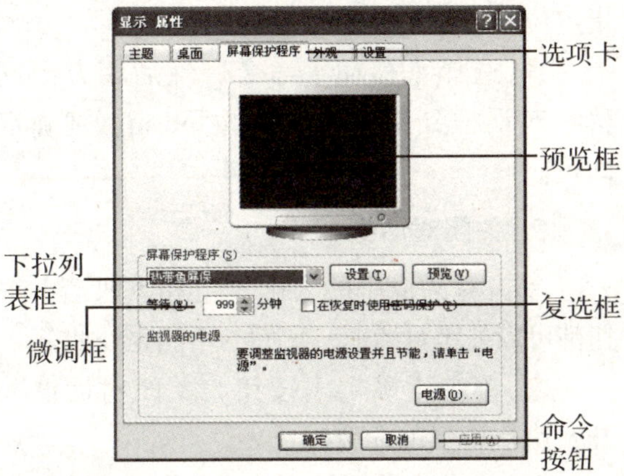

- 【选项卡】：用于多个选项卡之间的切换，不同的选项卡对应不同的对话框选项。
- 【预览框】：用于预览文本或图形。由于预览框通常比较小，因此浏览大尺寸位图或文本的速度通常比较快。预览框分为图形预览框和文本预览框两种。
- 【微调框】：用于选中一个数值。它由文本框和微调按钮组成。在微调框中，单击上三角的微调按钮，可增加数值；单击下三角的微调按钮，可减少数值。也可以在文本框中直接输入需要的数值。
- 【命令按钮】：用于完成一个任务操作。大多数对话框中都带有【确定】和【取消】两个按钮，选择【确定】按钮，将按对话框中的设置去执行命令；选择【取消】按钮，将关闭对话框并取消先前所选的命令。如果命令按钮名字后跟有省略号（…），选择它又会打开一个对话框。
- 【下拉列表框】：用于选择多重的项目，选中的项目将在下拉列表框内显示。当单击下拉列表框右边的下三角按钮时，将出现一个下拉列表供用户选择。
- 【列表框】：用于显示多个选项。如果选项较多，不能一次全部显示在列表框中，可拖动系统提供的滚动条查看。
- 【文本框】：可以接受用户输入的信息，以便正确完成对话框的操作。当鼠标指针移到空白文本框中并单击时，鼠标指针变为闪烁的竖条（文本光标）等待插入，输入的正文从该插入点开始。如果文本框内已有正文，则正文都被选中，此时输入的正文内容将替代原有的正文。用户也可用Del键或BackSpace键删除文本框中已有的正文。
- 【单选按钮】：单选按钮是一些互相排斥的选项，每次只能选择其中的一个项目。被选中的圆圈中将会有个黑点。任何时候都只能选择一个选项，不能用的选项呈灰色。用鼠标选择只需在该单选按钮上单击即可。
- 【复选框】：复选框中所列出的各个选项不是互相排斥的，即可根据需要选择一个或几个项目。每个选项的左边有一个小正方形作为选择框。当选中时，框内出现一个√标记，一个选择框代表一个可以打开或关闭的选项。在空白选择框上单击便可选中它，再次单击这个选择框便可取消选择。

3.4.2 活用对话框中的帮助

单击对话框中的【帮助】按钮?，可以获取相关的提示信息。

打开一个对话框，单击对话框右上角的【帮助】按钮?，鼠标指针将显示帮助选择状态↖?。

将光标移至要查看的选项上，然后单击鼠标，就可以查看该选项的含义。

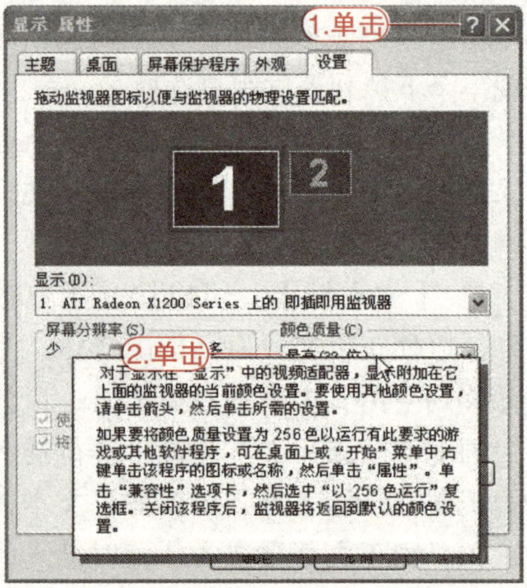

3.4.3 对话框的基本操作

对话框可以看成是一个固定大小且不可调节的窗口，当打开一个对话框时，除了不能调整对话框的大小外，同样可以关闭、移动对话框。

1. 移动对话框

常用的移动对话框方法有以下两种。

- 将鼠标光标移至对话框的标题栏上，然后按下鼠标左键并拖动，将其移动到指定位置，然后释放鼠标即可。
- 选择【移动】命令，然后用方向键移动对话框到指定位置，按下Enter键确定即可。

2. 关闭对话框

单击对话框中的【确定】和【取消】按钮都可以关闭对话框，它们的不同之处如下。

- 单击【确定】按钮，关闭对话框并开始执行设置的命令。
- 单击【取消】按钮，关闭对话框而不执行任何命令。

3.5 灵活操作任务栏

任务栏位于系统桌面的底部，可以快速启动应用程序、文档及激活其他已打开窗口。在实际应用中，可以根据需要对任务栏进行设置。

3.5.1 设置任务栏的属性

右击任务栏空白区域，在弹出的快捷菜单中选择【属性】命令。打开【任务栏和「开始」菜单属性对话框。

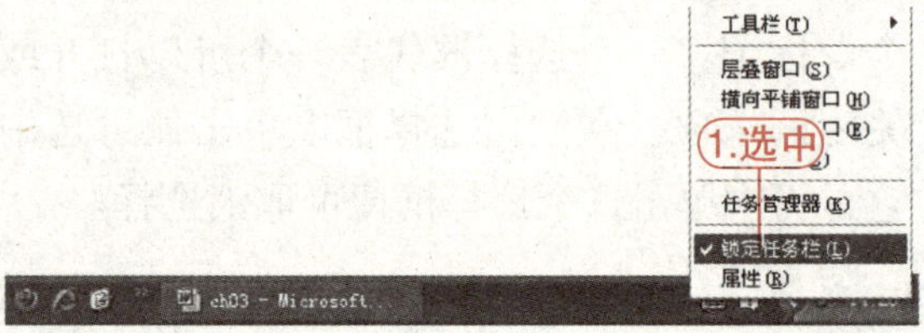

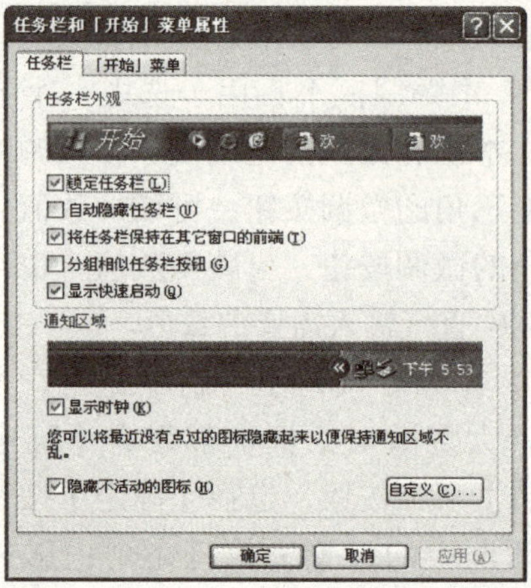

在【任务栏和「开始」菜单属性】对话框中各选项的功能如下。

- 【锁定任务栏】复选框：可以设置任务栏是否总是显示在最前端，并且将不允许改变工具栏的宽度。
- 【自动隐藏任务栏】复选框：选中该复选框，则每当运行其他程序或打开其他窗口时，任务栏就会自动隐藏起来。如果需要显示任务栏，则可以将鼠标指针移动到窗口最下方，任务栏将自动显示。
- 【将任务栏保持在其它窗口的前端】复选框：默认情况下选中该复选框，使任务栏总是显示在屏幕的最前面，即不管当前处在什么窗口、运行着什么程序，任务栏总是显示在屏幕上。如果取消选中该复选框，那么在打开其他的应用程序或进入某个应用程序窗口时，任务栏即被覆盖。需要时只需单击键盘上的Windows键或按Ctrl+Esc组合键，即可重新显示任务栏。
- 【分组相似任务栏按钮】复选框：默认情况下，打开太多的应用程序时，系统将对其进行分组，相似的或相同的应用程序将被分配同一个任务栏按钮，以节约空间。单击这样的任务栏按钮，即可从弹出的菜单中激活某个应用程序。取消选中此复选框，将使得系统重新采用传统的任务栏表示法。
- 【显示快速启动】复选框：可以设置在任务栏上是否显示【快速启动】工具栏。
- 【显示时钟】复选框：可以设置在任务栏上是否显示时间和日期。
- 【隐藏不活动的图标】复选框：可以设置在任务栏上是否隐藏最近没有使用的图标。

3.5.2 调整任务栏大小

当任务栏中的项目过多，无法查看全部内容时，可以通过调整任务栏的大小来显示全部任务栏。

右击任务栏空白区域，在弹出的快捷菜单中选择【锁定任务栏】命令，取消✔标记。

将光标移至任务栏的上边，当光标显示为↕形状时，按住鼠标左键并向上拖动，可以改变任务栏的大小，拖动到设定位置后释放鼠标，任务栏将保持拖动后的状态。

3.5.3 使用任务管理器

任务管理器可以查看电脑当前正在运行的应用程序。

右击任务栏的空白区域，在弹出的快捷菜单中选择【任务管理器】命令，打开【Windows任务管理器】对话框，默认打开的是【进程】选项卡。

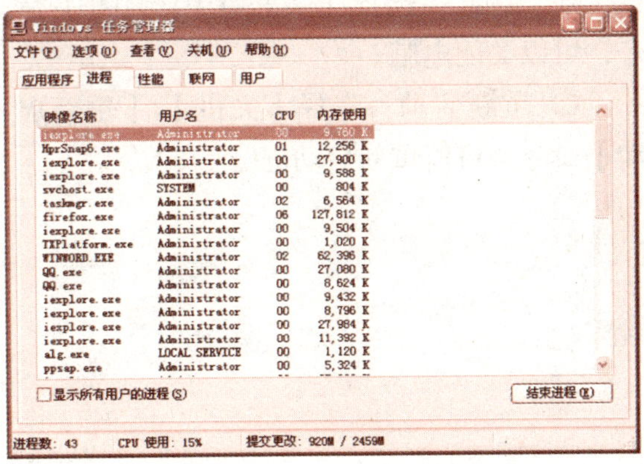

有关【Windows任务管理器】对话框的常用操作如下。

- 结束进程：在【进程】选项卡对话框中选中需要结束的程序进程，单击【结束进程】按钮，可以结束该程序进程。

专家指点

结束进程操作常用于在一些程序出现“未响应”状态时，在【进程】选项卡对话框中选中该程序，单击【结束进程】按钮，系统会立刻关闭程序。

- 关闭应用程序：单击【Windows任务管理器】对话框中的【应用程序】选项卡，打开该选项卡对话框，显示了当前正在运行的程序和打开的窗口。选择要结束任务的程序或窗口，单击【结束任务】按钮，可以结束该程序或关闭窗口。
- 待机：选择【Windows任务管理器】对话框中的【关机】|【待机】命令，电脑进入待机状态，即关闭显示器与硬盘的同时，操作系统保持正常运行。
- 休眠：选择【关机】|【休眠】命令，可以使电脑进入休眠状态，即记录当前设置和工作状态以后关闭操作系统，同时关闭显示器。
- 关闭：选择【关机】|【关闭】命令，可以关闭电脑。
- 重新启动：选择【关机】|【重新启动】命令，可以重新启动电脑。

专家指点

在【应用程序】选项卡对话框中关闭其中任意一个应用程序，将关闭以该程序为基础打开的所有窗口和对话框。此外，选择【关机】|【关闭】命令，通常在电脑出现异常死机故障时使用。

【例3-3】结束【计算器】应用程序。视频

01 单击【开始】按钮，弹出【开始】菜单。选择【所有程序】|【附件】|【计算器】命令，启动【计算器】程序。

02 右击任务栏空白区域，在弹出的快捷菜单中选择【任务管理器】命令，打开【Windows任务管理器】对话框。

03 单击【Windows任务管理器】对话框中【应用程序】选项卡，打开该选项卡对话框。选中【计算器】选项，单击【结束任务】按钮即可关闭【计算器】应用程序。

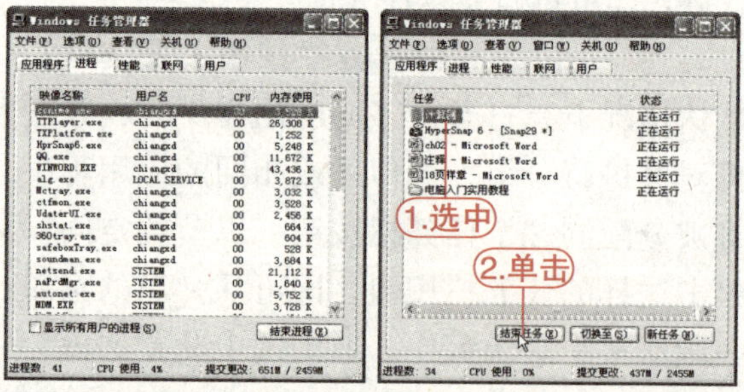

Chapter 04 个性化操作环境

Windows XP操作系统的使用环境用户可以自行设置，包括设置个性的桌面环境、创建专属的用户、调整系统时间和日期等。本章就介绍了有关设置个性化操作环境的方法。

- 设置个性的桌面环境
- 添加和删除字体
- 创建专属的用户
- 调整系统时间和日期

参见随书光盘

例4-1 更换桌面壁纸
例4-2 更换桌面主题
例4-3 设置屏幕保护程序
例4-4 设置显示外观
例4-5 设置屏幕分辨率
例4-6 设置屏幕刷新频率
例4-7 更改鼠标样式
例4-8 添加字体
例4-9 创建用户
例4-10 创建用户密码
例4-11 自定义用户头像
例4-12 删除受限用户
例4-13 调整系统时间和日期
例4-14 校准时间
例4-15 设置时间和日期显示格式

4.1 设置个性的桌面环境

用户可以通过修改系统默认的桌面壁纸、更换桌面主题、设置屏幕保护程序等操作来设置个性的桌面环境，使电脑具有个性化的色彩，满足不同的工作需求。

4.1.1 更换桌面壁纸

桌面壁纸也就是桌面背景图片，Windows XP操作系统自带了多个桌面壁纸供用户选择，用户也可以自定义桌面壁纸。

【例4-1】更换桌面壁纸。视频

01 进入Windows XP操作系统，右击桌面空白区域，在弹出的快捷菜单中选择【属性】命令，打开【显示属性】对话框。

02 单击【桌面】选项卡，打开该选项卡对话框，在【背景】列表框中显示可以替换的桌面壁纸。

03 选择House壁纸，在【位置】下拉列表中选中【拉伸】选项，单击【确定】按钮，即可更换该壁纸。

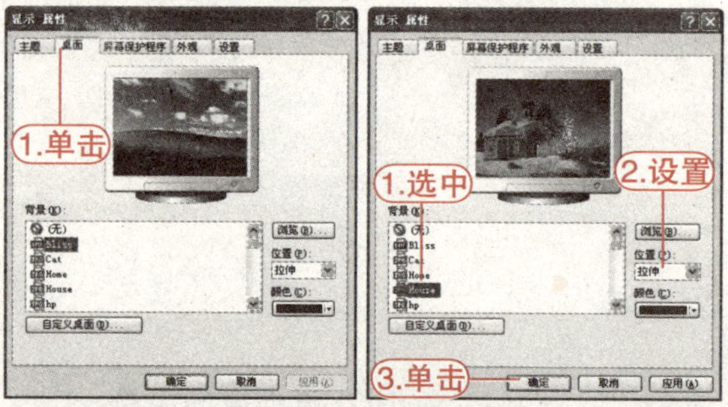

04 如果用户想要使用自己的照片或者喜欢的图片作为桌面壁纸，可以单击【桌面】选项卡对话框中的【浏览】按钮，打开【浏览】对话框。

05 在【浏览】对话框中，选择要更换的桌面壁纸，单击【打开】按钮，返回【桌面】选项卡对话框。

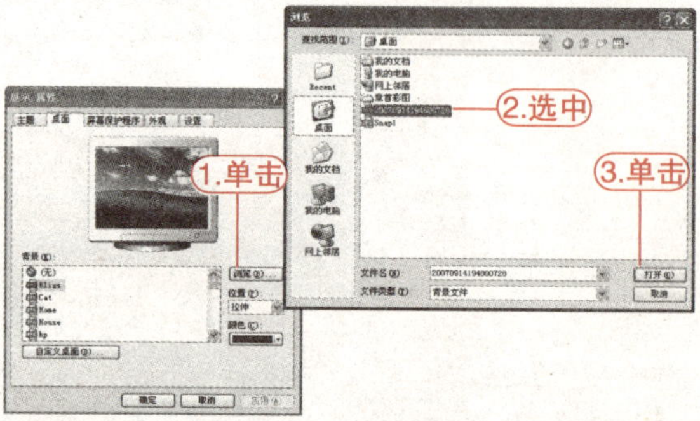

06 在【桌面】选项卡对话框中显示了更换的壁纸。针对壁纸的大小，可以在【位置】下拉列表中选择【拉伸】选项，单击【确定】按钮即可。

4.1.2 更改桌面主题

桌面主题是图标、字体、颜色、声音和其他窗口元素的预定义的集合。个性化的主题能使电脑具有与众不同的外观。

【例4-2】更改桌面主题。视频

01 进入Windows XP操作系统，右击桌面空白区域，在弹出的快捷菜单中选择【属性】命令，打开【显示属性】对话框。

02 在【主题】选项卡【主题】下拉列表中选择要更改的主题，选择Seven主题，单击【确定】按钮，开始转换系统主题，显示“请稍候”信息。

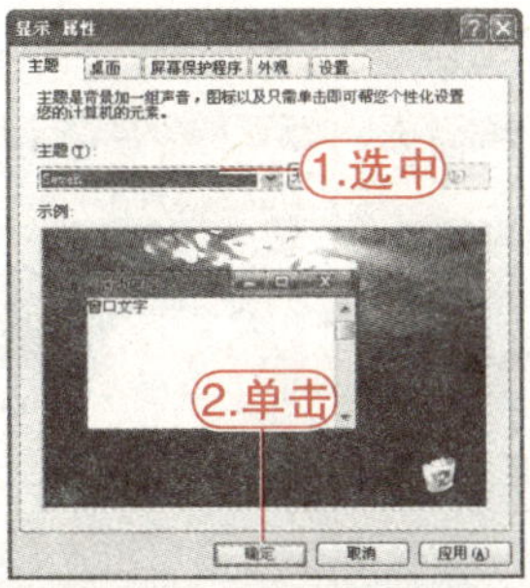

03 主题转换完成后如下图所示。

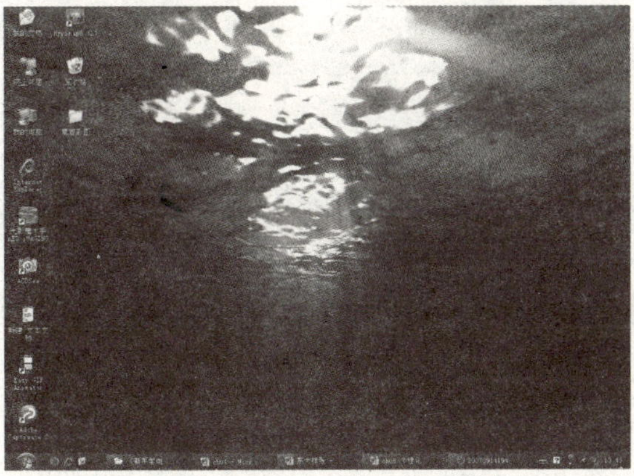

4.1.3 设置屏幕保护程序

屏幕保护程序可以是一组动态图片或文字，当屏幕在一定时间内没有刷新时，屏幕保护程序会自动运行。设置屏幕保护程序的好处是可以隐藏桌面信息，又可以减缓显像管老化，延长显示器的寿命。

【例4-3】设置屏幕保护程序和等待时间。视频

01 右击桌面空白区域，弹出快捷菜单，选择【属性】命令，打开【显示属性】对话框。

02 单击【屏幕保护程序】选项卡，打开该选项卡对话框。

03 在【屏幕保护程序】下拉列表中选择一个屏幕保护程序，例如【肥皂泡泡】。

04 在【等待】文本框中输入数值5，或者单击文本框右侧的微调按钮，调整启动屏幕保护程序等待时间为5分钟。

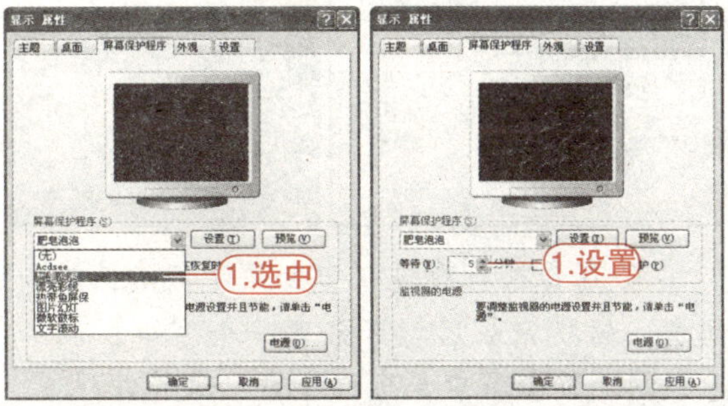

05 单击【确定】按钮，当屏幕在5分钟内没有刷新时，屏幕保护程序会自动启动。

4.1.4 设置显示外观

Windows XP操作系统的显示外观主要包括了窗口和按钮的样式、色彩方案以及字体大小。

【例4-4】设置Windows XP操作系统的显示外观。视频

01 右击桌面空白区域，弹出快捷菜单，选择【属性】命令，打开【显示属性】对话框。

02 单击【外观】选项卡，打开该选项卡对话框。

03 在【窗口和按钮】下拉列表中选择Tiger选项，然后单击【确定】按钮。

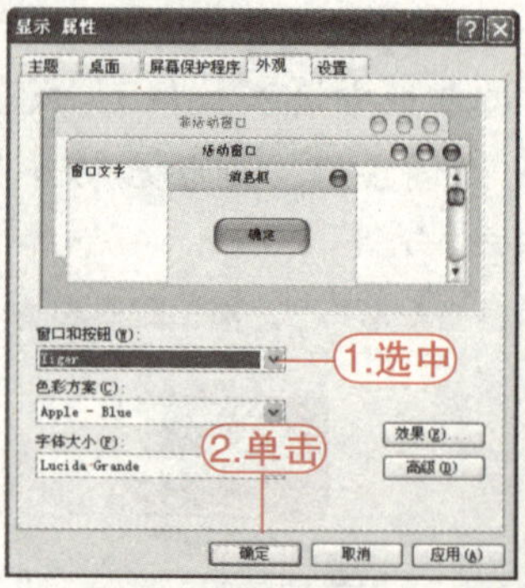

04 在转换外观过程中会显示“请稍候”信息。转换完成后打开任意一个窗口，例如【我的电脑】窗口，可以查看更改的外观。

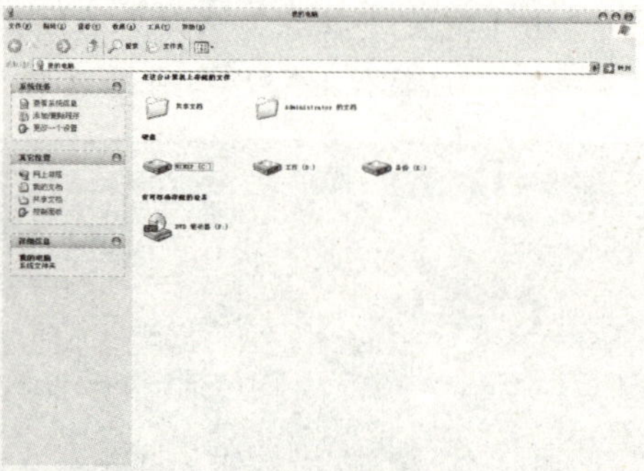

4.1.5 调整屏幕分辨率

分辨率是一个很重要的概念，在电脑中显示的图片都是由像素组成的，像素又称为点，将众多像素点组合在一起就形成了图像，分辨率越高，图像就越清晰。

屏幕的分辨率是指屏幕中显示的像素数量，分辨率越高，屏幕显示的区域就越大，屏幕中的对象将适当变小；反之则屏幕显示的区域越小，对象将越大。

【例4-5】设置屏幕分辨率为1280×1024 像素。视频

01 右击桌面空白区域，弹出快捷菜单，选择【属性】命令，打开【显示属性】对话框。

02 单击【设置】选项卡，打开该选项卡对话框。

03 向右拖动【屏幕分辨率】滑竿，当分辨率为1280×1024 像素时停止滑动，设置屏幕分辨率为1280×1024 像素。

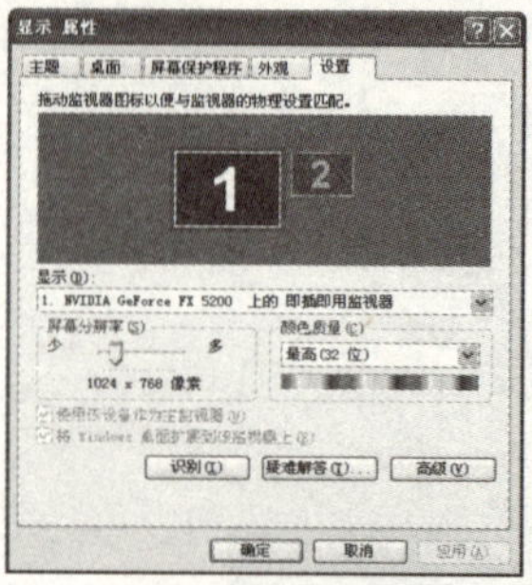

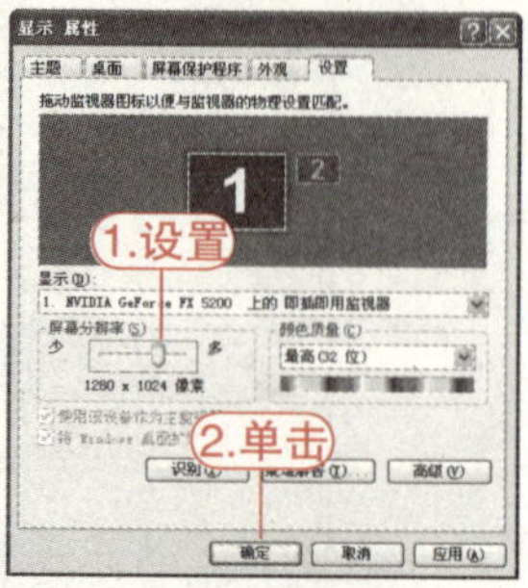

04 单击【确定】按钮，即可设置屏幕分辨率为1280×1024 像素。

4.1.6 设置屏幕刷新频率

屏幕的刷新频率是指屏幕每秒钟刷新的次数，刷新频率越高，屏幕的闪烁越少。屏幕的刷新频率单位为赫兹，屏幕的刷新频率对保护视力至关重要，如果刷新频率低于60赫兹，将严重影响视力，通常至少将刷新频率设置为75赫兹。

【例4-6】设置屏幕刷新频率为85赫兹。视频

01 右击桌面空白区域，然后在弹出的快捷菜单中选择【属性】命令，打开【显示属性】对话框。

02 单击【设置】选项卡，打开该选项卡对话框。

03 单击【高级】按钮，打开【即插即用监视器】对话框。

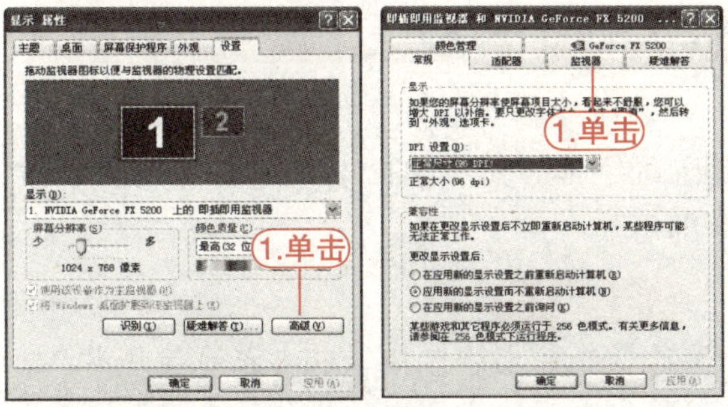

04 单击【监视器】选项卡，打开该选项卡对话框。

05 在【屏幕刷新频率】下拉列表中选择【85赫兹】选项，单击【确定】按钮，即可设置屏幕刷新频率为85赫兹。

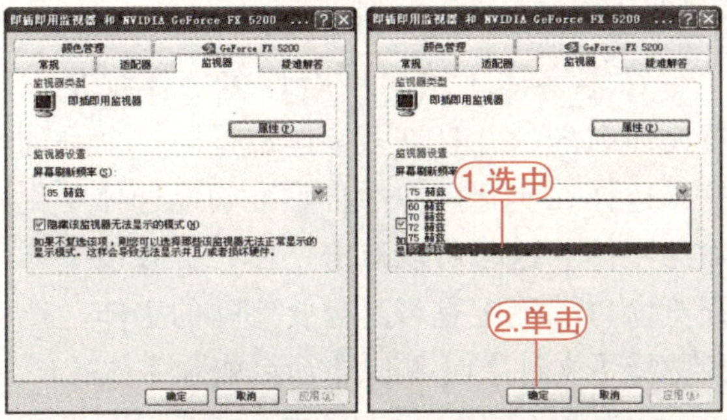

4.1.7 设置鼠标样式

Windows XP操作系统的默认鼠标光标样式为↖，可以设置鼠标属性来更换鼠标样式，充分展现用户的个性。

【例4-7】更改鼠标样式。视频

01 单击【开始】按钮开始，弹出【开始】菜单，选择【控制面板】命令，打开【控制面板】窗口。

02 双击【鼠标】图标，打开【鼠标属性】对话框。

03 单击【指针】选项卡，打开该选项卡对话框，单击【自定义】列表框下方的【浏览】按钮，打开【浏览】对话框，显示了可以更换的鼠标光标样式。

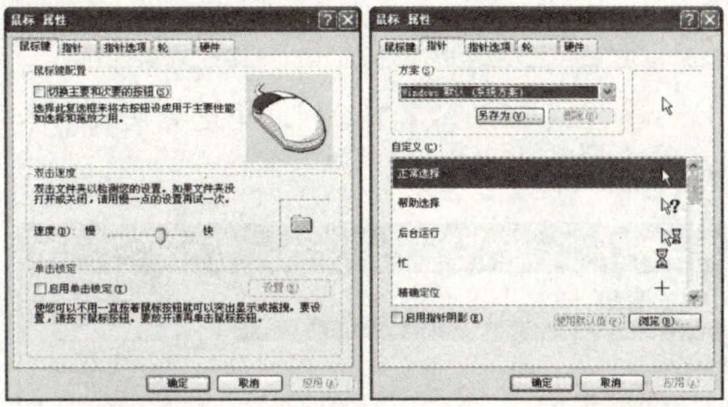

04 选择一个光标样式，然后单击【打开】按钮，返回【指针】选项卡对话框。

05 在【自定义】列表框中的【正常选择】光标样式已经更换为之前选中的光标样式，单击【确定】按钮，即可设置鼠标样式。

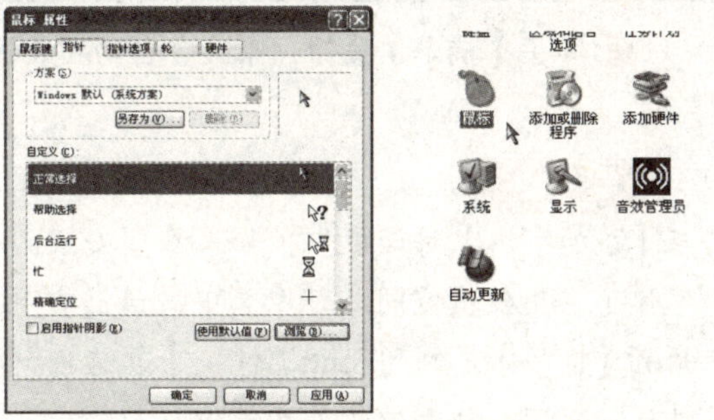

4.2 添加和删除字体

字体常用于处理文本时的特定样式，例如字体的大小、粗细、字体样式等。下面将介绍有关添加和删除字体的方法。

4.2.1 添加字体

添加字体是在【控制面板】中的【字体】窗口中完成的。

【例4-8】添加字体。视频

01 打开【控制面板】窗口，单击【字体】图标。

02 选择【文件】|【安装新字体】命令。打开【添加字体】对话框。

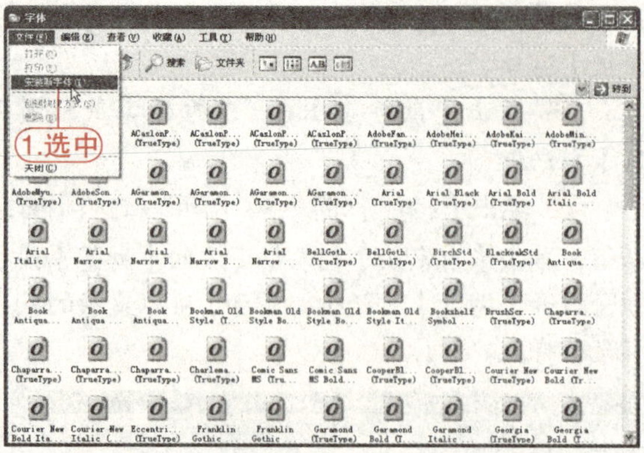

03 在【驱动器】下拉列表中选择安装字体所在的文件夹。

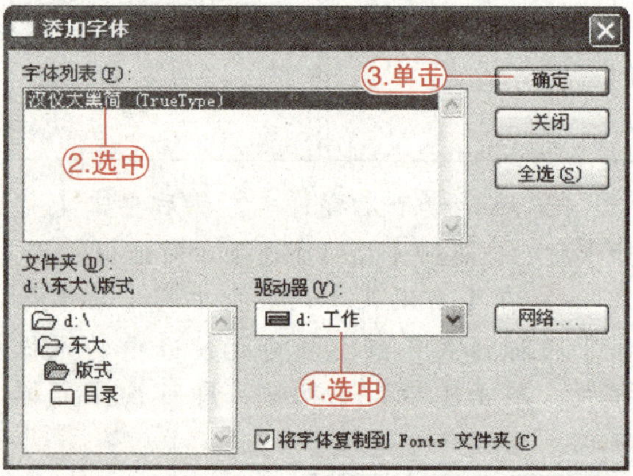

04 单击【确定】按钮，系统会自动安装该字体。

专家指点

在【添加字体】对话框中，如果希望安装的字体不占用硬盘空间，可以选中对话框右下角的【将字体复制到Fonts文件夹】复选框，默认情况下，该复选框处于选中状态。

4.2.2 删除字体

删除字体与删除文件方法相似，选中要删除的字体，然后选择【文件】|【删除】命令即可。

注意事项

安装字体和删除字体实际上是将字体放入或移出【字体】窗口的操作。在安装字体时，可以直接将字体文件移至【字体】窗口中或者使用复制命令，将字体文件复制粘贴到Fonts文件夹；删除字体时，拖动字体文件到【字体】窗口外或者按下Del键，可以删除字体。

在【字体】窗口中有许多字体都是以英文命名的，并且许多字体都是同一个系列的，这样在实际操作中很难准确地选择要删除的字体。这时可以双击字体，打开该字体预览窗口，确定是否是需要删除的字体，然后选择【文件】|【删除】命令删除字体。

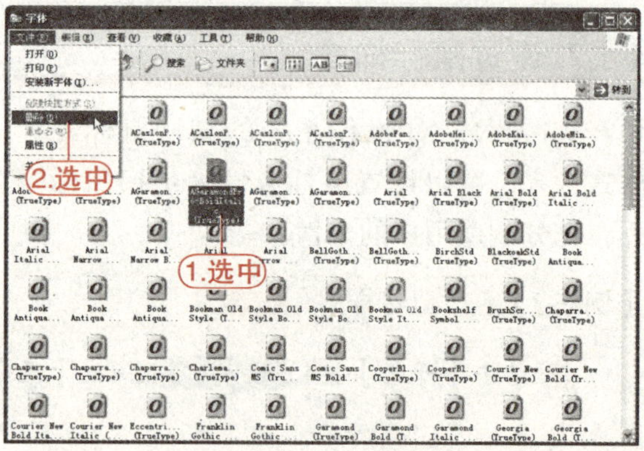

4.3 创建专属的用户

Windows XP操作系统提供了多个用户帐户，可以分别为这些用户帐户创建相应的配置和帐户密码，并且每个独立的帐户对操作系统进行的个性化设置都是相对独立、互不干扰的。

4.3.1 创建新用户

一台电脑有多个人使用，想要创建专属自己的用户帐户，需要创建一个属于自己的新用户帐户。

【例4-9】创建专属自己的用户。视频

01 单击【开始】按钮 开始 ，弹出【开始】菜单，选择【控制面板】命令，打开【控制面板】窗口。

02 双击【用户帐户】图标，打开【用户帐户】窗口。

03 单击【创建一个新帐户】链接。

04 在【为新帐户键入一个名称】文本框中输入创建的新帐户名称“office”，单击【下一步】按钮。

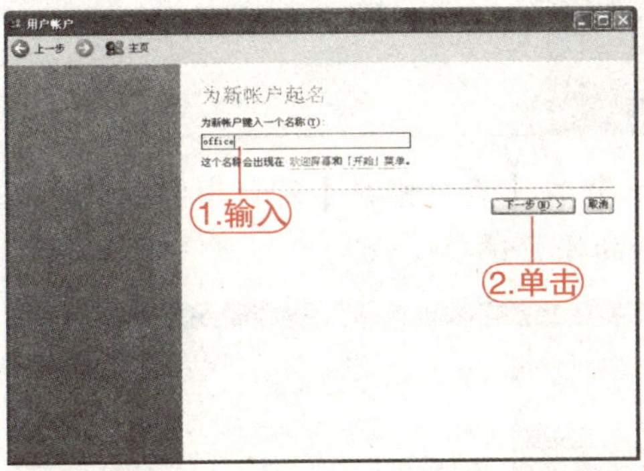

05 选中【计算机管理员】单选按钮，单击【创建帐户】按钮。

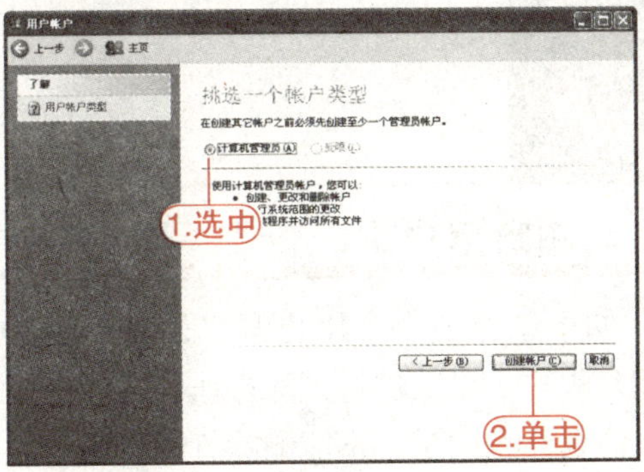

06 返回【用户帐户】窗口，在该窗口中显示了创建的office帐户。

4.3.2 创建用户密码

Windows XP操作系统允许给每个用户帐户设置密码来保护帐户的隐私，需要输入正确的密码，才可以登录系统。

【例4-10】创建office用户的密码。视频

01 打开【用户帐户】窗口，单击office帐户，打开该帐户窗口。

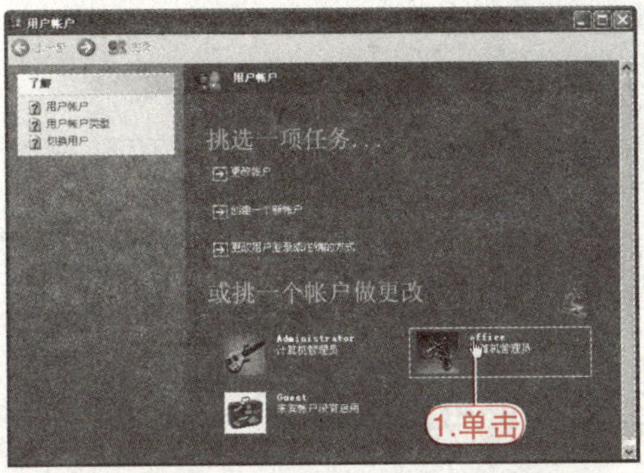

02 单击【创建密码】链接。

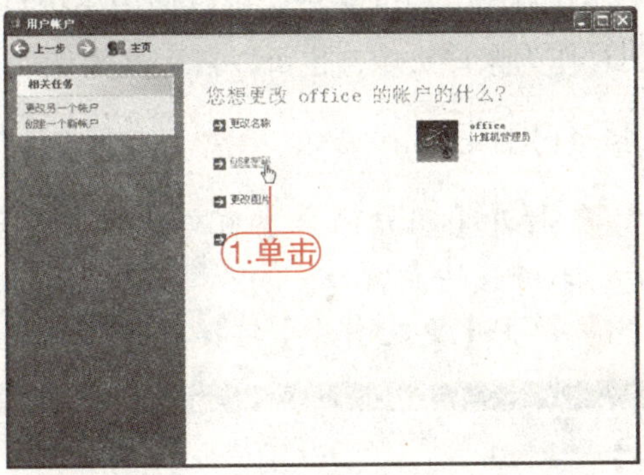

03 在【输入一个新密码】文本框中输入帐户密码。在【再次输入密码以确认】文本框中输入与【输入一个新密码】文本框相同的密码。可在密码提示文本框中输入帐户的密码提示，例如输入“我的生日”作为密码提示信息。

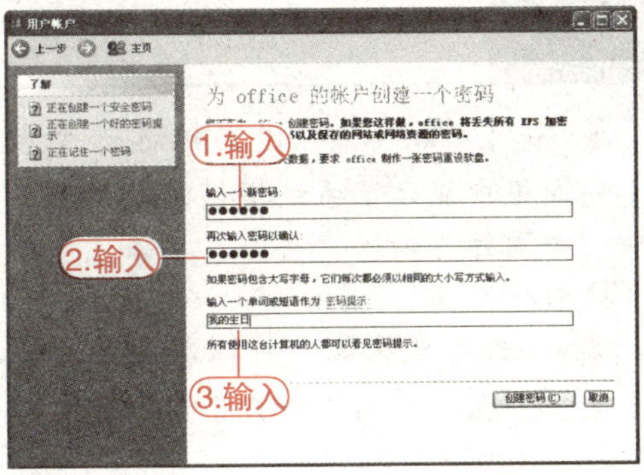

04 单击【创建密码】按钮，即可创建用户帐户密码。

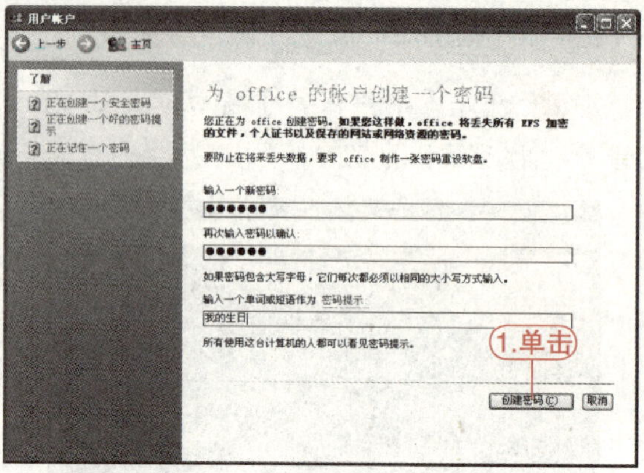

4.3.3 设置用户头像

修改帐户头像可以方便区分帐户，还可以个性化自己专属的帐户。可以使用系统自带的图片作为帐户头像，也可以自定义头像。

【例4-11】自定义用户头像。视频

01 打开【用户帐户】窗口，单击office帐户，打开该帐户窗口。

02 单击【更改图片】链接。

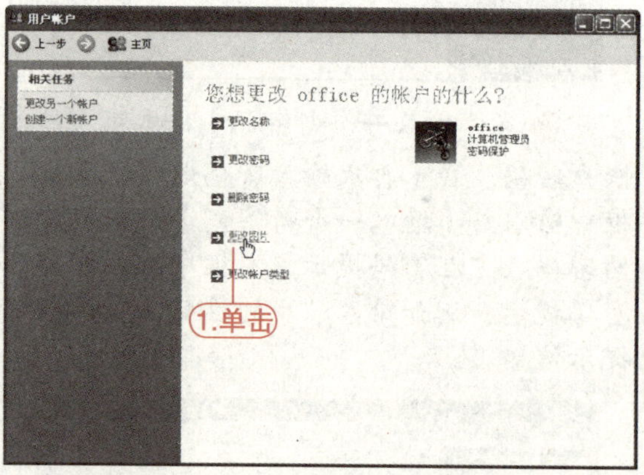

03 在【为office的帐户挑选一个新图像】列表框中显示了系统提供的头像图片，选择一个图片作为帐户头像，单击【更改图片】按钮即可。

04 要自定义头像，可以单击【浏览图像】链接，在打开的【打开】对话框中选择图片作为头像。

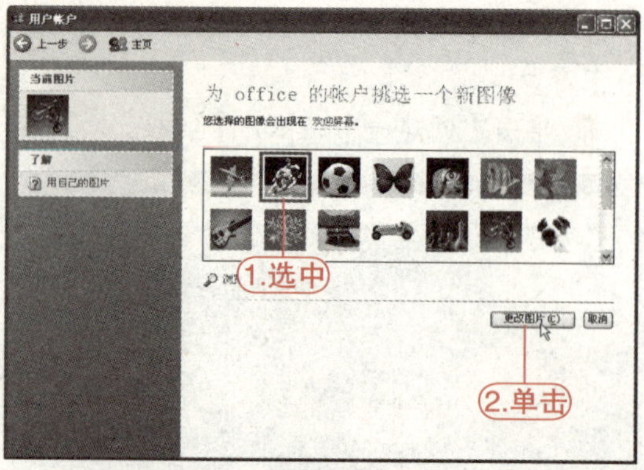

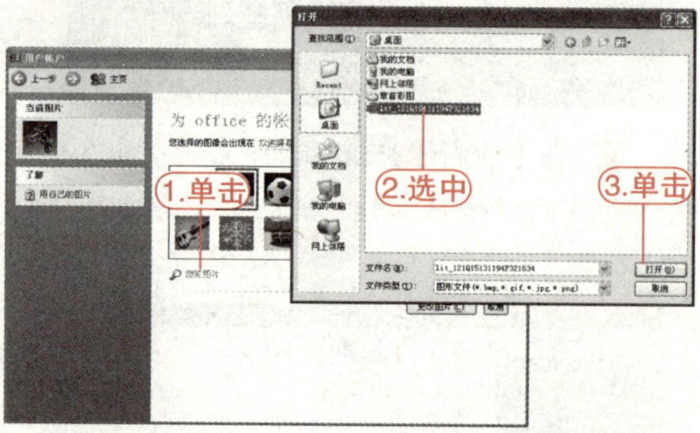

05 在【用户帐户】窗口中将显示更改图片后的帐户选项。

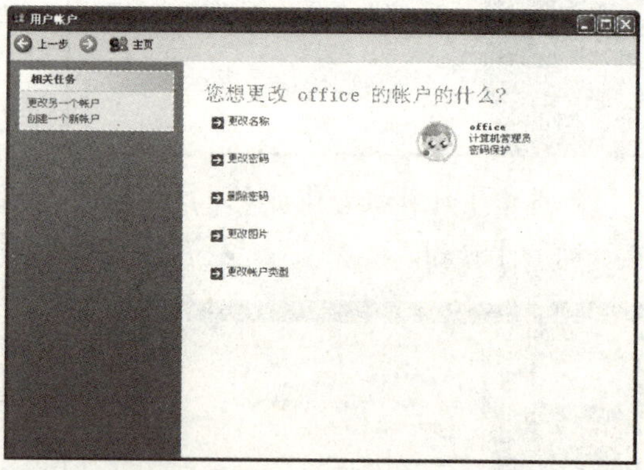

4.3.4 删除用户

如果创建了多个用户帐户，对于不需要的用户帐户，可以进行删除操作，删除这些帐户。但要注意的是，不能删除管理员用户，只能删除受限用户。

【例4-12】删除创建的受限用户。视频

01 打开【用户帐户】窗口，单击【临时用户】受限帐户，打开该帐户窗口。

02 单击【删除帐户】链接。

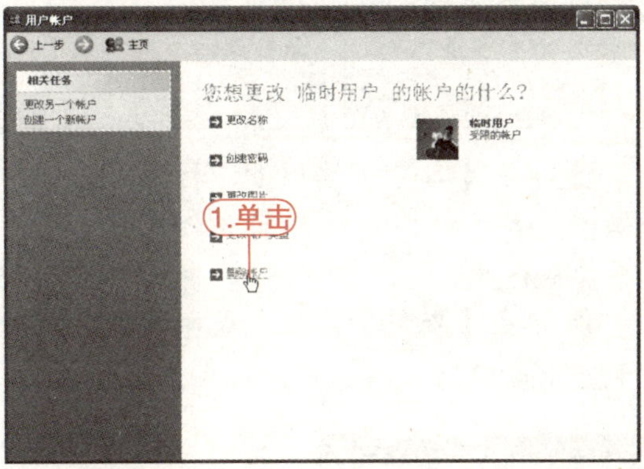

03 单击【删除文件】按钮，不保留该帐户在桌面和【我的文档】文件夹中的文件（如果需要保留，可以单击【保留文件】按钮）。

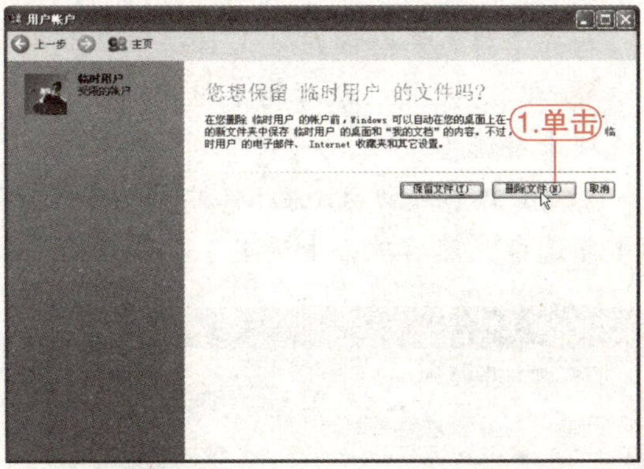

04 单击【删除帐户】按钮删除帐户。

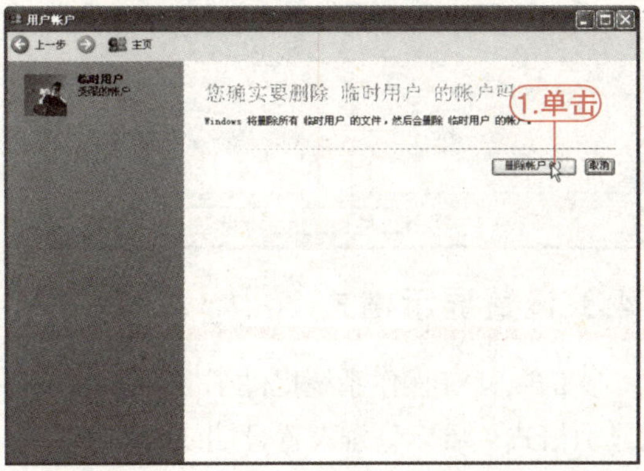

4.4 调整系统时间和日期

当启动计算机后，便可以通过任务栏的通知区域查看到系统当前的时间。此外，还可以根据需要重新设置系统的日期和时间以及选择合适自己的时区。

4.4.1 调整时间和日期

时间和日期一般通过任务栏来调整，具体操作方法可以参考下面实例。

【例4-13】调整系统时间和日期。视频

01 右击任务栏通知区域空白位置，在弹出的快捷菜单中选择【调整日期/时间】命令，打开【日期和时间属性】对话框。

01 分别调整年份、月份和日期，然后输入时间，单击【确定】按钮，即可修改系统日期和时间。

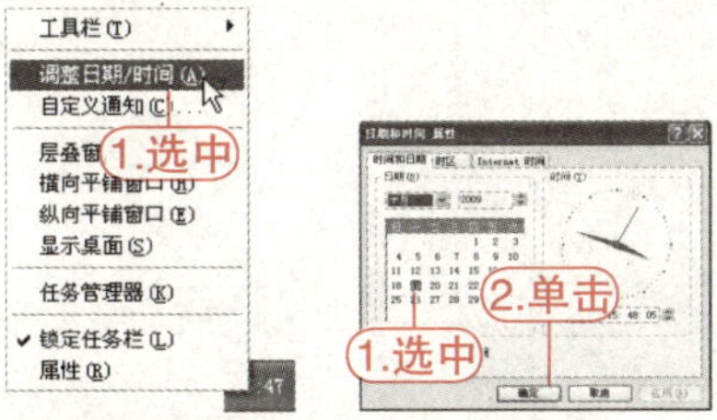

4.4.2 校准时间

在Windows XP操作系统中，用户可以联网更新日期和时间并自动更新时间，从而为系统校准正确的时间。

【例4-14】校准系统正确的时间。视频

01 右击任务栏通知区域空白位置，在弹出的快捷菜单中选择【调整日期/时间】命令，打开【日期和时间属性】对话框。

02 单击【Internet时间】选项卡，打开该选项卡对话框。

03 选中【自动与Internet时间服务器同步】复选框，然后单击【确定】按钮即可。

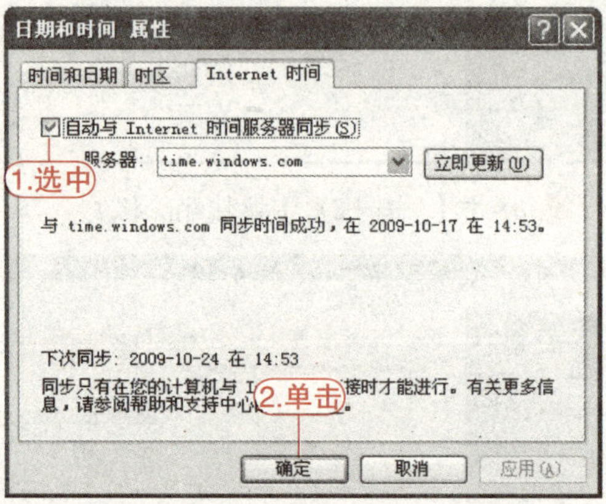

4.4.3 设置显示格式

Windows XP操作系统提供了多种日期和时间显示格式，可以分别设置日期或时间的显示格式，然后将光标移至任务栏中的通知区域，可以显示当前日期和时间。

【例4-15】设置时间和日期显示格式。视频

01 打开【控制面板】窗口，双击【区域和语言选项】图标，打开【区域和语言选项】对话框。

02 单击【自定义】按钮，打开【自定义区域选项】对话框。

03 单击【时间】选项卡，打开该选项卡对话框。在【时间格式】下拉列表中选择一个时间格式，然后单击【应用】按钮。

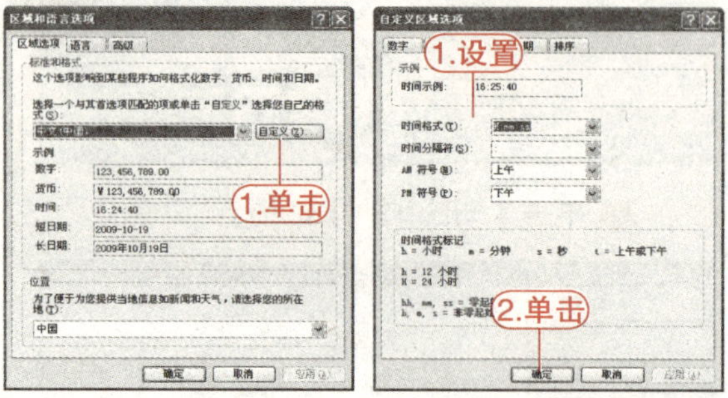

04 单击【日期】选项卡，打开该选项卡对话框。在【短日期格式】下拉列表中选择一个日期格式。

05 单击【确定】按钮完成操作，在通知栏中显示设置的时间和日期格式。

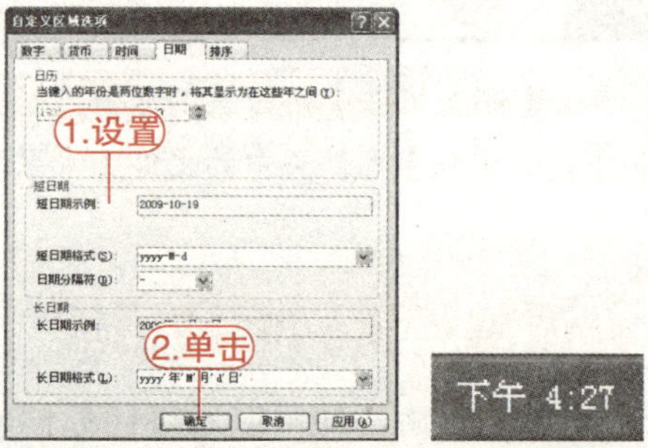

Chapter 05 管理电脑中的资料

用户在电脑中的资料是由文件和文件夹构成的。本章主要介绍有关管理文件和文件夹的知识和技巧，包括新建、复制、搜索文件等。用户通过本章学习可以掌握管理存放在电脑中的资料的方法。

- 文件管理基础知识
- 浏览和搜索文件
- 文件的基本操作
- 设置文件和文件夹的属性

参见随书光盘

例5-1 通过地址栏查看文件
例5-2 搜索电脑中的文件
例5-3 重命名文件
例5-4 还原删除的文件
例5-5 隐藏文件
例5-6 更改文件夹图标
例5-7 设置共享文件夹

5.1 文件管理基础知识

电脑中的资源都是以文件的形式保存在硬盘中的，根据文件的不同属性可以将文件分类保存在文件夹中。形象地说，好比你是一家公司的档案管理人员，将公司的所有资料分门别类，存放在不同的文件夹中，从而保证工作有条不紊地进行。

5.1.1 认识盘符

为了方便地对资料进行管理，通常将硬盘划分为多个逻辑分区，每个逻辑分区对应一个盘符。

打开【我的电脑】窗口，可以看到硬盘被划分为本地磁盘（C:）、工作磁盘（D:）和备份磁盘（E:）3个分区，字母C、D和E代表了盘符。

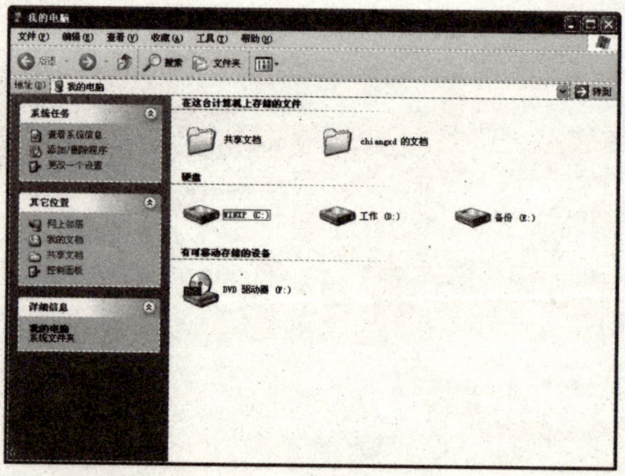

专家指点

默认情况下，硬盘分区的盘符都是以【“本地磁盘”+字母】命名的。

5.1.2 认识文件

文件是Windows XP操作系统中最基本的存储单位，一个文本、一张图像或一组数值数据等都是文件。不同的信息种类保存在不同的文件类型中。Windows中的任何文件都由文件名来标识。文件名的格式为【文件名.扩展名】。通常文件类型是用文件的扩展名来区分的。根据保存的信息和保存方式的不同，将文件分为不同的类型，并在电脑中以不同的图标显示。

专家指点

Windows XP文件支持最长255个字符的长文件名，使文件名更容易识别。

5.1.3 认识文件夹

文件夹是文件的集合，如果电脑中的文件过多，则会显得杂乱无章，要想查找某个文件也不太方便，这时用户可将相似类型的文件整理起来，统一地放置在一个文件夹中，这样不仅可以方便用户查找文件，而且还能有效地管理好电脑中的资源。文件夹的外观由文件夹图标和文件名组成。

专家指点

文件夹就像是一个资料袋，资料袋中放置的就是文件，可以将文件归类后放置在不同的文件夹中，方便今后查看。

5.1.4 文件和文件夹的关联

文件和文件夹都是存放在电脑的磁盘中的，文件夹中可以包含子文件夹和文件，子文件夹中又可以包含子文件夹和文件，依此类推，形成文件和文件夹的树形关系。

5.2 浏览和搜索文件

通过简单的操作可以查看存储在电脑中的资源，还可以根据需要选择文件图标的不同显示方式。当忘记某个文件或文件夹保存在何处时，可以使用搜索功能找到该文件或文件夹。

5.2.1 浏览文件

要查看电脑中存放的文件，首先需要打开该文件存放的文件夹，可以选择【我的电脑】、【资源管理器】或【地址栏】3种方式来查看电脑中的文件。

1.【我的电脑】查看文件

打开【我的电脑】窗口，双击某个硬盘分区盘符，窗口将显示该盘符中包含的文件和文件夹，例如双击D盘，就可以打开D盘窗口，显示该盘符中包含的文件和文件夹。

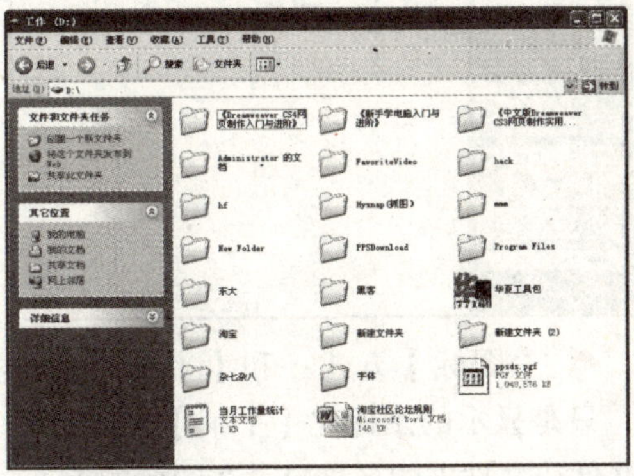

再次双击D盘中的某个文件夹，可以查看包含在该文件夹中的文件，双击该文件，可以打开文件。

2.【资源管理器】查看文件

资源管理器是Windows XP操作系统中另外一个查看电脑中文件和文件夹的重要窗口。右击【我的电脑】图标，在弹出的快捷菜单中选择【资源管理器】命令，可以打开【资源管理器】窗口。

打开的【资源管理器】窗口与【我的电脑】窗口很相似，但在窗口的左侧中多了一个文件夹窗口。

在文件夹窗口中，如果目录前是+按钮，表示该目录未展开。单击按钮，可以展开目录，同时+按钮会自动变为-按钮。再次单击按钮，可以收缩目录。

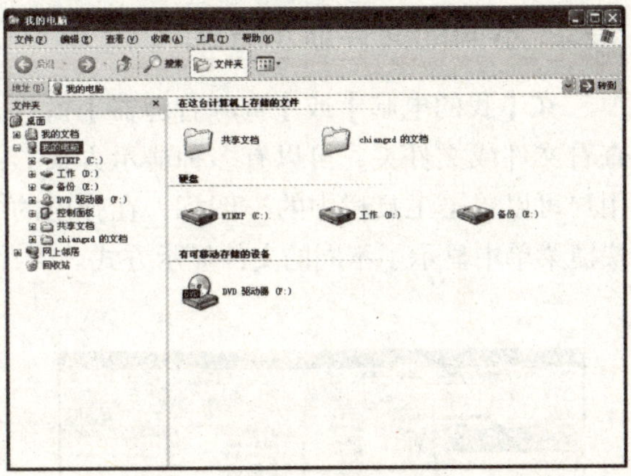

3.【地址栏】查看文件

通过地址栏可以在磁盘或文件夹之间进行快速切换，单击地址栏右侧的 按钮，在弹出的下拉列表中选择将要查看的某个磁盘或文件夹，即可切换到该磁盘或文件夹窗口中进行查看。

【例5-1】通过地址栏查看E盘中的文件。视频

01 打开任意一个窗口，单击地址栏右侧的 按钮，在弹出的下拉列表中选择E盘。

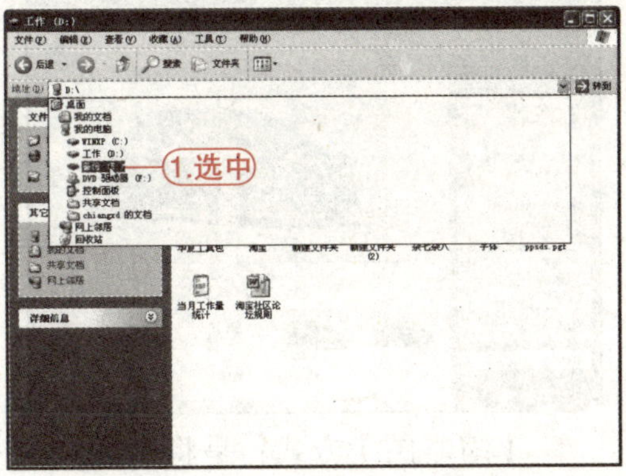

02 选择E盘后，切换到该磁盘窗口。

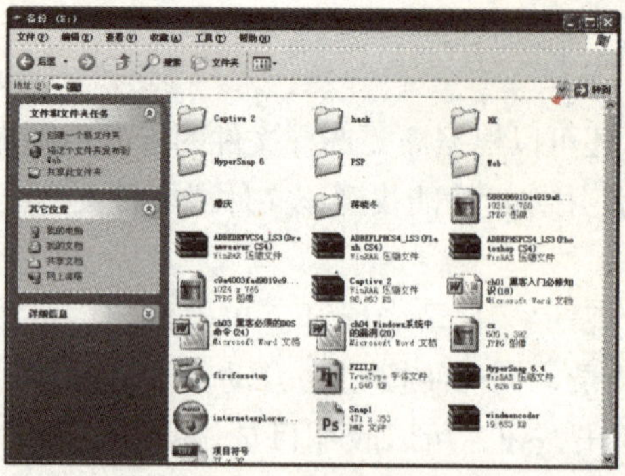

5.2.2 不同的文件显示方式

在【我的电脑】或【资源管理器】窗口查看文件或文件夹，可以有多种显示方式。用户可以单击工具栏中的图标，在弹出的快捷菜单中显示了不同的文件显示方式。

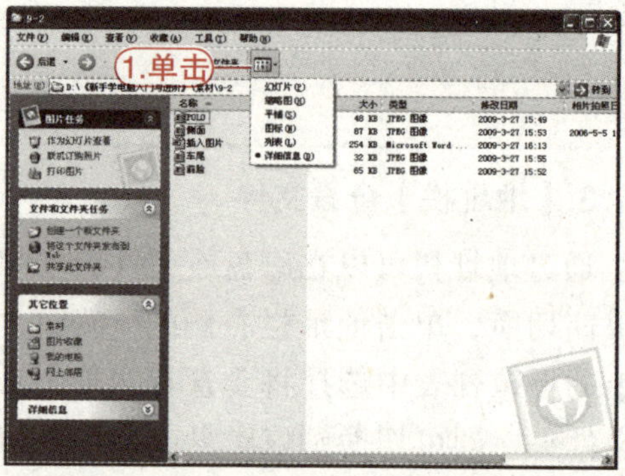

【幻灯片】方式：用于存放图片文件的文件夹中，图片以单行缩略图的方式显示，单击某一图片时，该图片会在屏幕中以较大的方式显示。

【缩略图】方式：是将文件夹中所包含的图像文件显示在文件夹图标上，以方便快速识别文件夹中的内容。

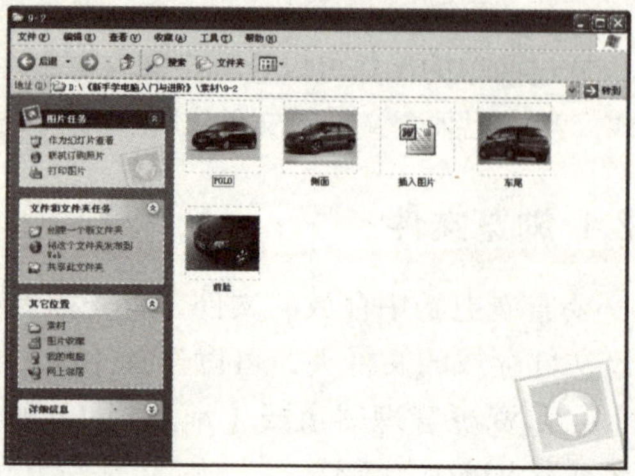

【平铺】方式：以图标形式显示文件和文件夹。在图标的右侧显示文件或文件夹的名称、类型和大小等信息。

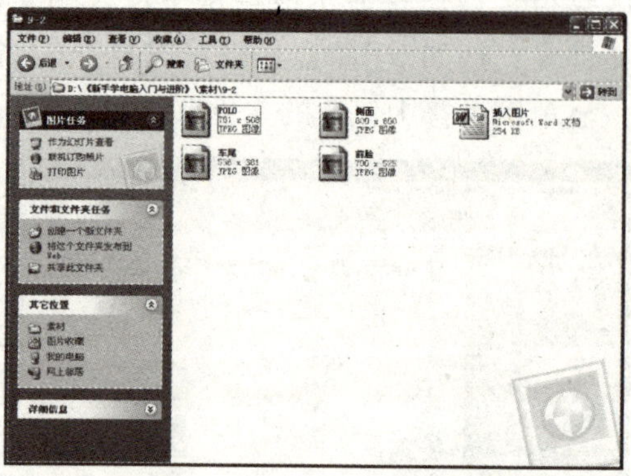

【图标】方式：和【平铺】方式类似，只是显示的图标比【平铺】方式小，并且文件或文件夹的名称显示在图标的下方。

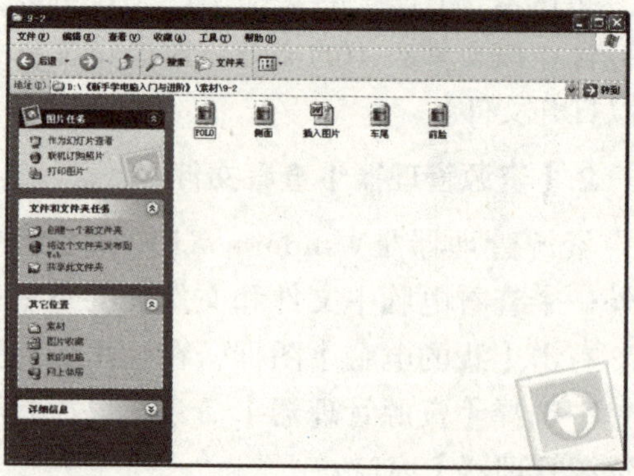

【列表】方式：文件或文件夹以列表的方式显示，图标的大小比【图标】方式更小，文件或文件夹的名称显示在图标的右侧。

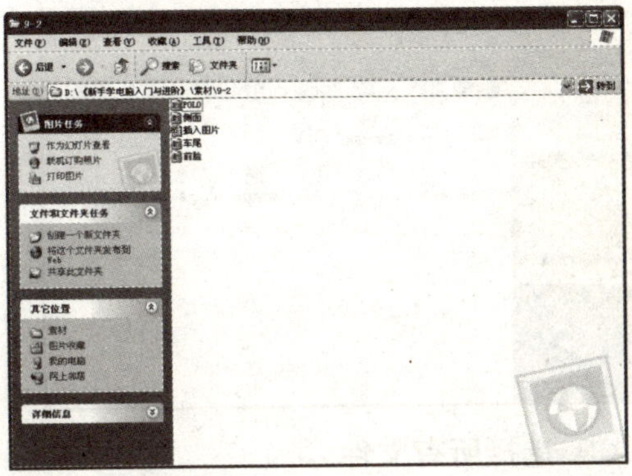

【详细信息】方式：文件或文件夹整体以列表形式显示，除了显示文件图标和名称外还显示文件的类型、修改日期等相关信息。

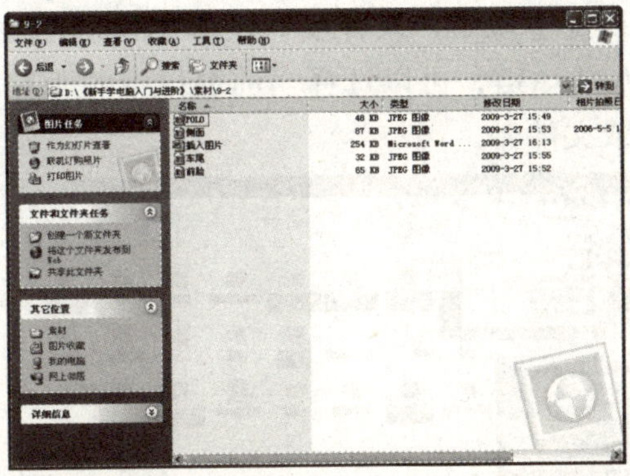

5.2.3 搜索文件

Windows XP操作系统拥有强大的搜索功能，可以快速搜索电脑中的文件或文件夹。根据文件的名称、类型和修改时间等搜索条件，简化系统搜索步骤，从而提高搜索速度，提高效率。

【例5-2】搜索本地电脑中的所有Word文档。视频

01 单击【开始】按钮 开始 ，在弹出的【开始】菜单中选择【搜索】命令，打开【搜索结果】窗口。

02 在【要搜索的文件或文件夹名为】文本框中输入Word文档文件后缀名*.doc，在【搜索范围】下拉列表中选择【我的电脑】选项。

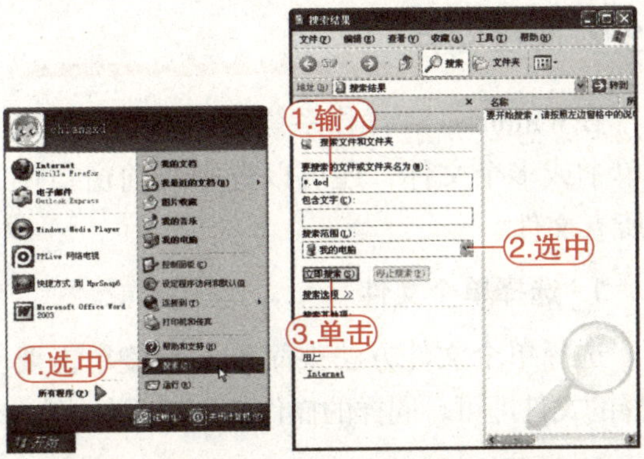

03 单击【开始搜索】按钮，进行搜索操作。在右侧的窗格中显示搜索结果。

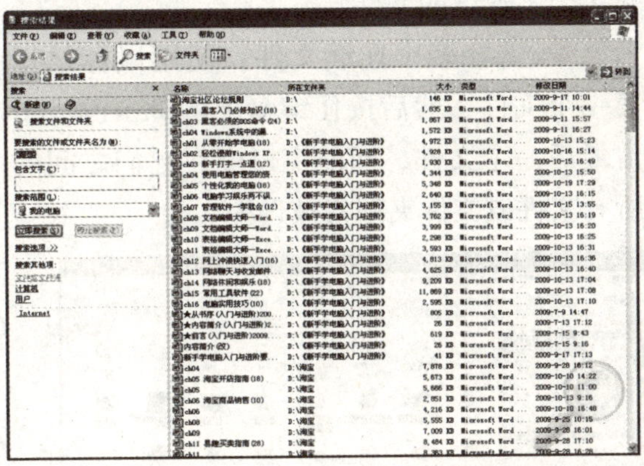

5.3 文件的基本操作

电脑中存储的文件，需要有效地管理才能被更好地利用。要管理文件不免要对文件进行操作，文件的基本操作主要包括文件创建、选择、重命名、移动、复制、删除和排序等。

5.3.1 新建文件

在使用应用程序编辑文件时，通常需要新建文件，可以在需要创建文件的窗口中右击鼠标，在弹出的快捷菜单中选择【新建】|【文本文档】命令，就可以新建一个文本文档文件。

在弹出的快捷菜单中选择【新建文件夹】命令，即可在当前窗口中新建一个文件夹。

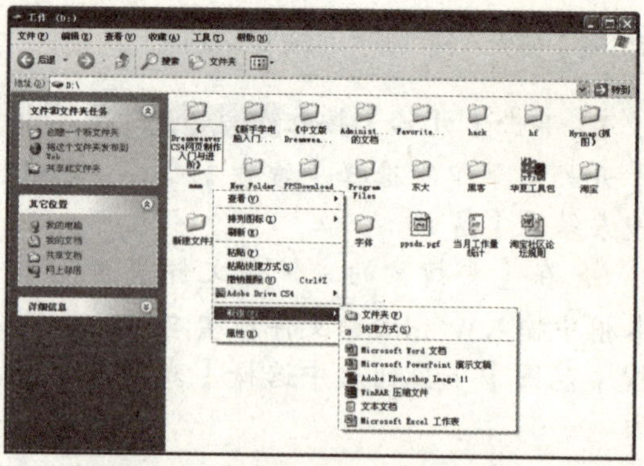

5.3.2 选择文件

在Windows XP操作系统中，可以一次选择单个或多个文件，还可以选中当前窗口中的所有文件。

1. 选择单个文件

选择单个文件方法很简单，直接单击要选择的文件即可，同样的操作适用于文件夹。

2. 选择多个文件

选择多个文件包括选择多个连续的文件和多个不连续的文件。

- 选择多个连续文件：使用鼠标选择第一个文件，然后按住键盘上的Shift键，单击最后一个文件，当前窗口中在它们之间的所有文件或文件夹都将被选中。

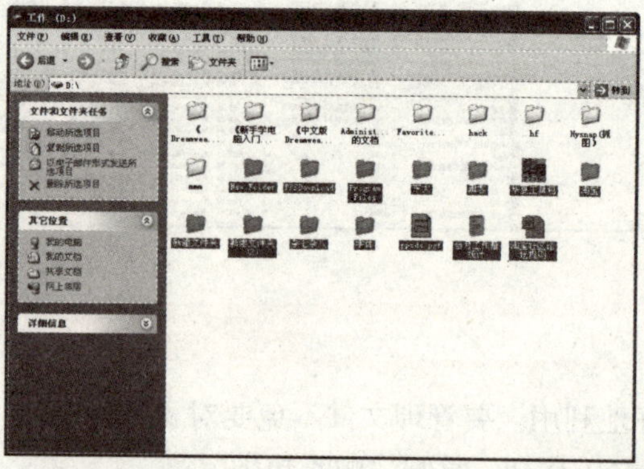

- 选择多个不连续文件：如果要在当前窗口中同时选择多个不连续的文件或文件夹，可以按下键盘上的Ctrl键，依次单击要选择的文件或文件夹，选择多个不连续的文件或文件夹。

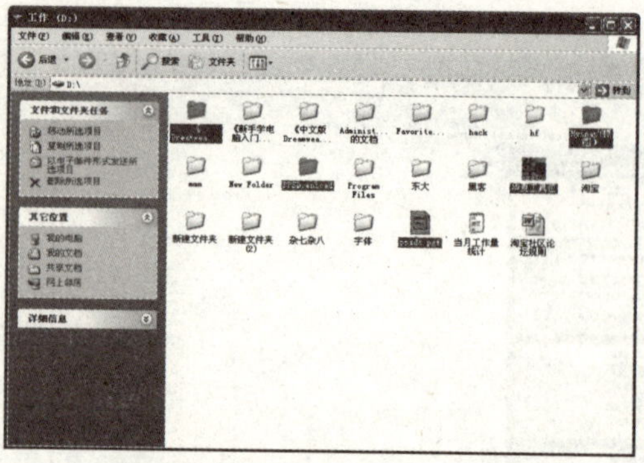

3. 选择所有文件

- 要选择当前窗口中的所有文件或文件夹，可以结合键盘和鼠标来选择，不过最快捷的方法是使用菜单命令来选择。
- 打开一个窗口，选择【编辑】|【全部选定】命令，或者按下该命令对应的快捷键Ctrl+A键，可以选择当前窗口中的所有文件或文件夹。

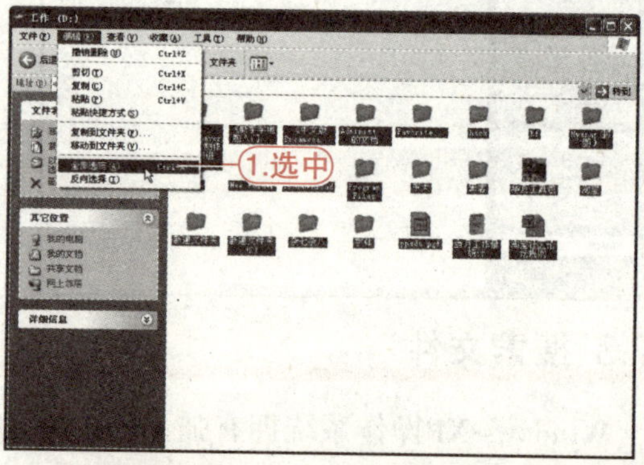

专家指点

选中文件后，选择【编辑】|【反选】命令，可以选中当前窗口中所有未选中的文件或文件夹，已选中文件或文件夹则取消选中。

5.3.3 复制、剪切和粘贴文件

复制、剪切和粘贴文件操作是管理电脑资源过程中的应用。

1. 复制文件

复制文件操作是以原来的文件为样本，克隆另一个内容完全相同的文件，同时原文件不会发生任何变化。

选择要复制的文件或文件夹，选择【编辑】|【复制】命令，或者按下该命令对应的快捷键Ctrl+C键，即可复制文件。

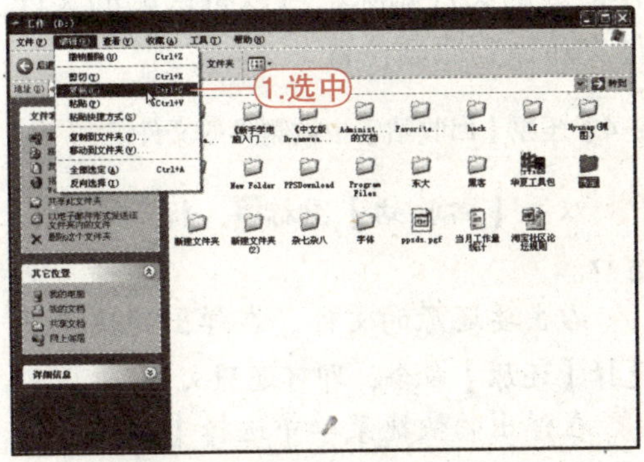

2. 剪切文件

剪切文件与复制文件的作用非常相似，区别是剪切后的原文件或文件夹是被移动到其他位置，而原位置的原文件或文件夹将自动消失。

要进行剪切操作，选中要剪切的文件，选择【编辑】|【剪切】命令，或者按下该命令对应的快捷键Ctrl+X键，也可以右击文件，在弹出的快捷菜单中选择【剪切】命令。

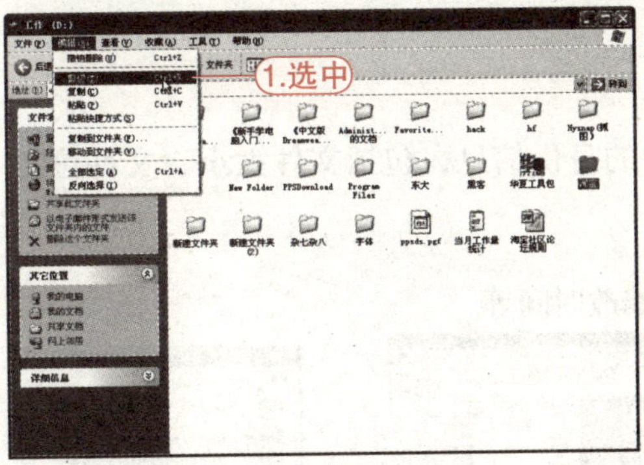

3. 粘贴文件

粘贴文件也就是将复制或剪切的文件粘贴到磁盘的其他位置。

选择【编辑】|【粘贴】命令，即可粘贴文件或文件夹。粘贴操作的快捷键为Ctrl+V。

> **注意事项**
>
> 在实际操作过程中，用户要熟练应用快捷键来进行复制、剪切和粘贴文件操作。

5.3.4 重命名文件

电脑中的文件过多且名称相同或相似时，可以重命名文件或文件夹。重命名文件也是常用的管理文件的方法之一。

【例5-3】重命名文件。视频

01 打开D盘，右击所需重命名的文件夹，在弹出的快捷菜单中选择【重命名】命令。

02 此时该文件夹名称文本框将显示为编辑状态，输入文件夹名称“下载的资料”，然后单击Enter键，即可重命名文件夹。

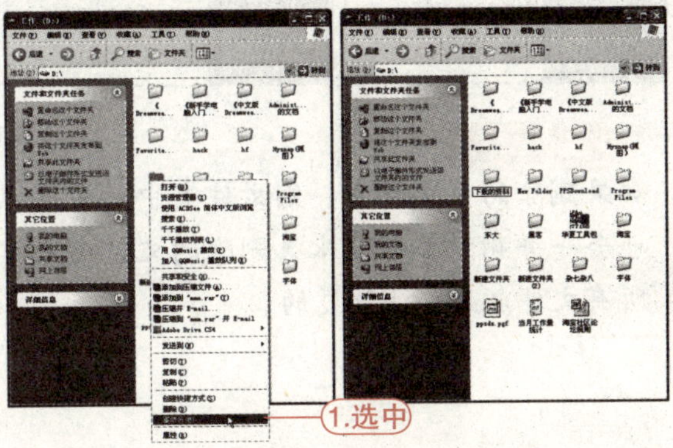

5.3.5 删除文件

删除文件分为临时删除文件和永久删除文件。临时删除的文件是放置在【回收站】中的，而永久删除的文件则是彻底从电脑中删除。

- 临时删除文件：右击要删除的文件，在弹出的快捷菜单中选择【删除】命令。或者按下键盘上的Del键（位于键盘小键盘区中的Enter键左侧），打开【确认文件删除】对话框，询问用户是否要将选中的文件删除到【回收站】中，单击【是】按钮，即可将文件删除到【回收站】中；单击【否】按钮，可以取消删除操作。
- 永久删除文件：按住键盘上的Shift键，右击文件，在弹出的快捷菜单中选择【删除】命令。也可以按住Shift键，然后按下Del键，这时系统会打开一个【确认文件删除】对话框（仔细查看该对话框与删除文件到【回收站】打开的对话框的区别），询问用户是否要将选中的文件删除，单击【是】按钮，即可删除文件；如果单击【否】按钮，可以取消删除操作。

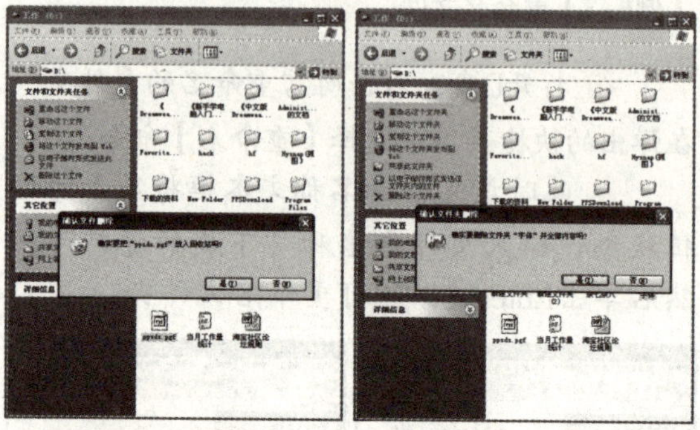

> **注意事项**
> 如果删除的是文件夹，则文件夹中的文件也会一并删除，并且永久删除的文件夹中所有文件也是无法恢复的。

5.3.6 还原文件

还原删除文件或文件夹操作主要用于失误操作造成的文件删除，可以将误删的文件或文件夹还原到原始位置。

【例5-4】还原【回收站】中被删除的文件。视频

01 双击【回收站】图标，打开【回收站】窗口。

02 右击要还原的文件，在弹出的快捷菜单中选择【还原】命令，即可还原文件。

03 在弹出的快捷菜单中选择【属性】命令，可以打开该文件的【属性】对话框，在【原位置】选项中显示了文件的原始路径。

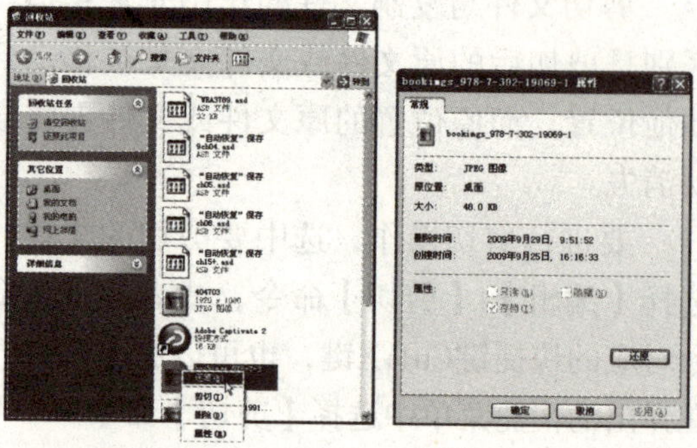

5.4 设置文件和文件夹的属性

文件和文件夹的属性就是文件或文件夹在电脑中的身份信息，包括文件大小、文件位置等。设置文件和文件夹属性的方法各自有所不同。

5.4.1 设置文件的属性

不同类型的文件具有的属性是有所区别的，但每个文件都可以设置只读、隐藏和存档3种属性。

1. 查看文件属性

以D盘中的某个文本文档文件为例，要查看该文件的属性，右击该文件，在弹出的快捷菜单中选择【属性】命令，可以打开该文件的【属性】对话框。

在文件的【属性】对话框中显示了该文件的所有属性，例如文件大小、位置、创建时间、修改时间等。

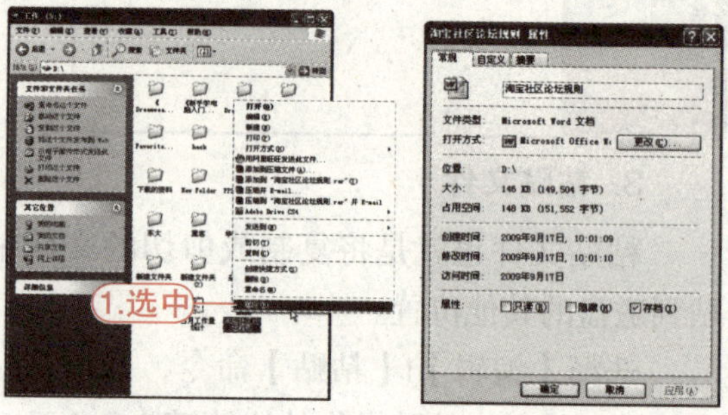

2. 隐藏文件

隐藏文件就是将文件从当前窗口中隐藏起来。要隐藏文件，先要设置文件的属性，然后设置文件和文件夹的查看方式。

【例5-5】隐藏文件。视频

01 右击所需隐藏的文件，在弹出的快捷菜单中选择【属性】命令，打开【属性】对话框。

02 选中【隐藏】复选框，单击【确定】按钮，隐藏文件。

03 此时隐藏的文件将模糊显示，表示该文件设置了隐藏属性。

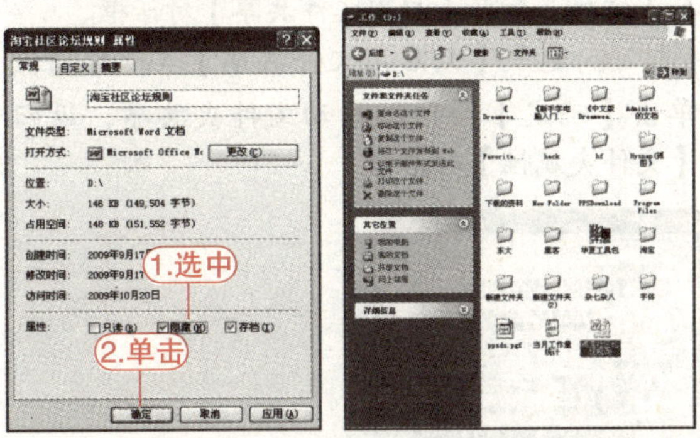

04 选择【工具】|【文件夹选项】命令，打开【文件夹选项】对话框。

05 单击【查看】选项卡，打开该选项卡对话框，在【高级设置】列表框中选中【不显示所有文件和文件夹】单选按钮，然后单击【确定】按钮，即可隐藏文件显示。

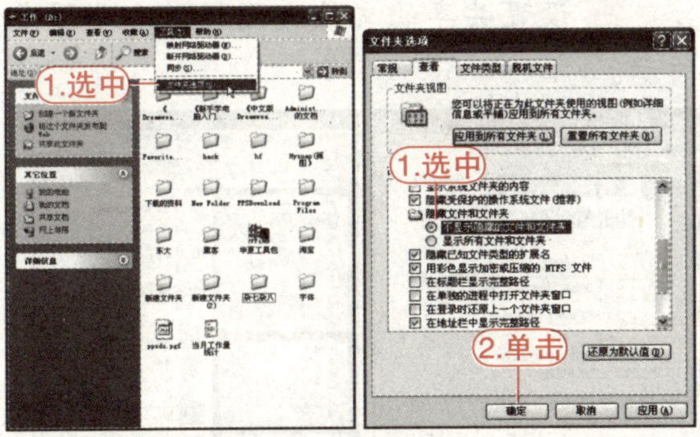

5.4.2 设置文件夹的属性

文件夹同样需要查看具有的属性，并且与文件相同，文件夹可以隐藏，还可以更改文件夹图标，个性化文件夹。

1. 查看文件夹属性

右击文件夹，在弹出的快捷菜单中选择【属性】命令，打开【文件夹属性】对话框，显示了文件夹的所有属性。与文件不同，所有的文件夹具有的属性都是相同的。

选中【隐藏】复选框，然后单击【确定】按钮，如果要隐藏的文件夹包含子文件夹或文件，系统会打开【确定属性更改】对话框，需要选中【将更改应用于该文件夹、子文件夹和文件】单选按钮，然后单击【确定】按钮，才可以设置文件夹的隐藏属性。

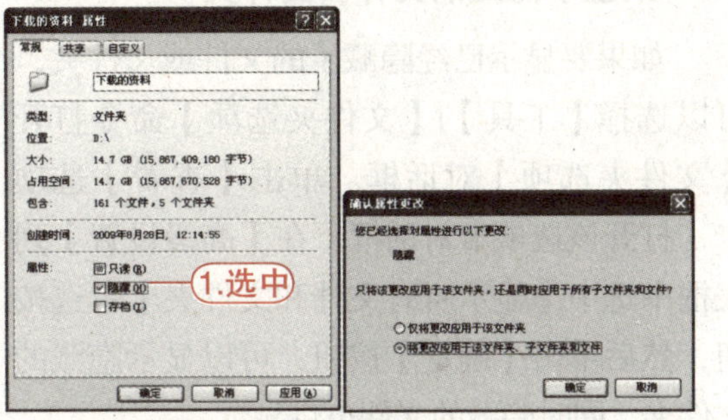

2. 更改文件夹图标

在Windows XP操作系统中，默认的文件夹图标为，可以自行更改文件夹图标。

【例5-6】更改文件夹图标。视频

01 右击要更改图标的文件夹，在弹出的快捷菜单中选中【属性】命令，打开【属性】对话框。

02 单击【自定义】选项卡，打开该选项卡对话框，单击【更改图标】按钮，打开【为文件夹类型更改图标】对话框。

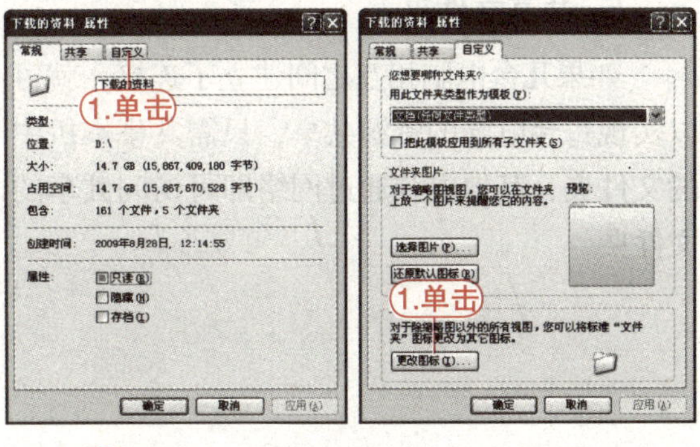

03 在【从以下列表选择一个图标】列表框中选择要更改的文件夹图标。

04 单击【确定】按钮，更改文件夹图标。

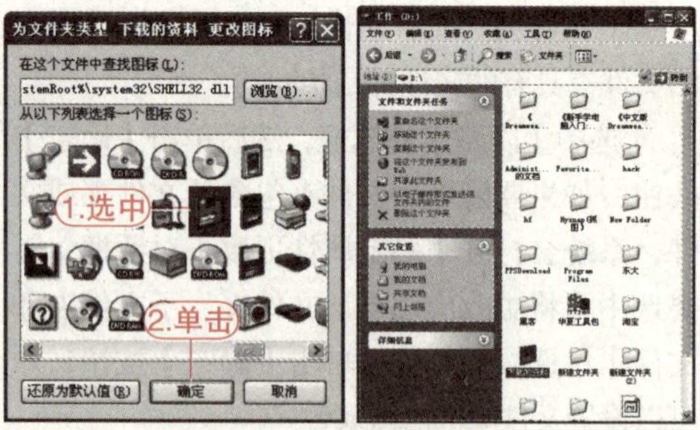

4. 显示隐藏的文件和文件夹

如果要显示已经隐藏了的文件或文件夹，可以选择【工具】|【文件夹选项】命令打开【文件夹选项】对话框。单击【查看】选项卡，打开该选项卡对话框，在【高级设置】列表框中选中【显示所有文件和文件夹】单选按钮，然后单击【确定】按钮，可以显示隐藏的文件夹，同时隐藏的文件也将显示。

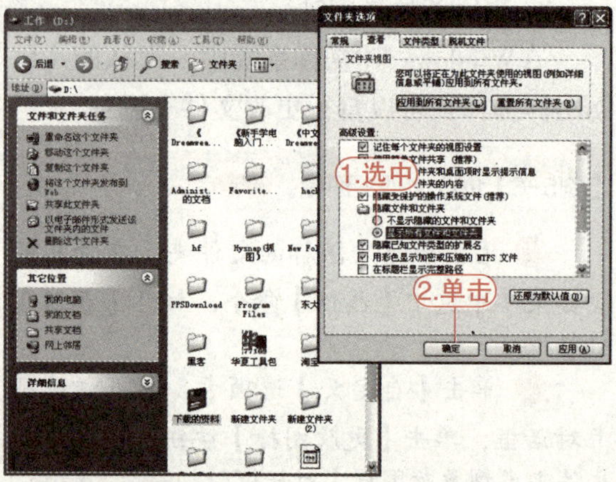

5. 共享文件夹

如果几台电脑相互之间建立了连接，就可以实现每台电脑的资源共享，只需共享本机中的文件夹，其他电脑通过网络即可访问共享的文件夹。

【例5-7】共享文件夹。视频

01 右击要设置为共享的文件夹，在弹出的快捷菜单中选中【属性】命令，打开【文件夹属性】对话框。

02 单击【共享】选项卡，打开该选项卡对话框，单击【如果您知道在安全方面的风险，但又不想运行向导就共享文件，请单击此处】链接，打开【启用文件共享】对话框。

03 选中【只启用文件共享】单选按钮，单击【确定】按钮，启动文件夹共享，返回【文件夹属性】对话框。

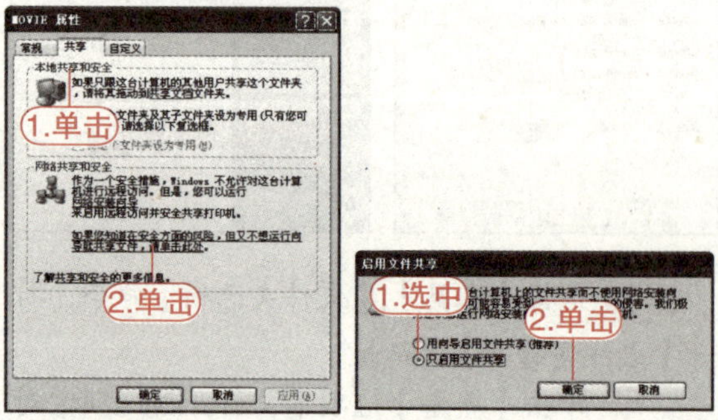

04 选中【在网络上共享这个文件夹】复选框，然后在【共享名】文本框中输入共享文件夹名称，单击【确定】按钮完成操作。

05 设置共享的文件夹图标如右下图中所示。

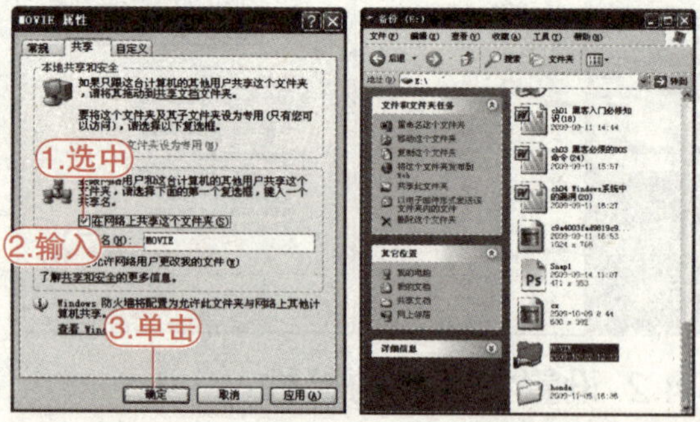

06 要关闭共享文件夹，在【文件夹属性】对话框中取消选中【在网络上共享这个文件夹】复选框即可。

Chapter

06

电脑软硬件的管理

电脑不仅需要操作系统，还需要完成各种特定任务的应用程序。本章主要介绍了安装与删除电脑软件的方法、常用外接设备的应用和一些系统常用软件的操作。

- 安装和删除软件
- 软件的通用操作方法
- 常用外接设备的使用
- 使用常用系统软件

参见随书光盘

例6-1 安装光影魔术手

例6-2 卸载程序

例6-3 删除程序

例6-4 使用扫描仪扫描图片

例6-5 使用U盘

例6-6 拷贝数码相机中的照片

例6-7 使用WinRAR压缩文件

例6-8 使用WinRAR解压缩文件

例6-9 使用WinRAR分卷压缩文件

例6-10 运行Unlocker

例6-11 自动优化系统

例6-12 优化开机速度

6.1 安装和删除软件

要使用特定任务的程序，首先要安装该程序软件。对于不使用的软件，可以从电脑中删除它们，以节省内存资源。下面将介绍安装和删除软件的方法。

6.1.1 安装软件

安装软件通常分为运行安装文件、同意许可协议、选择安装目录和安装过程4个部分。其中安装文件可以从专门的软件市场购买软件安装光盘或者从网络上下载软件安装文件。

【例6-1】安装光影魔术手。视频

01 打开【光影魔术手】软件安装文件所在的窗口。

02 双击安装文件图标，打开安装对话框，单击【下一步】按钮。

03 单击【我同意】按钮，接受软件安装许可协议。

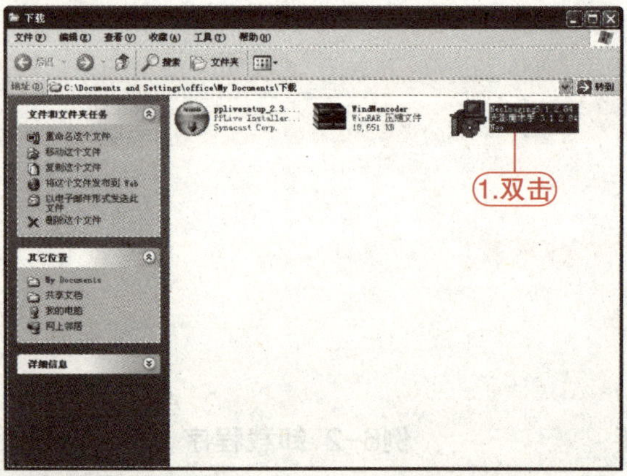

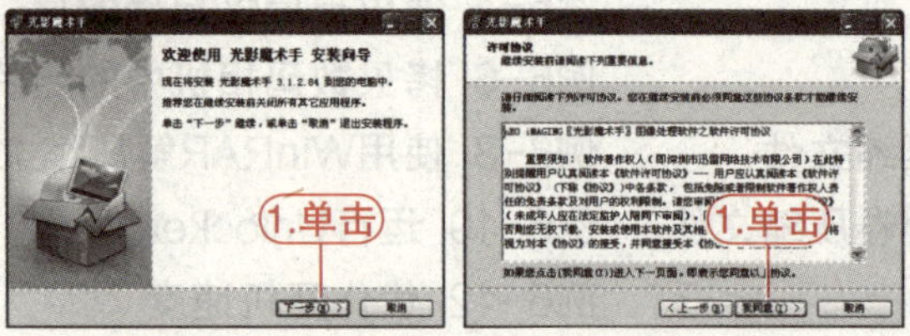

04 选中【自定义】单选按钮，使用自定义安装模式，单击【下一步】按钮。

05 单击【浏览】按钮，打开【浏览文件夹】对话框。

06 选择软件安装路径，然后单击【确定】按钮。

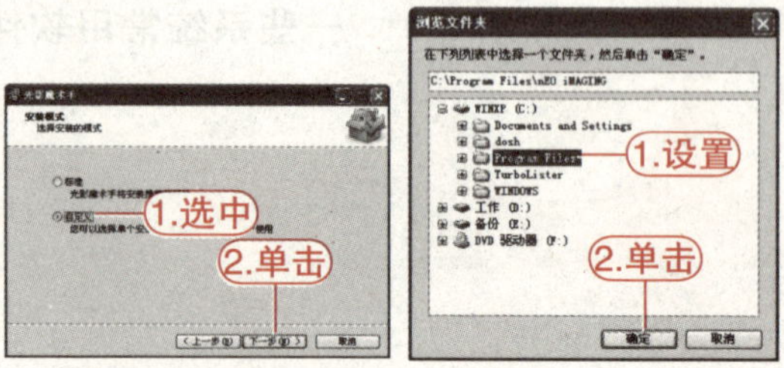

07 选择安装的组件，然后单击【下一步】按钮。

08 单击【安装】按钮，开始安装【光影魔术手】。

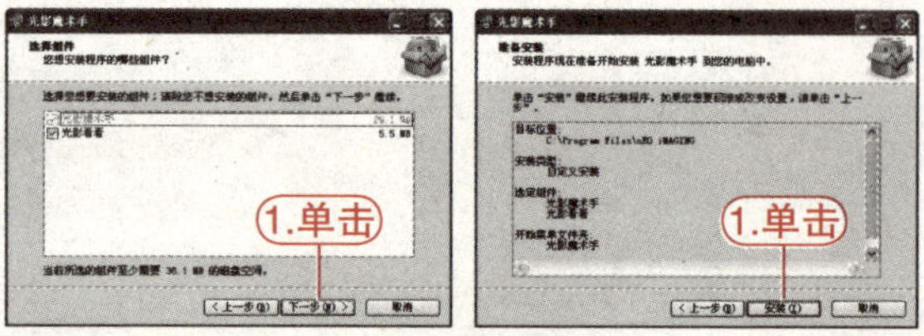

09 系统开始自动安装软件，显示软件安装进度条。

10 安装完成后，单击【完成】按钮，完成安装软件操作。

6.1.2 卸载软件

卸载软件有两种方法，一是通过卸载程序卸载；二是应用删除程序卸载。

1. 卸载程序卸载

基本上每个软件在安装时都会自动安装卸载程序，下面就通过实例介绍通过卸载程序卸载软件的方法。

【例6-2】通过卸载程序卸载软件。视频

01 单击【开始】按钮，在弹出的【开始】菜单中选择【所有程序】|【轻松水印】|【卸载轻松水印】命令，启动卸载程序。

02 此时系统会打开一个信息提示框，提示用户是否彻底卸载软件和组件，单击【是】按钮即可进行卸载操作。

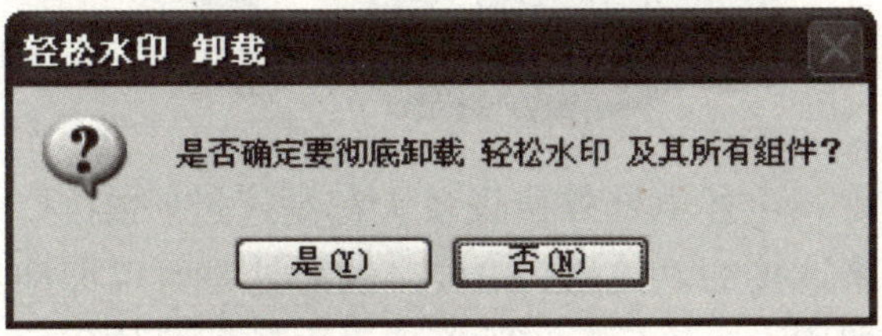

2. 删除程序卸载

应用删除程序卸载软件是最常用的卸载软件方法，下面就通过实例介绍应用删除程序卸载软件的方法。

【例6-3】通过删除程序卸载软件。视频

01 打开【控制面板】窗口，单击【添加/删除程序】链接，打开【添加或删除程序】窗口。

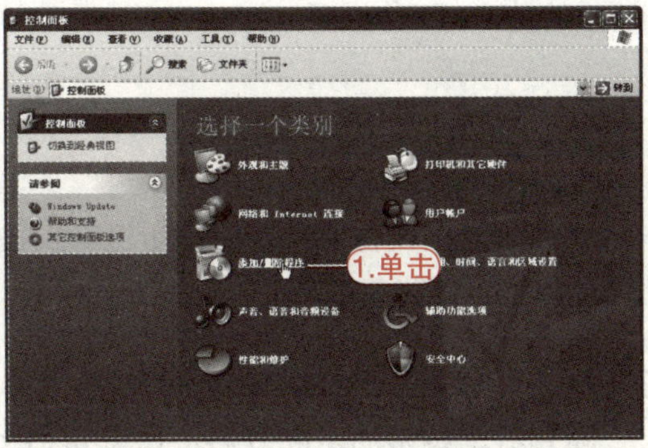

02 单击所需删除的软件右侧的【更改/删除】按钮，打开一个信息提示框，提示用户是否要删除软件和组件，单击【是】按钮即可进行删除操作。

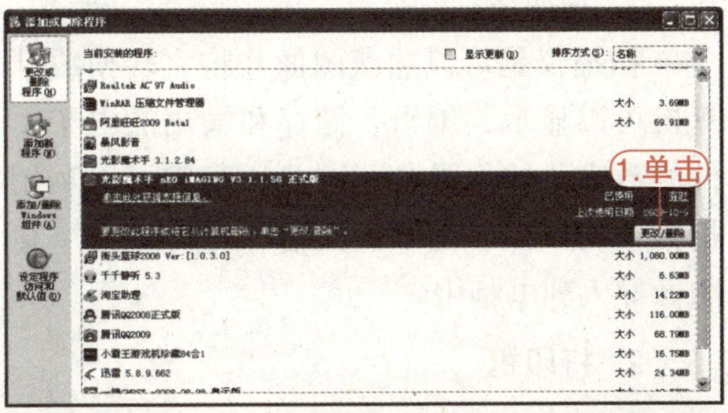

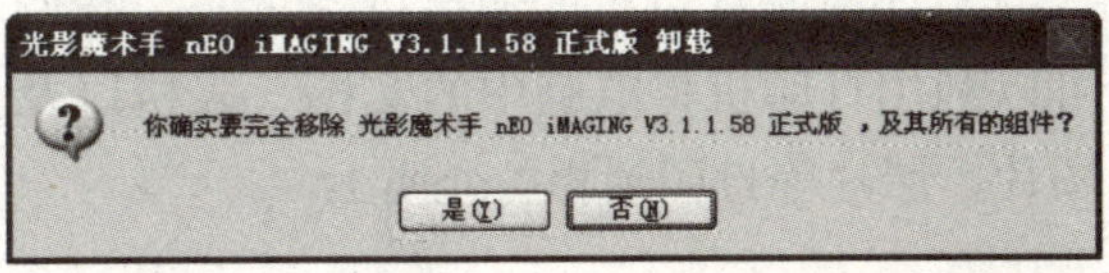

6.2 软件的通用操作方法

许多软件的启动和退出操作都是相同的，而且有些软件的操作界面都大致相同。了解软件通用操作后可以掌握操作各种软件的方法。

6.2.1 启动和退出软件

软件的启动操作都是相同的，可以双击软件图标或者在【开始】菜单中启动软件。

关闭软件与关闭窗口一样，单击软件标题栏右侧的【关闭】按钮☒即可关闭软件，或者选择【文件】|【退出】命令，关闭软件。

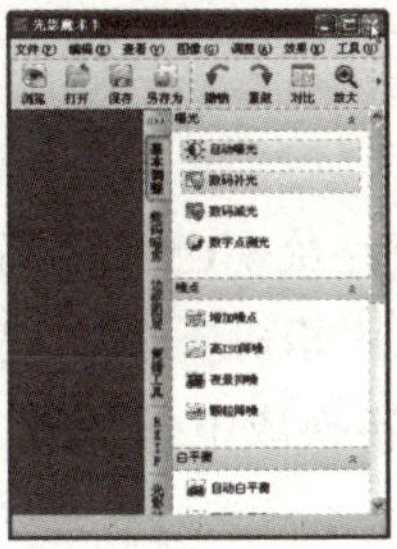

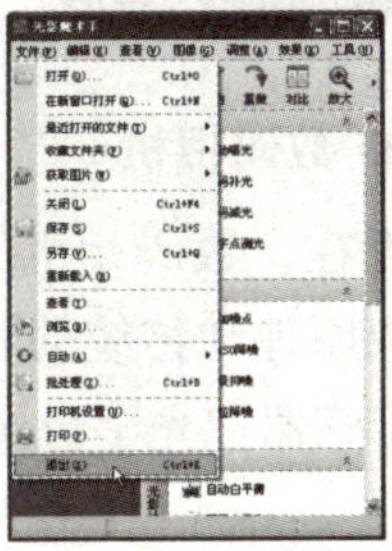

6.2.2 应用软件的界面共性

应用软件的工作界面一般都是由标题栏、菜单栏、工具栏、工作区和状态栏组成的，右图所示的是Word工作界面。

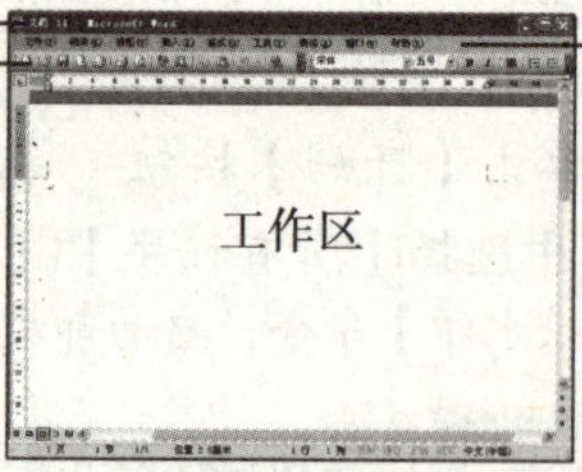

6.3 常用外接设备的使用

常用的外接设备主要包括打印机、扫描仪、数码相机和一些移动存储设备，例如U盘、移动硬盘和手机存储卡等。

6.3.1 常用外接设备

随着科学技术的不断发展，电脑可以外接的设备也越来越多。下面列举一些常用的外接设备，例如扫描仪、打印机、数码相机和移动存储设备等。

1. 扫描仪

扫描仪是可以捕获图像并将之转换成计算机可以显示、编辑、储存和输出的电子文件的数字化输入设备。因此，我们可以利用扫描仪将照片、图纸、文稿等转化成数字化图像导入到电脑中。

2. 打印机

打印机是计算机的输出设备之一，我们可以利用打印机将电脑中的文档、表格以及图片、照片等打印到相关介质上。

3. 数码相机

现在，数码相机的普及率已经很高，它的成像原理和传统的胶片相机不同，是利用电子传感器把光学影像转换成电子数据。

4. U盘和移动硬盘

U盘和移动硬盘都属于电脑的移动存储设备，它们具有体积小、携带方便、存储容量大的特点，我们可以使用它们储存电脑中的数据并随身携带。

上述电脑外接设备大都是通过USB接口来连接的。使用USB接口的好处是可以即插即用，连接后无需重新启动电脑即可使用这些外接设备。

专家指点

除了介绍的这些外接设备外，还有投影仪、数码摄像机、电视卡等外接设备也是比较常用的。

6.3.2 使用扫描仪

扫描仪是一种输入设备，它可以将图片、照片、胶片以及文稿资料等书面材料或实物的外观扫描后输入到电脑中。

正确安装扫描仪驱动程序之后，就可以使用扫描仪扫描图片。一些常用的图形图像软件都支持使用扫描仪。

【例6-4】使用扫描仪扫描图片。视频

01 启动扫描仪程序。

02 选择【文件】|【扫描新文档】命令，打开【扫描新文档】对话框，将需要扫描的图片放入扫描仪中，在【选择扫描预设】列表框中选择【彩色模式】选项。

03 单击右侧的【扫描】按钮，开始扫描图片，同时在【扫描新文档】对话框中显示扫描进度。

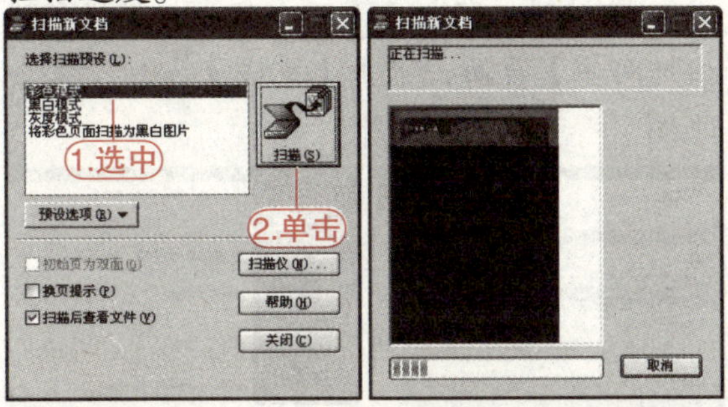

04 扫描完成后，自动关闭【扫描新文档】对话框，并且在Microsoft Office Document Imaging窗口中显示扫描好的图片，如下图所示。

05 选择【文件】|【保存】命令，即可保存该图片。

6.3.3 使用移动存储设备

以U盘为例，目前应用比较广泛的移动存储设备都是即插即用设备，使用起来十分方便，用户使用它们可以方便地将办公文件随身携带。

【例6-5】使用U盘。视频

01 将U盘插入到电脑的USB接口中，在桌面右下角的系统托盘中将显示连接USB设备的图标。此时将会打开【可移动磁盘】对话框。

02 在【您想让Windows做什么】列表框中，选择【打开文件夹以查看文件】选项，单击【确定】按钮，打开【可移动磁盘】窗口，可以对U盘中的资料进行复制、剪切和粘贴等操作。

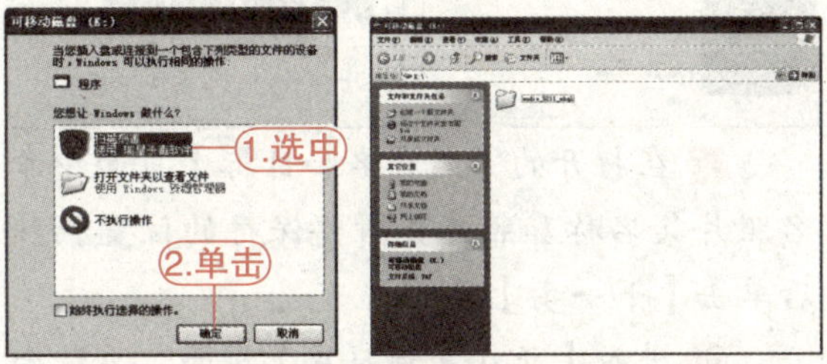

03 右击系统托盘中的图标，在弹出的菜单中选择【安全删除硬件】选项，打开【安全删除硬件】对话框

04 在【硬件设备】列表框中选中需要卸载的U盘设备，然后单击【停止】按钮，即可卸载U盘。

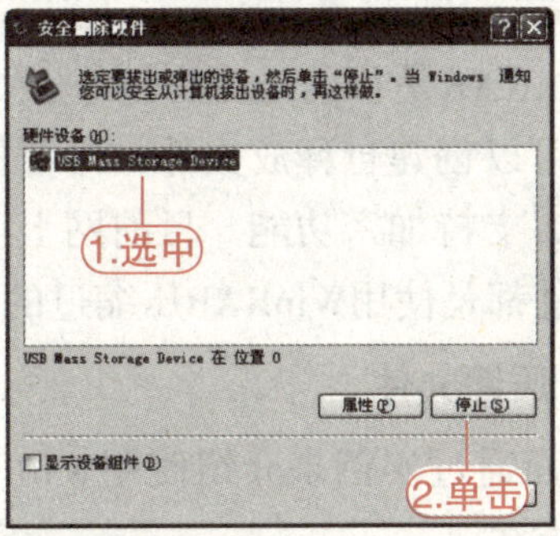

6.3.4 使用数码相机

数码相机的使用方法与移动存储设备的使用方法相似，通过USB数据线连接电脑后即可读取数码相机中的资料。

【例6-6】复制数码相机中的照片。视频

01 连接数码相机到电脑的USB接口，打开【可移动磁盘】对话框。

02 选择【将图片复制到计算机上的一个文件夹，使用Microsoft扫描仪和照相机向导】选项，然后单击【确定】按钮。

03 在打开的【欢迎使用扫描仪和照相机向导】页面中单击【下一步】按钮。

04 选择要复制的图片，然后单击【下一步】按钮。

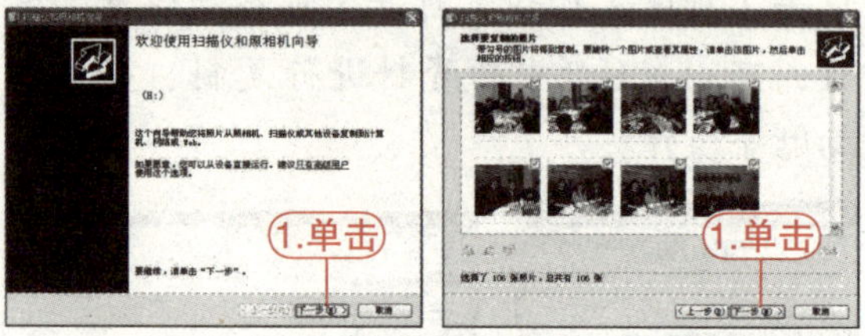

05 在打开的【照片名和目标】页面中命名照片集名称和照片集所要保存的位置，然后单击【下一步】按钮。

06 进入【正在复制照片】页面，系统会自动将选择的照片进行复制。

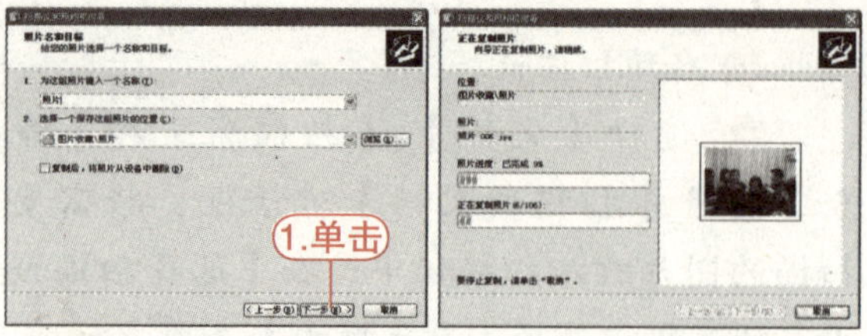

07 复制结束后，打开【其他选项】页面中，选择要执行的操作，然后单击【下一步】按钮即可。

08 此时，将打开【正在完成扫描仪和照相机向导】页面，单击【完成】按钮结束全过程。

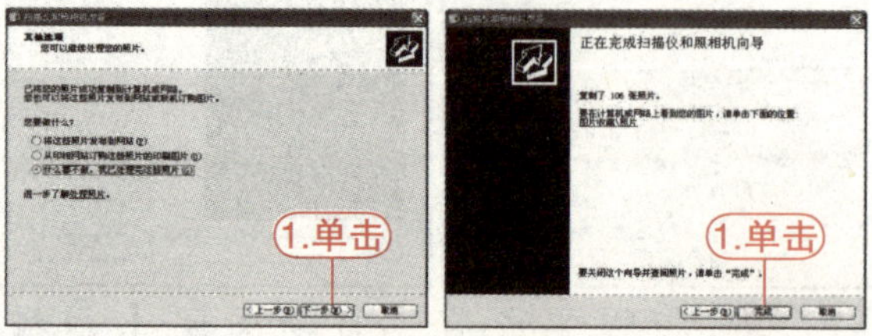

6.4 使用常用系统软件

在使用电脑过程中，有些应用软件是必不可少的，例如压缩软件WinRAR、顽固软件删除工具Unlocker和系统优化软件Windows优化大师等。

6.4.1 使用压缩软件WinRAR

WinRAR是目前最流行的一款文件压缩软件，可以创建自释放文件，修复损坏的压缩文件，支持加密功能。目前网上下载的大部分软件都是使用WinRAR压缩过的文件。

1. 压缩文件

下面通过实例来介绍使用WinRAR压缩文件的方法。

【例6-7】使用WinRAR压缩文件。视频

01 右击要压缩的文件夹或文件，在弹出的快捷菜单中选择【添加到压缩文件】命令，打开【压缩文件名和参数】对话框。

02 在【压缩文件名和参数】对话框中，在【压缩文件名】文本框中可以输入压缩文

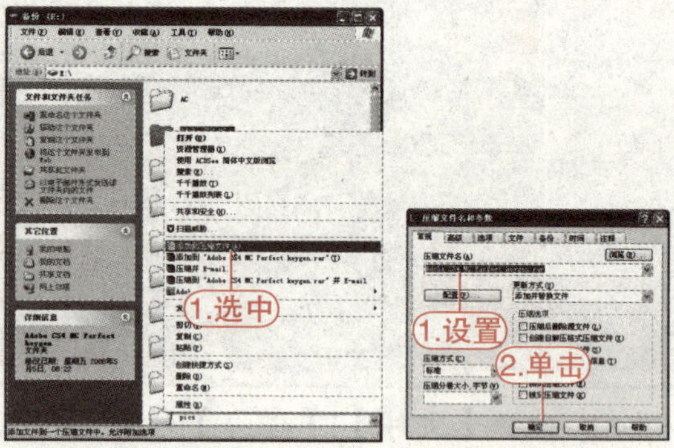

件名称；在【压缩文件格式】选项区域中可以选择压缩为RAR或ZIP格式文件；在【压缩方式】下拉列表中可以选择压缩方式。

03 单击【确定】按钮，开始压缩文件，显示剩余时间和压缩进度等信息。

04 压缩完成后，显示压缩文件。

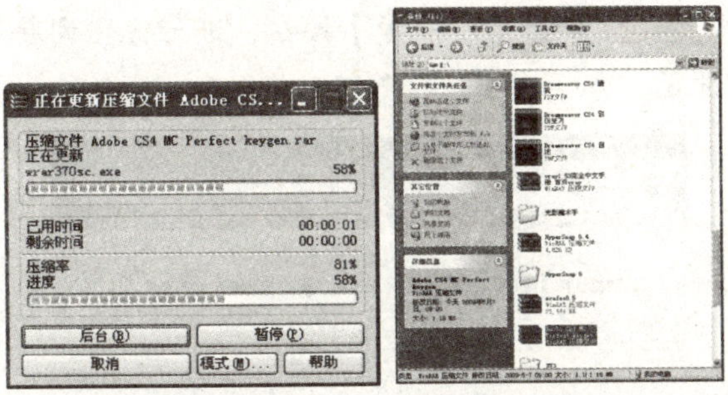

2. 解压缩文件

WinRAR另一个主要功能就是解压缩文件，在解压缩文件时，可以解压缩文件中单个文件，也可以解压缩文件中的所有文件。

【例6-8】使用WinRAR解压缩文件。视频

01 双击要解压缩单个文件的压缩文件，打开WinRAR窗口。

02 在WinRAR窗口中显示了该压缩文件中的所有文件。

03 选中要解压缩的文件，单击【解压到】按钮，打开【解压路径和选项】对话框。

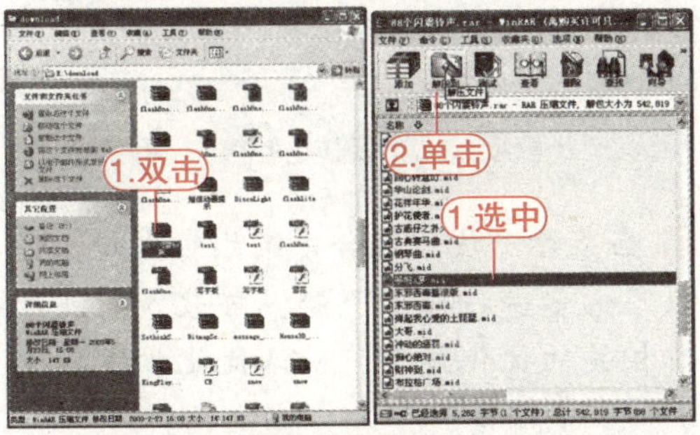

04 选择解压路径后，单击【确定】按钮，开始解压缩文件。

05 完成解压文件后，显示解压后的文件。

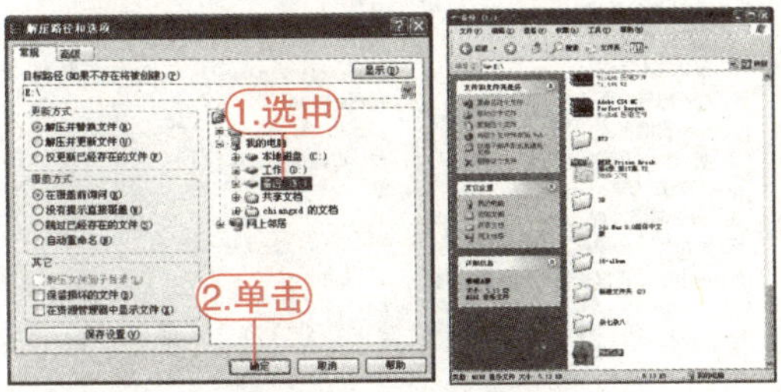

06 在解压文件时，直接在弹出的快捷菜单中选择【解压文件】命令，打开【解压路径和选项】对话框，单击【确定】按钮，即可解压该压缩文件中的所有文件。

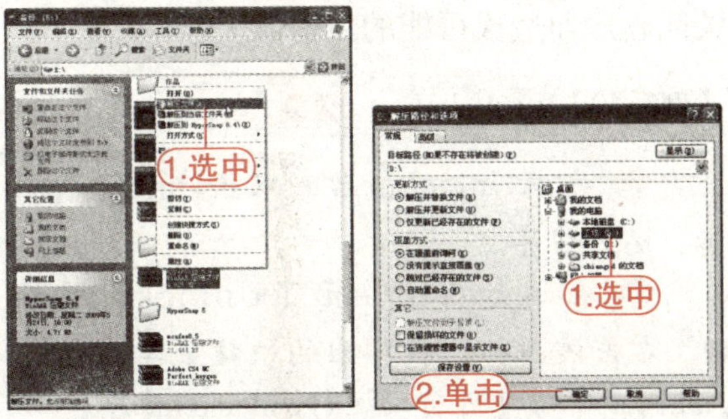

3. 分卷压缩文件

分卷压缩是拆分压缩文件的一部分，但只支持RAR压缩文件格式，无法创建ZIP的分卷压缩。

【例6-9】使用WinRAR分卷压缩文件。视频

01 右击要分卷压缩的文件夹或文件，在弹出的快捷菜单中选择【添加到压缩文件】命令，打开【压缩文件名和参数】对话框。

02 在【压缩分卷大小，字节】下拉列表中选择【自动检测】选项。

03 单击【确定】按钮，WinRAR会自动检测文件大小并进行分卷压缩。

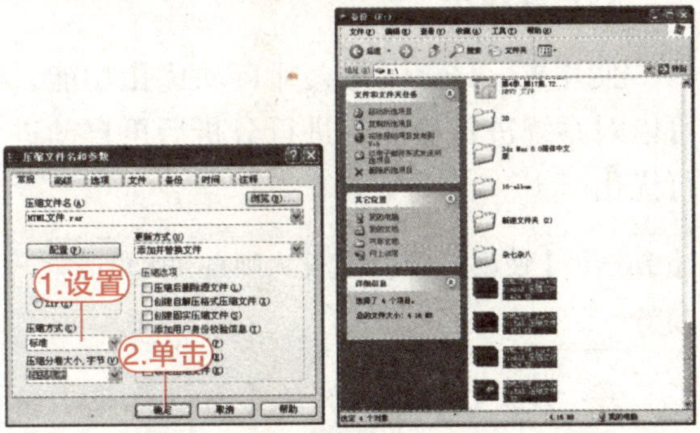

6.4.2 使用Unlocker

Unlocker 是一款右键扩充工具，当有某个档案或目录无法删除时，该程序马上就会显示出是哪一些程序占用了该目录或档案，接着只要按下弹出的窗口中的Unlock就能够解锁。Unlocker不同于其他解锁软件的部分在于它并非强制关闭那些占用档案的程序，

而是以解除档案与程序关联性的方式来解锁，因此不会像其他解锁程序一样因为强制关闭程序而造成可能的数据遗失。

【例6-10】运行Unlocker。视频

01 安装Unlocker后，双击Unlocker图标，运行程序。

02 在通知栏中显示了Unlocker图标，右击该图标，在弹出的快捷菜单中选择Autostart命令即可自动运行Unlocker程序。

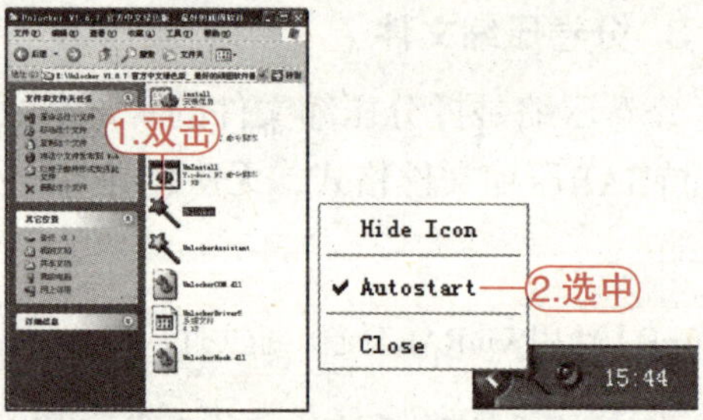

6.4.3 使用Windows优化大师

Windows优化大师可以检测系统信息、优化系统性能和清理系统维护等，可以实现对电脑中的操作系统、软件和硬件的日常管理，提升电脑的总体性能。

1. 自动优化

使用Windows优化大师自动优化功能，可以对系统进行检测，进行分析后再自动进行优化。

【例6-11】使用Windows优化大师自动优化功能。视频

01 单击主界面右侧的【自动优化】按钮，打开【自动优化向导】对话框。

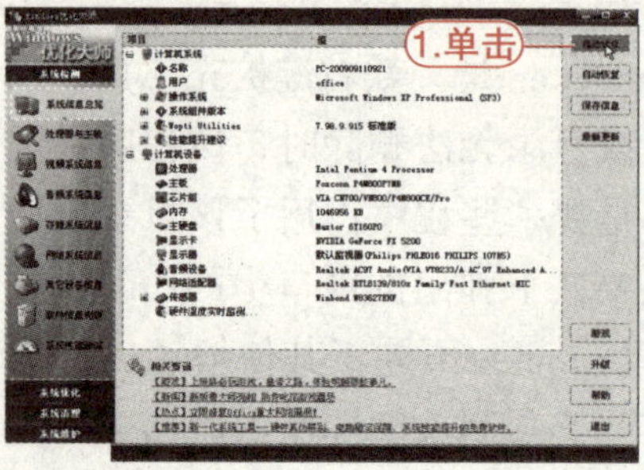

02 单击【下一步】按钮，进行优化向导设置。

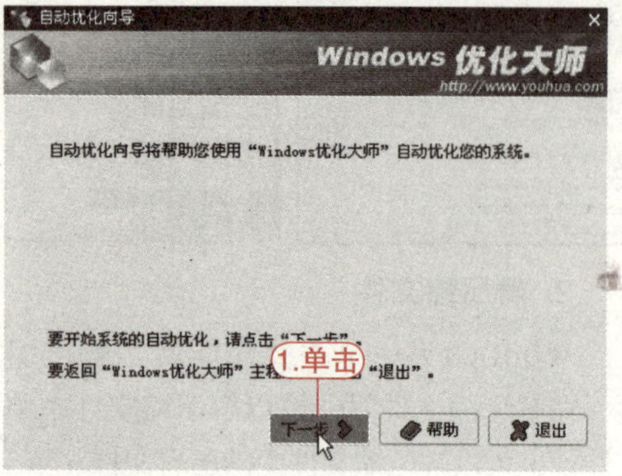

03 连续单击【下一步】按钮，采用默认的优化向导设置。

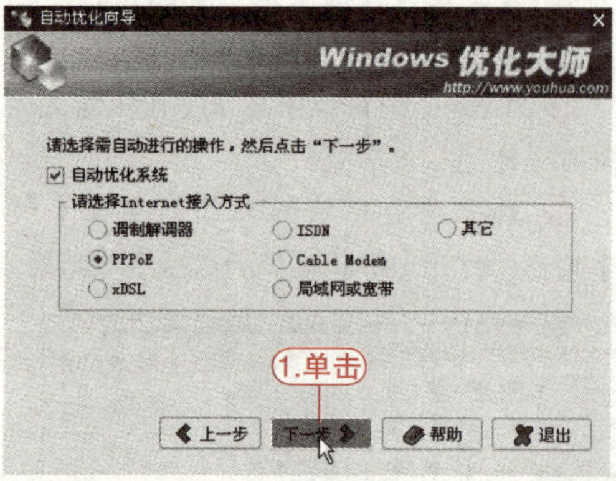

04 当显示“优化组合方案已经生效，将按照以下方案进行优化”时，可以在列表框中查看相关的优化方案，确认优化方案后单击【下一步】按钮。

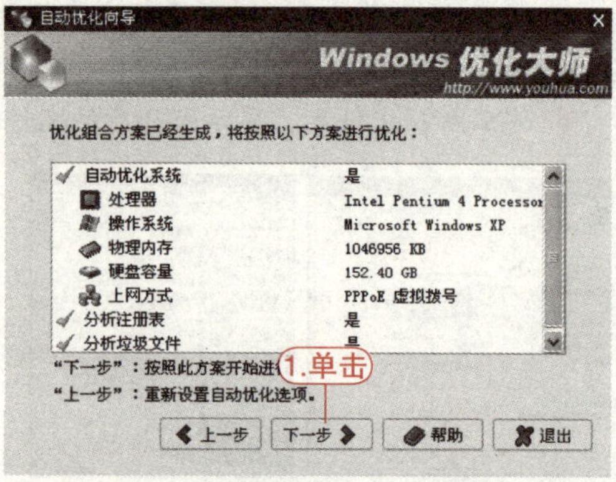

05 此时系统会打开一个信息提示框，建议用户在进行自动优化操作时备份注册表，单

击【确定】按钮，备份注册表。

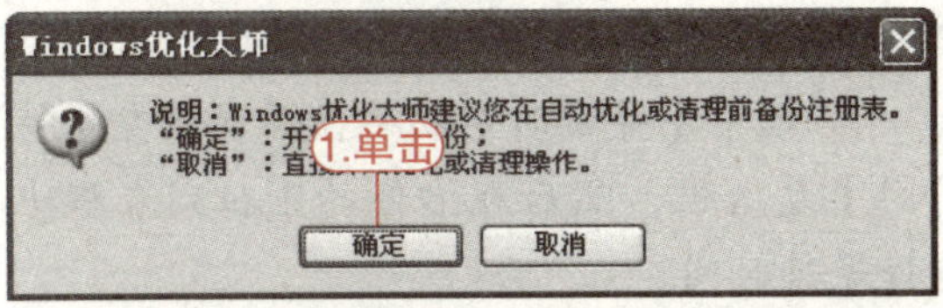

06 开始优化文件系统。

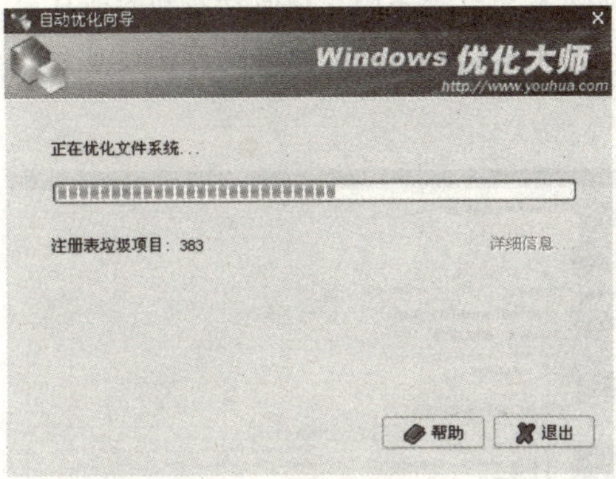

07 文件系统优化完成后开始分析目录，然后开始分析各分区中的垃圾文件。

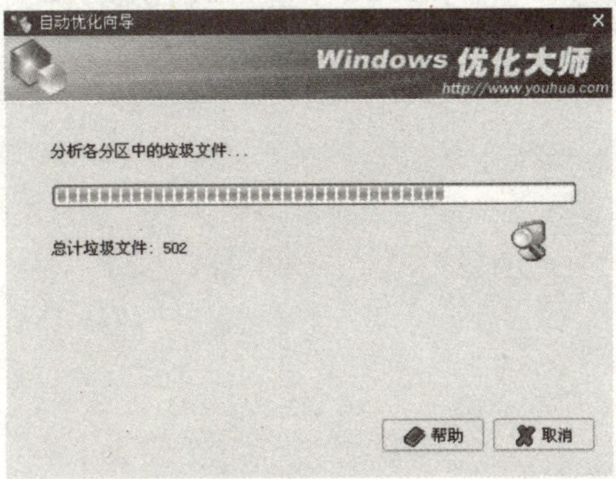

08 分析完成后，显示分析结果，然后单击【下一步】按钮，开始清理垃圾文件。

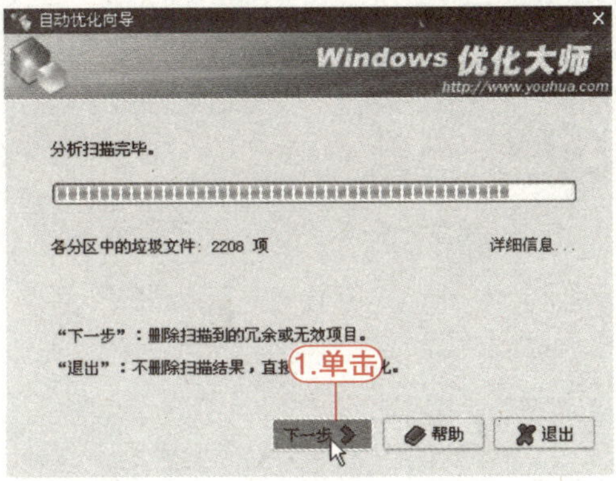

09 清理垃圾文件后，开始分析注册表中的冗余信息。

10 分析完成，显示冗余信息和无效项目，单击【下一步】按钮删除这些信息。

11 删除完成后，单击【退出】按钮，退出Windows优化大师，然后重新启动电脑即可生效优化操作。

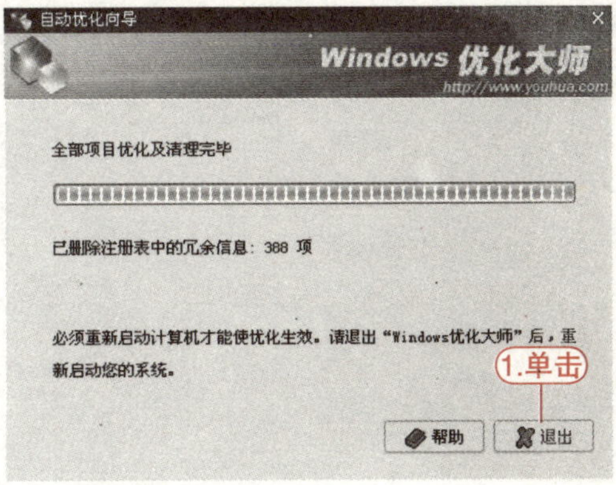

2. 系统优化

系统优化是将系统分为多个部分进行

优化，用户可以选择需要优化的部分。单击Windows优化大师主界面左侧列表框中的【系统优化】按钮，在列表框中显示了所有系统优化选项，单击某个选项，即可打开该选项界面，进行优化操作。

下面以优化系统开机速度为例，介绍系统优化的方法。

【例6-12】使用Windows优化大师优化系统开机速度。视频

01 单击【开机速度优化】选项，打开该选项界面。

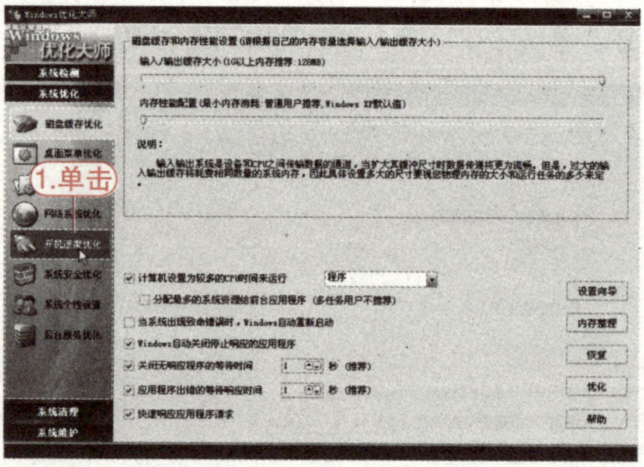

02 在【启动信息停留时间】选项区域中调节滑竿，设置停留时间。

03 选中【异常时启动磁盘错误检查等待时间】复选框，然后在右侧的下拉列表框中选择等待时间。

04 在【请勾选开机时不自动运行的项目】列表框中选中不随系统自动启动的项目。

05 单击【优化】按钮进行开机速度优化操作。

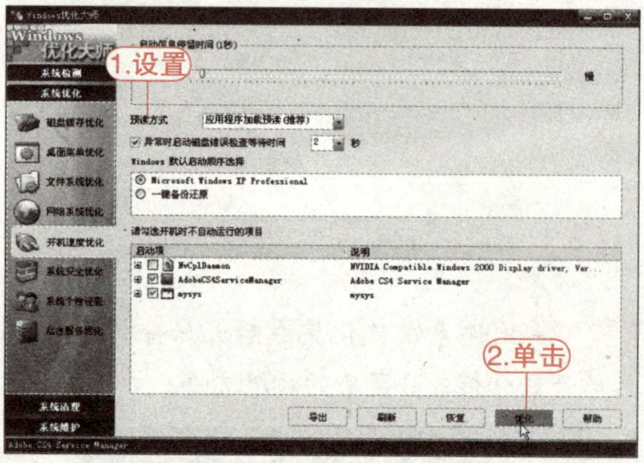

Chapter

07 电脑的日常应用

现如今电脑已经成为人们日常生活中必不可少的工具。本章以电脑在日常生活中的应用为基础，介绍了相关系统附件程序和娱乐影音工具的使用方法。

- 使用系统常用附件应用程序
- 玩转系统自带的游戏
- 使用Windows Media Player
- 使用多媒体软件

参见随书光盘

例7-1 在通讯簿中添加联系人

例7-2 设置画纸大小

例7-3 绘制图像

例7-4 使用【计算器】程序

例7-5 录制声音

例7-6 添加附件程序

例7-7 玩扫雷游戏

例7-8 玩三维弹球游戏

例7-9 使用Windows Media Player播放音乐

例7-10 使用Windows Media Player观看电影

例7-11 使用千千静听播放音乐

例7-12 搜索并下载同步歌词

例7-13 使用千千静听定时关机功能

例7-14 播放Flash动画

7.1 使用系统常用附件应用程序

系统常用附件应用程序包括【通讯簿】、【画图】、【计算器】、【录音机】等，下面就逐一介绍这些附件的应用。

7.1.1 使用【通讯簿】

【通讯簿】程序可以记录自己常用联系人的信息，包括联系人的姓名、电子邮件地址、家庭地址、昵称等，形象地说，【通讯簿】好比是一个名片夹，保存了联系人的名片信息。

单击【开始】按钮 开始，弹出【开始】菜单，选择【所有程序】|【附件】|【通讯簿】命令，启动【通讯簿】程序。

单击【文件】命令，在弹出的【文件】命令菜单中显示了可以新建的任务，可以新建联系人、新建组或新建文件夹。

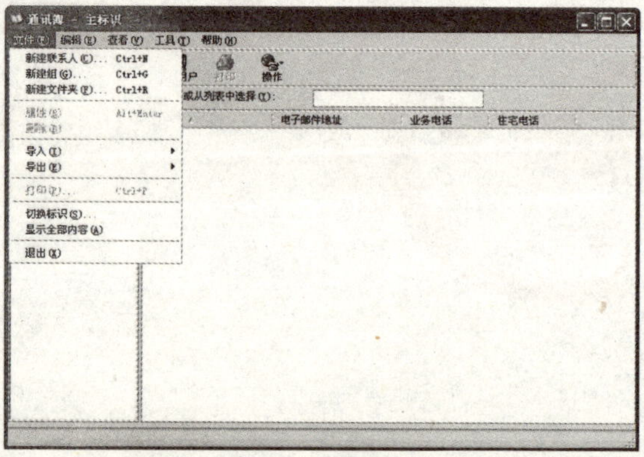

- 新建联系人：可以新建联系人名片。
- 新建组：可以新建联系人所在的名片组，例如家庭成员组、好友组等。
- 新建文件夹：可以将名片组或联系人名片存放在文件夹中。

下面将通过实例来介绍使用【通讯簿】程序添加联系人名片的方法。

【例7-1】在【通讯簿】中添加联系人名片。视频

01 启动【通讯簿】程序，选择【文件】|【新建联系人】命令，打开联系人的【属性】对话框。

02 可以在【姓】、【名】、【昵称】等文本框中输入联系人的相关信息。

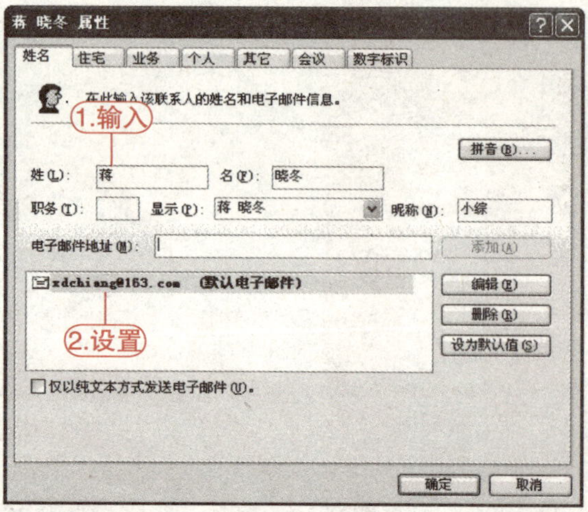

03 单击【住宅】选项卡，打开该选项卡对话框，可以输入有关联系人的住址信息。

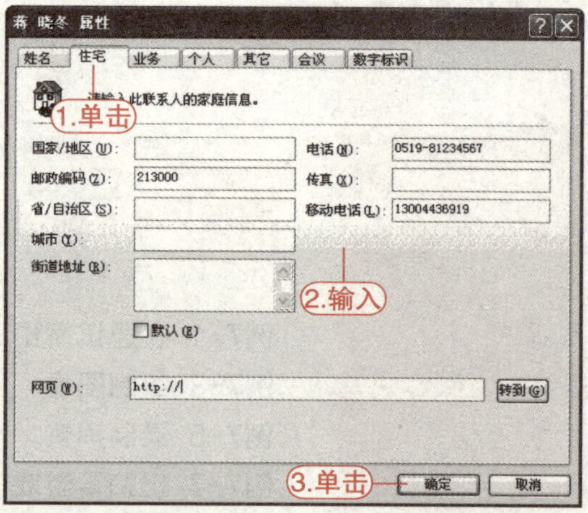

04 单击其他选项卡，打开相应的对话框，输入联系人信息，这里就不多加介绍了。

05 单击【确定】按钮，即可创建联系人，在【通讯簿】中会显示新建的联系人，将光标移至联系人，会显示相关的联系信息。

06 右击联系人，在弹出的快捷菜单中选择【属性】命令，打开联系人的【属性】对话框，查看联系人详细信息。

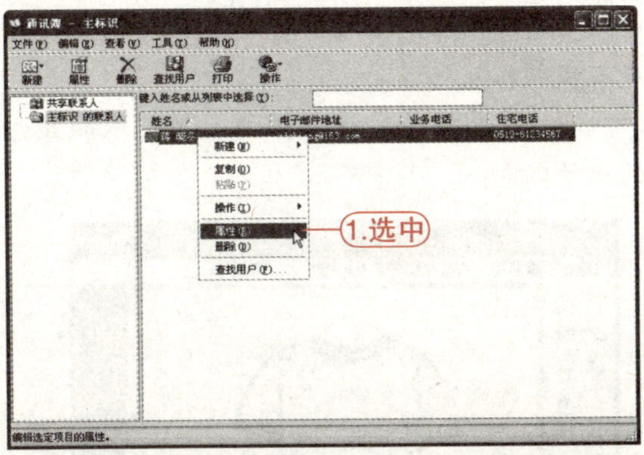

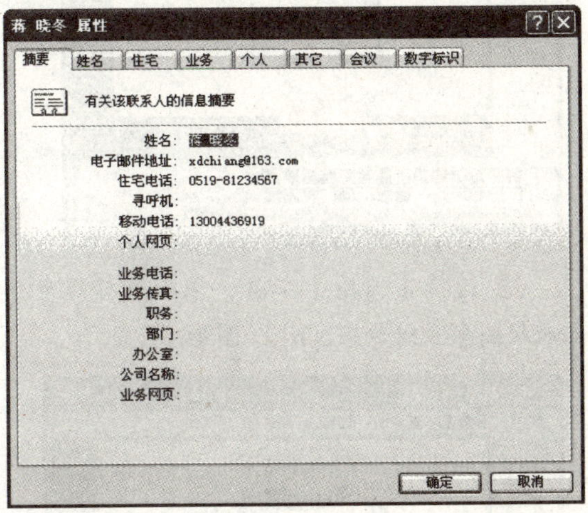

07 当【通讯簿】中的联系人较多时，可以单击【工具栏】上的【查找用户】按钮，打开【查找用户】对话框，输入相关的联系人信息作为查找条件，单击【开始查找】按钮，系统会自动找到符合条件的联系人。

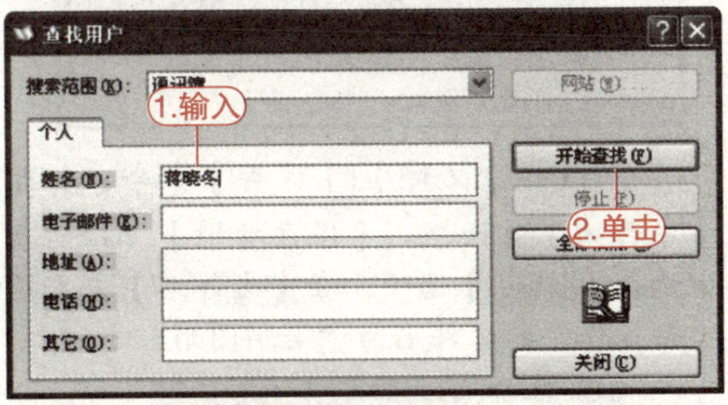

7.1.2 使用【画图】程序

【画图】程序可以绘制一些简单的图形。单击【开始】按钮，弹出【开始】菜单，选择【所有程序】|【附件】|【画图】命令，启动【画图】程序。

【画图】程序的操作界面模拟画家的操作平台，有【铅笔】、【刷子】、【橡皮】、【喷枪】和【颜料盒】等绘图工具。

- 工具箱：包括画图时需要使用的各种工具，单击相应的工具按钮即可选中该工具。
- 样式区：选择部分绘图工具后，可以在该区域中进行具体的设置，例如设置【喷枪】工具的大小。
- 颜料盒：可以选择前景色、背景色或绘图工具的颜色。
- 绘图区：模拟显示绘图的画纸，是可以画图的区域。

1. 设置画纸尺寸

在启动【画图】程序后，电脑会自动新建一个文件，也就是在绘图区中的白色图纸。如果图纸不符合实际的大小需求，可以设置画纸尺寸。

【例7-2】设置画纸尺寸大小。视频

01 将鼠标光标移至图纸右下角，当光标显示为↘时，拖动鼠标可以改变图纸大小。

02 如果要精确地设置画纸大小，可以选择【图像】|【属性】命令，打开【属性】对话框。

03 在【宽度】和【高度】文本框中输入画图的宽度和高度大小数值，然后在【单位】选项区域选择大小单位，单击【确定】按钮即可。

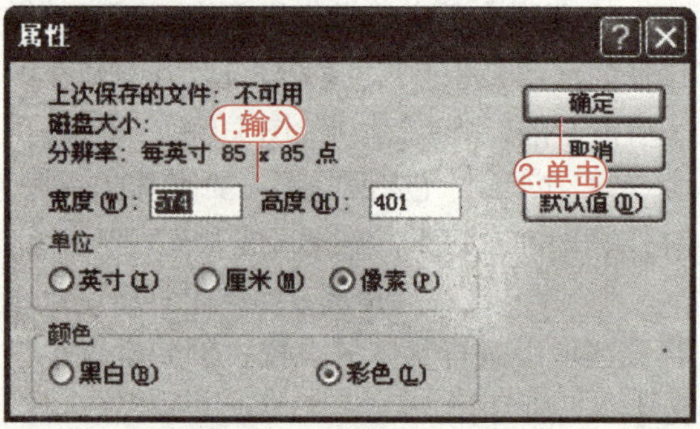

2. 绘制图像

了解了【画图】程序的一些基础知识后，可以来绘制图形。

【例7-3】绘制图像。视频

01 启动【画图】程序，选择工具箱中的【铅笔】工具，绘制衣服图形轮廓。

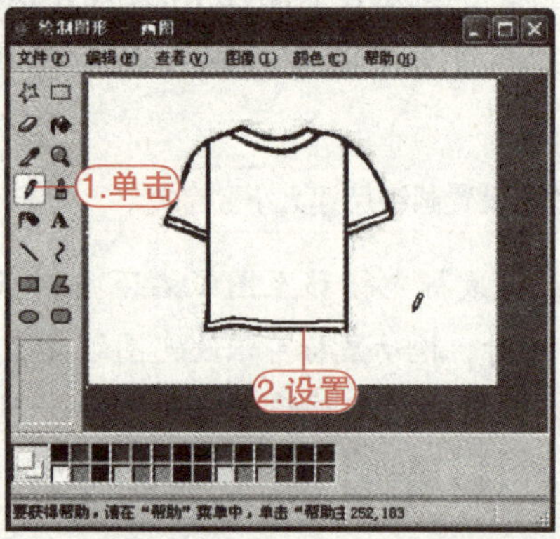

02 选择【刷子】工具，在样式区中选择一个选项。

03 在颜料盒中选择黄色，拖动鼠标，填充衣服颜色。

04 重复操作，选择绿色，填充衣服图形的边角颜色。

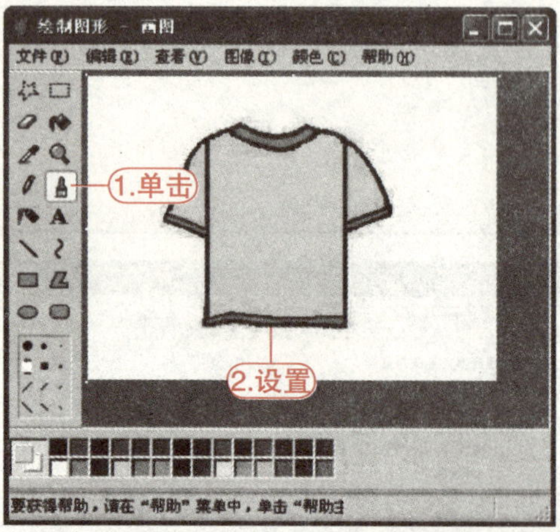

05 选择【喷枪】工具，依旧选择绿色，在衣服图形上绘制“NIKE”图形。

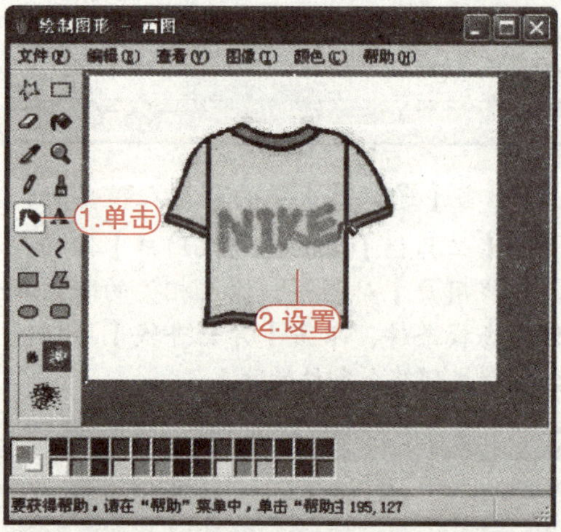

06 选择【文件】|【保存】命令，打开【保存为】对话框。【保存类型】下拉列表中选择【JPEG】选项，在【文件名】文本框中输入保存的文件名为“绘制图形”。

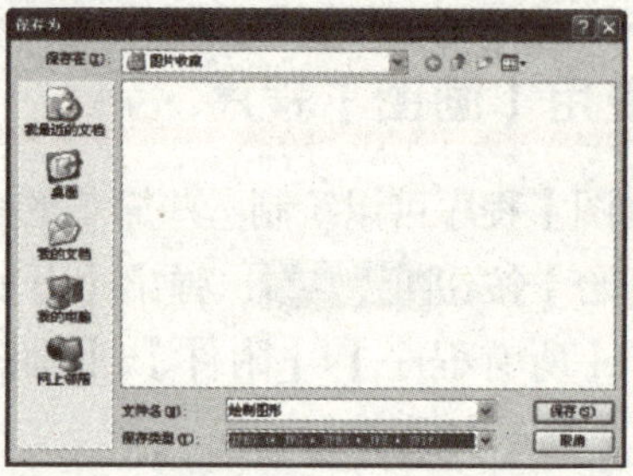

7.1.3 使用【计算器】程序

在生活中，很多时候要用到计算器来计算较复杂的算式。这时可以使用Windows XP自带的【计算器】程序。

【例7-4】使用【计算器】程序。视频

01 单击【开始】按钮开始，在弹出【开始】菜单中选择【所有程序】|【附件】|【计算器】命令，启动【计算器】程序。

02 【计算器】程序中包含普通计算器的基本按键，可以完成加、减、乘、除等操作，按下Esc键可以清除运算结果

03 选择【查看】|【科学型】命令，可以转换为科学型计算器，完成比较复杂的运算。

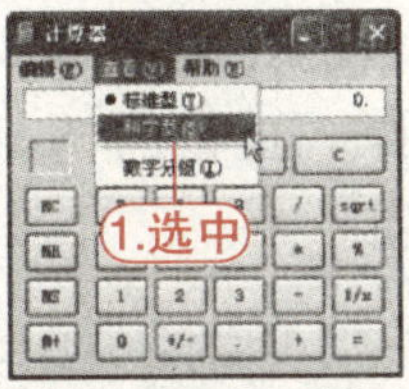

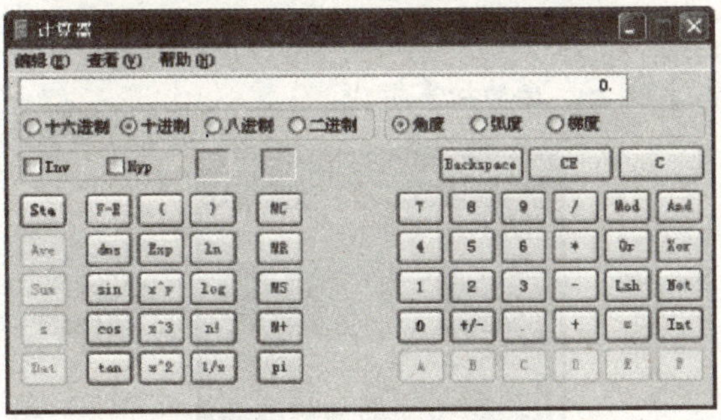

04 要关闭计算器，可以单击右上角的【关闭】按钮☒。

7.1.4 使用【录音机】程序

【录音机】程序可以录制外部声音，但必须连接一个麦克风，将麦克风接入主机机箱后面的麦克风插孔，然后启动【录音机】程序即可录制声音，并且可以将声音保存在电脑中。

【例7-5】使用【录音机】程序录制声音。视频

01 单击【开始】按钮开始，弹出【开始】菜单，选择【所有程序】|【附件】|【娱乐】|【录音机】命令，启动【录音机】程序。

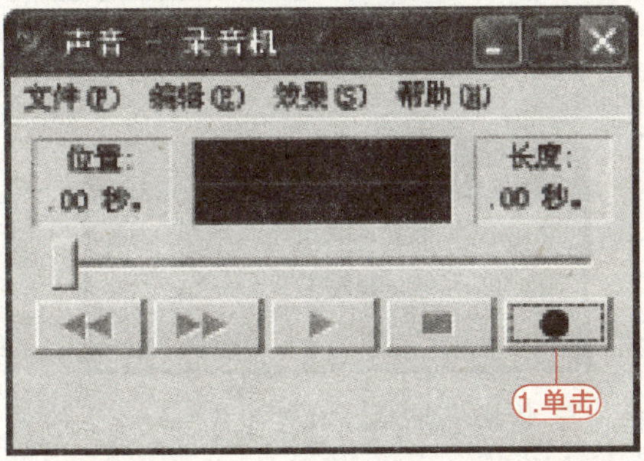

02 连接麦克风后，单击【录音】按钮，开始录制声音。

03 单击【停止】按钮，结束录制。

04 单击【播放】按钮，可以收听录制的声音。

05 选择【文件】|【保存】命令，打开【另存为】对话框，保存录制的声音。

7.2 玩转系统自带的游戏

Windows XP操作系统还自带了若干个小游戏，可以在繁忙的工作中调节情绪，释放压力，并且可以在游戏的同时锻炼反应能力和判断能力。

7.2.1 添加游戏附件

如果当前系统并没有添加游戏附件，可以自行进行安装。

【例7-6】添加游戏附件 。视频

01 打开【控制面板】窗口，单击【添加/删除程序】链接，打开【添加或删除程序】窗口。

02 单击左侧列表框中的【添加/删除Windows组件】按钮。

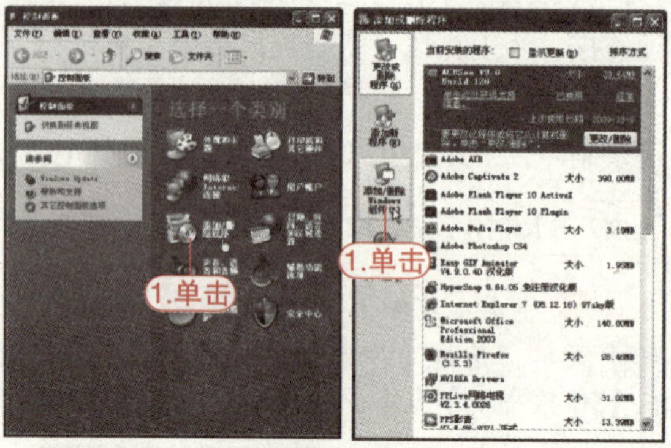

03 Windows XP安装程序开始自动扫描组件。

04 扫描完毕后，打开【Windows组件向导】对话框。

05 在【组件】列表框中双击【附件和工具】选项，打开【附件和工具】对话框。

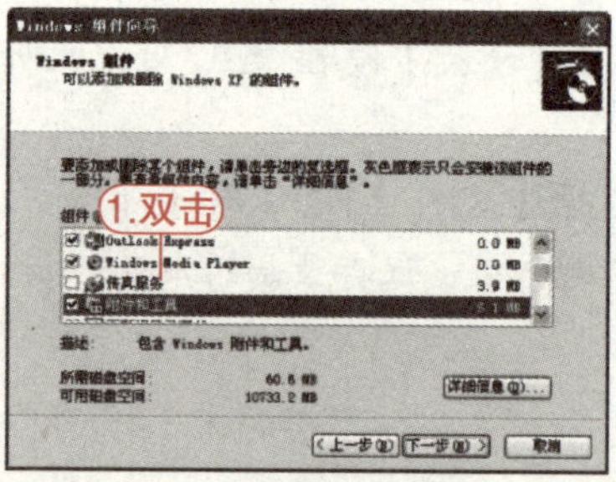

06 选中【游戏】复选框，单击【确定】按钮，开始添加附件。

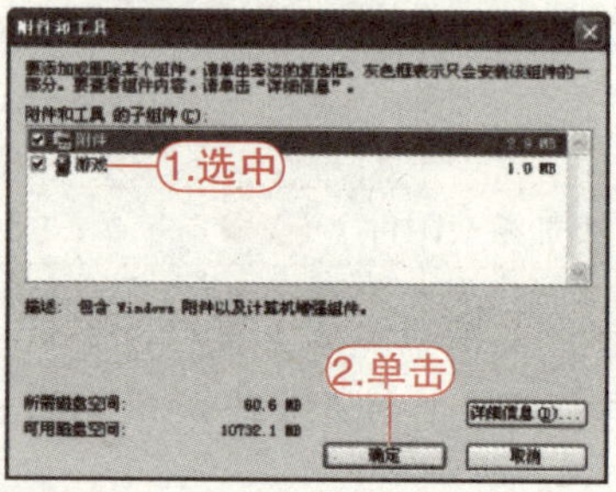

07 附件添加完成后，单击【完成】按钮完成操作。

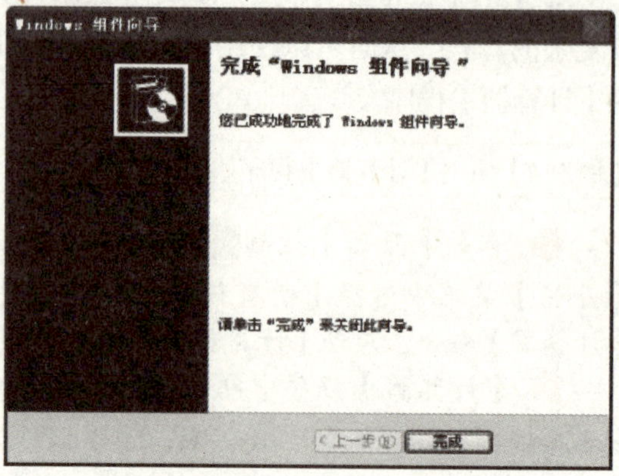

7.2.2 扫雷游戏

扫雷游戏可以考验用户判断力，是非常经典的休闲小游戏。扫雷游戏的目标是在不踩到地雷的情况下，找出雷区中的所有地雷。

【例7-7】玩扫雷游戏。视频

01 选择【开始】|【程序】|【游戏】|【扫雷】命令，启动扫雷游戏。

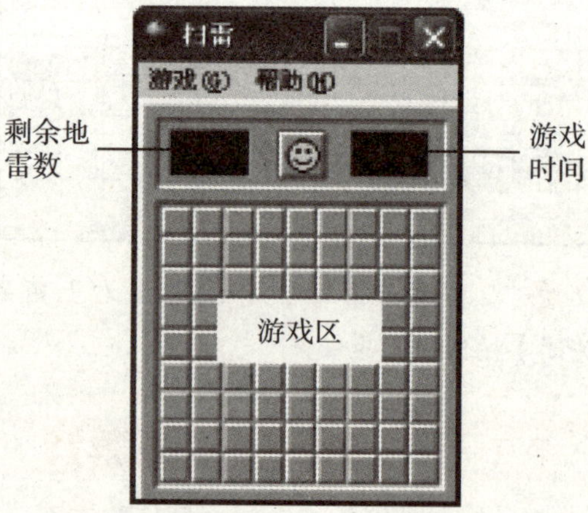

02 开始游戏时没有任何提示，试探地单击游戏区中的小方块，若运气好会展开一片无雷区。

03 此时，标记为1的方格表示其周围8个格子中有1个格子是地雷，标记为2则表示有2个地雷，依此类推。

04 判断出地雷的位置后，右击该位置标

记地雷，然后点开其他非地雷的方块。

05 继续根据数字来判断地雷。如果单击的方格内隐藏有地雷，则会引爆雷区中的所有地雷，游戏宣告失败。

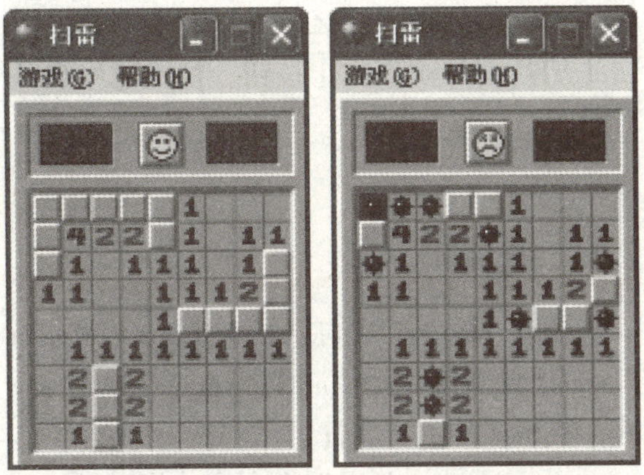

7.2.3 三维弹球游戏

三维弹球游戏主要目的是发射球，然后通过命中缓冲器、目标和旗帜来赢取尽量多的分数。游戏分为九级，以军衔表示。最低军衔是军校生，最高是五星上将。只有选择并完成一系列使命后才能进到下一个级别。军衔提升时，会有更富有挑战性的新使命等待着您。军衔越高，奖分越高。

【例7-8】玩三维弹球游戏。视频

01 选择【开始】|【程序】|【游戏】|【三维弹球】命令，启动三维弹球游戏。

02 选择【游戏】|【开局】命令，开始游戏。

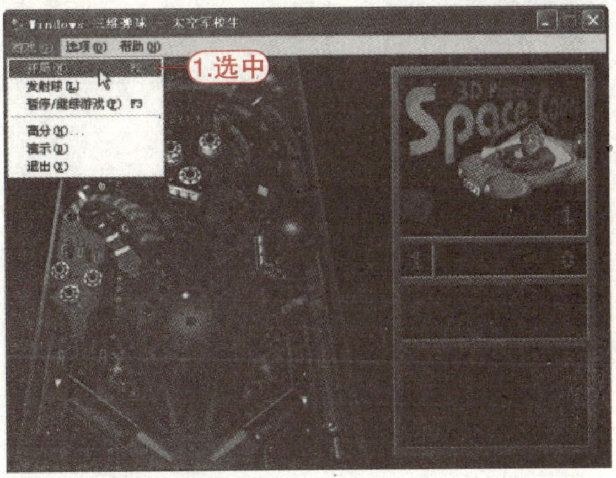

03 选择【游戏】|【发射球】命令。

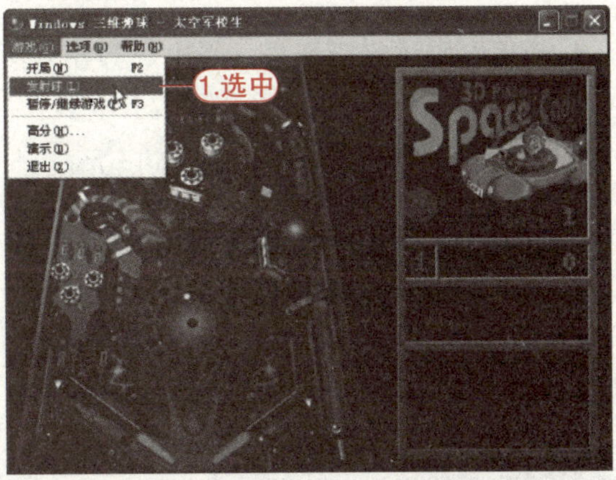

04 此时将显示弹球，可以再次选择【游戏】|【发射球】命令或按住空格键，开始发射球。

05 按下【Z】键控制左侧的挡板，按下【/】键控制右侧的挡板，使弹球不坠落。

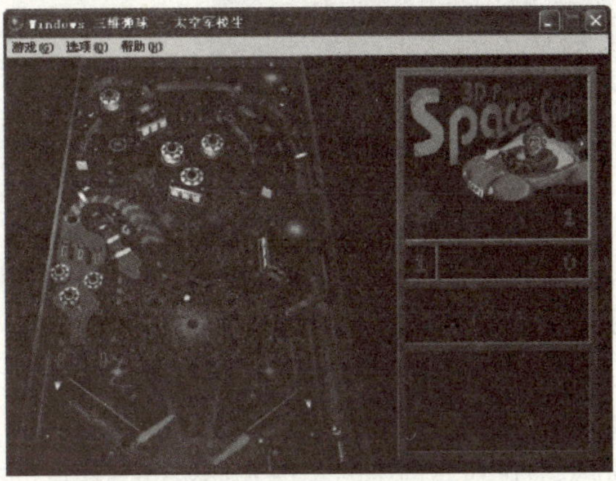

06 选择【选项】|【玩家控制】命令，打开【玩家控制】对话框，可设置控制选项。

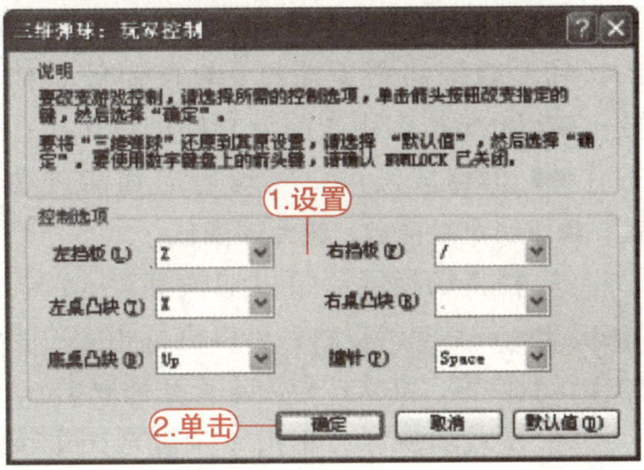

7.3 使用Windows Media Player

使用电脑进行听音乐、看电影等娱乐项目是必不可少的，下面就介绍使用系统自带的Windows Media Player播放音乐和收看电影。

7.3.1 启动Windows Media Player

单击【开始】按钮，弹出【开始】菜单，然后选择【所有程序】|【Windows Media Player】命令，即可启动Windows Media Player播放器。

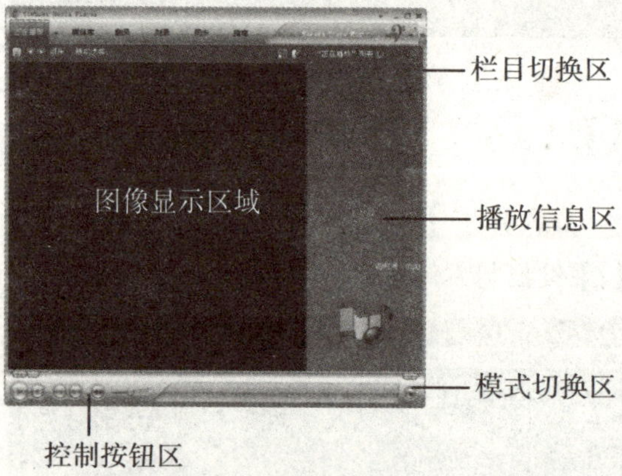

Windows Media Player播放器主要由播放信息区、图像显示区、控制按钮区、栏目切换区和模式切换区组成。

- 播放信息区：显示正在播放对象的名称等信息，可以使用鼠标拖动【正在播放】下拉列表框中的文件名称来改变播放的先后顺序。
- 图像显示区：显示播放的视频内容。
- 控制按钮区：提供了用于控制播放的按钮。按钮用于播放；按钮停止播放；和按钮用于前后文件进行切换；按住和按钮可以实现后退和前进功能；按钮重复播放；无序播放。
- 栏目切换区：可以切换到Windows Media Player不同的栏目，可以进行相应功能的操作或设置，默认栏目为【正在播放】。
- 模式切换区：单击【全屏视图】按钮，可以将图像显示区放大到整个屏幕；单击【切换到外观模式】按钮，切换到经典外观模式。

7.3.2 听音乐

用Windows XP自带的Windows Media Player播放器可以播放mp3、wma、midi和wav等音频格式的声音文件。

下面通过一个实例来介绍使用Windows Media Player播放器来播放音乐的操作方法。

【例7-9】使用Windows Media Player播放音乐。

视频

01 启动Windows Media Player播放器，右击标题栏，在弹出的快捷菜单中选择【文件】|【打开】命令，打开【打开】对话框。

02 选择要打开的音乐文件，然后单击【打开】按钮。

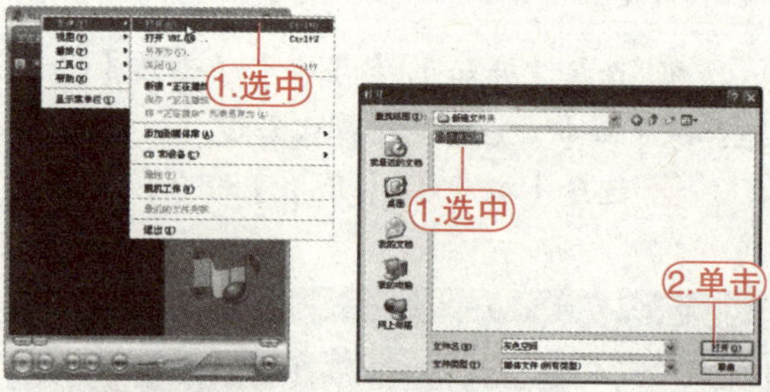

专家指点

如果要一次打开多个音乐文件，可以在【打开】对话框中拖动选中或按下Ctrl键选中要打开的多个文件，然后单击【打开】按钮即可。在【正在播放】下拉列表框中可以拖动文件名称改变播放顺序。

03 Windows Medai Player会自动播放打开的音乐文件。

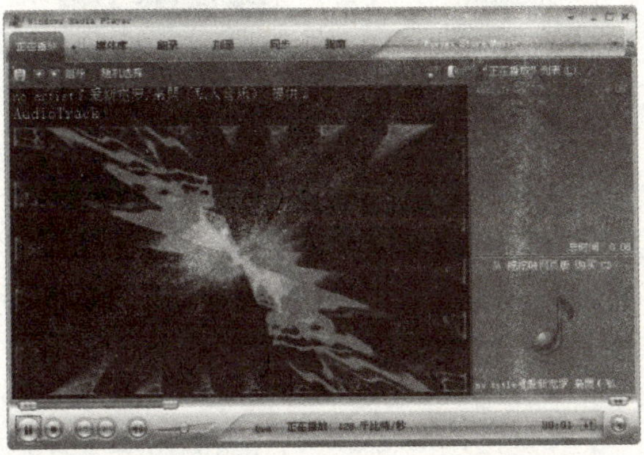

7.3.3 看电影

使用Windows Media Player播放器可以收看电脑中的电影文件或DVD电影光盘。

【例7-10】使用Windows Media Player观看本地电脑中的电影。视频

01 启动Windows Media Player播放器，右击标题栏，在弹出的快捷菜单中选择【文件】|【打开】命令，打开【打开】对话框。

02 选择要打开的视频文件，单击【打开】按钮。

03 由于许多电影配置了多条音轨和字幕的语言类型，需要在播放时进行相关的设置。

04 右击标题栏，在弹出的快捷菜单中选择【播放】|【音频和语言音轨】|【默认设置】命令，打开【默认语言设置】对话框。

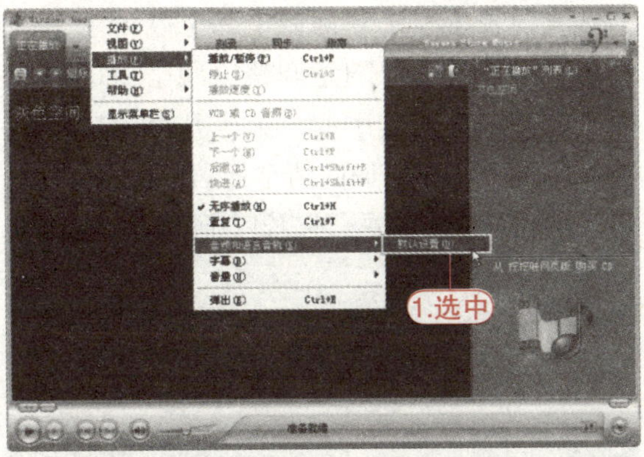

05 在【音频语言】下拉列表中选择【中文[zh]】选项。

06 在【DVD菜单】下拉列表中选择【中文[zh]】选项。

07 单击【确定】按钮，完成设置。

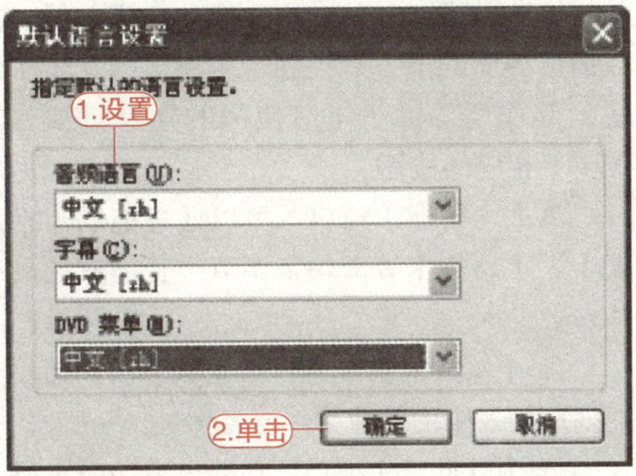

专家指点

默认情况下，Windows Media Player播放器的音频语言和DVD菜单选项设置的都是中文选项。

7.4 使用多媒体软件

目前普遍使用的多媒体软件有千千静听和暴风影音，前者支持多种格式的音频文件播放，后者支持多种视频文件格式，可以说是电脑必备的多媒体软件。

7.4.1 使用千千静听

千千静听是一款目前比较流行的音乐播放软件，它集播放、音效、转换、歌词等众多功能于一体，并且具有小巧精致、操作简捷、功能强大的特点，深受广大电脑用户的喜爱。

1. 启动千千静听

启动千千静听播放器，它由播放器、

【播放列表】、【均衡器】和【歌词秀】四个窗口组成。可以随意调整这四个窗口的位置，也可以关闭其中的一个或几个窗口，使播放器界面变得更加简洁小巧。

有关播放器、【播放列表】、【均衡器】和【歌词秀】窗口的功能如下。

- 播放器窗口：用于播放音频文件，在播放界面的下方有控制音乐播放的几个按钮，其作用等同于平时使用的随身听或是DVD上相应的按钮。
- 【均衡器】窗口：可以通过拖动【平衡】、【环绕】等滑块来调节声音播放的具体参数。
- 【播放列表】窗口：显示添加到播放器播放列表中的歌曲文件的名称。
- 【歌词秀】窗口：在播放歌曲时，可以同步显示歌词。

2. 播放音乐

使用千千静听播放音乐文件最简单的方法就是拖动音乐文件到千千静听的播放区即可。此外，还可以将音乐文件添加到千千静听的播放列表中，然后双击要播放的文件的名称，进行播放。

【例7-11】使用千千静听播放音乐。视频

01 启动千千静听，打开音乐文件所在的文件夹。

02 拖动所需播放的音乐文件到【播放列表】窗口中，双击该文件即可播放。

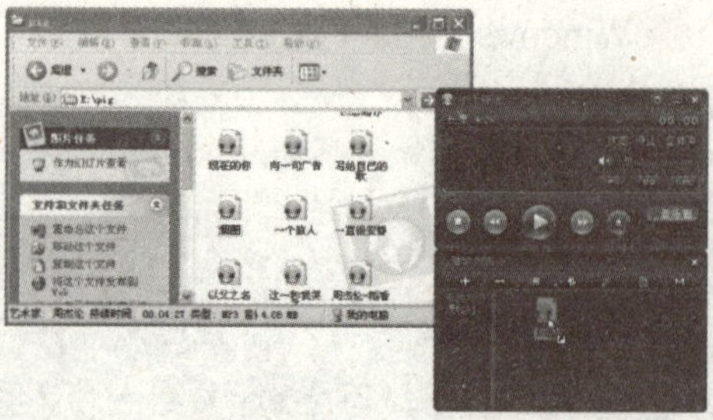

03 单击【播放列表】窗口中的【添加】按钮，在弹出的下拉菜单中选择【文件】命令，打开【打开】对话框。

04 选择要打开的音乐文件，单击【打开】按钮，将文件添加到【播放列表】窗口中，双击该文件即可播放。

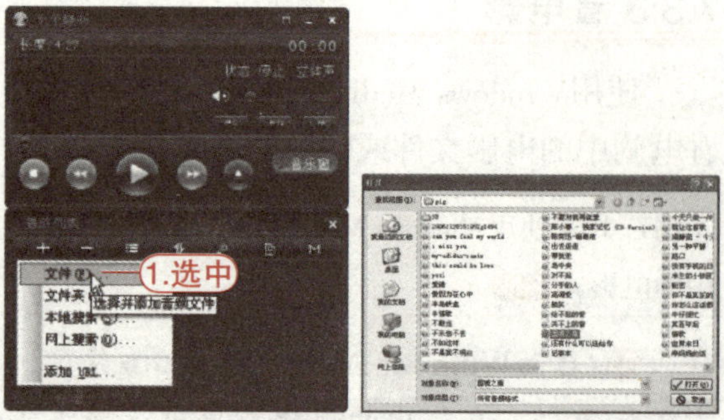

05 单击【播放列表】窗口中的【添加】按钮，在弹出的下拉菜单中选择【文件夹】命令，打开【浏览文件夹】对话框。

06 选择音乐文件所在的文件夹，单击【确定】按钮，可以将该文件夹中所有音乐文件添加到【播放列表】窗口中，双击该音乐文件即可播放。

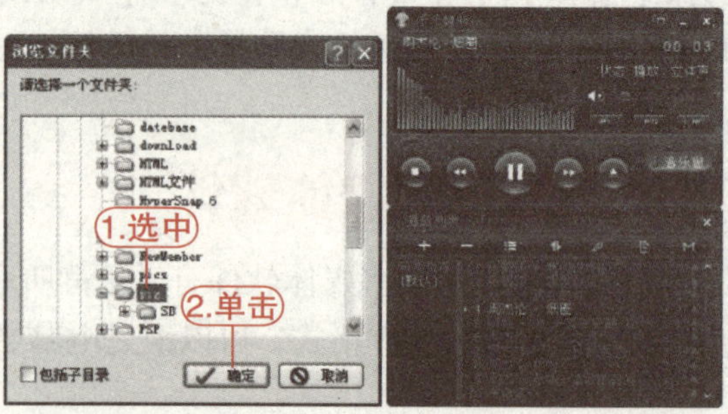

3. 在线搜索并下载歌词

如果当前收听的歌曲没有歌词显示，可以使用千千静听的在线搜索歌词功能，并且可以下载与当前播放的歌曲同步的歌词。

【例7-12】使用千千静听在线搜索并下载同步歌词。视频

01 启动千千静听，添加不含有歌词的歌曲，播放该歌曲。

02 右击【歌词秀】窗口空白区域，在弹出的快捷菜单中选择【在线搜索】命令，打开【在线搜索并下载歌词】对话框。

03 在【歌词服务器】下拉列表中选择下载歌词服务器，确认【歌手】和【歌名】文本框中输入的歌曲信息正确，单击【搜索】按钮，即可搜索歌词，然后单击【下载】按钮，即可下载歌词。

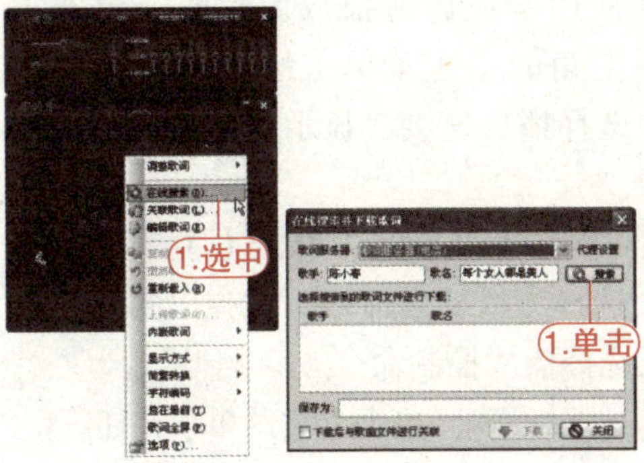

4. 定时关机

千千静听的定时关机功能是非常实用的功能。许多用户习惯在睡觉前听一些轻松的歌曲帮助睡眠，但又不想入睡后电脑还处于开机状态，此时就可以使用千千静听的定时关机功轻松解决这个问题。

【例7-13】使用千千静听定时关机功能。视频

01 启动千千静听，右击播放器窗口标题栏，在弹出的快捷菜单中选择【千千选项】命令，打开【千千静听 选项】对话框。

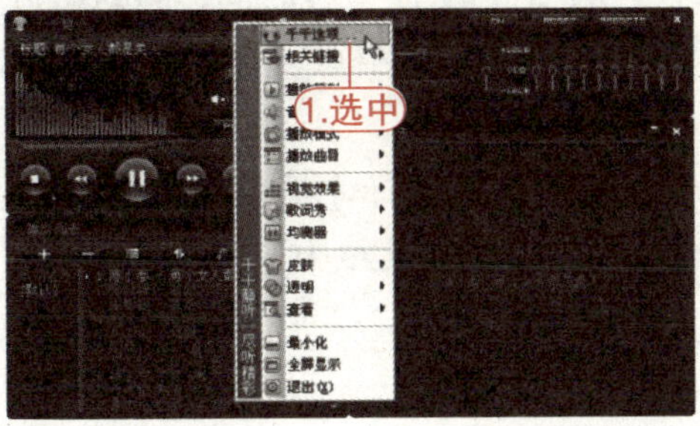

02 单击【常规】选项卡，打开该选项卡对话框，选中【自动关闭计算机】复选框，然后在右侧的微调框中设置自动关机时间为30分钟。

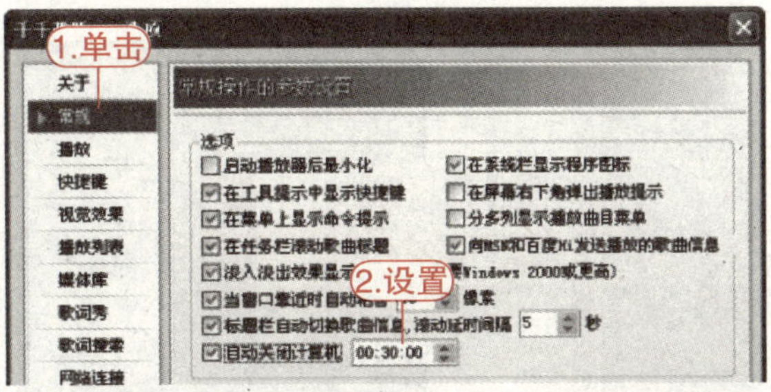

03 单击【全部保存】按钮，完成设置，电脑会在30分钟后自动关机。

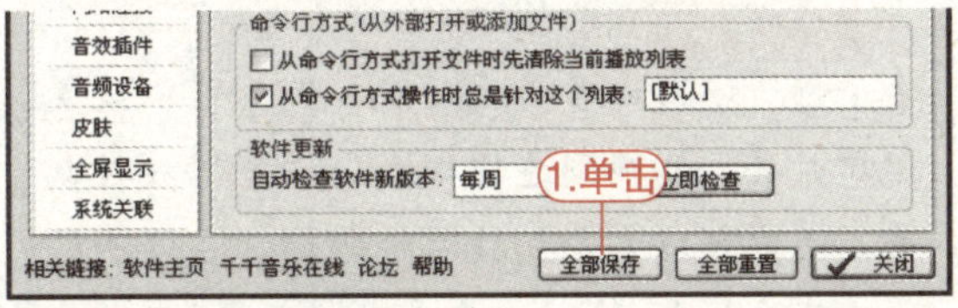

5. 更换皮肤

一成不变的界面看的时间长了不免会使人感到疲倦和没有新鲜感，千千静听支持皮肤的更换功能。

打开【千千静听 选项】对话框中，单击【皮肤】选项卡，打开该选项卡对话框，在【请选择程序皮肤】列表框中显示了当前千千静听安装的皮肤，选择某个皮肤，在【皮肤预览】列表框中可以预览该皮肤，单击【应用】按钮，然后单击【全部保存】按钮，即可更换该皮肤。

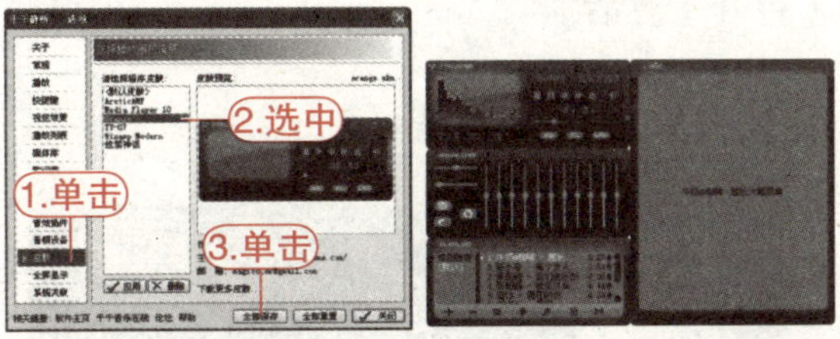

6. 选择播放模式

在使用千千静听时，可以很方便地选择音乐播放模式，例如循环播放所有歌曲、随机播放歌曲等。

右击播放器窗口标题栏，在弹出的快捷菜单中选择【播放模式】命令，在弹出的子菜单中可以选择播放模式，例如【单曲播放】、【单曲循环】、【顺序播放】等模式。

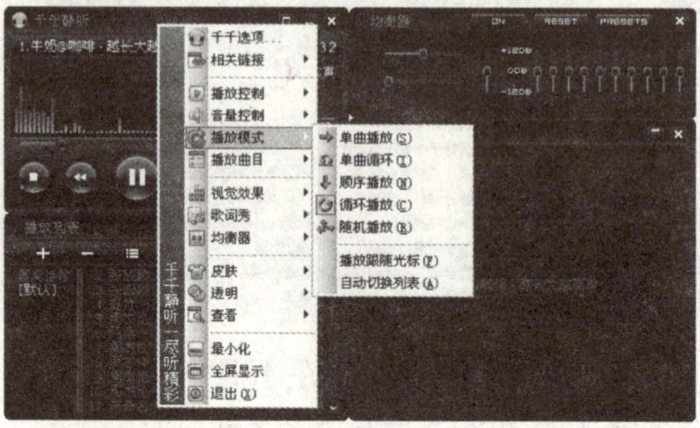

注意事项

千千静听还有许多其他功能，例如可以设置视觉效果、切换到迷你模式、设置播放控制等，用户可以右击播放器标题栏，在弹出的快捷菜单中选择相应的命令进行设置。

7.4.2 使用暴风影音

暴风影音是目前最为流行的影音播放软件之一。它支持绝大多数影音文件和流媒体的播放，包括RealMedia、QuickTime、MPEG-4、MPEG-2、HDTV等。

1. 播放电影

使用暴风影音播放电影非常简单，启动暴风影音，单击【正在播放】按钮，在弹出的下拉菜单中选择【打开文件】命令，打开【打开】对话框。

选择要打开的电影，单击【打开】按钮，即可播放影片。

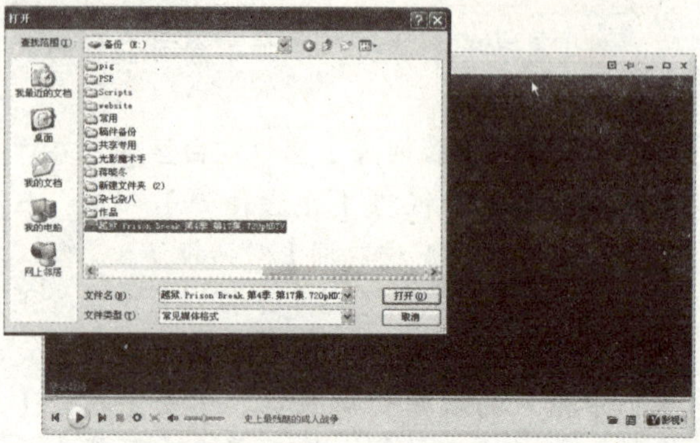

2. 设置暴风影音

在使用暴风影音播放影片时，单击主界面右上角的【主菜单】按钮，可以在菜单中选择播放速度、显示比例和声道切换等命令。

- 控制播放速度：单击【主菜单】按钮，选择【播放】命令，在弹出的子菜单中可以选择播放控制命令。

- 显示设置：单击【主菜单】按钮，选择【播放】|【视频调节】命令，打开【设置】对话框，默认打开【视频调节】选项卡对话框，可以设置视频亮度、对比度、显示比例等。

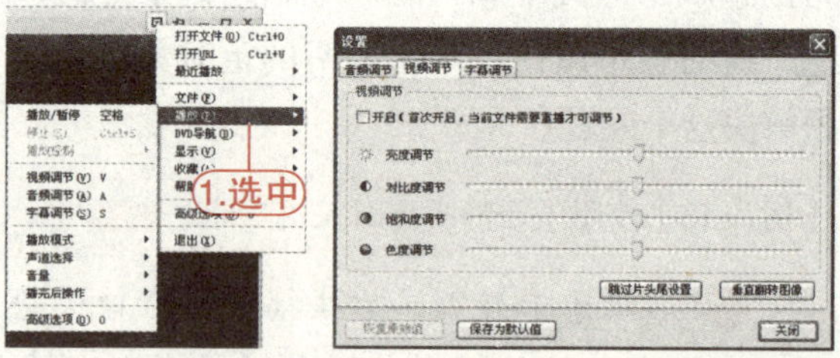

- 字幕设置：选择【播放】|【字幕调节】命令，打开【设置】对话框，默认打开【字幕调节】选项卡对话框，可以设置字幕显示位置和手动载入字幕。

- 声道设置：选择【播放】|【声道选择】命令，在弹出的子菜单中选择声道。

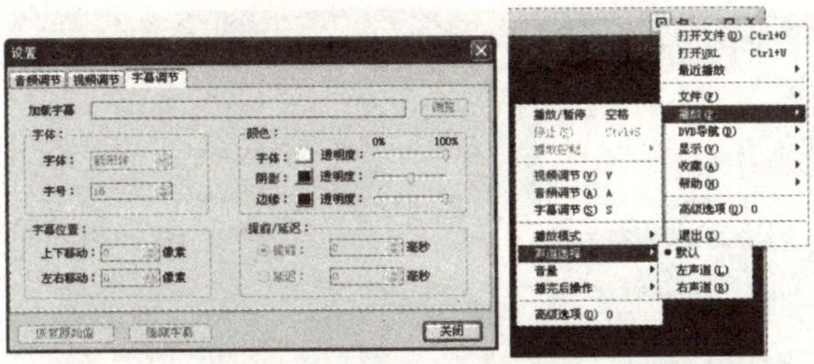

◆ 播放完后操作：选择【播放】|【播完后操作】命令，在弹出的子菜单中可以选择影片播放结束后系统执行的操作，例如关机、休眠和退出播放器等。

◆ 高级选项：选择【播放】|【高级选项】命令，打开【高级选项】对话框，在该对话框中包含【播放列表】、【播放设置】和【其它设置】3个选项卡，可以打开对应的选项卡对话框，进行适当的设置操作。【高级选项】对话框中几乎包含了暴风影音播放器的所有选项设置。

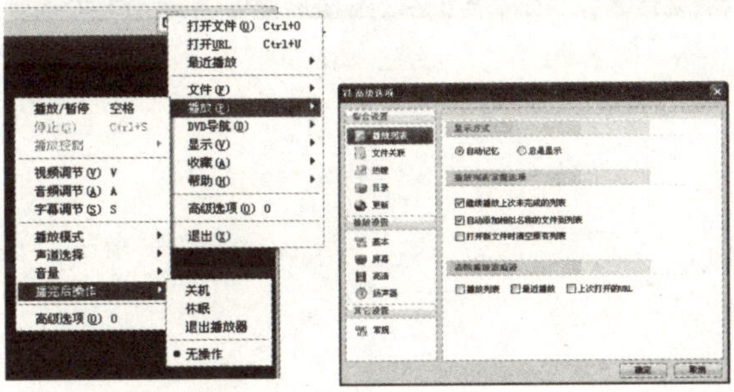

3. 播放控制

使用暴风影音播放影片时，还有一些其他功能和常用操作。

◆ 全屏显示影片：按下Ctrl+Enter键，可以全屏显示影片。

◆ 暂停播放：按下Space（空格）键或单击影片播放窗口，可以暂停播放。

◆ 截图：按下F5键，可以截取影片当前显示的画面。

◆ 播放DVD：选择【文件】|【打开碟片/DVD】命令，可以播放光盘中的影片。

7.4.3 使用Flash Player

Flash Player是专门用于播放Flash动画文件（SWF文件）的播放软件。当用户下载Flash小游戏或动画时，即可使用Flash Player播放动画。

1. 播放Flash动画

安装Flash Player播放器后，启动播放器，可以播放Flash动画，也可以双击Flash动画文件，启动Flash Player播放器播放。

【例7-14】使用Flash Player播放器播放Flash动画。视频

01 启动Flash Player播放器，选择【文件】|【打开】命令，打开【打开】对话框。单击【浏览】按钮，打开【打开】对话框。

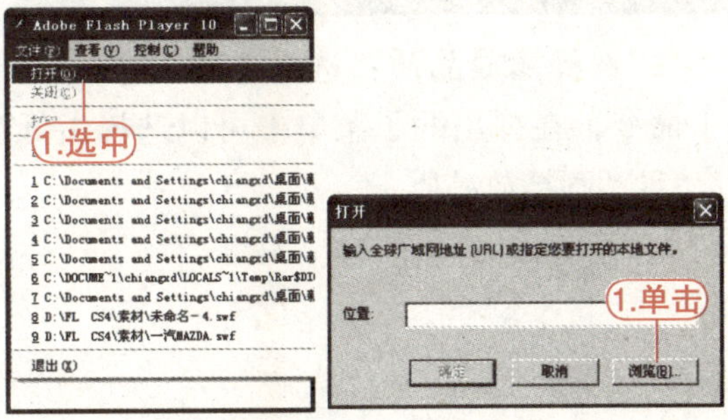

02 选择要打开的Flash动画文件，单击【打开】按钮，返回【打开】对话框。

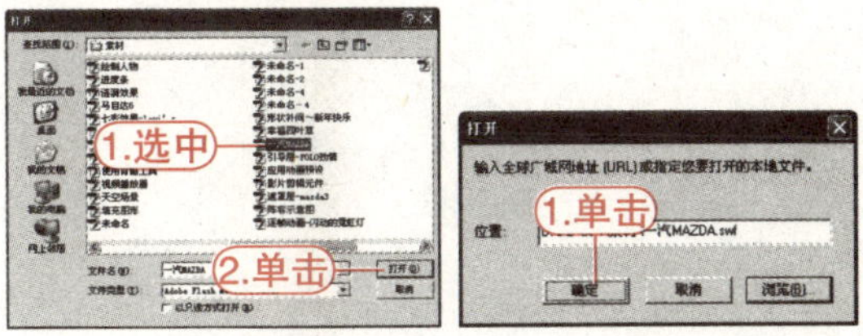

03 单击【确定】按钮，播放动画文件。

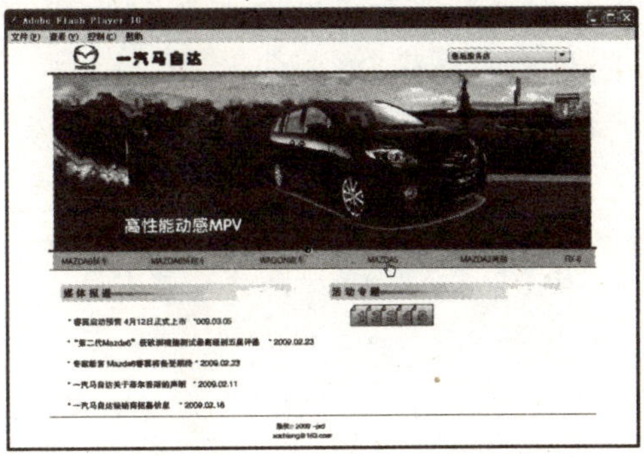

2. 播放设置

使用Flash Player播放器播放动画时，可以设置播放尺寸和播放控制。

有关Flash Player播放器的常用播放设置操作如下。

- 全屏播放：选择【查看】|【全屏】命令，或按下Ctrl+F键，可以全屏播放动画。

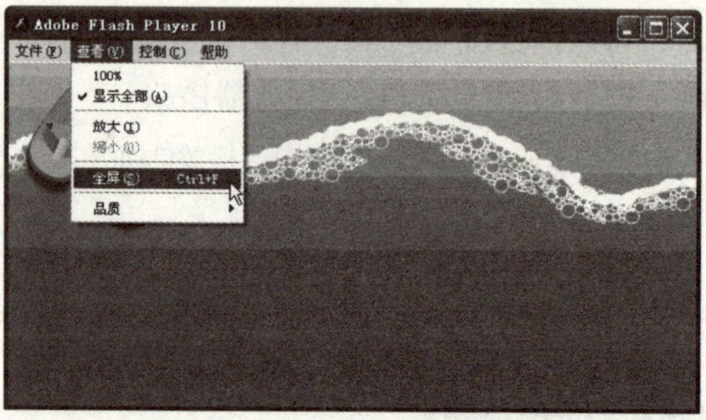

- 选择播放品质：选择【查看】|【品质】命令，在弹出的子菜单中可以选择由低到高3种动画播放品质。

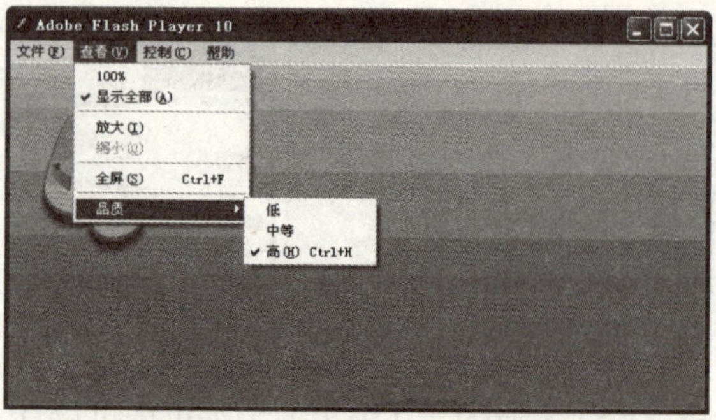

- 设置播放控制：选择【控制】，在弹出的菜单中可以选择各种选项。

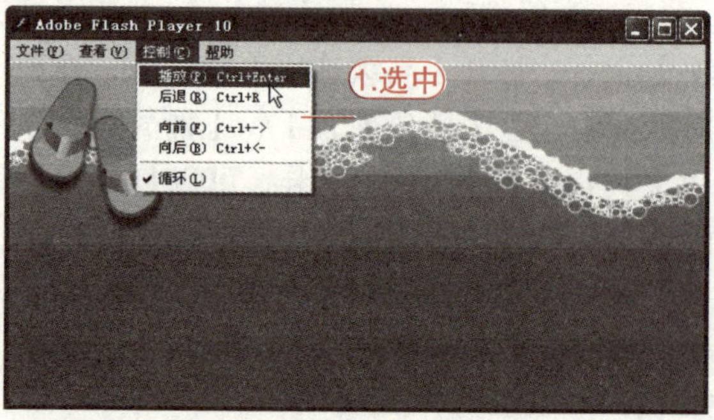

Chapter

08

文档编辑大师Word应用

Word是目前应用最为广泛的文本处理软件。本章主要介绍了有关Word的基本操作，包括文档操作、设置段落格式、插入常用元素、添加页眉和页脚等。

- Word文档的基本操作
- 查找和替换
- 设置文本和段落格式
- 插入Word常用元素
- 插入表格
- 添加页眉和页脚
- 打印文档

参见随书光盘

例8-1 新建模板文档
例8-2 查找和替换文档内容
例8-3 设置文本样式
例8-4 设置对齐方式和首行缩进
例8-5 设置文档的段落间距
例8-6 设置首字下沉
例8-7 设置文档的分栏格式
例8-8 设置边框和底纹样式
例8-9 插入艺术字
例8-10 插入图片
例8-11 插入表格
例8-12 合并单元格
例8-13 绘制斜线表头
例8-14 设置表格的边框和底纹
例8-15 添加页眉和页脚

8.1 Word文档的基本操作

Word是微软公司发布的Office办公软件套装重要成员之一，它拥有常用的文字处理功能，可以编辑精美的文档。用户启动Word 2003后即可创建文档并编辑文档内容，编辑的文档内容可以保存在电脑中。下面将介绍新建、保存、打开和关闭Word文档的操作方法。

8.1.1 认识Word操作界面

Word 2003操作界面主要由标题栏、菜单栏、工具栏、任务窗格、状态栏及文档编辑区等部分组成。

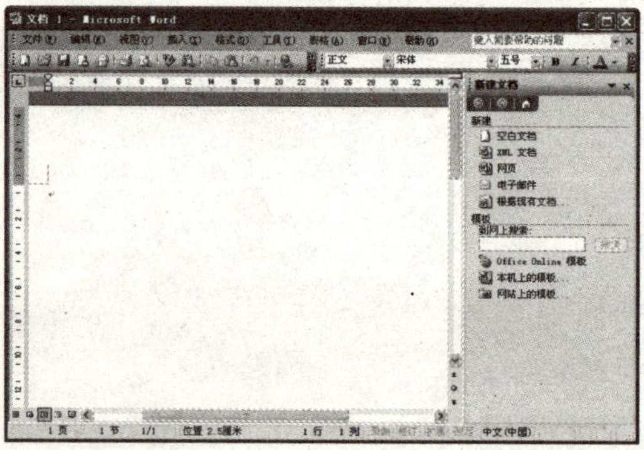

1. 标题栏

标题栏位于窗口的顶端，用于显示当前正在运行的程序名及文档名等信息。同窗口一样，标题栏右侧的控制按钮分别用来控制窗口的最小化、最大化和关闭应用程序。

2. 菜单栏

菜单栏是Word命令组合，它分为【文件】、【编辑】、【视图】、【插入】、【格式】、【工具】、【表格】、【窗口】和【帮助】9个菜单，包括了管理Word文件、编辑正文要用到的所有菜单命令。单击菜单栏中的任意一个菜单项，都会弹出相应的下拉菜单，执行相应的命令。

3. 工具栏

工具栏是以按钮形式来表示常用的命令，可以快速执行常用操作，例如保存、打开操作等，从而提高工作效率。

4. 文档编辑区

文档编辑区是一页空白的区域，是用户可以编辑的区域，Word中所有编辑操作都在该区域中显示。

5. 任务窗格

任务窗格是Word提供常用命令的分栏窗口，它根据操作要求自动弹出，使用户及时获得所需的工具，从而节约时间、提高工作效率，并有效地控制Word的工作方式。

单击任务窗格右侧的下拉箭头，从弹出的下拉菜单中可以选择其他任务窗格命令。

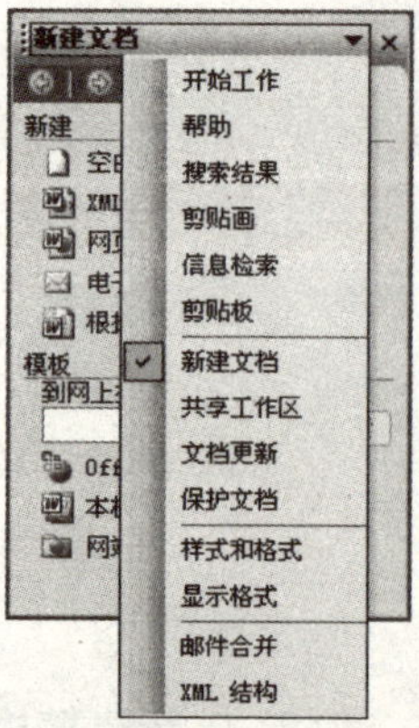

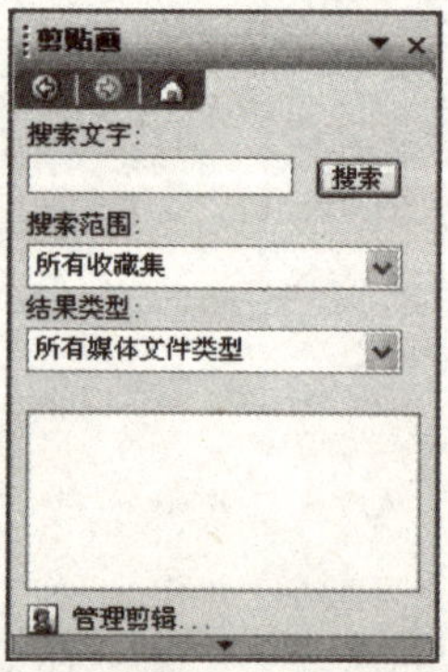

8.1.2 新建Word文档

在使用Word编辑文档之前，需要新建一个文档。新建的文档可以是空白文档，也可以是基于模板的文档。

1. 新建空白文档

在Word中，要新建空白文档，可在【常用】工具栏上单击【新建空白文档】按钮，或者选择【文件】|【新建】命令，打开【新建文档】任务窗格，在【新建】选项区域中单击【空白文档】链接创建一个空白文档。

2. 新建模板文档

Word提供了多种类型的模板，根据模板可以创建具有特殊格式的文档，例如备忘录模板文档。

【例8-1】利用Word模板新建备忘录。视频

01 启动Word，选择【文件】|【新建】命令，打开【新建文档】对话框，单击【本机上的模板】链接。

02 打开【模板】对话框，单击【备忘录】选项卡，打开该选项卡对话框，选中【备忘录向导】选项。

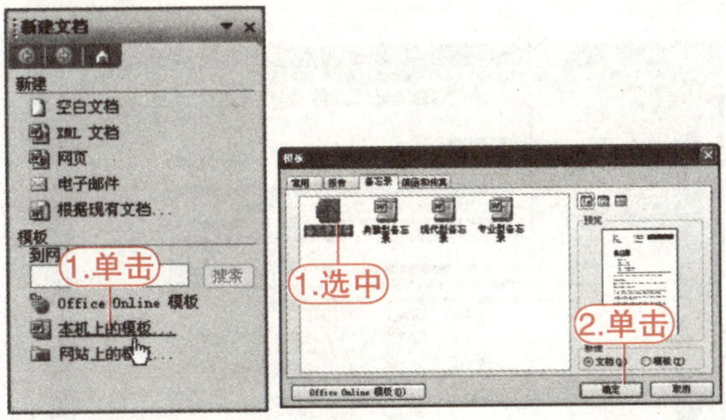

03 单击【确定】按钮，打开【备忘录向导】对话框。单击【完成】按钮，采用Word默认向导设置，新建模板文档。

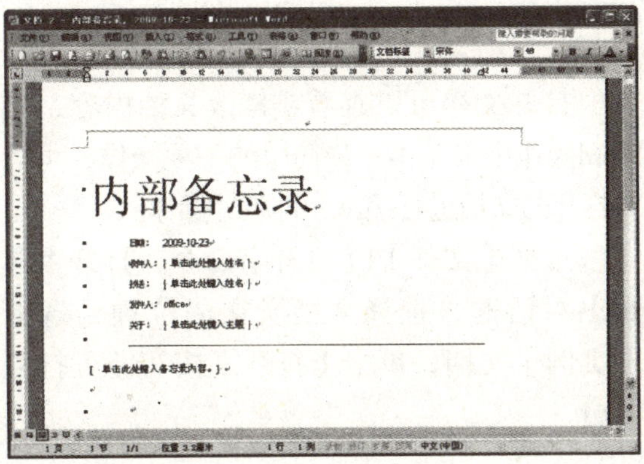

8.1.3 保存Word文档

Word中的保存操作是可以即时保存的，可以保存新建的文档和保存原有的文档。

1. 保存新建文档

保存新建文档时，需要输入文档的保存名称并选择文档的保存位置。

选择【文件】|【保存】命令或单击【常用】工具栏上的【保存】按钮，打开【另存为】对话框中，在【文件名】文本框中输入要保存的文档名称，然后选择保存位置，例如保存在【新手学电脑】文件夹中，单击【保存】按钮，即可保存文档。

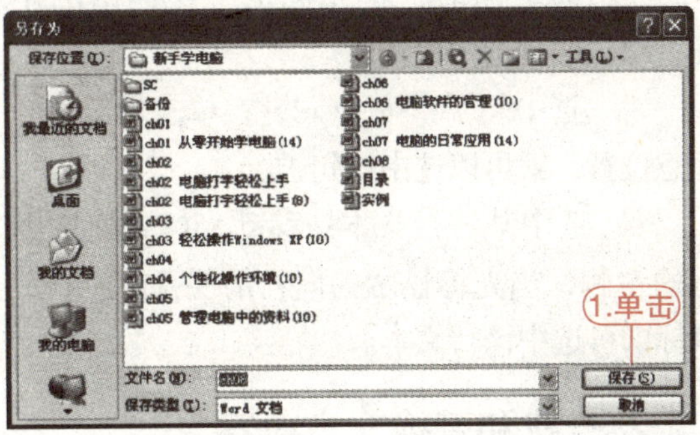

2. 另存为文档

对于已经保存过文档，要保存一份文档副本，可以另存该文档。选择【文件】|【另存为】命令，打开【另存为】对话框中，设置保存路径、名称及保存格式即可。

8.1.4 打开和关闭Word文档

打开文档可以查看或修改文档内容，是Word操作中最基本、最简单的一项操作，可以对打开的文档进行编辑、排版等操作。

选择【文件】|【打开】命令，打开【打开】对话框，选择文档所在的位置，选择【实例】文档，单击【打开】按钮即可打开文档。

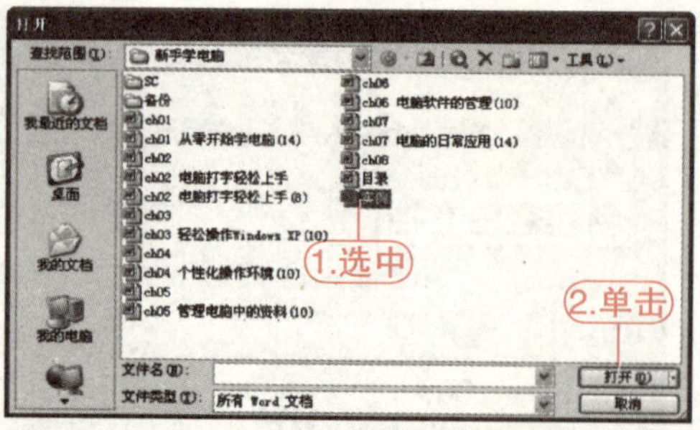

选择【文件】|【关闭】命令，或单击窗口右上角的【关闭】按钮，关闭当前文档。

8.2 查找和替换

Word提供了查找和替换文本功能。查找功能可以快速搜索文字、词语和句子；替换功能可以一次性替换文档中重复出现的字、词语和句子，减少工作强度和时间。

8.2.1 选择文本

在介绍查找和替换功能之前，首先来了解下如何在Word中选择文本。选择文本可以选中文本中的某个字、词语、句子，还可以选中文本中的某一行或多行文本以及全部文本。

- 选中某个字：将光标定位在文本的左侧或右侧，单击并向文字的右侧或左侧拖动鼠标，释放鼠标即可选中该字。
- 选中词语：将光标定位在词语的中间，双击即可选中该词语。
- 选中句子：按下Ctrl键，单击句子中的任意位置，就可以选中该句子。
- 选中某一行文本：移动光标到要选中行的左侧，当光标显示为向右箭头时，单击鼠标即可选中该行文本。

8.2.2 查找和替换文本内容

下面通过实例来介绍结合查找和替换功能，替换文档中重复出现的内容。

【例8-2】打开一篇Word文档，查找并替换Word文档内容。视频+素材

01 启动Word，选择【文件】|【打开】命令，打开一个Word文档。

02 将插入点移至文本最前面，选择【编辑】|【查找】命令，打开【查找和替换】对话框。

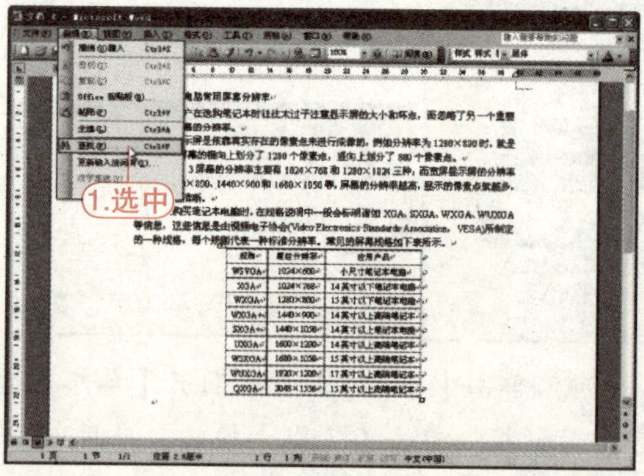

03 单击【替换】选项卡，打开该选项卡对话框。

04 在【查找内容】文本框中输入文本内容“英寸”，在【替换为】文本框中输入英寸的简写符号“〃”。

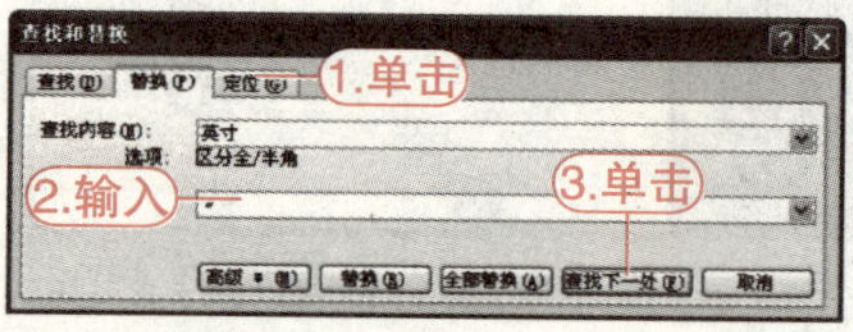

05 单击【查找下一处】按钮，系统会自动查找第1处文本内容“英寸”，然后单击【替换】按钮，替换为简写符号“〃”。

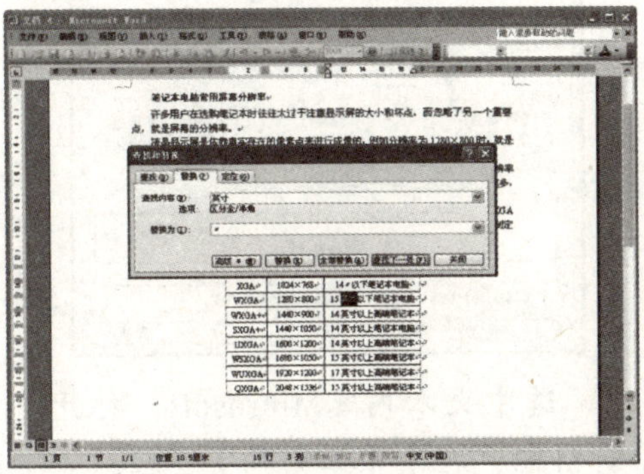

06 继续单击【查找下一处】按钮，查找第2处，单击【替换】按钮，替换文本。

07 重复操作，查找并替换文本内容“英寸”为简写符号“〃”。

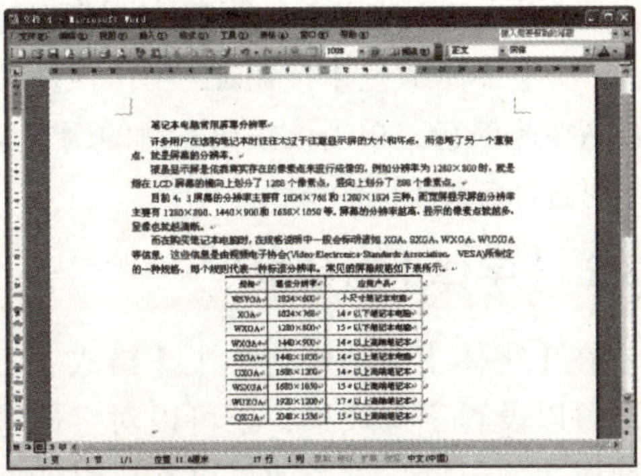

专家指点

将插入点移至文档开头位置或者按下Ctrl+A键选中文档中所有内容，打开【查找与替换】对话框，输入查找和替换内容，单击【全部替换】按钮可以一次性替换所有。

8.3 设置文本和段落格式

设置文本格式和段落格式，可使文本看起来整齐美观。用户可以通过【格式】工具栏和【字体】对话框两种方式对文本格式进行设置。设置段落的格式主要包括段落对齐、段落缩进及段落间距等。

8.3.1 【格式】工具栏

对于一些常用的字符格式，可以单击【格式】工具栏中相应的按钮或在下拉列表框选择相应的选项来进行设置。

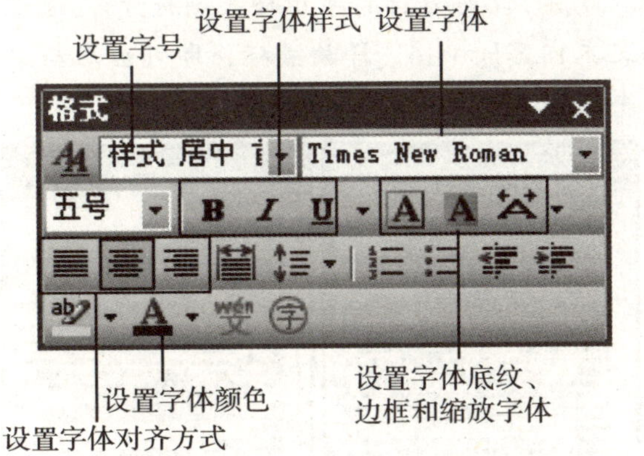

【格式】工具栏显示了用于设置字符格式的各个按钮和下拉列表框，主要作用如下。

- 【字体】下拉列表框：可以选择字体的样式。
- 【字号】下拉列表框：可以设置字体的大小。
- 【加粗】按钮：单击该按钮可以加粗文本，再次单击，取消加粗。
- 【倾斜】按钮：单击该按钮可以倾斜文本，再次单击，取消倾斜。
- 【下划线】按钮：单击该按钮可以添加一条下划线，单击该按钮右侧的倒三角符号，可选择下划线的类型。
- 【字符边框】按钮：单击该按钮可以添加文本边框效果。
- 【字符底纹】按钮：单击该按钮可以添加文本底纹效果。
- 【字符缩放】按钮：单击该按钮可以

放大一倍文本宽度，单击该按钮右侧的倒三角符号，可在弹出的下拉列表中选择放大的百分比。

- 【字体颜色】按钮A：单击该按钮可以设置文本颜色，单击该按钮右侧的倒三角符号，可选择各种不同的颜色。

8.3.2 【字体】对话框

在【字体】对话框包含了【格式】工具栏，可以设置字符效果，还可以对字体进行多种样式的设置，设置效果可在该对话框下方的【预览】组合框中预览。

右击文档中包含文本的区域，在弹出的快捷菜单中选择【字体】命令，打开【字体】对话框，可以对文本字体进行一些比较特殊的格式设置，例如阴影、字符间距等。

【例8-3】打开一篇Word文档，打开【字体】对话框，设置文本样式。视频+素材

01 启动Word，选择【文件】|【打开】命令，打开一篇Word文档。

02 选中第一行的标题文本内容Word，右击鼠标，在弹出的快捷菜单中选择【字体】命令，打开【字体】对话框。

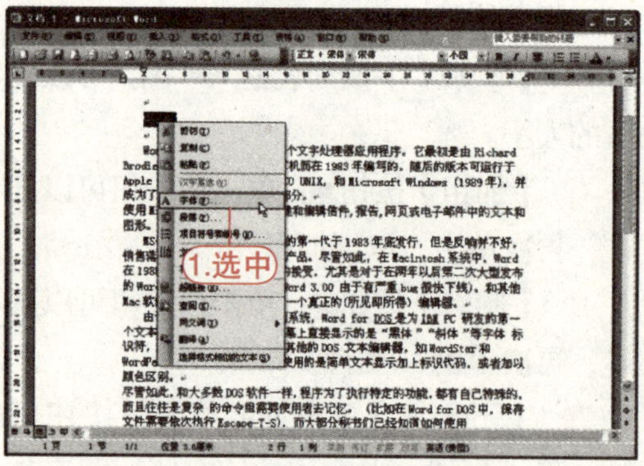

03 在【中文字体】下拉列表中选择【黑体】选项；在【字形】列表框中选择【加粗】选项；在【字号】列表框中选择【二号】选项。

04 单击【确定】按钮，设置字体为黑体，大小为二号，样式为加粗，在【预览】列表框中可以预览设置的字体。

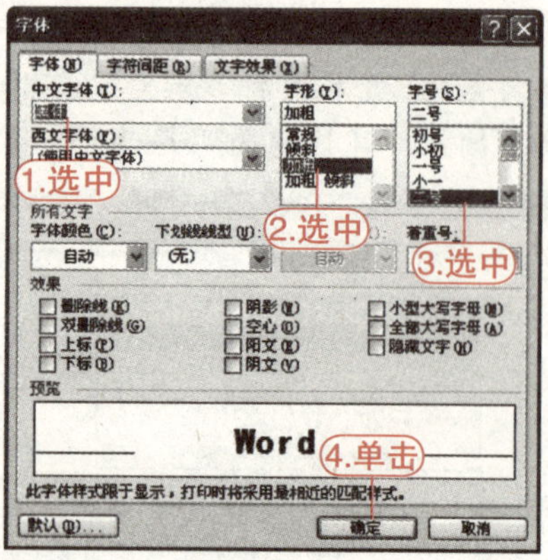

05 选中文本内容Microsoft，打开【字体】对话框；在【字体颜色】下拉列表中选择【蓝色】；在【下划线线型】下拉列表中选择下划线样式，单击【确定】按钮，设置文本样式。

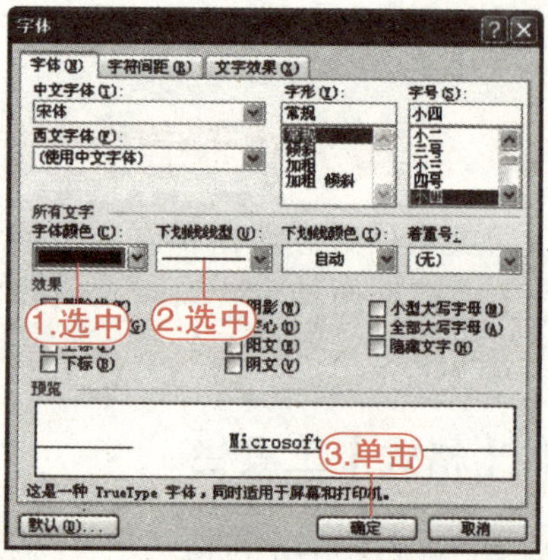

06 选中文本内容Microsoft，单击【格式刷】按钮。

07 此时光标将显示格式刷符号，选中文本内容Brodie，释放鼠标，即可应用与文本内容Microsoft相同的格式。

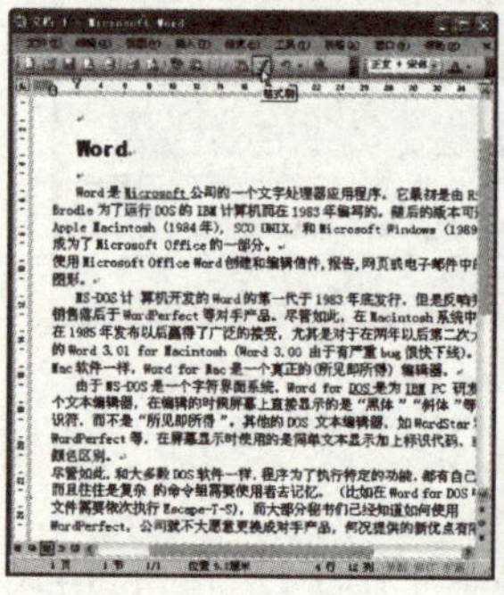

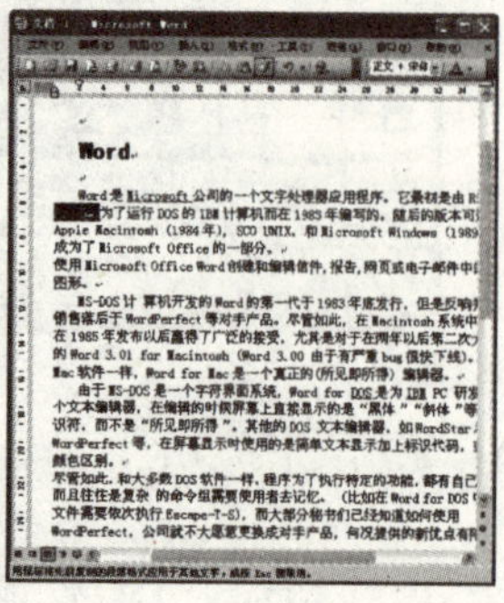

08 重复操作，设置其他英文文本内容为

蓝色带下划线字体样式。

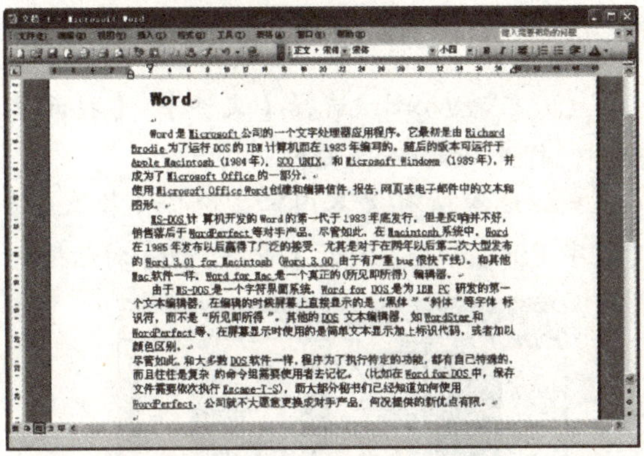

09 选择【文件】|【另存为】命令，保存文档为【设置字体样式】。

8.3.3 设置段落对齐方式

段落对齐是指文档边缘的对齐方式，包括两端对齐、居中对齐、右对齐和分散对齐。

- 两端对齐：是默认的对齐设置，文本左右两端均对齐，但是段落最后不满一行的文字右边是不对齐的。
- 右对齐：文本右边对齐，文本左边参差不齐。
- 居中对齐：文本居中排列。
- 分散对齐：文本左右两边均对齐，并且当每个段落的最后一行不满一行时，将自动拉开字符间距，使该行文字均匀分布。

设置段落对齐方式时，先选定要对齐的段落，或将光标移到新段落的开始位置，然后单击【格式】工具栏中【两端对齐】按钮、【居中】按钮、【右对齐】按钮或【分散对齐】按钮。

8.3.4 设置段落缩进

段落缩进是指段落中的文本与页边距之间的距离。使用缩进可以使文档中的某一段相对于其他段落偏移一定的距离，突出某段或某几段文本，它可以加大行与页边空白的距离，也可以占用页边空白，起到突出的效果。

专家指点

段落缩进有左缩进、右缩进、悬挂缩进和首行缩进4种格式。

【例8-4】打开一篇Word文档，设置文档的对齐方式和首行缩进。视频+素材

01 启动Word，选择【文件】|【打开】命令，打开一篇Word文档。

02 选中标题文本内容，单击【居中】按钮，居中对齐文本内容。

03 选中除标题以外的其他文本内容，然后选择【格式】|【段落】命令，打开【段落】对话框。

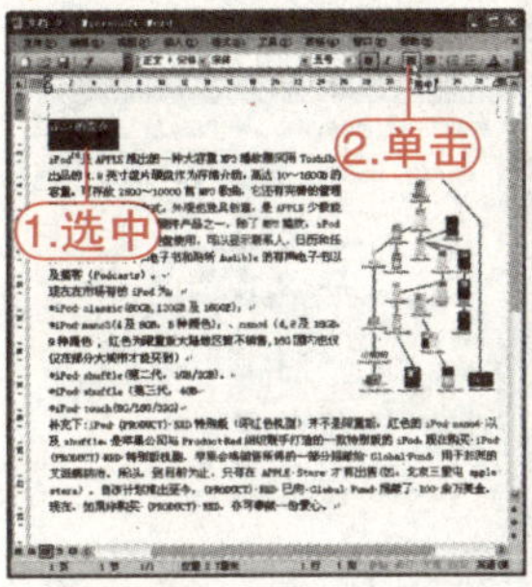

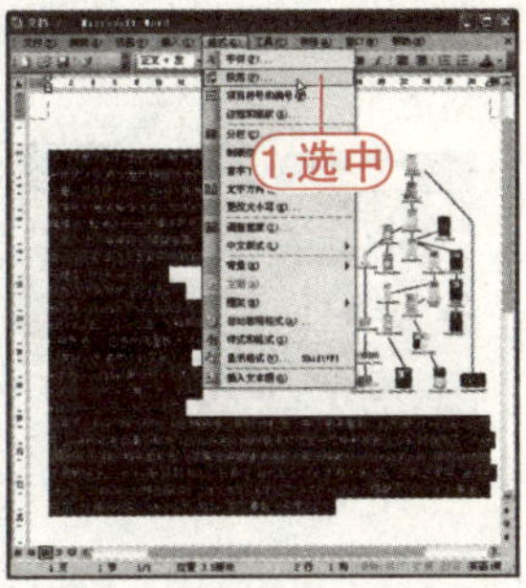

04 在【特殊格式】下拉列表中选择【首行缩进】选项，在【度量值】微调框中输入数值2，单击【确定】按钮，设置首行缩进。

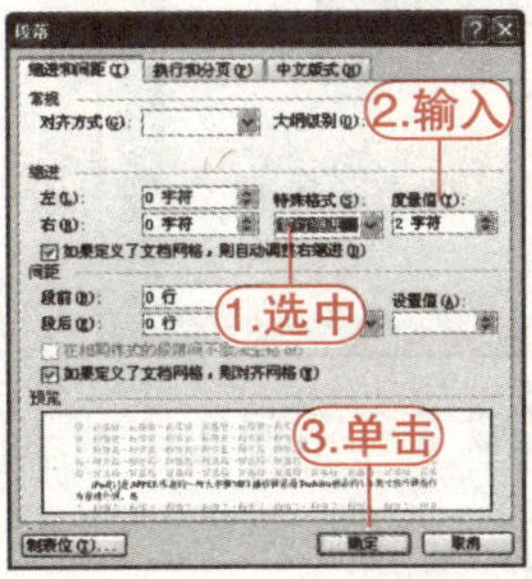

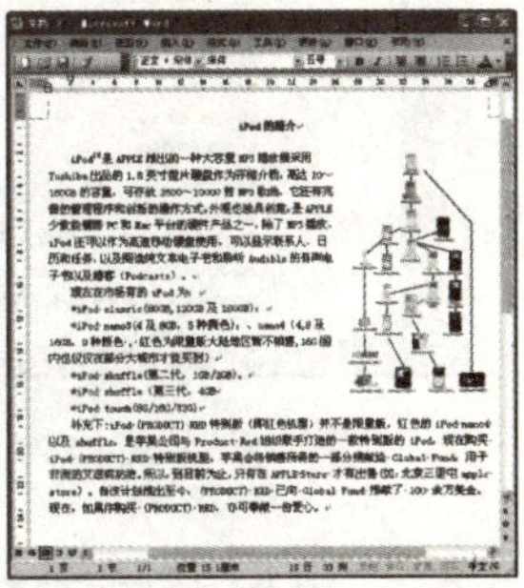

05 保存文档为【设置段落缩进】。

8.3.5 设置段落间距

段落间距是指前后相邻的段落之间的距离。

【例8-5】打开一篇Word文档，设置文档的段落间距。视频+素材

01 启动Word，选择【文件】|【打开】命令，打开一篇Word文档。

02 选中所有文本内容，选择【格式】|【段落】命令，打开【段落】对话框。

03 在【特殊格式】下拉列表中选择【首行缩进】选项，在【度量值】微调框中输入数值2。

04 在【行距】下拉列表中选择【1.5倍行距】选项，单击【确定】按钮，设置段落间距。

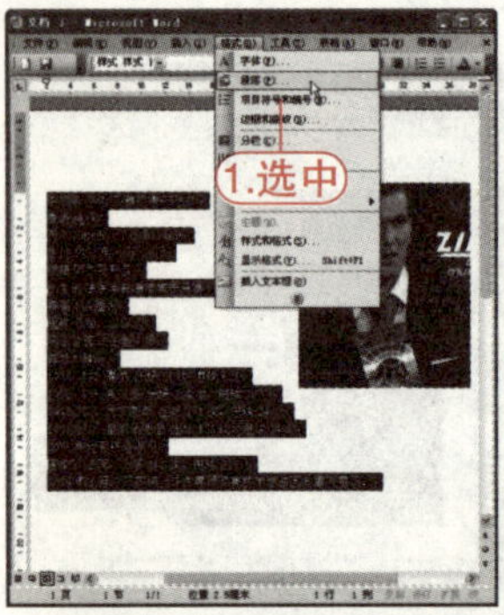

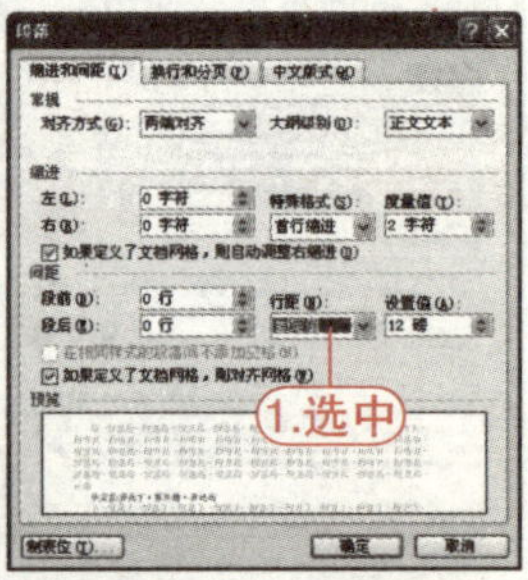

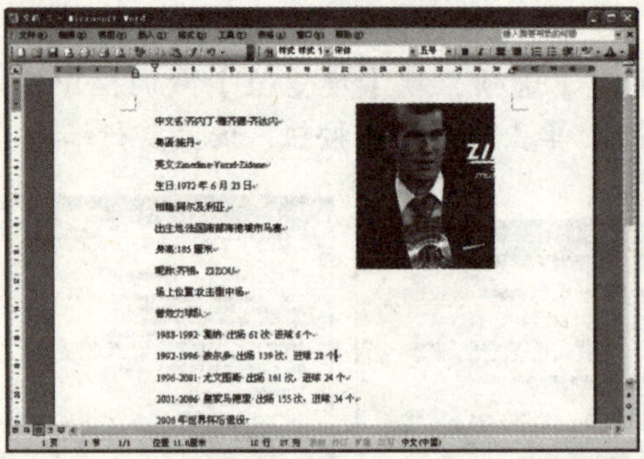

05 保存文档为【设置段落间距】。

8.3.6 设置首字下沉

首字下沉即段落的第一行第一字向下拉一定的距离，段落的其他部分保持原样。

【例8-6】打开一篇Word文档，设置文档首字下沉。视频+素材

01 启动Word，选择【文件】|【打开】命令，打开一篇Word文档。

02 选中所有文本内容，选择【格式】|【首字下沉】命令，打开【首字下沉】对话框。

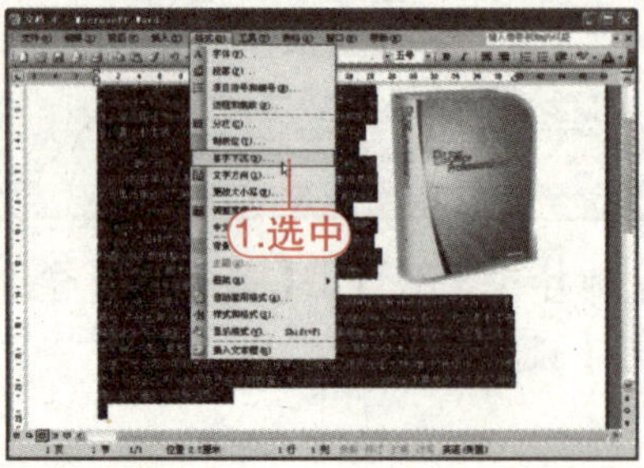

03 在【位置】选项区域中选中【下沉】选项，在【下沉行数】文本框中输入数值2。单击【确定】按钮，即可设置首字下沉。

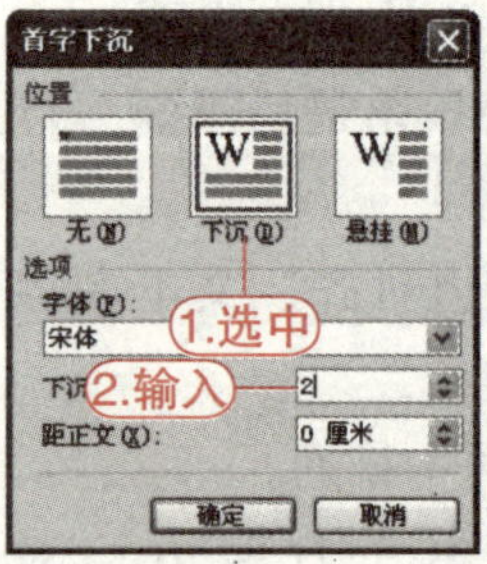

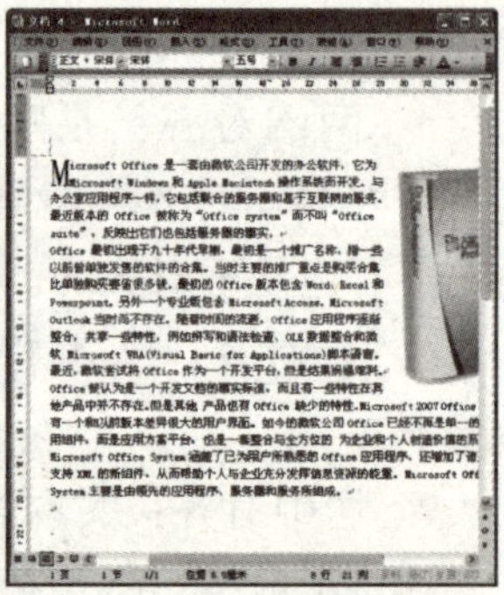

04 选中设置首字下沉的字母M，打开【字体】对话框，在【字体】选项卡对话框中设置【字形】为加粗，【字号】为初号。

05 打开【文字效果】选项卡，打开该选项卡对话框，设置【动态效果】为【礼花绽放】，单击【确定】按钮，设置首字下沉文字样式。

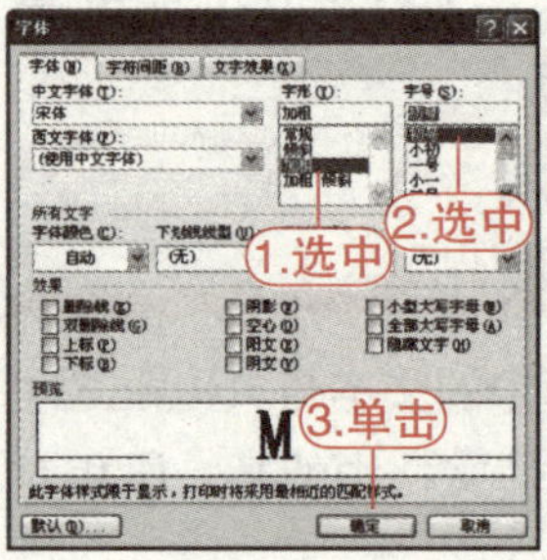

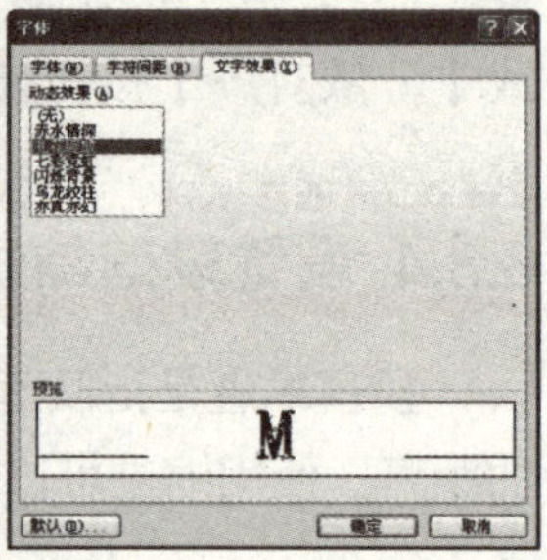

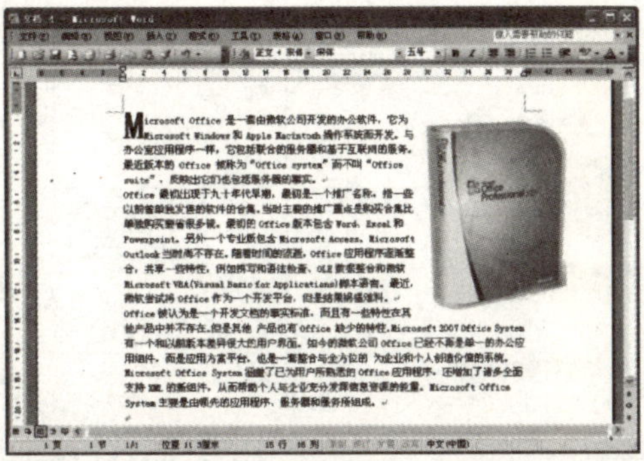

06 保存文档为【设置首字下沉缩进】。

8.3.7 设置分栏

设置分栏可以美化页面，有效地节省页面空间。本书的主要内容都是采用双栏排版，相比其他通栏排版的书籍，在内容上要充实许多。

【例8-7】打开一篇Word文档，设置文档的分栏格式。视频+素材

01 启动Word，选择【文件】|【打开】命令，打开一篇Word文档。

02 选中所有文本内容，选择【格式】|【分栏】命令，打开【分栏】对话框。

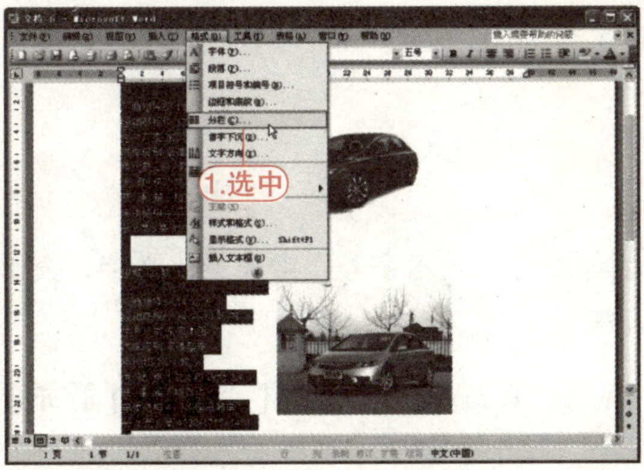

03 在【预设】选项区域中选中【两栏】选项，选中【分隔线】复选框。

注意事项

在设置分栏格式后，文本格式可能会有所变动，这时可以通过调整段落间距来调整栏目中的文本内容显示。

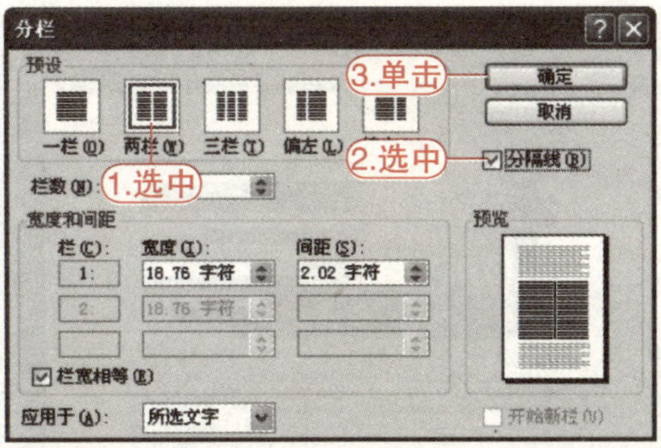

04 单击【确定】按钮，设置双栏样式，适当调整文本和图片。

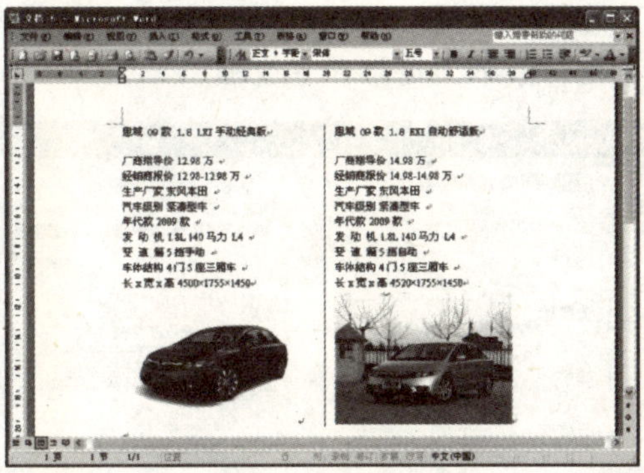

05 保存文档为【设置分栏】。

8.3.8 设置边框和底纹

Word提供了表格边框、段落边框、文本框边框等多种不同形式的边框，以满足用户在文档中设置边框的各种需求。添加边框和底纹的方法有以下两种。

- 选择【格式】|【边框和底纹】命令，打开【边框和底纹】对话框，设置边框和底纹。
- 通过【表格和边框】工具栏进行设置。

【例8-8】打开一篇Word文档，设置边框和底纹样式。视频+素材

01 启动Word，选择【文件】|【打开】命令，打开一篇Word文档。

02 选中文档中的几段文本内容，选择【格式】|【边框和底纹】命令，打开【边框和底纹】对话框。

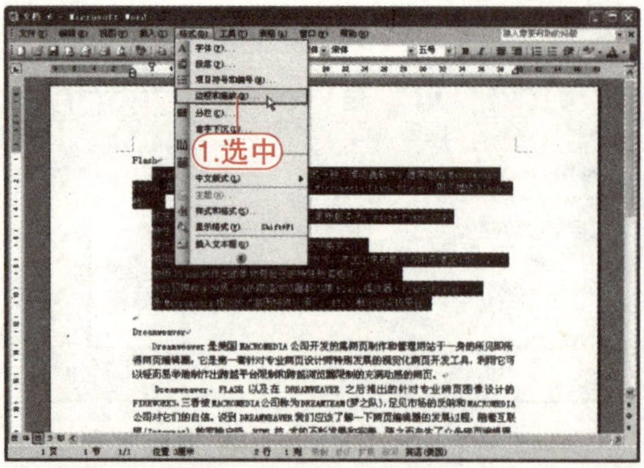

03 【设置】选项区中选中【自定义】选项，在【预览】区域中单击文本的上边框和下边框，添加上边框和下边框。

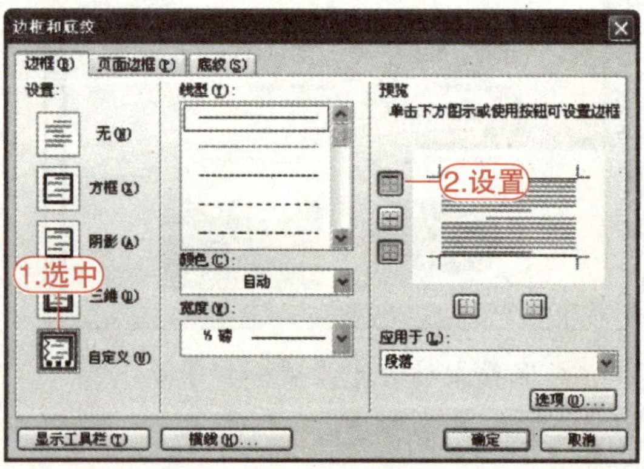

04 单击【底纹】选项卡，打开该选项卡对话框，在【样式】下拉列表中选中【5%】选项。

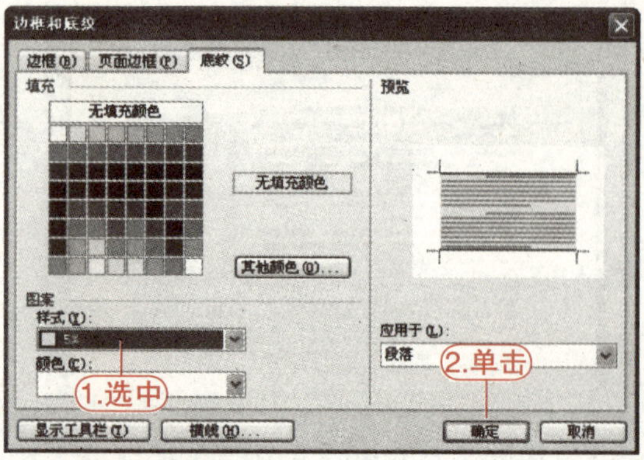

05 单击【确定】按钮，设置选中文本内容的边框和底纹。

06 重复操作，设置其他文本内容边框和底纹。

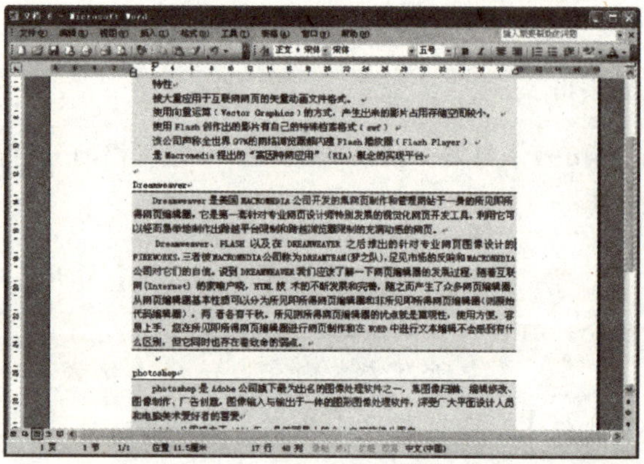

07 保存文档为【设置边框和底纹】。

8.4 插入Word常用元素

在Word中除了插入文本内容外，还可以插入诸如图片、艺术字等元素来美化文档，突出文档重点。下面就介绍在Word中插入常用元素的方法。

8.4.1 插入艺术字

艺术字是设置了特殊效果的文字，使用艺术字可以美化版面和起到醒目作用。

1. 插入艺术字

下面通过实例介绍插入艺术字的方法。

【例8-9】打开一篇Word文档，在文档的合适位置插入艺术字。视频+素材

01 启动Word，选择【文件】|【打开】命令，打开一篇Word文档。

02 将光标移至文档开头，选择【插入】|【图片】|【艺术字】命令，打开【艺术字库】对话框。

03 在【请选择一种"艺术字"样式】对话框中选中一种艺术字样式，单击【确定】按钮，打开【编辑"艺术字"文字】对话框。

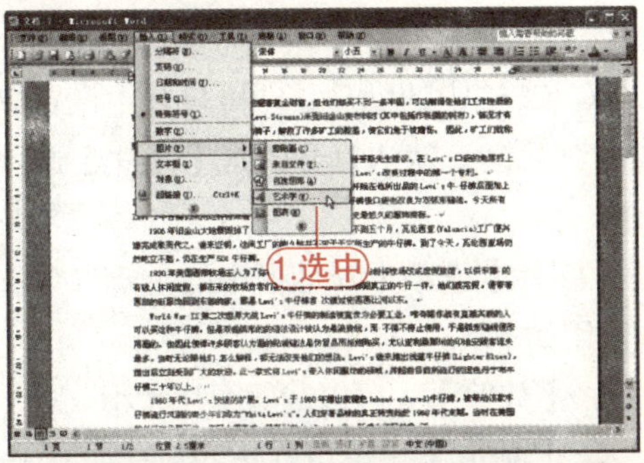

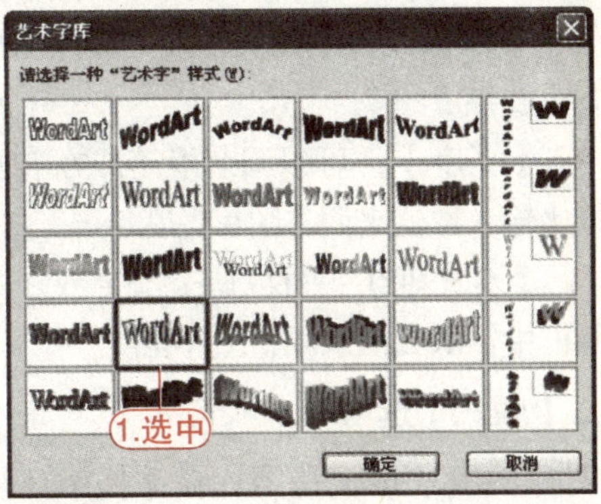

04 在【文字】文本框中输入要插入的艺术字文字"Levi' s"。

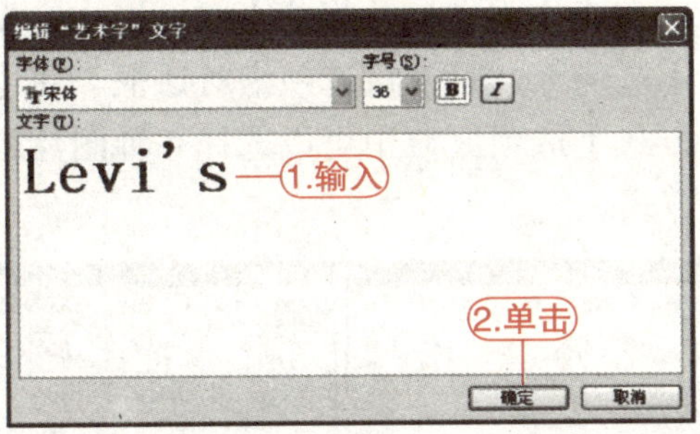

05 单击【确定】按钮，即可在插入点插入艺术字。

06 插入的艺术字周围会显示6个控制柄，可以拖动控制柄调整艺术字大小。

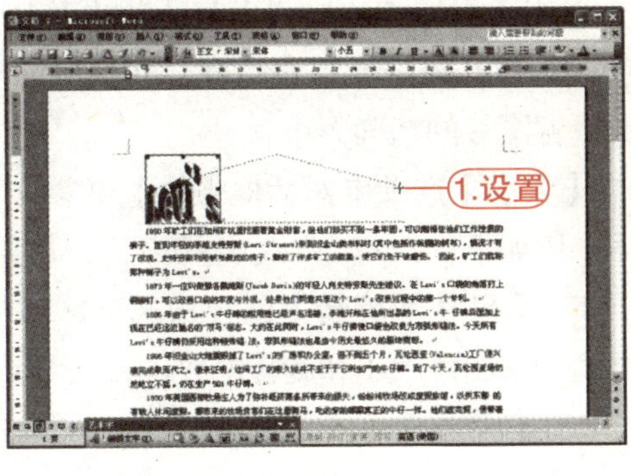

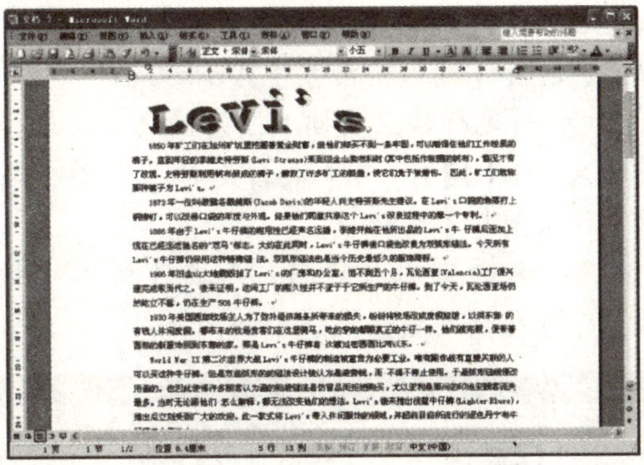

07 保存文档为【插入艺术字】。

2. 编辑艺术字

插入的艺术字，可以进行适当的编辑和修改操作。

单击插入的艺术字，会打开【艺术字】工具栏，可对艺术字进行编辑和修改操作。

有关【艺术字】工具栏中主要设置如下。

- 【编辑文字】按钮 编辑文字(X)...：单击该按钮，可以打开【编辑"艺术字"文字】对话框，重新设置艺术字文本的内容及格式等。
- 【艺术字库】按钮：单击该按钮，打开【艺术字库】对话框，可以重新设置艺术字的样式。
- 【艺术字形状】按钮：单击该按钮，可以设置艺术字形状。
- 【艺术字间距】按钮：单击该按钮，可以设置艺术字间距。

8.4.2 插入图片

在文档中插入图片，可以使文档更加生动。插入图片后，还可以进行适当的编辑操作，使图片更加符合文档的风格。

【例8-10】打开【插入艺术字】Word文档，在文档的合适位置插入图片。视频+素材

01 启动Word，选择【文件】|【打开】命令，打开【插入艺术字】Word文档。

02 将光标移至要插入图片的位置，选择【插入】|【图片】|【来自文件】命令，打开【插入图片】对话框。

03 选择要插入的图片单击【插入】按钮，即可在插入点插入选中的图片。

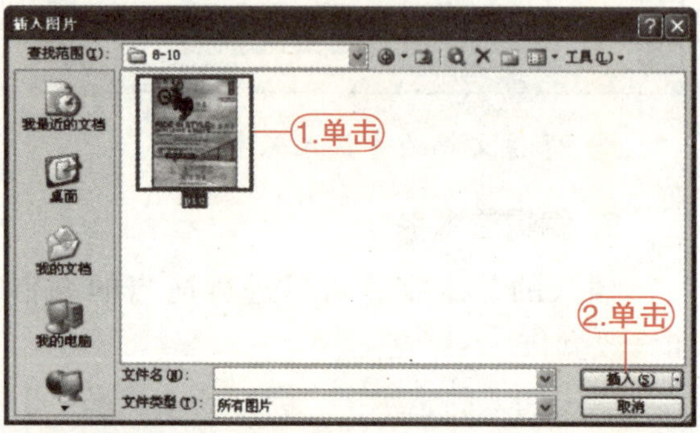

04 插入的图片是原始大小的，可以拖动图片右下角的控制柄，调整图片到合适大小。

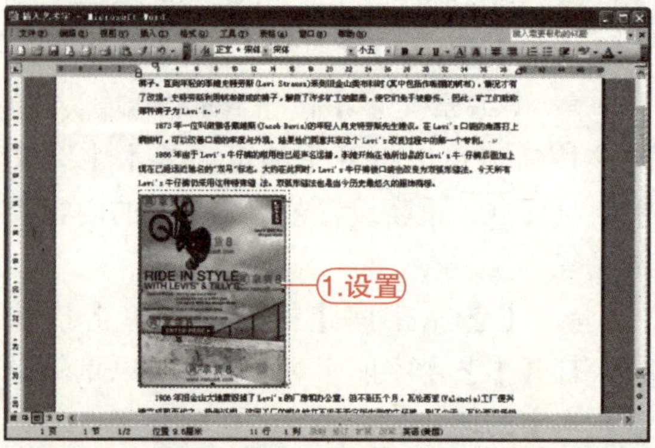

05 保存文档为【插入图片】。

> **专家指点**
>
> 拖动顶部和底部控制柄，可以调整图片高度；拖动左侧和右侧控制柄，可以调整图片宽度；调整4个夹角的控制柄，可以等比例缩放图片。

8.4.3 设置图片格式

在【设置图片格式】对话框中可以精确设置图片大小，还可以调整图片的亮度、对比度、版式等。

1.【图片】选项卡

双击文档中的图片，即可打开【设置图片格式】对话框，默认打开的是【图片】选项卡对话框。

【图片】选项卡对话框中的主要参数选项具体作用如下。

- 【裁剪】：可以裁剪图片大小。
- 【颜色】：可以在下拉列表框中选择图像颜色显示模式，例如灰度模式、黑白模式等。
- 【亮度】：可以调节滑竿或在右侧的微调框中输入数值来调整图片亮度。
- 【对比度】：可以调节滑竿或在右侧的微调框中输入数值来调整图片亮度。

2.【版式】选项卡

图片的版式也就是图片在文档中环绕方式，当文档包含文本和图片时，设置图片的版式可以显示不同的版面效果。

单击【设置图片格式】对话框中的【版式】选项卡，打开该选项卡对话框。在【环绕方式】选项区域中可以选择一种图片的环绕方式。

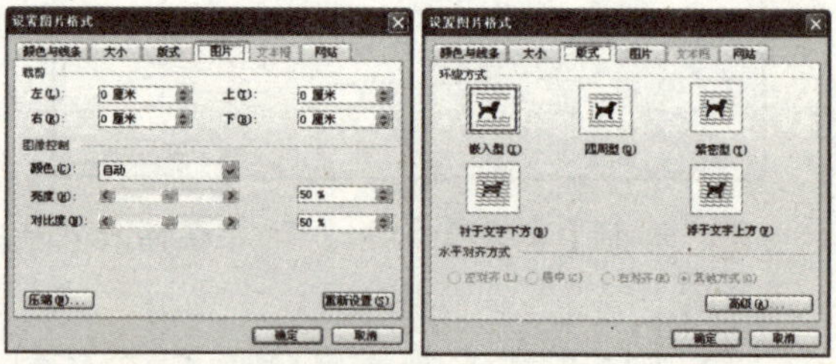

3.【大小】选项卡

单击【设置图片格式】对话框的【大小】选项卡，打开该选项卡对话框，在该对话框中可以设置图片的精确大小。

【大小】选项卡对话框中的主要参数选项具体作用如下。

- 【尺寸和旋转】：在该选项区域中可以精确调整图片大小和旋转度数。
- 【缩放】：在该选项区域中可以精确

调整图片大小的比例。

- 【锁定纵横比】：选中该复选框，锁定图片纵横比，也就是高度和宽度比。

4.【颜色与线条】选项卡

单击【设置图片格式】对话框中的【颜色与线条】选项卡，打开该选项卡对话框。针对绘制的自选图形，可以调整自选图形的填充色、线条颜色等。

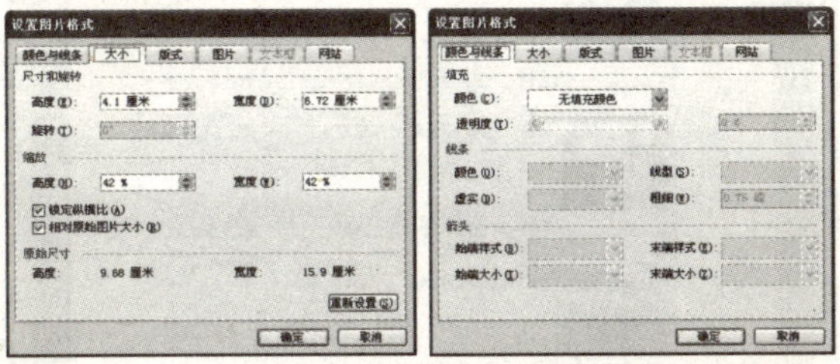

8.5 插入表格

表格也是Word文档中经常使用的元素，例如档案表、学生成绩表等。下面就介绍在Word中插入和编辑表格的方法。

8.5.1 插入表格

表格也是Word文档中经常使用的元素，例如档案表、学生成绩表等。在Word 2003中，用户可以根据实际需求，在文档中创建表格、设置表格结构、编辑表格内容，以及设置表格的边框和底纹等。

【例8-11】新建一篇Word文档，在文档的合适位置插入表格并添加表格内容。视频+素材

01 启动Word，新建一篇Word文档。选择【表格】|【插入】|【表格】命令，打开【插入表格】对话框。

02 在【列数】微调框中输入数值4，在【行数】微调框中输入数值3，选中【根据内容调整表格】单选按钮，单击【确定】按钮，在文档中插入表格。

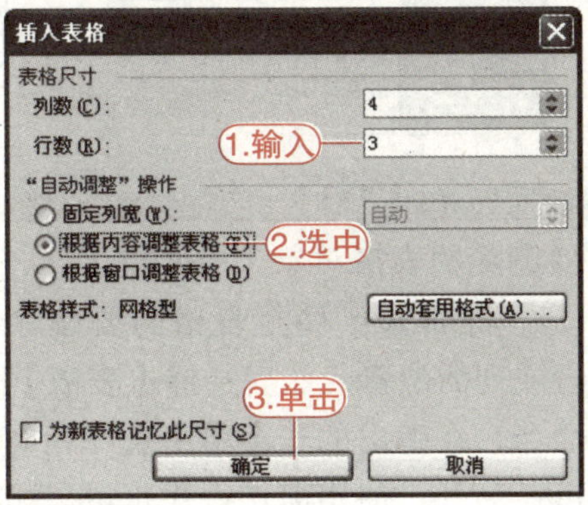

03 将光标移至表格的2行1列中，选择【插入】|【图片】|【来自文件】命令，打开【插入图片】对话框，插入图片。

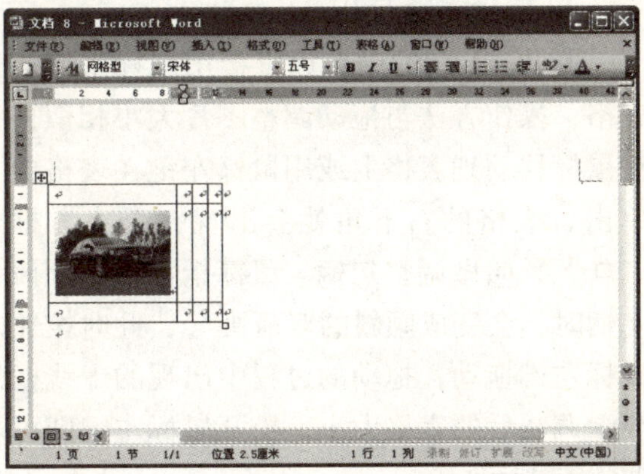

03 在表格的其他单元格中输入相应的文本内容。

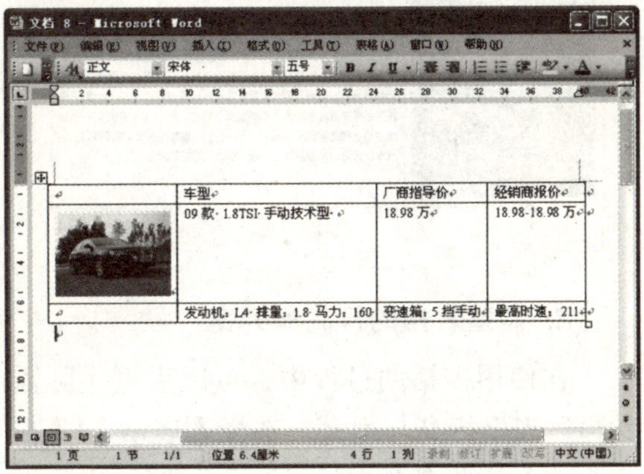

05 重复操作，插入4行3列的表格，在表格相应单元格中插入图片和文本内容。

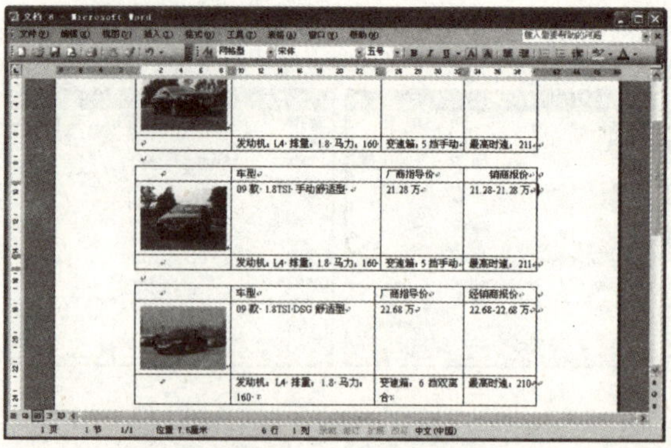

06 保存文档为【插入表格】。

8.5.2 表格的基本操作

表格基本操作包括调整表格的大小、调整表格的行高和列宽、插入和删除单元格等。

1. 调整表格大小

在Word 2003中可以直接用鼠标来缩放表格，操作方法与拖动调整图片大小相似。将鼠标移动到表格上或用鼠标左键在表格中单击，表格的右下角就会出现一个小方框“□”，叫做调整句柄。鼠标指针移动到该句柄时，会变成倾斜的双箭头↖，此时按住鼠标左键拖动，拖动的过程中出现的虚线框表示调整后的表格大小，松开鼠标左键即可调整表格大小。

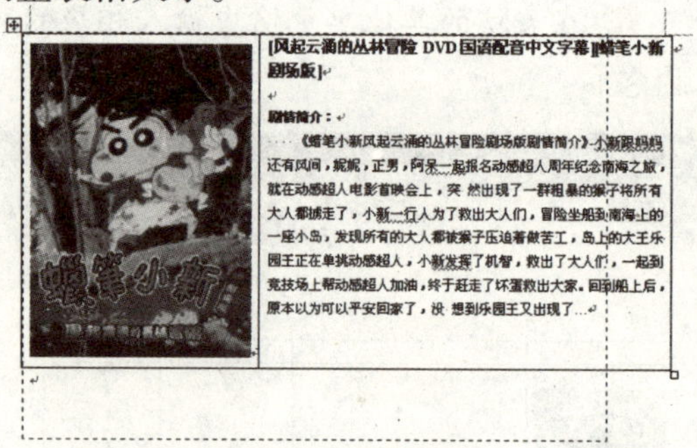

2. 调整表格的行高和列宽

在使用表格的过程中，可以根据实际需要调整表格行高与列宽。选择【表格】|【自动调整】菜单命令中的子命令，例如【根据内容调整表格】、【根据窗口调整表格】、【固定列宽】、【平均分布各行】、【平均分布各列】命令可以调整表格行高和列宽。此外，还可以使用鼠标拖动表格线来调整表格的列宽与行高。

如果要精确设置表格的行高或列宽，就需要输入表格的行高或列宽的数值。将插入点移至表格内，然后选择【表格】|【表格属性】命令打开【表格属性】对话框。

单击【行】选项卡，打开该选项卡对话框，选中【指定高度】复选框，然后可以在右侧的微调框中输入表格的行高数值。设置列宽精确大小方法相同，可以在【列】选项卡对话框中设置。

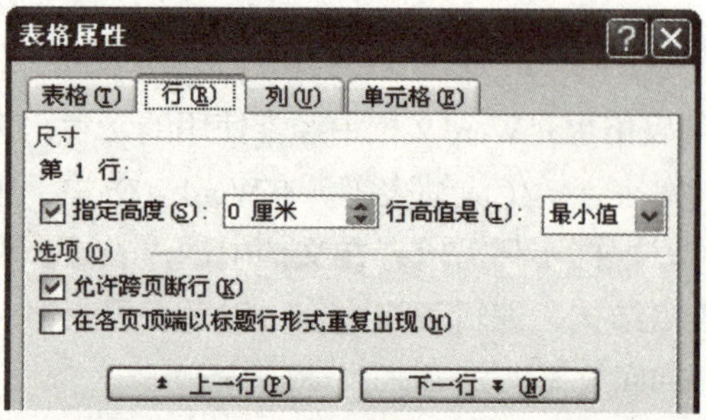

插入单元格、行或列的操作方法很简单，将插入点移至表格内要插入单元格、行或列的位置，然后选择【表格】|【插入】命令，在弹出的子菜单中选择要插入的对象，例如单元格、行或列。

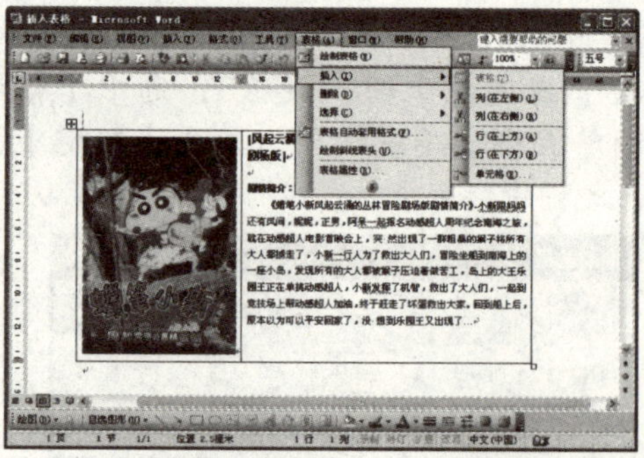

要删除的表格对象（单元格、行、列、表格），将插入点移至表格内要删除单元格、行或列的位置，然后选择【表格】|【删除】命令，在弹出的子菜单中选择相应的命令即可。另外，使用剪切操作也可以删除表格对象。

8.5.3 合并和拆分单元格

合并单元格是将相邻的两个或多个单元格合并成一个单元格；拆分单元格是将一个大的单元格分成若干个小的单元格。

【例8-12】打开【插入表格】Word文档，合并表格中的单元格。视频+素材

01 启动Word，选择【文件】|【打开】命令，打开【插入表格】Word文档。

02 选中表格的1行1列到1行3列所有单元格，右击鼠标，在弹出的快捷菜单中选择【合并单元格】命令，合并单元格。

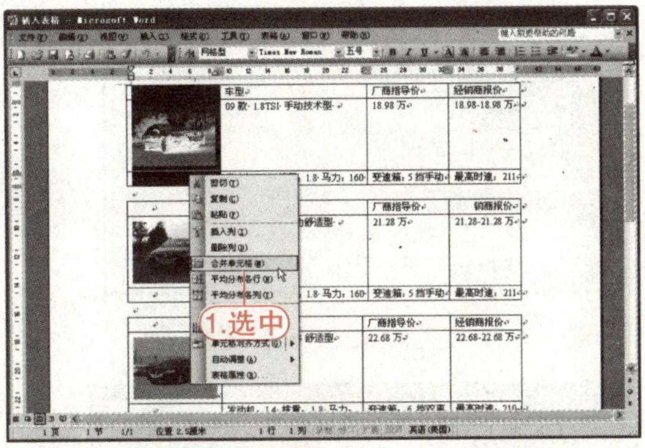

03 重复操作，合并另外两个表格的1行1列到1行3列所有单元格。

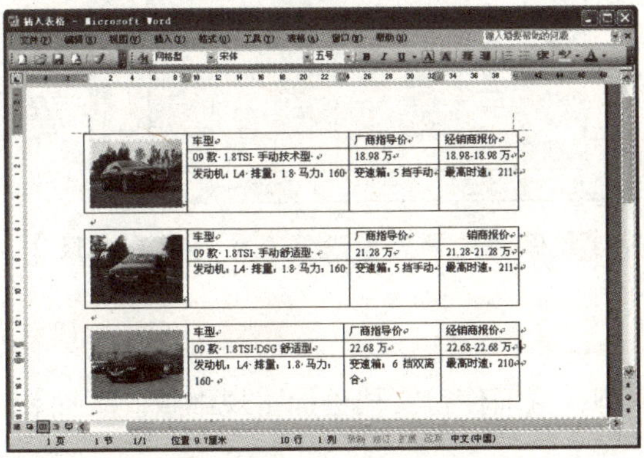

04 保存文档为【合并单元格】。

8.5.4 绘制斜线表头

斜线表头一般用于显示多重信息的表格，例如日程表，在表格中除了可以手工绘制斜线外，还可以利用【插入斜线表头】对话框来制作带斜线表头的表格。

【例8-13】打开一篇Word文档，在表格的1行1列绘制斜线表头。视频+素材

01 启动Word，选择【文件】|【打开】命令，打开一篇Word文档。

02 将插入点移至表格的1行1列中，选择【表格】|【绘制斜线表头】命令，打开【插入斜线表头】对话框。

03 【行标题】文本框中输入“星期”，在【列标题】文本框中输入“课时”，单击【确定】按钮，即可插入斜线表头。

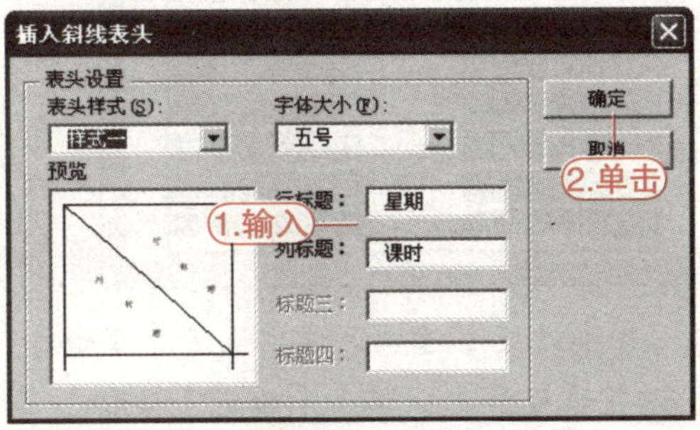

04 单击表格左上角的⊞按钮，选中整个表格，右击鼠标，在弹出的快捷菜单中选择【单元格对齐方式】命令。

05 在弹出的子菜单中单击☰按钮，可以上下居中对齐表格内容。

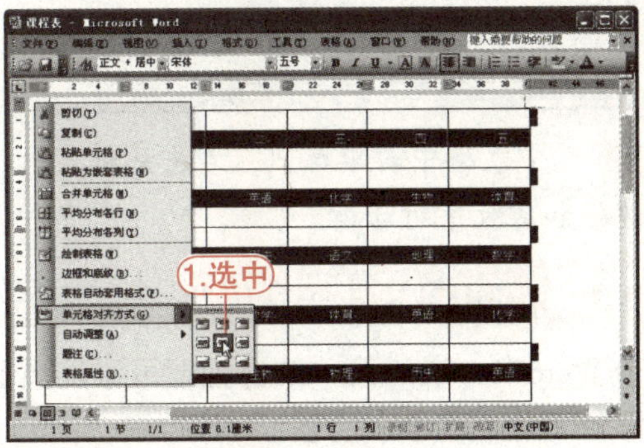

06 保存文档为【课程表】。

8.5.5 设置表格的边框和底纹

默认情况下，Word自动设置表格使用0.5磅的单线边框。用户如果对表格的样式不满意，

也可以继续设置表格的边框和底纹来美化表格，使表格看起来更加突出和美观。

【例8-14】打开一篇Word文档，设置表格的边框和底纹。视频+素材

01 启动Word，选择【文件】|【打开】命令，打开一篇Word文档。

02 选中表格中所需设置边框的单元格，右击鼠标，在弹出的快捷菜单中选择【边框和底纹】命令，打开【边框和底纹】对话框。

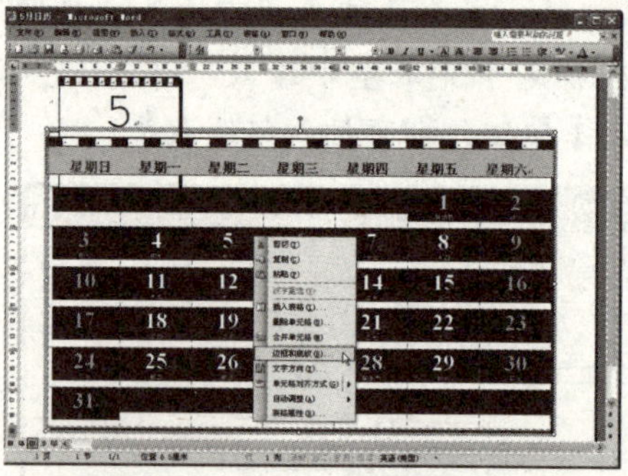

03 在【设置】选项区域中选中【全部】选项，设置边框样式，单击【确定】按钮。

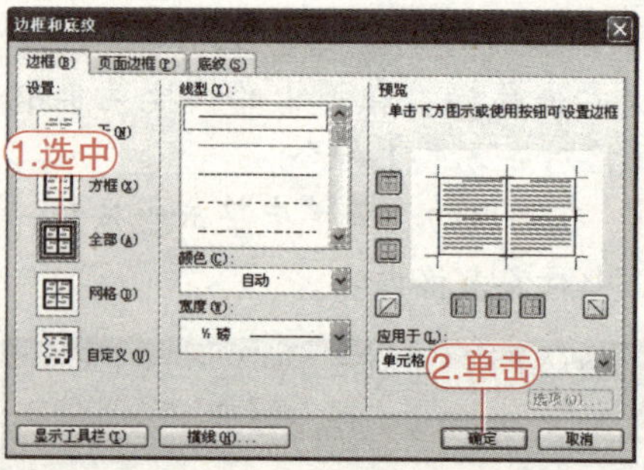

04 选中表格中的单数列，右击鼠标，打开【边框和底纹】对话框。

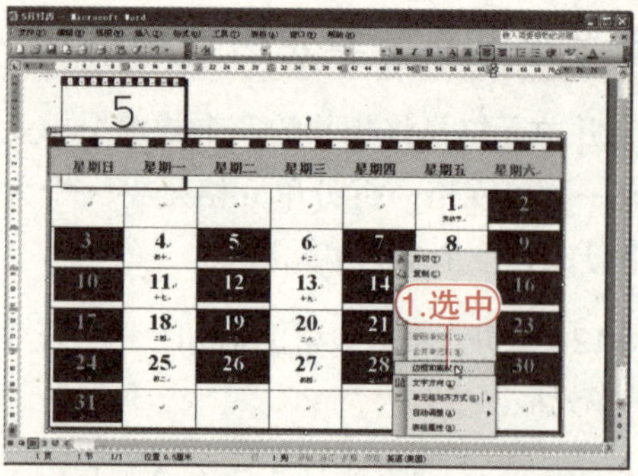

05 单击【底纹】选项卡，打开该选项卡对话框，在【样式】下拉列表中选中10%选项，单击【确定】按钮，设置底纹。

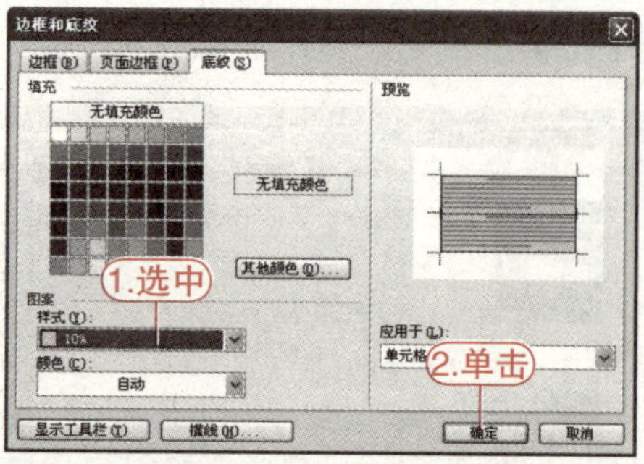

06 最后设置的文档如下图所示。

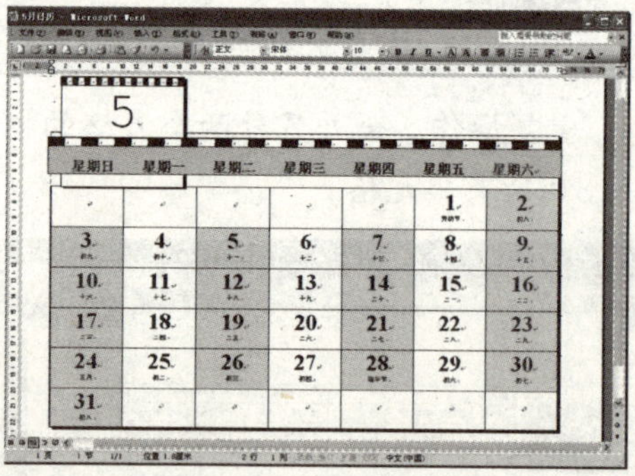

07 保存文档为【设置表格边框和底纹】。

8.6 添加页眉和页脚

在Word中，通过简单的设置即可添加页眉和页脚，从而使得文档更加正规细致。下面就介绍添加页眉和页脚的方法。

页眉位于文档的正文上方，一般用于表示文章或章节的名字。页脚位于正文下方，一般用于表示所在页的页数。

【例8-15】打开【插入图片】Word文档，添加页眉和页脚。视频+素材

01 选择【文件】|【打开】命令，打开【打开】对话框，打开【插入图片】文档。

02 选择【视图】|【页眉和页脚】命令，进入页眉和页脚编辑状态。

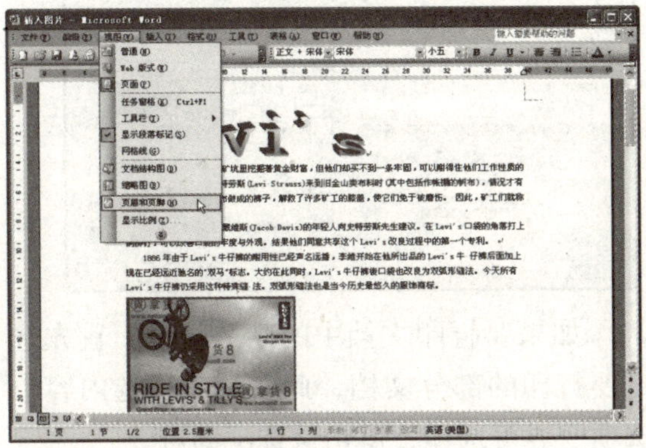

03 在页眉编辑区域输入文本内容“Levi’s简介”，然后设置合适的文字样式并右对齐文本内容。

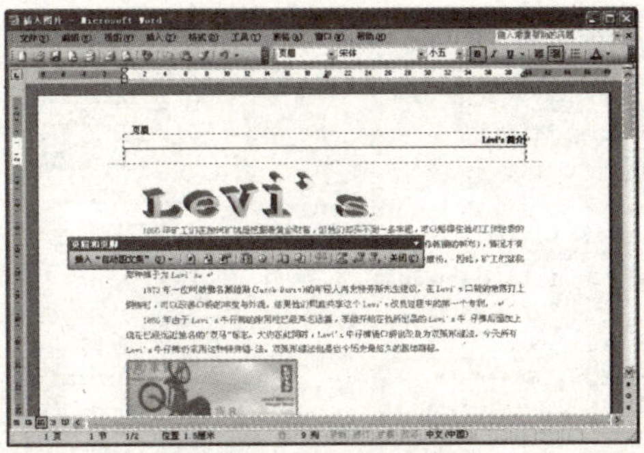

04 要添加页脚，在页脚编辑区域中添加页脚内容即可。

05 单击【关闭】按钮，退出页眉和页脚编辑状态，完成添加页眉页脚操作。

06 选择【文件】|【另存为】命令，另存文档为【添加页眉页脚】。

8.7 打印文档

打印Word文档时，可以在打印文档前预览文档、选择打印范围、一次打印多份，还可以对版面进行缩放、打印顺序以及只打印文档的奇数页或偶数页等设置。

8.7.1 打印预览

在进行打印前，可以使用打印预览功能预览文档，此时预览文档效果就是打印后的真实效果。

要进行打印预览，选择【文件】|【打印预览】命令或单击常用工具栏上的【打印预览】按钮，打开打印预览窗口。用户可以从中预览文档的打印效果，而且在预览中显示的文档页面与打印出的效果完全一致。

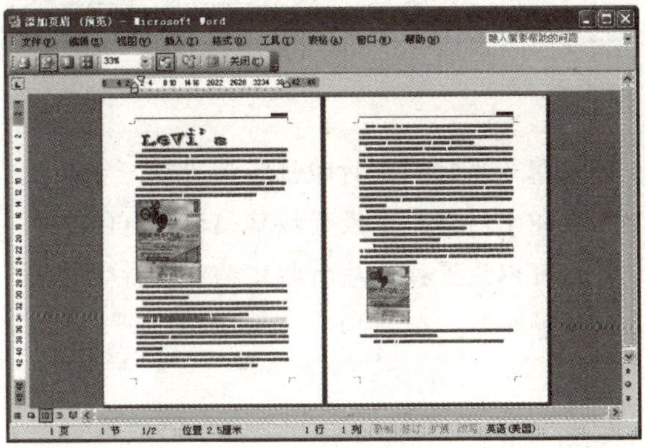

专家指点

在预览文档时，如果显示的文档较小时，可以在预览窗口中单击【放大镜】按钮。单击【打印预览】按钮，可在预览状态和编辑状态之间相互切换。此外，单击【关闭】按钮，可以退出预览。

8.7.2 打印输出

打印文档有多种方法，用户可以根据不同要求设置打印方式。

1. 打印当前文档

最常用的打印方式就是打印当前窗口中的文档。

选择【文件】|【打印】命令，打开【打印】对话框，单击【确定】按钮，或直接单击常用工具栏中的【打印】按钮，即可进行打印。

Word将按默认的打印选项来打印当前窗口中的文档，而且只打印一份完整的文档。

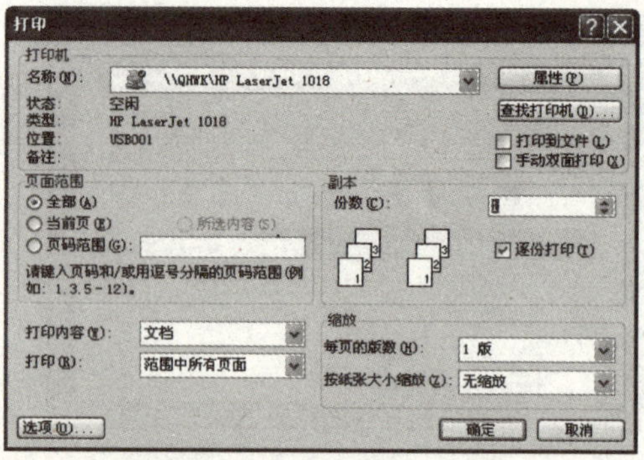

2. 打印多份文档

如果需要一次打印多份相同的文档，这时可以打开【打印】对话框，在【副本】选项组中的【份数】微调框中输入要打印的份数，例如5份，然后单击【确定】按钮即可。

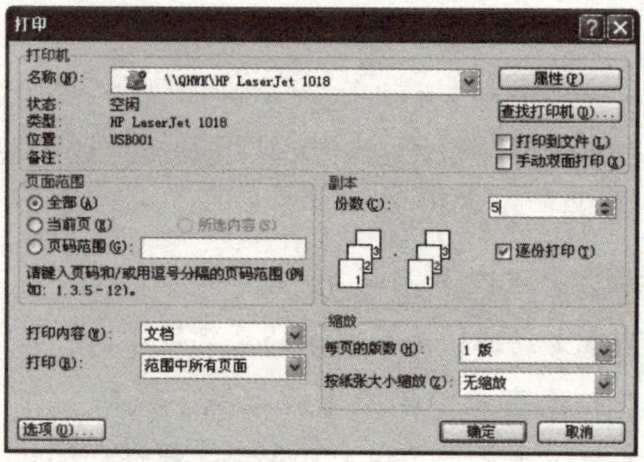

Word允许用户一次最多可以打印32 767份文档。

3. 设置打印范围

在【打印】对话框的【页面范围】选项区域中，可以设置打印范围，各选项的功能如下。

- 选中【全部】选项，将打印文档中的全部内容。
- 选中【当前页】选项，只打印光标当前所在的页。
- 选中【页码范围】单选按钮，并在其右边的文本框中输入页码或页码范围，Word将根据所输入的数据进行打印。例如：输入“2，6，8~10”，则分别打印第2页、第6页和第8~10页。

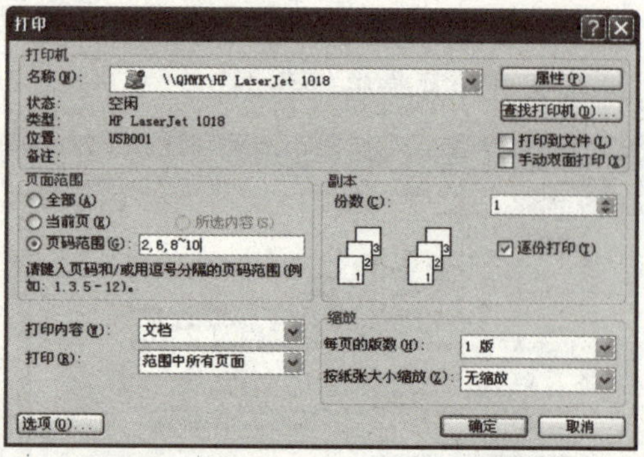

如果要打印文档中的某一部分，首先选定要打印的部分文档，此时，【所选内容】选项变成可选项，单击该选项即可。

4. 设置打印选项

Word提供了多种打印选项，用户可以从中选择所需的打印选项进行打印。打开【打印】对话框中单击【选项】按钮，打开【打印】对话框，然后根据实际需要，选择相应的打印选项，单击【确定】按钮即可。

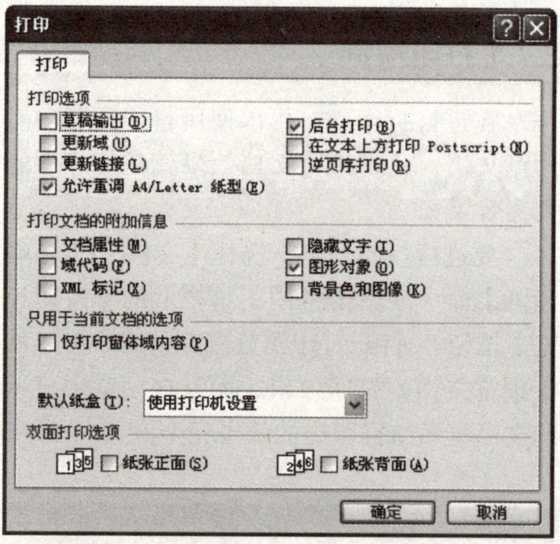

专家指点

如果想节省时间或打印机墨盒消耗，可以在【打印】对话框中设置按草稿格式打印。此外，可以设置按倒序打印文档和在打印时修改域等。

Chapter 09 表格编辑大师Excel应用

Excel是制作电子表格最常用的软件，使用它可以对表格中的数据进行计算、分析和管理，是数据领域、财会、税务等行业人员必备软件。本章主要介绍了有关Excel的应用。

- Excel工作簿的基本操作
- 工作表和单元格的基本操作
- 添加和编辑数据
- 设置单元格格式
- 使用公式
- 使用函数
- 数据排序
- 筛选数据
- 分类汇总

参见随书光盘

例9-1 新建模板工作簿
例9-2 加密工作簿
例9-3 合并工作表单元格
例9-4 查找和替换数据
例9-5 快速填充相同数据
例9-6 快速填充有规律数据
例9-7 设置单元格边框和底纹
例9-8 使用公式计算分期贷款金额
例9-9 复制并应用公式
例9-10 使用函数求平均值
例9-11 使用嵌套函数求净现值
例9-12 排列单列数据
例9-13 多列数据组合排序
例9-14 使用自动筛选功能
例9-15 应用高级筛选功能
例9-16 插入分类汇总
例9-17 插入图片
例9-18 插入图表

9.1 Excel 工作簿的基本操作

Excel的文档就是工作簿，其扩展名为xls。工作簿是保存Excel文件的基本单位，有关工作簿的基本操作包括新建、保存、关闭、打开等。

9.1.1 Excel操作界面

启动Excel，它的操作界面大体与Word非常相似，主要由标题栏、工具栏、菜单栏、任务窗、状态栏、编辑栏等部分组成。

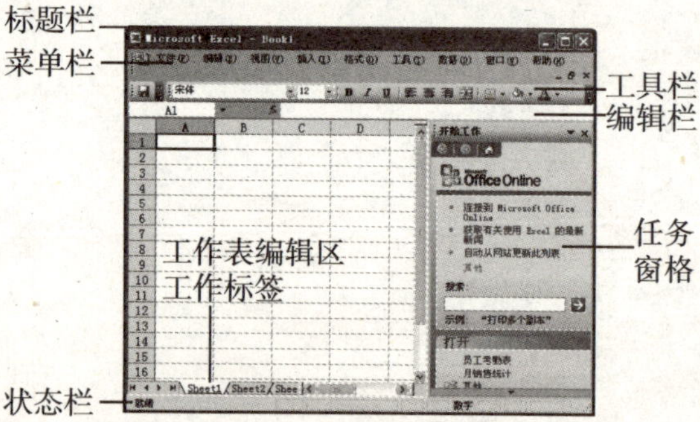

1. 编辑栏

编辑栏中显示的主要是当前单元格的数据，可在编辑框中对数据直接进行编辑，它由名称框、函数按钮框和编辑框组成。

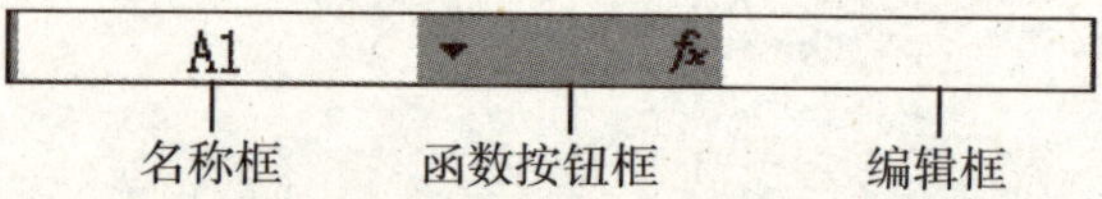

- 名称框：选中某个单元格，将显示该单元格的名称。
- 函数按钮框：默认状态下只有一个按钮，当在单元格中输入数据时会自动出现另外两个按钮×和√，单击×按钮可取消当前在单元格中的设置；单击√按钮可确定单元格中输入的公式或函数；单击fx按钮可在打开的【插入函数】对话框中选择需在当前单元格中插入的函数。
- 编辑框：用来显示或编辑当前单元格中的内容。

2. 行标与列标

Excel中的行标和列标是确定单元格位置的重要依据，也是显示工作状态的一种导航工具。行标由阿拉伯数字组成，列标由大写的英文字母组成。单元格的命名规则是：列标号 + 行标号。例如第A列的第7行为A7单元格。

9.1.2 新建工作簿

Excel提供了多种表格的预设方案，该功能类似于Word中的模板，用户可以根据这些预设方案表格快速新建特定格式的工作簿。选择【文件】|【新建】命令，在工作区右侧打开【新建工作簿】任务窗格。单击【空白工作簿】链接，即可新建一个空白工作簿。

【例9-1】新建【个人预算表】模板工作簿。视频

01 启动Excel 2003，选择【文件】|【新建】命令，打开【新建工作簿】任务窗格。

02 单击【本机上的模板】链接，打开【模板】对话框，单击【电子方案表格】选项卡，打开该选项卡对话框。

03 选中【个人预算表】模板表格，在右侧的【预览】列表框中会显示该模板表格的缩略图。

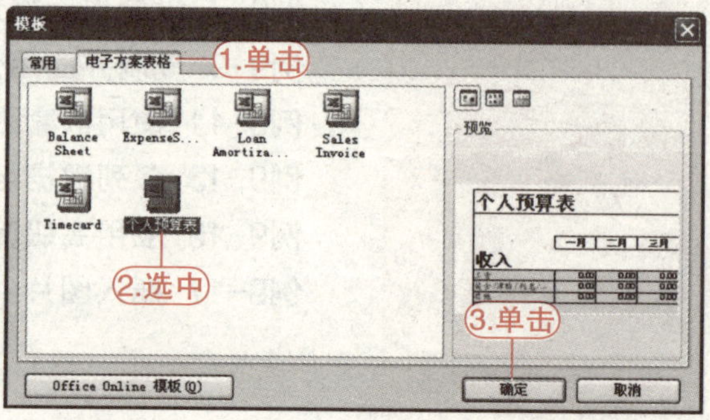

04 单击【确定】按钮，创建基于该模板

表格的工作簿。

注意事项

Excel工作簿的保存、打开和关闭操作与Word相同，用户可以参考前面章节内容进行练习。

9.1.3 加密工作簿

许多使用Excel的用户都是从事一些财会、管理类工作的，因此信息的保密是非常重要的一个环节。使用Excel，可以为工作簿添加密码以防止其他人查看或修改数据。

【例9-2】设置工作簿密码。视频

01 选择【文件】|【打开】命令，打开【打开】对话框，打开一个工作簿。

02 选择【工具】|【选项】命令，打开【选项】对话框。

03 单击【安全性】选项卡，打开该选项卡对话框。

04 在【打开权限密码】文本框中输入打开密码，在【修改权限密码】文本框中输入修改密码，单击【确定】按钮，即可设置工作簿密码。

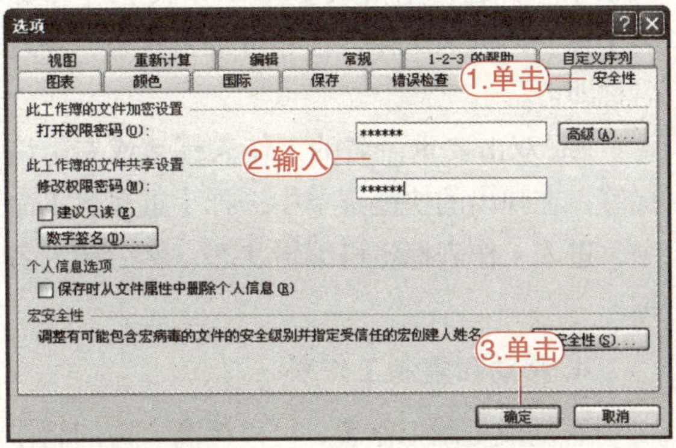

9.2 工作表和单元格的基本操作

新建一个空白工作簿后，系统会自动在该工作簿中添加Sheet1、Sheet2、Sheet3空白工作表，用户可以添加、删除和重命名工作表。此外，工作表中的绝大多数操作都是针对单元格来完成的，用户必须掌握工作表和单元格的操作方法。

9.2.1 工作表的基本操作

Excel是以工作表的方式进行数据运算和数据分析的，工作表的基本单位是单元格。下面先介绍有关工作表的基本操作。

1. 选择工作表

选择工作表的常用操作包括以下几种。

- 选择任意工作表：直接单击该工作表的标签即可选择该工作表。
- 选择相邻的工作表：选中第一张工作表，按住Shift键单击其他相邻工作表的标签，即可选择相邻工作表。
- 选择不相邻的工作表：选择第一张工作表，按住Ctrl键单击任意一张工作表标签，即可选定不相邻的工作表。
- 选择工作簿中的所有工作表：使用鼠标右击任意一个工作表标签，在弹出的快捷菜单中选择【选定全部工作表】命令即可选择所有工作表。

2. 添加和删除工作表

添加和删除工作表的方法很简单，右击某个工作表，在弹出的快捷菜单中选择【插入】命令即可添加工作表；选择【删除】命令即可删除工作表。

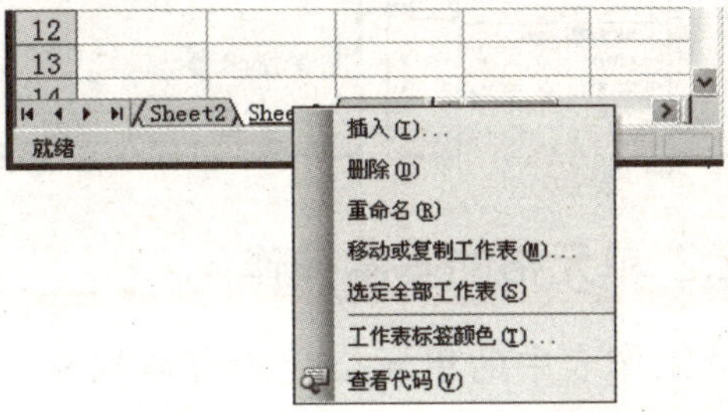

3. 重命名工作表

当工作簿中的工作表过多时，可以给这些工作表命名，以方便区分和选择。重命名工作表的方法主要有以下几种。

- 选定要重命名的工作表，单击【格式】菜单，选择【格式】|【工作表】|【重命名】命令，进入工作表标签可编辑状态，输入名称即可。
- 双击要重命名的工作表标签或右击该标签，在弹出的快捷菜单中选择【重命名】命令，进入工作表标签可编辑状态，然后输入名称。

4. 移动和复制工作表

移动或复制工作表，可以提高表格的制作效率，并且移动和复制操作可以同步进行。移动和复制工作表主要有以下几种方法。

- 在同一个工作簿中改变工作表的位置：选择工作表标签，按住鼠标左键拖动至目标位置即可。
- 在同一个工作簿中复制工作表：选择工作表标签，按下Ctrl键拖动工作表，即可移动并复制工作表。
- 选择要移动或复制的工作表，选择【编辑】|【移动或复制工作表】命令，打开【移动或复制工作表】对话框，选择工作表的移动位置。

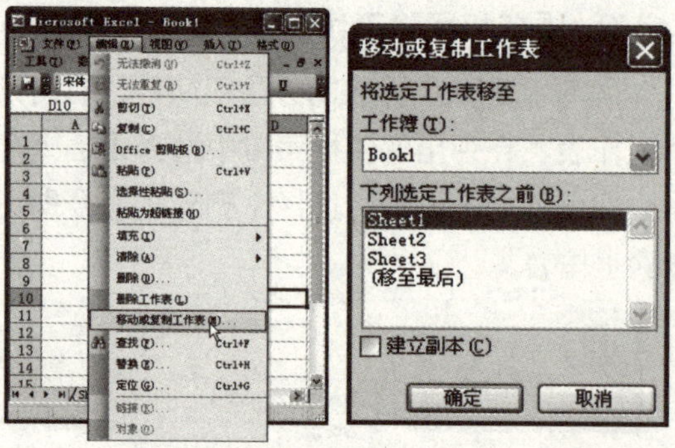

9.2.2 单元格的基本操作

工作表中的单元格是所有数据显示的区域，同样可以进行移动、复制、插入、删除、合并和拆分等操作。

1. 选择单元格区域

选择单元格区域操作包括选择相邻区域和选择不相邻区域，还可以选择整行或整列单元格，方法分别如下。

- 首先单击区域左上角的单元格，按住鼠标拖动到目标单元格区域的右下角，释放鼠标即可选中该区域。单击工作表中任一单元格，可以取消选择。
- 首先单击选取区域左上角的单元格，然后拖动滚动条，将光标移至目标单元格的右下角位置，按住Shift键的同时单击鼠标，即可选中两个单元格对角线之间的矩形区域。
- 单击选择第一个单元格区域，然后按住Ctrl键选择其他单元格区域，可以选择不相邻的单元格区域。
- 单击工作表中的行标可以选择整行单元格；单击工作表中的列标可以选择整列单元格。
- 单击工作表左上角行标和列标的交叉处，可以选择所有单元格。

2. 插入和删除单元格

选择【插入】|【单元格】命令，打开【插入】对话框，可以插入单元格；选择【编辑】|【删除】命令，打开【删除】对话框，可以删除单元格。

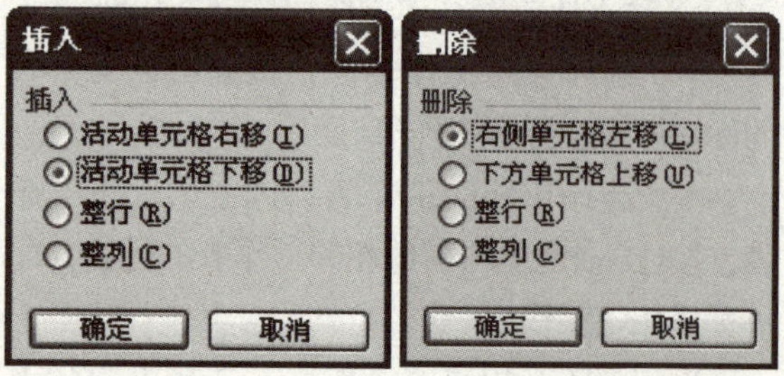

选择【插入】或【删除】对话框中相应的单选按钮，然后单击【确定】按钮，即可在当前单元格中插入或删除单元格。

3. 合并和拆分单元格

在进行合并Excel工作表中的单元格操作时，如果单元格中含有数据，建议只合并同行或同列单元格。

【例9-3】合并单元格。视频

01 选择【文件】|【打开】命令，打开【打开】对话框，打开一个工作簿。

02 拖动选择A1到H1所有单元格，选择【格式】|【单元格】命令，打开【单元格格式】对话框。

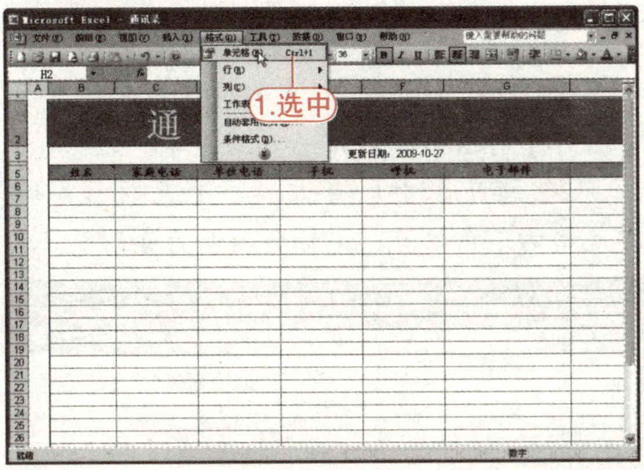

03 单击【对齐】选项卡，打开该选项卡对话框，在【水平对齐】下拉列表中选中【居中】选项，水平居中单元格内容。

04 选中【合并单元格】复选框，单击【确定】按钮，合并单元格。

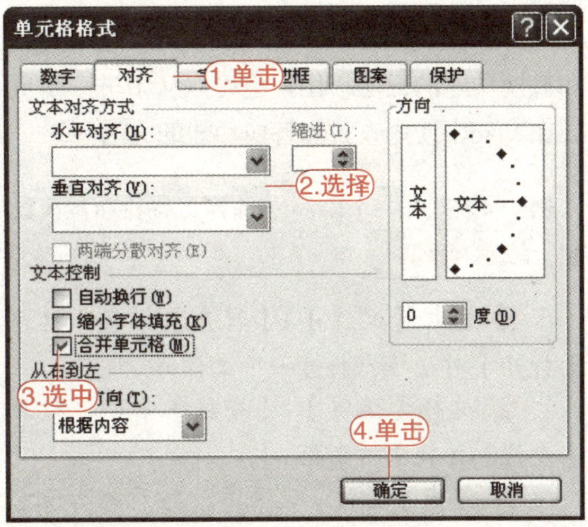

在【单元格格式】对话框的【对齐】选项卡对话框中取消选中【合并单元格】复选框，单击【确定】按钮即可拆分单元格。

9.3 添加和编辑数据

在Excel中的数据主要分为普通文本、特殊符号和各种数字构成的数值三类数据，不同类型的数据输入方法也不同，下面将介绍在工作表中输入数据的方法。

9.3.1 输入数值数据

在Excel中输入数值型数据后，数据将自动采用右对齐的方式。

如果输入的数据长度超过11位，系统会将数据转换成科学记数法的形式显示，例如2.16E＋03。无论显示的数值位数有多少，只保留15位的数值精度，多余的数字将采取四舍五入的方法舍掉。

在单元格中输入数据后，选择【格式】|【单元格】命令，打开【单元格格式】对话框，单击【数字】选项卡，打开该选项卡对话框，在【分类】列表中选择一个数值类型，例如【货币】，在【小数位数】微调框中可以设置数值小数点位数，还可以设置货币符号，单击【确定】按钮，然后即可输入带小数的货币数值。

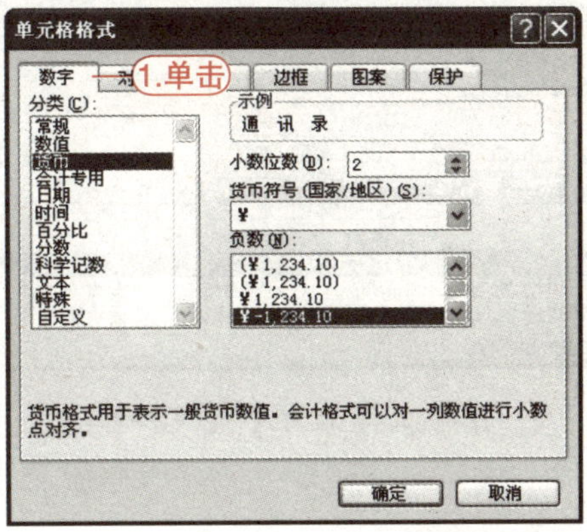

9.3.2 查找和替换

Excel中的查找和替换功能与Word中的基本相同，不仅可以用来在大量的数据中快速地找到需要的数据，还可以方便地替换不需要的数据。

下面通过实例来介绍在Excel中使用查找和替换功能的方法，用户也可以从中进一步巩固在Word中使用查找和替换功能的方法。

【例9-4】打开一个Excel工作簿，查找和替换数据。视频+素材

01 选择【文件】|【打开】命令，打开【打开】对话框，打开一个工作簿。

02 选择【编辑】|【查找】命令，打开【查找和替换】对话框。

03 单击【替换】选项卡，打开该选项卡对话框，在【查找内容】文本框中输入特殊符号★，在【替换为】文本框中输入替换的特殊符号☆。

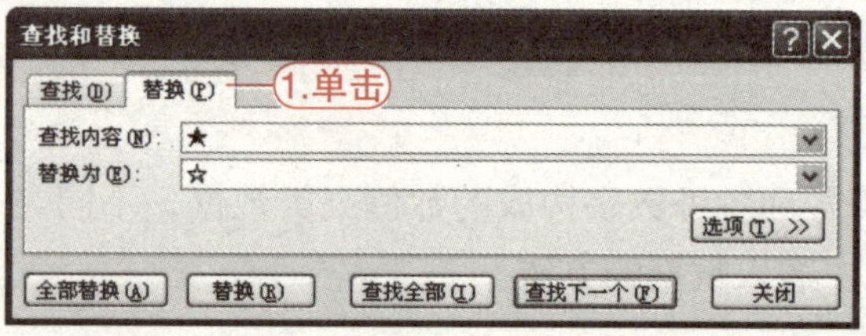

04 单击【查找全部】按钮，在下方的列表框中显示工作表中所有查找内容，单击【全部替换】按钮，替换所有查找内容。

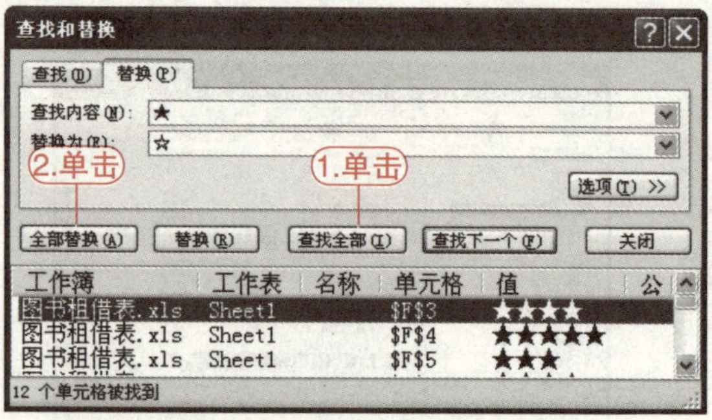

05 保存工作簿为【查找和替换】。

9.3.3 快速填充数据

Excel的快速填充数据功能可以将单元格中相同或有规律的数据通过一个操作步骤连续输入，可节省大量的计算和输入时间。

1. 快速填充相同数据

在使用快速填充数据功能时，选择一个单元格，拖动这个小方块即可实现数据的快速填充。

【例9-5】打开一个Excel工作簿，快速填充相同的数据。视频+素材

01 选择【文件】|【打开】命令，打开【打开】对话框，打开一个工作簿。

02 选中E3和E4单元格，将光标移至E4单元格右下角位置，光标会显示为➕形状。

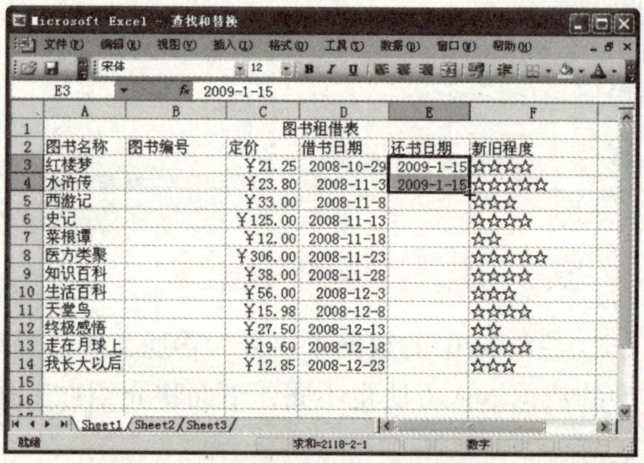

03 按住鼠标拖动到E14单元格时，释放鼠标，可以快速填充E3~E14单元格。

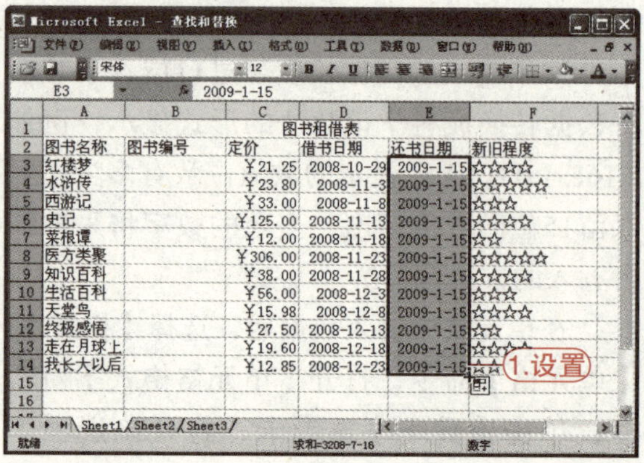

04 保存工作簿为【快速填充相同数据】。

2. 填充有规律的数据

有时候需要在表格中输入有规律的数字，例如产品编号“1、2、3、4、5……”可以使用Excel的自动累加功能进行快速填充。

【例9-6】打开一个Excel工作簿，快速填充有规律的数据。视频+素材

01 选择【文件】|【打开】命令，打开【打开】对话框，打开一个工作簿，B3和B4单元格中的数据是递增关系。

02 选中B3和B4单元格，将光标移至B4单元格右下角，光标显示为+形状。

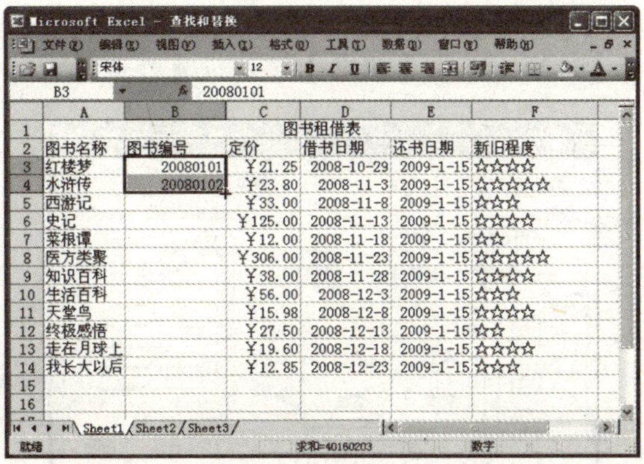

	A	B	C	D	E	F
1			图书租借表			
2	图书名称	图书编号	定价	借书日期	还书日期	新旧程度
3	红楼梦	20080101	￥21.25	2008-10-29	2009-1-15	☆☆☆☆
4	水浒传	20080102	￥23.80	2008-11-3	2009-1-15	☆☆☆☆☆
5	西游记		￥33.00	2008-11-8	2009-1-15	☆☆☆
6	史记		￥125.00	2008-11-13	2009-1-15	☆☆☆☆
7	菜根谭		￥12.00	2008-11-18	2009-1-15	☆☆☆
8	医方类聚		￥306.00	2008-11-23	2009-1-15	☆☆☆☆☆
9	知识百科		￥38.00	2008-11-28	2009-1-15	☆☆☆☆
10	生活百科		￥56.00	2008-12-3	2009-1-15	☆☆☆
11	天堂鸟		￥15.98	2008-12-8	2009-1-15	☆☆☆☆
12	终极感悟		￥27.50	2008-12-13	2009-1-15	☆☆☆
13	走在月球上		￥19.60	2008-12-18	2009-1-15	☆☆☆☆
14	我长大以后		￥12.85	2008-12-23	2009-1-15	☆☆☆

03 按住鼠标拖动到B14单元格，释放鼠标，以递增方式快速填充B3~B14单元格数据。

04 保存工作簿为【快速填充有规律数据】。

9.4 设置单元格格式

Excel工作表单元格可以设置字体格式、对齐方式和边框，使得单调的工作表能清晰简洁地显示数据。

9.4.1 设置字体样式

在Excel工作表单元格中设置字体样式的方法与在Word中基本相同，可以在【格式】工具栏中设置，也可以在【设置单元格格式】对话框中设置。

选中工作表中的某个单元格，选择【视图】|【工具栏】|【格式】命令，打开【格式】工具栏，可以设置字体、对齐方式、字号和样式等。

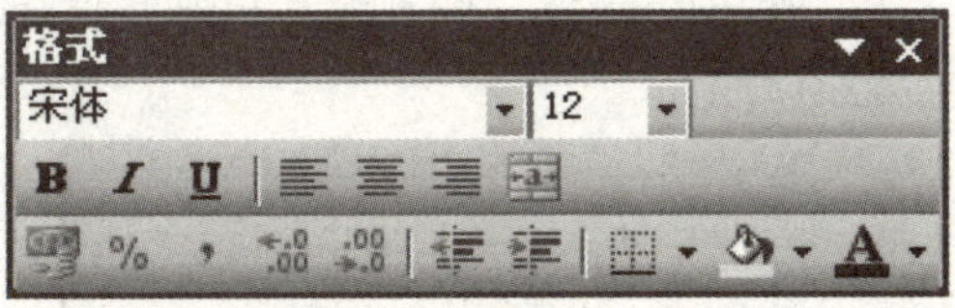

9.4.2 设置边框和底纹

Excel工作表中的每个单元格都可以设置独立的边框和底纹，突出数据。

【例9-7】打开一个Excel工作表，设置单元格的边框和底纹。视频+素材

01 选择【文件】|【打开】命令，打开一个工作簿。

02 选中A1单元格，选择【格式】|【单元格】命令，打开【单元格格式】对话框。

03 单击【图案】选项卡，打开该选项卡对话框，在【单元格底纹】选项区域中选中灰色，单击【确定】按钮，设置单元格底纹。

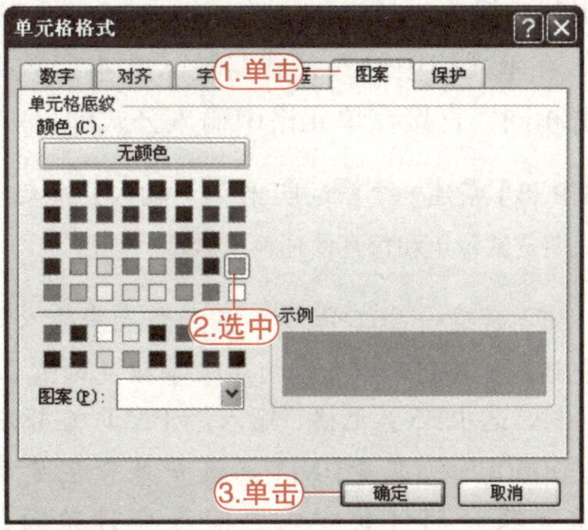

04 选中A1~F5单元格区域，打开【单元格格式】对话框。

05 单击【边框】选项卡，打开该选项卡

对话框，在【预置】选项区域中选中【外边框】选项，单击【确定】按钮设置外边框。

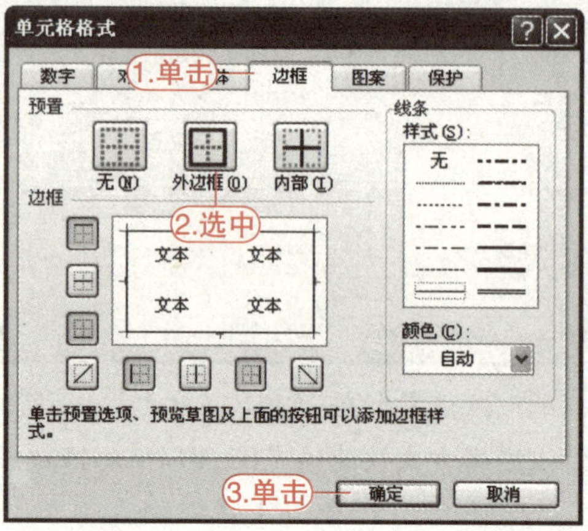

06 设置单元格边框和底纹后的工作表如图所示。

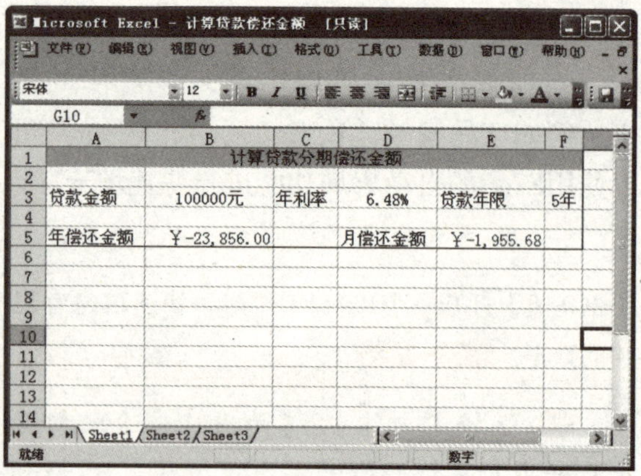

9.5 使用公式

公式是工作表中用于对单元格中数据进行各种运算的等式。用户可以通过Excel 2003中的公式对单元格中的数据进行自动、精确、高速的运算处理。

9.5.1 输入公式

使用公式可以对工作表中的单元格数据进行各种运算，在输入公式时必须以等号（=）开头以避免Excel自动判断为字符。输入公式可以直接在单元格中输入，也可以在编辑栏中输入。

在单元格中输入公式与输入文本型数据方法相同，直接在单元格中输入公式即可。

【例9-8】新建一个Excel工作簿，输入公式来计算分期贷款每年和每月偿还额。视频+素材

01 新建一个工作簿，在工作表中输入贷款金额、贷款利率以及贷款年限等相关内容。

02 选中B5单元格，输入“=PMT (6.48%, 5,100000)”，其中PMT函数是基于固定利率及等额分期付款方式返回每期付款额，6.48%是贷款利率，5是贷款年限，100000是贷款金额。

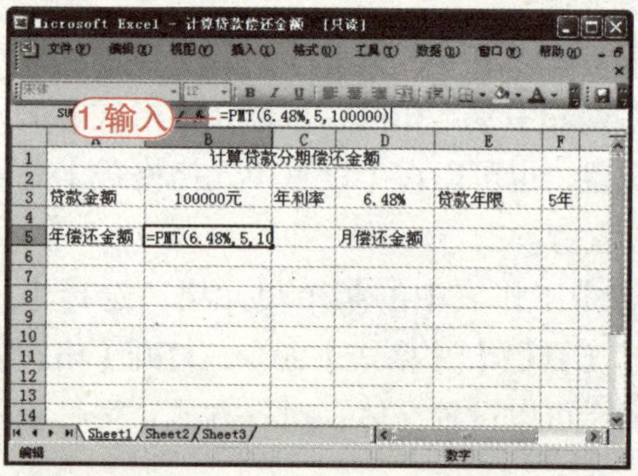

03 按下Enter键，即可计算出每年偿还额为-24050.47元。

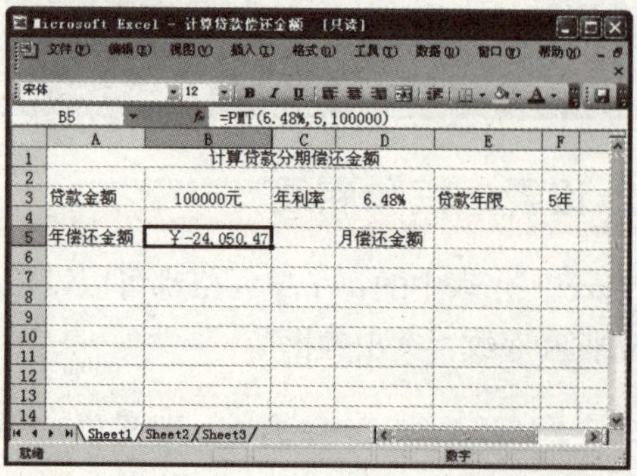

04 选中E5单元格，输入“=PMT (6.48%/

12,60,100000)”，按下Enter键，计算出每月偿还额。这里将年利率6.48%除以12，以计算出每个月的利率，将贷款年限5年按月计算得出60个月，贷款金额不变，最后可算出月偿还额1955.68元。

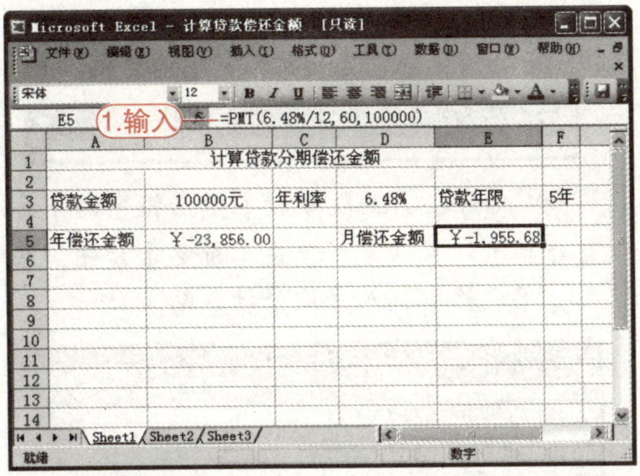

05 保存工作簿为【计算贷款偿还金额】。

9.5.2 编辑公式

编辑公式主要包括对公式的修改操作和复制公式操作。

1. 修改公式

当调整单元格或输入错误的公式时，可以对相应的公式进行调整与修改。选中需修改公式的单元格，在编辑栏中对公式进行修改，然后按下Enter键即可。修改公式后的单元格中的计算结果将根据公式的改变而改变。

2. 复制公式

如要其他单元格中的公式与某个单元格公式相同，可以复制该公式，无需重复输入相同的内容，这节省了时间，提高了工作效率。

【例9-9】打开一个Excel工作簿，复制并应用公式。视频+素材

01 打开一个工作簿，选中F3单元格，在编辑栏中显示输入的公式“=C3+D3+E3”。

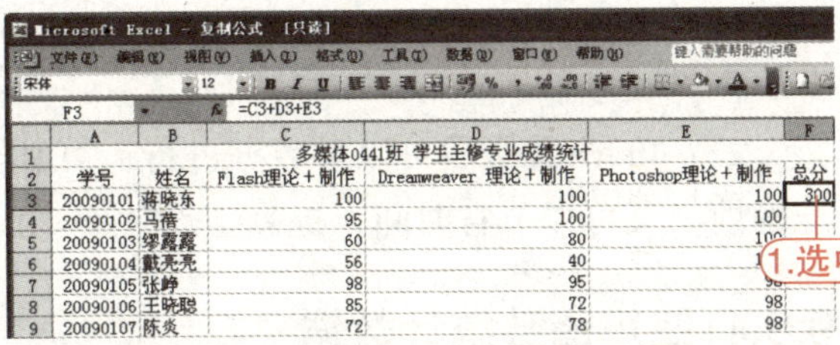

02 将光标移至F3单元格右下角位置，当光标显示为+形状时，拖动到F23单元格，此时F4到F23单元格将自动复制F3单元格中的公式并计算结果。

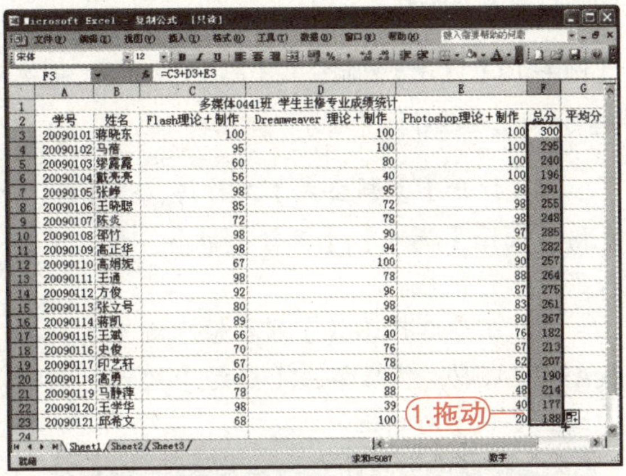

03 如果用户只需要在某一个单元格中应用复制的公式，选中F3单元格，右击该单元格，在弹出的快捷菜单中选择【复制】命令。

04 选中应用公式的单元格，右击该单元格，在弹出的快捷菜单中选择【粘贴】命令，即可复制并应用F3单元格中的公式自动计算结果。

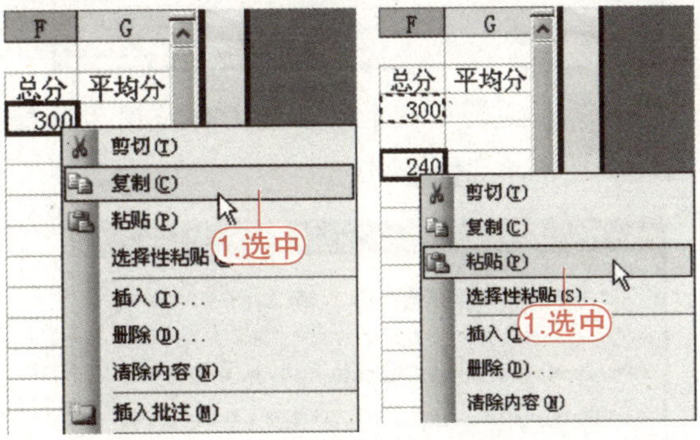

05 重复操作，在其他单元格中粘贴复制的公式并计算该单元格结果。

06 保存工作簿为【复制公式】。

9.6 使用函数

Excel的内置函数可以对数据进行运算和分析。使用函数进行计算既可以保证计算结果的准确性，又可以节省时间、提高工作效率。此功能常用于对工作表中数据的统计。

9.6.1 使用函数统计数据

函数简单来说就是一组预定义的公式，通过使用一些特定数值按照特定顺序或结果进行计算，特定数值称为参数。下面通过AVERAGE函数计算平均分。

【例9-10】打开【复制公式】Excel工作簿，通过AVERAGE函数计算平均分。视频+素材

01 打开【复制公式】工作簿，选中G3单元格，选择【插入】|【函数】命令，打开【插入函数】对话框。

02 在【选择函数】列表框中选中平均函数AVERAGE，然后单击【确定】按钮，打开【函数参数】对话框。

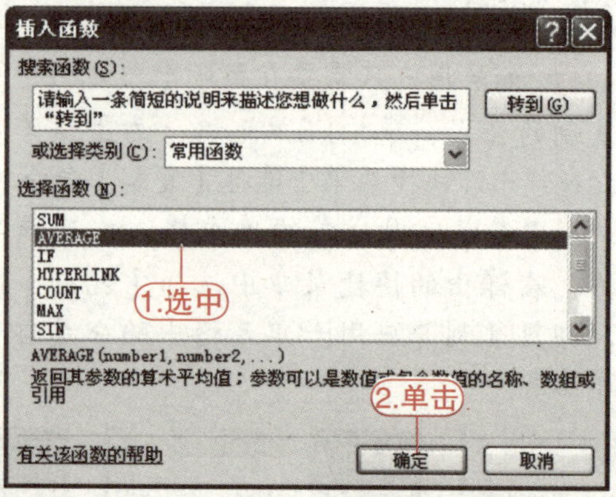

03 【函数参数】对话框主要是用于选择函数参数，单击按钮。

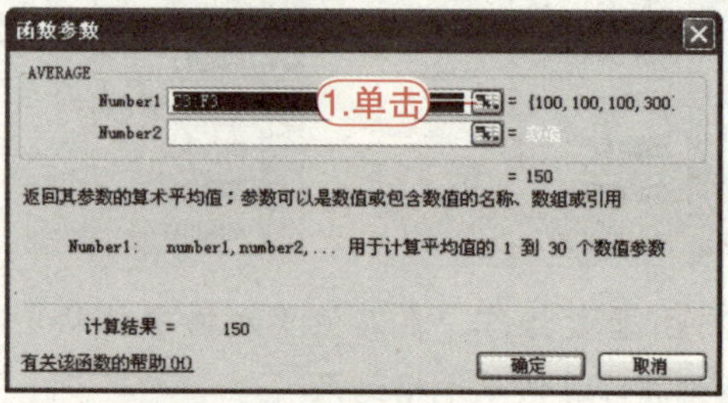

04 选中工作表中的C3、D3和E3单元格，此时在【函数参数】对话框中会显示选中的函数参数【C3:E3】，单击对话框中的按钮，或者按下Enter键，返回【函数参数】对话框。

05 此时在【函数参数】对话框中的下方位置会显示计算结果，单击【确定】按钮，即可在G3单元格中插入平均分计算结果。

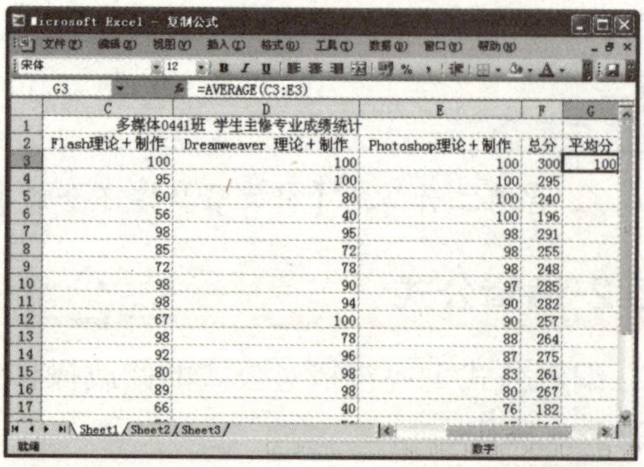

06 单击G3单元格，在编辑栏中会显示函数=AVERAGE(C3:E3)。

07 复制并应用函数，计算其他单元格中的平均分。

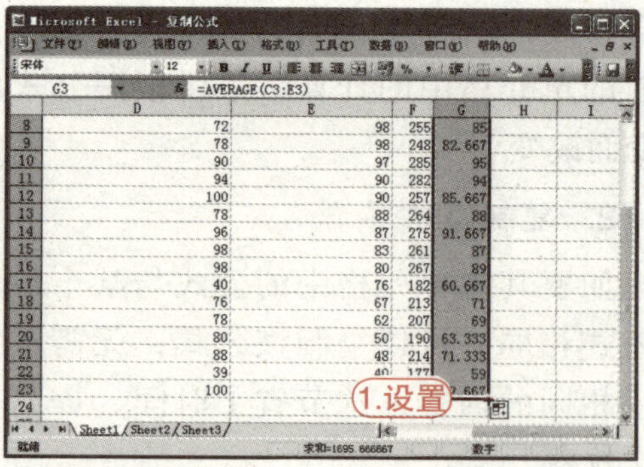

08 保存工作簿为【使用函数】。

9.6.2 使用嵌套函数

嵌套函数是将一个函数嵌套在另一个函数中，嵌套的函数作为另一个函数的参数，使用嵌套函数，可以避免多次输入函数。

【例9-11】新建一个工作簿，输入嵌套函数计算投资净现值。视频

01 投资金额100万元，以后5年每年将回收15万元、30万元、40万元、50万元和55万元，投资成本率为20%。

02 任意选中一个单元格，在编辑栏中输入嵌套函数=NPV(20%,15,30,40,50,55)-100，其中20%是投资成本率，15、30、40、50和55分别为每年回收金额，100为投资金额。

03 按下Enter键，可以得到结果约为2.7万元，即净现值为2.7万元。

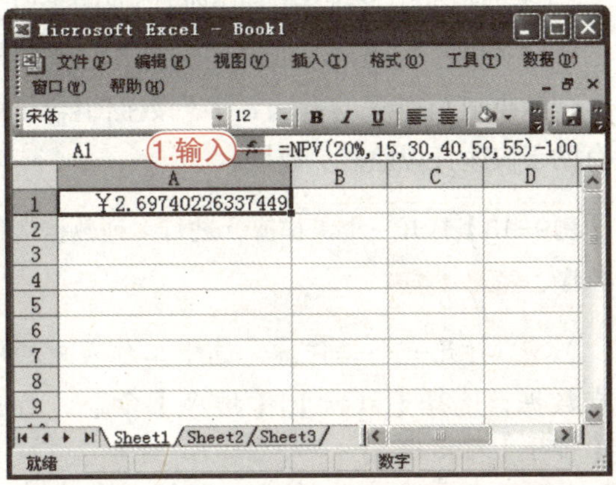

9.7 数据排序

数据的排序是指按一定规则对数据进行整理、排列，这样可以为数据的进一步处理作好准备。Excel提供升序、降序两种方式排列数据。

9.7.1 单列数据排序

单列数据排序只针对于同一列中的数据，可以按升序或降序方式排列同一列中的数据。

【例9-12】打开一个工作簿，排列单列数据。视频+素材

01 打开【插入记录条】工作簿，选中A3：E25单元格区域，选择【数据】|【排序】命令，打开【排序】对话框。

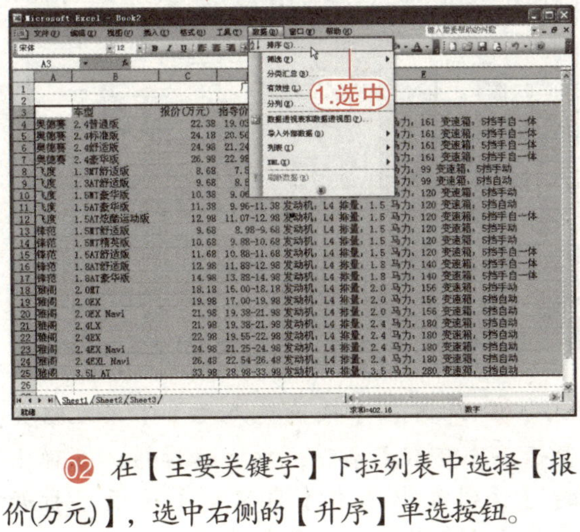

02 在【主要关键字】下拉列表中选择【报价(万元)】，选中右侧的【升序】单选按钮。

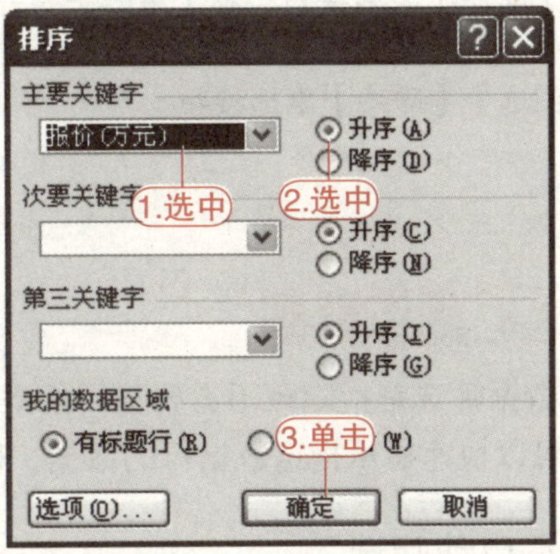

03 单击【确定】按钮，即可按照报价数据进行升序排列。

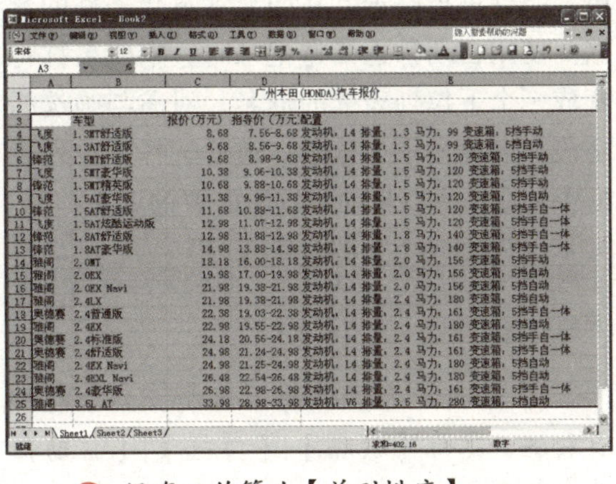

04 保存工作簿为【单列排序】。

9.7.2 多列数据组合排序

多列数据组合排序是通过两个或两个以上的排序关键字按照升序或降序的方式，同时对多列数据进行排序的方法。多列数据组合排序有助于快速直观地显示数据。

【例9-13】打开一个工作簿，进行多列数据组合排序。视频+素材

01 打开一个工作簿，选中工作表中的所有数据，选择【数据】|【排序】命令，打开【排序】对话框。

02 在【主要关键字】下拉列表中选中【Flash理论+制作】选项，在右侧选中【降序】单选按钮；在【次要关键字】下拉列表中选中【Dreamweaver理论+制作】选项，在右侧选中【降序】单选按钮；在【第三关键字】下拉列表中选中【Photoshop理论+制作】选项，在右侧选中【降序】单选按钮。

03 单击【确定】按钮，即可按照Flash、Dreamweaver和Photoshop成绩降序排序数据。

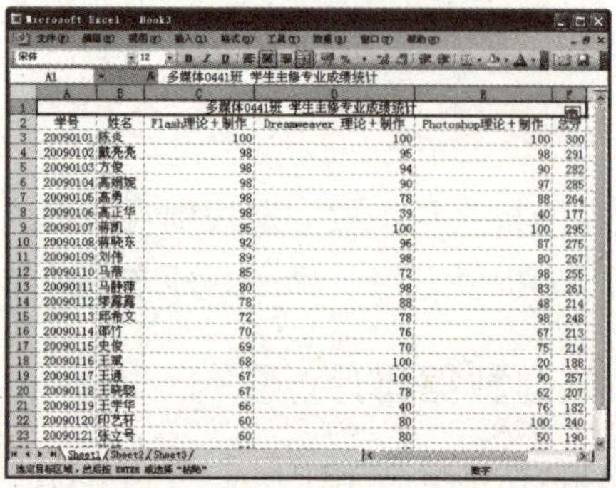

04 保存工作簿为【多列数据排序】。

9.8 筛选数据

数据筛选是指隐藏不需要显示的数据行，显示符合指定条件的数据行的过程。使用数据筛选可以快速显示指定数据行的数据，以方便用户浏览、分析之用。

9.8.1 自动筛选

自动筛选是最常用的筛选方法，它是以单一条件进行筛选，从而显示符合条件的数据。使用自动筛选筛选记录时，字段名称将变成一个下拉列表框的框名，对参与筛选的字段，名称显示为蓝色。通过选择下拉列表框中的命令可以自动筛选所需要的记录。

【例9-14】打开一个工作簿，自动筛选报价大于20的数据。视频+素材

01 打开一个工作簿，选中C3列中的所有数据，选择【数据】|【筛选】|【自动筛选】命令。

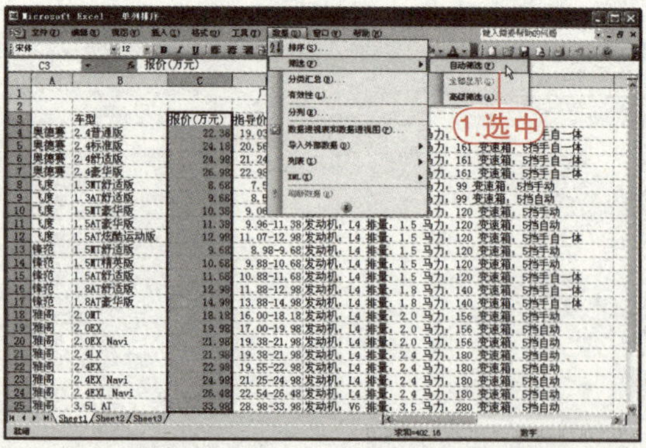

02 此时在【报价（万元）】单元格会显示一个下拉按钮，单击该按钮，在弹出的下拉列表中选中【自定义】选项，打开【自定义自动筛选方式】对话框。

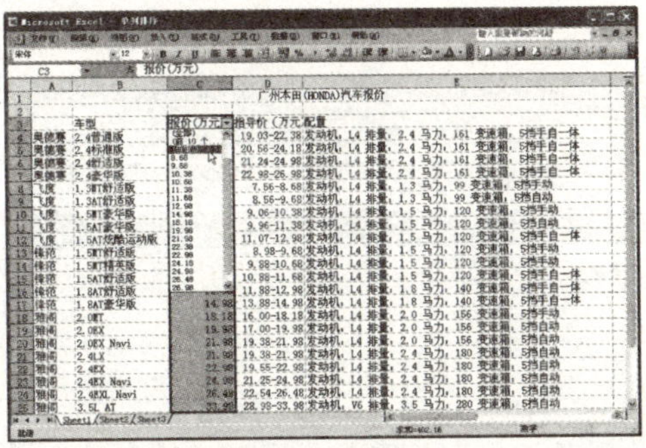

03 在【显示行】选项区域的第1个下拉列表中选中【大于】选项，在右侧的下拉列表中输入文本内容20，单击【确定】按钮，即可筛选数据。

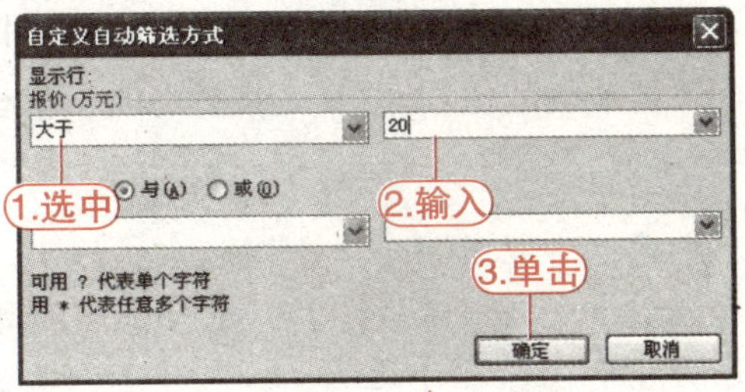

04 筛选数据后，在工作表中只显示了报价大于20万的数据记录。

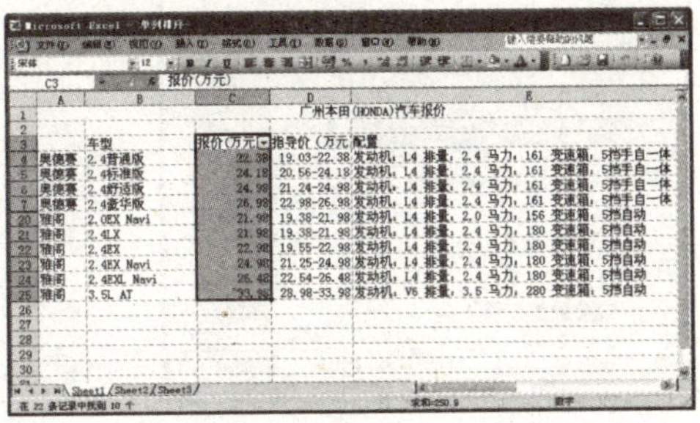

05 保存工作簿为【自动筛选数据】。

9.8.2 高级筛选

高级筛选可以根据实际需求定义筛选条件，有更大的灵活性。

【例9-15】打开一个工作簿，应用高级筛选功能筛选数据。视频+素材

01 打开一个工作簿，在B27和B28单元格中分别输入文本内容“排量”和“报价(万元)”。

02 在C27和C28单元格中分别输入筛选条件“>1.6”和“<25”。

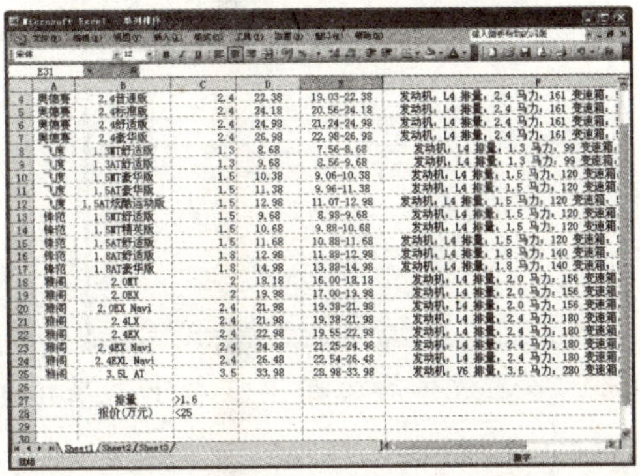

03 选中除标题以外的所有单元格，选择【数据】|【筛选】|【高级筛选】命令，打开【高级筛选】对话框。

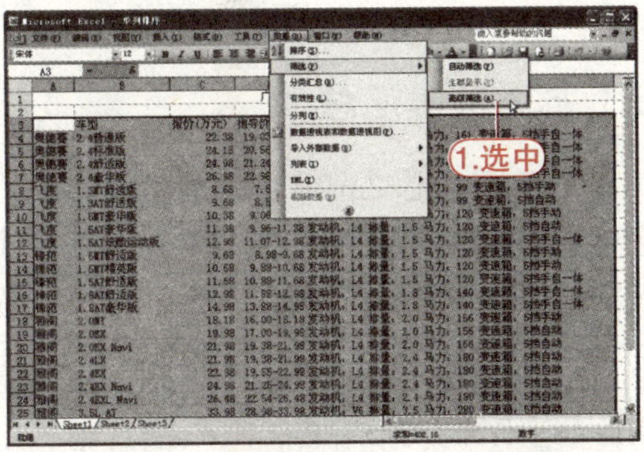

04 单击【条件区域】右侧的按钮，选中B27：C28区域单元格，单击【高级筛选-条件区域】对话框中的按钮，返回【高级筛选】对话框。

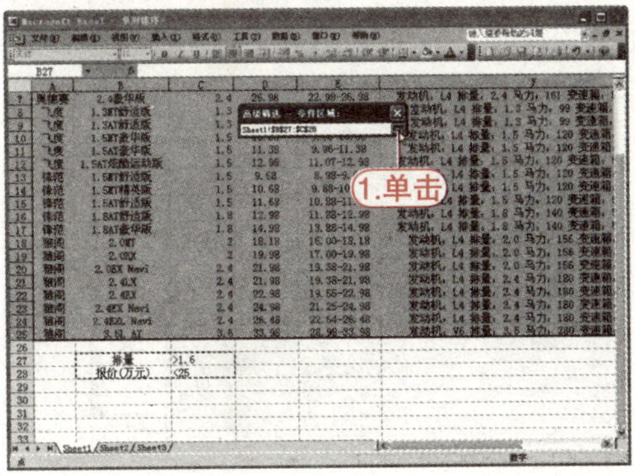

05 选中【在原有区域显示筛选结果】单选按钮，然后单击【确定】按钮，筛选数据。

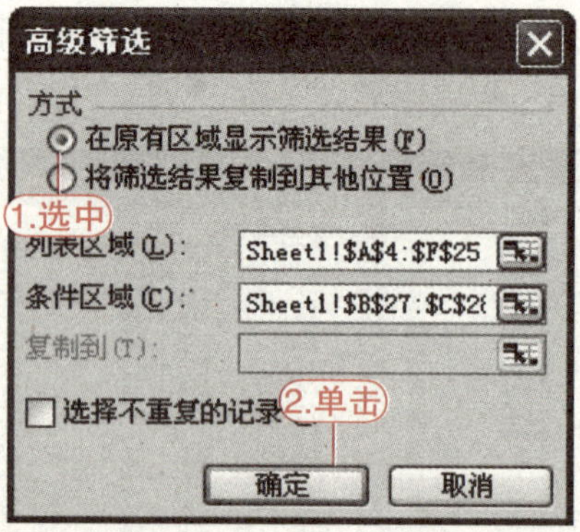

06 筛选数据后，在工作表中只显示了排量大于1.6且报价在25万元以内的数据记录。

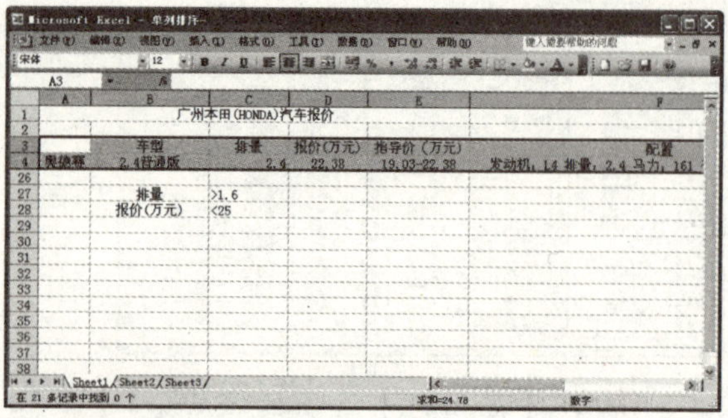

07 保存工作簿为【高级筛选】。

9.9 分类汇总

分类汇总是对指定的字段进行分类，然后统计同一类记录的有关信息。统计的内容可以自行定义，也可以统计同一类记录的记录条数，还可以对某些数值段求和、求平均值、求极值等。

9.9.1 插入分类汇总

插入分类汇总之前需要将准备分类汇总的数据区域按照关键字进行排序，从而使相同关键字的行排列在相邻行中，有利于分类汇总操作。

【例9-16】打开一个工作簿，插入分类汇总，分别计算各科目成绩。视频+素材

01 打开一个工作簿，其中【班级】列已经进行了升序排序。

02 选中所有单元格，选择【数据】|【分类汇总】命令，打开【分类汇总】对话框。

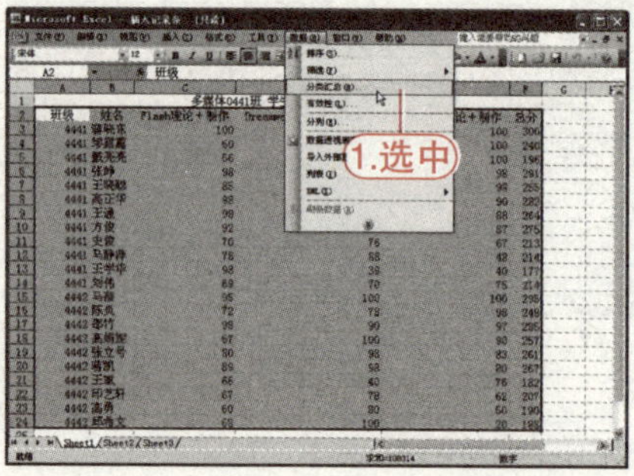

03 在【分类字段】下拉列表中选中【班级】选项，在【汇总方式】下拉列表中选中【求和】选项，在【选定汇总项】列表框中选中【Flash理论+制作】、【Dreamweaver理论+制作】、【Photoshop理论+制作】和【总分】选项。

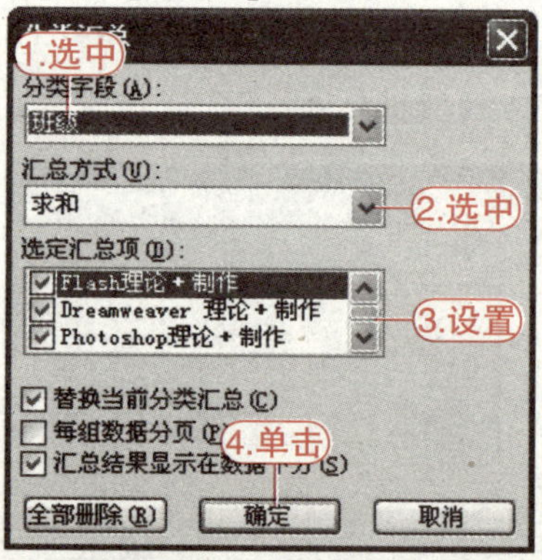

04 单击【确定】按钮，即可将各科成绩、总分按班级分类汇总。

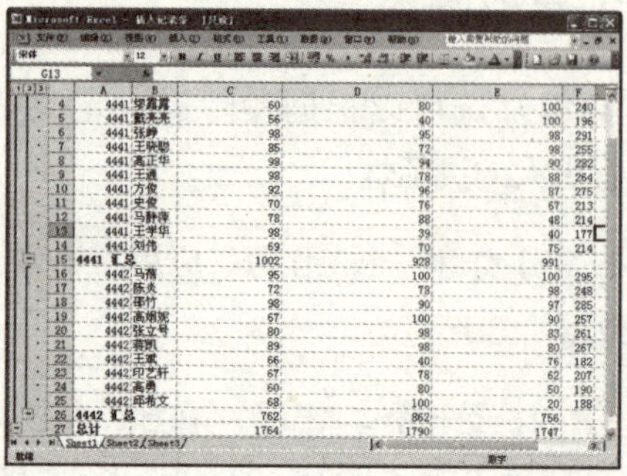

05 保存工作簿为【分类汇总】。

专家指点

在使用分类汇总功能后，如果要修改分类汇总，首先需要删除原分类汇总。删除分类汇总的方法很简单，单击【分类汇总】对话框左下角的【全部删除】按钮即可删除分类汇总。

9.9.2 插入图片

在Excel工作表中，可以插入图片来修饰只包含一些枯燥的数据或文字的工作表，使得制作的工作表更加图文并茂。

【例9-17】打开一个工作簿，在工作表中插入图片并设置图片合适属性。视频+素材

01 打开一个工作簿，选择【插入】|【图片】|【来自文件】命令，打开【插入图片】对话框。

02 选择所需插入的图片，单击【插入】按钮，插入到工作表中。

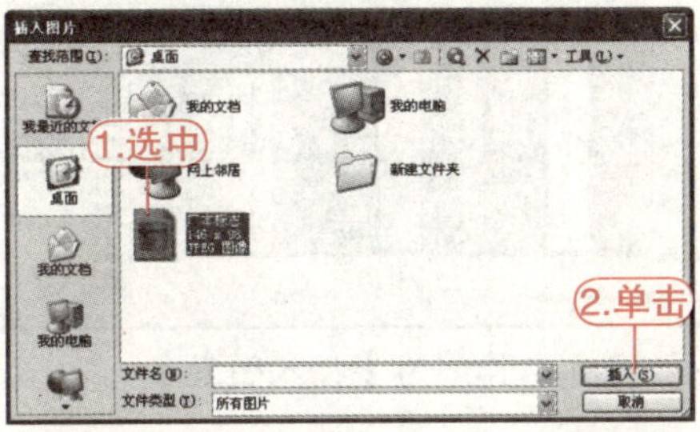

03 双击插入的图片，打开【图片】工具栏，对图片进行裁剪、明暗度调整等编辑操作。

04 拖动图片右下角的控制柄，调整图片合适大小并移至合适位置。

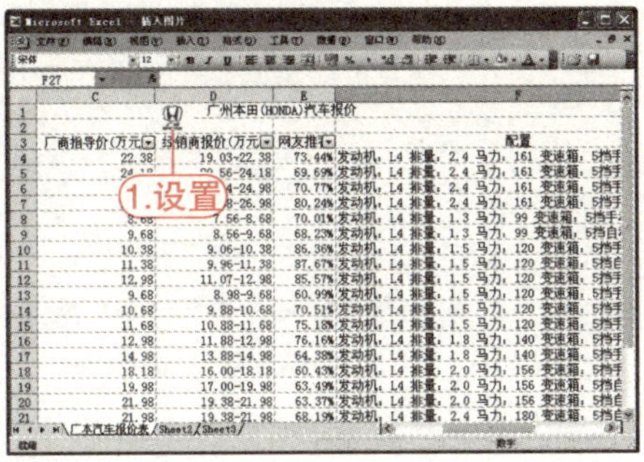

05 保存工作簿为【插入图片】。

9.9.3 插入图表

使用Excel提供的图表向导，可以方便、快速地插入一个标准类型或自定义类型的图表，让工作表中单调的数值更加形象化，使用户能够直观地查看各个数据之间的比例关系，从而方便地进行比较和分析。

【例9-18】打开一个工作簿，在工作表中插入图表并设置图表合适属性。视频+素材

01 打开一个工作簿，然后选择【插入】|【图表】命令，打开【图表向导-图表类型】对话框。

02 在【图表类型】列表框中选中【柱形图】选项，在【子图表类型】列表框中选中【三维簇状柱形图】选项，单击【下一步】按钮，打开【图表向导-图表源数据】对话框。

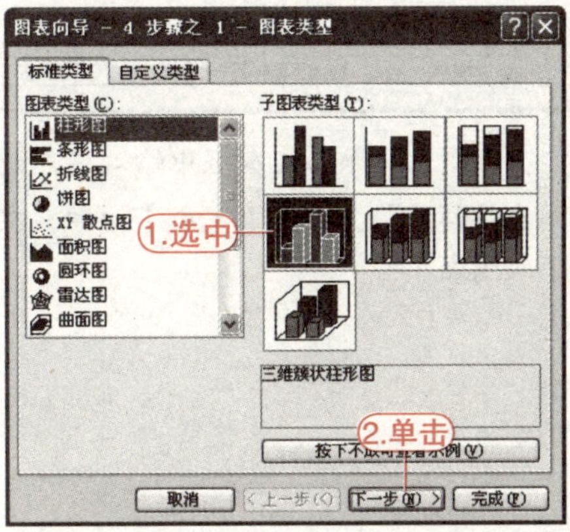

03 单击【数据区域】文本框右侧按钮。

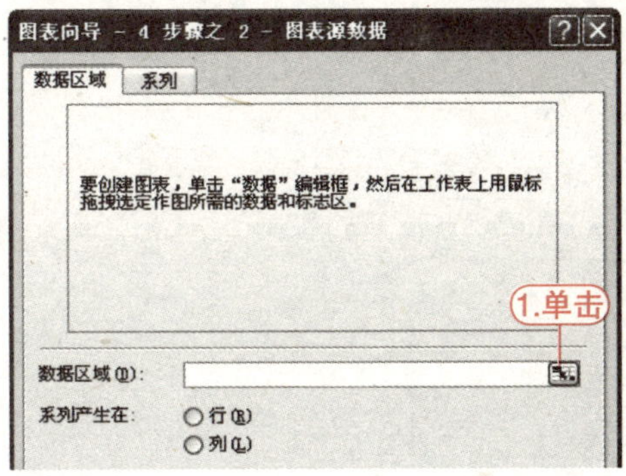

04 按下Ctrl键，选中【系列】、【车

型】和【网友推荐】下拉列表相关列的内容，单击按钮，返回【源数据】对话框。

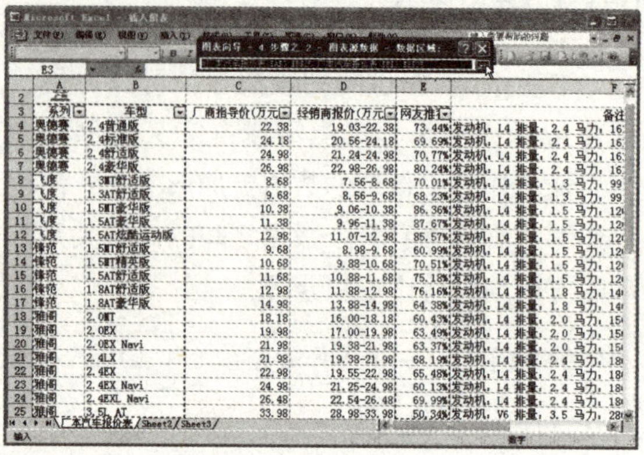

05 选中【行】单选按钮，单击【下一步】按钮，打开【图表向导—图表选项】对话框。

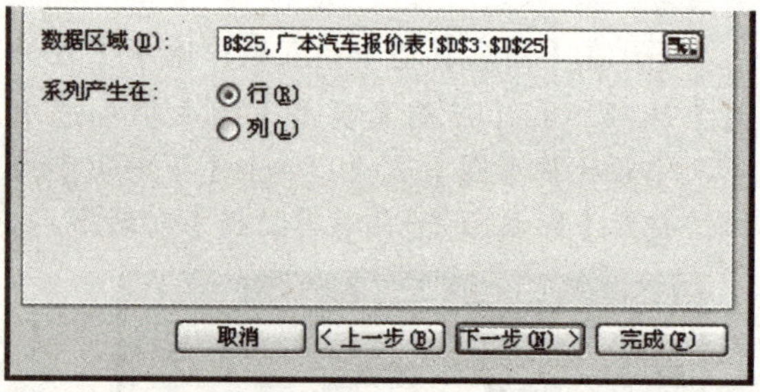

06 在【图表标题】文本框中输入“广州本田汽车网友推荐度”，单击【完成】按钮，在工作表中插入图表。

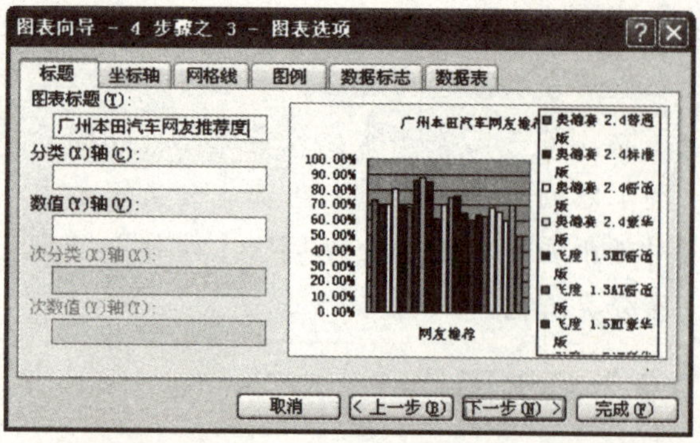

07 选中图表，设置图表合适大小，以显示所有车型。

08 右击相关的车型文本，在弹出的快捷菜单中选中【图例格式】选项，打开【图例格式】对话框，设置字体大小为9号，单击【确定】按钮，完成操作。

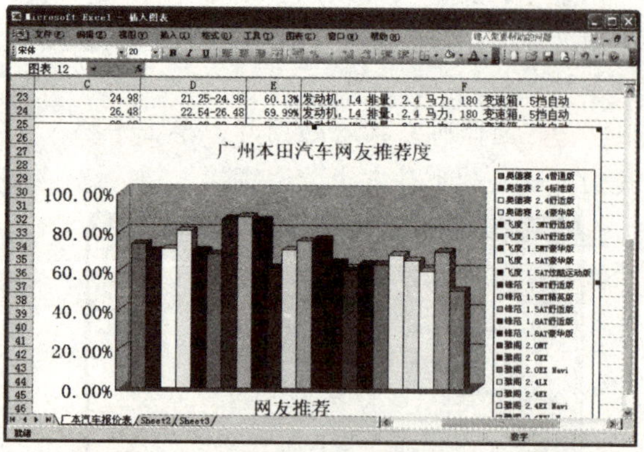

09 保存工作簿为【插入图表】。

Chapter 10 第一次接触Internet

随着网络技术的发展，Internet已经成为人们生活中不可或缺的一部分，给我们带来了很多的便利，例如网络聊天、邮件收发等。本章主要介绍了网络应用的基础知识，包括IE浏览器的使用、如何下载网络资源、如何使用QQ软件聊天等。

- 连接网络
- 使用IE浏览器
- 搜索和下载网络资源
- 使用QQ进行即时聊天
- 收发电子邮件

参见随书光盘

例10-1 正确连接和断开网络
例10-2 设置TCP/IP协议
例10-3 浏览网页
例10-4 使用浏览器选项卡
例10-5 添加网页到收藏夹
例10-6 管理收藏夹
例10-7 保存网页
例10-8 保存网页中的图片
例10-9 使用搜索引擎
例10-10 下载MP3歌曲
例10-11 使用迅雷下载电影
例10-12 免费申请QQ号码
例10-13 查找并添加QQ好友
例10-14 与QQ好友聊天
例10-15 加入QQ群
例10-16 添加QQ表情
例10-17 设置QQ提示音
例10-18 设置QQ热键
例10-19 设置QQ自动回复信息
例10-20 设置QQ安全级别
例10-21 使用QQ查看天气
例10-22 使用QQ传输文件
例10-23 上传文件到网络硬盘
例10-24 使用QQ查看股市行情
例10-25 调试摄像头
例10-26 申请电子邮箱
例10-27 接收并发送电子邮件
例10-28 发送带附件的邮件

10.1 连接网络

有线网络是最传统，也是目前应用最为广泛的一种网络连接方式。有线上网具有传输速率快、费用低、安全稳定等诸多优点，是家庭用户和中小型企业首选的上网方式。

10.1.1 ADSL拨号上网

使用ADSL拨号上网是家庭、公司最常用的连接网络方式。只要安装了固定电话，就可以采用ADSL拨号方式上网，并且在上网的同时可以拨打电话。

在使用ADSL连接方式接入网络时，需要将调制解调器（Modem）的一头连接到电脑上，一头连接在电话线接口上，将电脑的数字信号和电话的模拟信号进行交换。

ADSL上网方式分为虚拟拨号和专线接入两种方式。虚拟拨号是通过输入正确的用户名和密码，验证身份后，获取一个动态的IP地址来连接网络；专线接入方式拥有一个固定的静态IP地址，永久在线，打开笔记本电脑即可接入网络。

10.1.2 正确连接和断开网络

在使用虚拟拨号方式接入网络前，首先要设置Windows XP连接向导，创建连接，然后连接到网络上。在不需要使用网络时，可以断开连接。

【例10-1】创建连接向导，正确连接网络并断开网络。视频

01 打开【控制面板】窗口，双击【网络连接】窗口，打开【网络连接】窗口。

02 单击左侧列表框中的【创建一个新的连接】超链接，打开【新建连接向导】对话框。

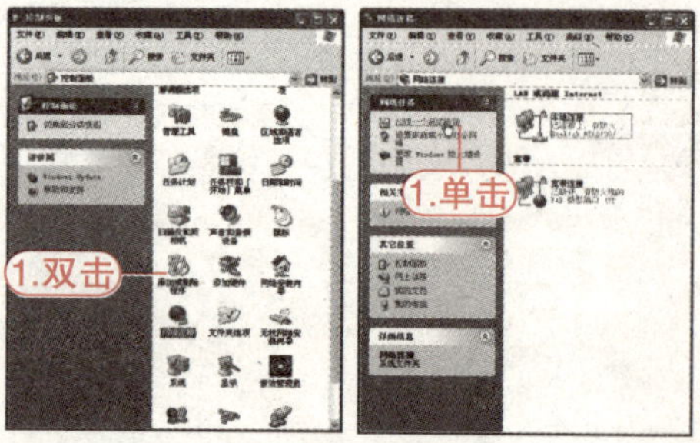

03 单击【下一步】按钮，选中【连接到Internet】单选按钮，单击【下一步】按钮。

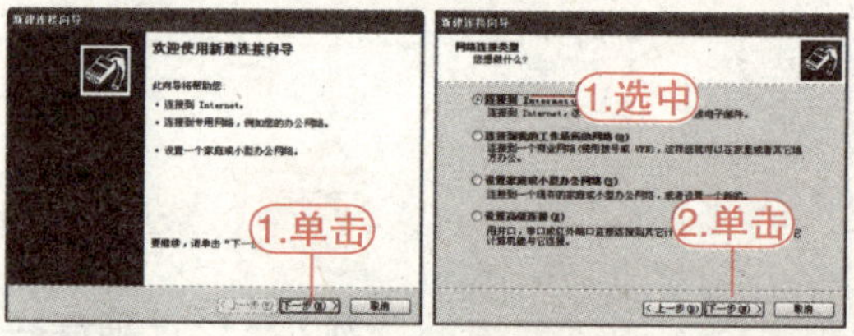

04 选中【手动设置我的连接】单选按钮，单击【下一步】按钮。

05 选中【用要求用户名和密码的宽带连接来连接】单选按钮，单击【下一步】按钮。

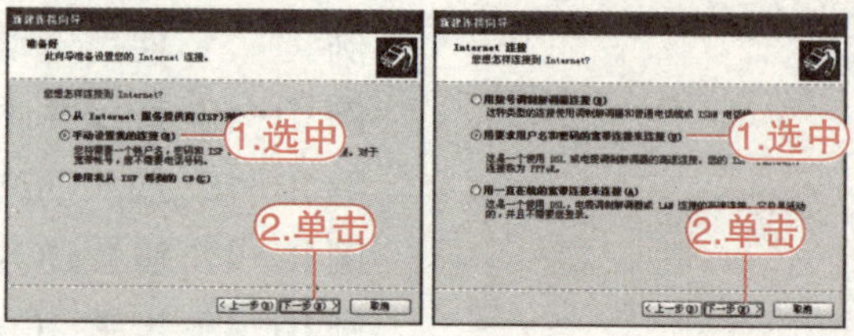

06 在【ISP名称】文本框中输入ISP名称，单击【下一步】按钮。

07 输入用户名、密码等信息，单击【下一步】按钮。

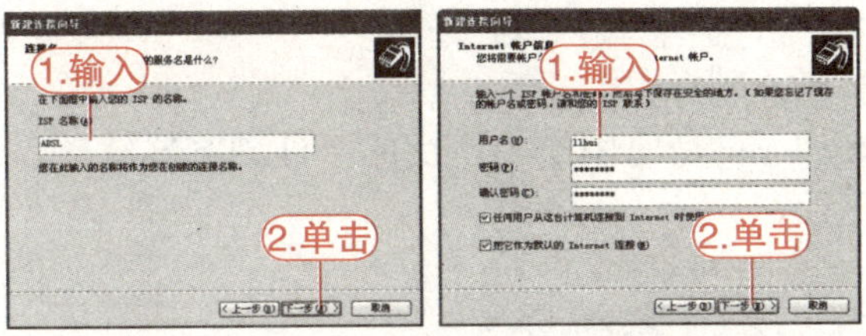

08 单击【完成】按钮，创建连接。

09 系统将打开【连接ADSL】对话框，单击【连接】按钮。

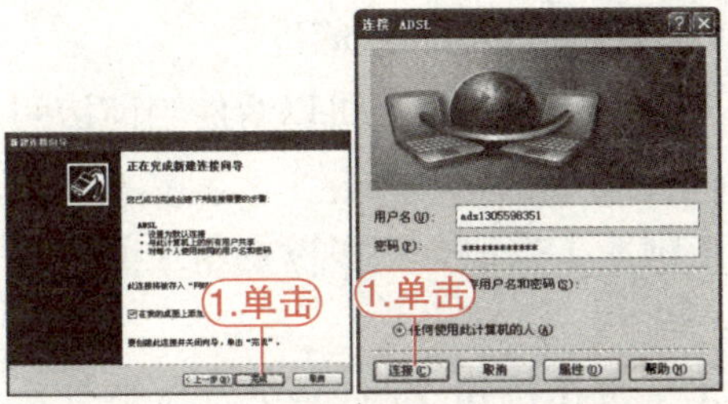

10 开始连接网络，显示网络连接状态。

11 成功连接网络后，在【通知栏】中会显示网络状态图标，提示已经成功连接网络。

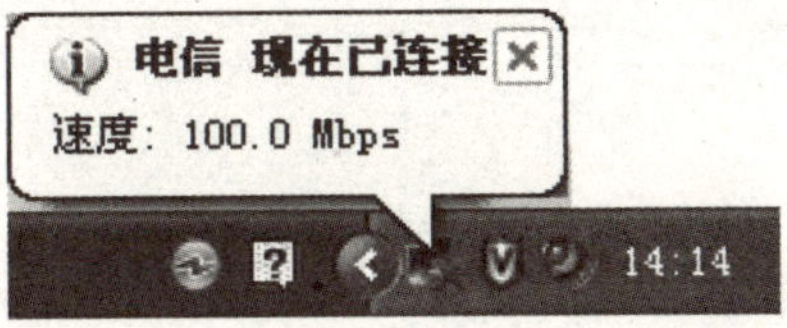

12 右击【通知栏】中网络状态图标，在弹出的快捷菜单中选择【断开】命令，即可断开网络连接。

13 断开网络连接后，【通知栏】中的网络状态图标将显示红色交叉图形。

10.1.3 设置TCP/IP协议

设置TCP/IP协议也是用户需要了解的，如果同一局域网中两台电脑同时连接网络，就必须设置每台电脑的TCP/IP协议。下面就简单介绍有关TCP/IP协议的设置方法。

【例10-2】设置TCP/IP协议。视频

01 右击桌面上【网上邻居】图标，在弹出的快捷菜单中选择【属性】命令，打开【网络连接】窗口。

02 右击【本地连接】图标，在弹出的快捷菜单中选择【属性】命令，打开【本地连接属性】对话框。

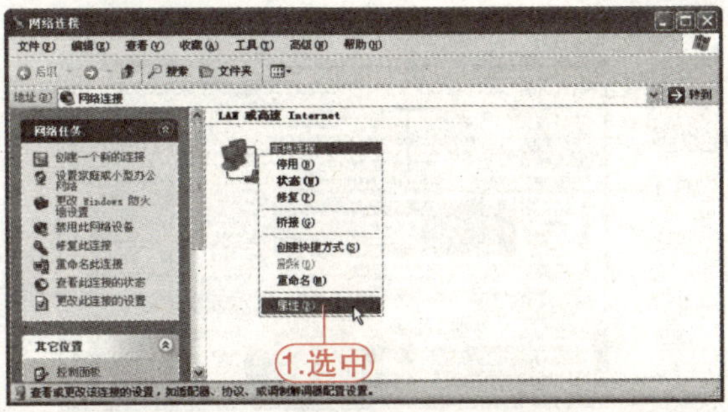

03 在【此连接使用下列项目】列表框中选中【Internet协议(TCP/IP)】选项，单击【属性】按钮，打开【Internet协议(TCP/IP)属性】对话框。

04 选中【使用下面的IP地址】单选按钮，然后输入正确的IP地址、子网掩码地址和默认网关；选中【使用下面的DNS服务器地址】单选按钮，输入正确的首选DNS服务器和备用DNS服务器(可不填写)地址，然后单击【确定】按钮即可。

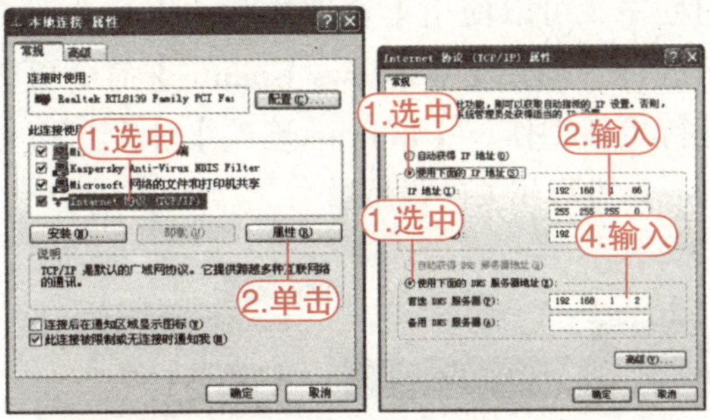

专家指点

单机连接网络一般选中【自动获取IP地址】单选按钮；多机通过一台主机连接网络，IP地址段一般为192.168.1.1~192.168.1.255。

10.2 使用IE浏览器

要浏览网络信息就需要浏览器，IE(Internet Explorer)是使用最为广泛的一种浏览器软件，也是访问Internet必不可少的一种工具。

10.2.1 启动IE浏览器

双击桌面上的IE浏览器图标，即可打开浏览，它主要由标题栏、工具栏、地址栏、选项卡、状态栏、菜单栏和滚动条几个部分组成。

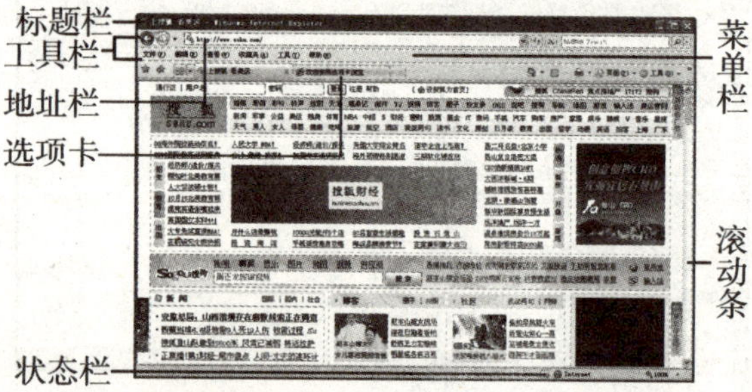

1. 菜单栏

菜单栏和其他应用程序的菜单栏大同小异，【收藏夹】菜单可以将用户喜欢的网站添加到收藏夹中，然后对收藏夹进行整理，也可以按网站的不同分类进行划分，以方便管理和浏览页面。【工具】菜单中的【弹出窗口阻止程序】命令可以阻止一些网站弹出的广告窗口；加载项是扩展Web浏览器功能的程序，可以使用【管理加载项】命令对它们进行管理；【Windows Update】命令可以进行更新工作；【Internet选项】命令可以对Internet进行相关的设置。

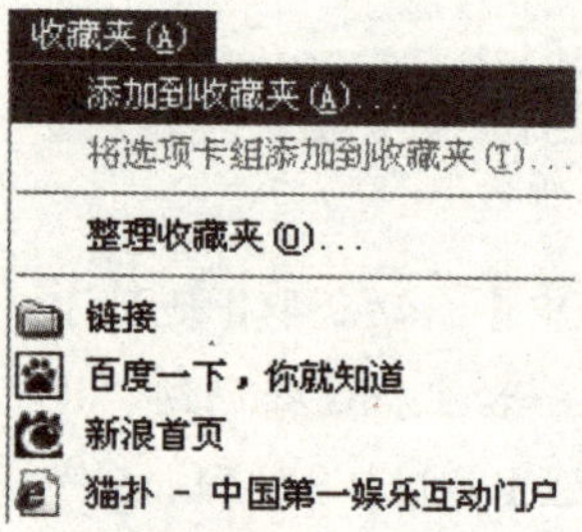

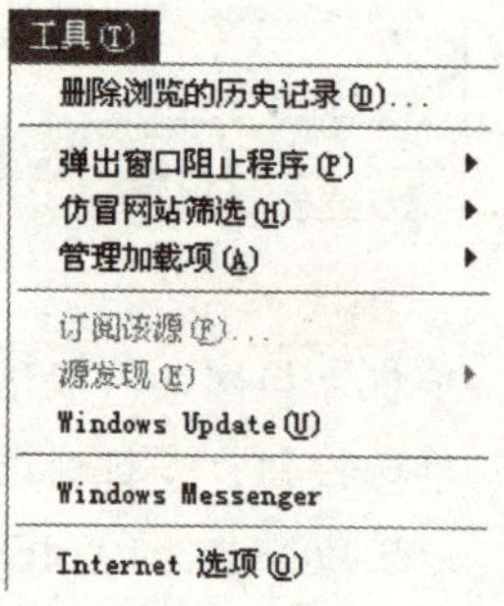

2. 工具栏

【工具栏】中包含常用命令的快捷图标，是使用IE浏览器浏览网页时常用操作栏。

- 【后退】按钮和【前进】按钮：可以按浏览网页进程返回或前进。
- 【停止】按钮：可以暂停当前访问的网页。
- 【刷新】按钮：可以刷新当前访问的网页。
- 【主页】按钮：是浏览器被打开时所自动连接的页面。比如IE的默认主页是微软中文，那么只要单击【主页】按钮，浏览器就自动链接到微软中文站点。通常将速度最快或者最常用的站点设为主页。
- 【收藏夹】按钮：单击该按钮后，在浏览窗口的左侧就出现了一个分栏。里面列出了收藏夹中收藏的站点。要访问哪个站点，只要单击这个站点的链接就可以了。

10.2.2 IE浏览器的基本操作

浏览网页是上网中最常见的操作，通过浏览网页，可以查阅资料和信息。

1. 浏览网页

在IE浏览器的地址栏中直接输入网址来浏览网页。

【例10-3】打开IE浏览器，输入网址浏览相关的网页。视频

01 启动IE浏览器，在地址栏中输入要访问的网站网址“www.sina.com.cn”。

02 按下Enter键，即可打开新浪网首页。

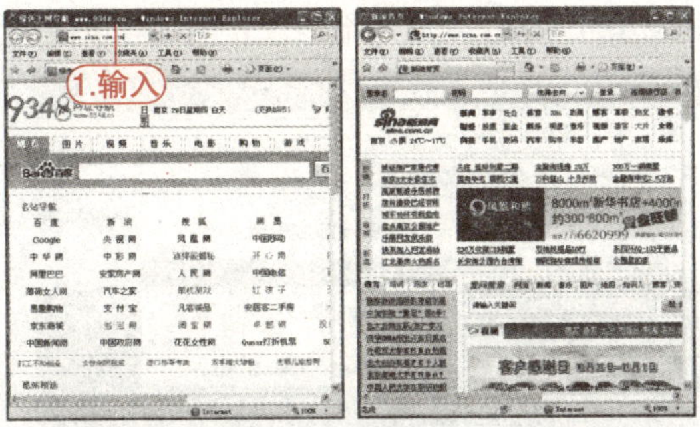

03 单击频道名称链接，例如想查看当日体育新闻，可以单击【体育】链接，会自动跳转到体育竞技页面。

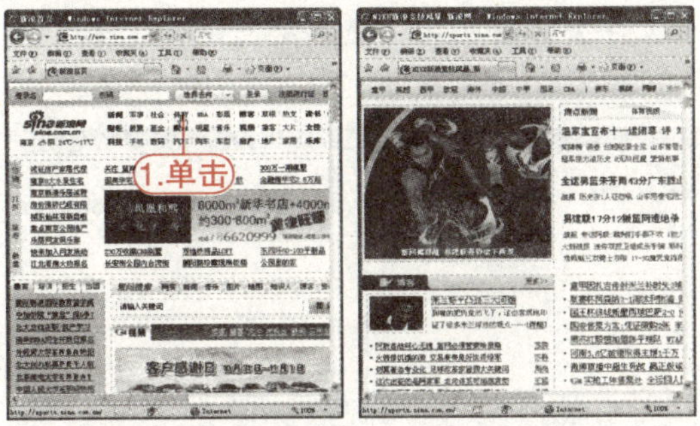

04 在体育竞技页面中显示了当日一些重点新闻，可以单击要查看的新闻标题名称链接，打开该新闻页面，查看新闻。

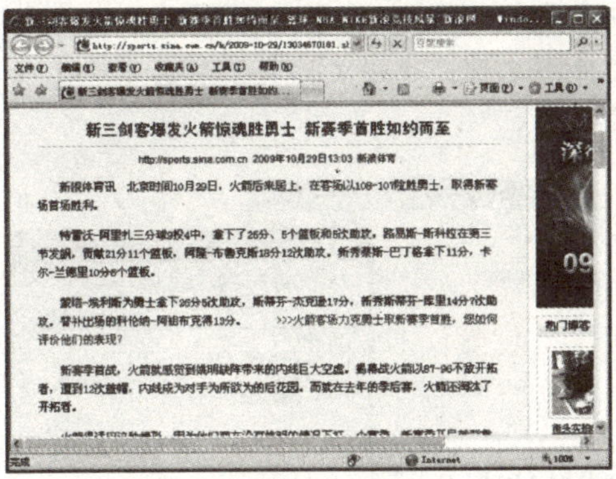

2. 使用浏览器选项卡

IE 7.0浏览器自带了选项卡功能，可以在同一个浏览器中通过不同的选项卡来浏览多个网页，从而可以避免启动多个浏览器，节省内存占用率。

【例10-4】打开IE浏览器，使用浏览器选项卡浏览网页。视频

01 启动IE浏览器，单击网站标签右侧的【新选项卡】按钮，打开一个新的选项卡。

02 在新选项卡的地址栏中输入网址，按下Enter键，即可在该选项卡中打开网页。

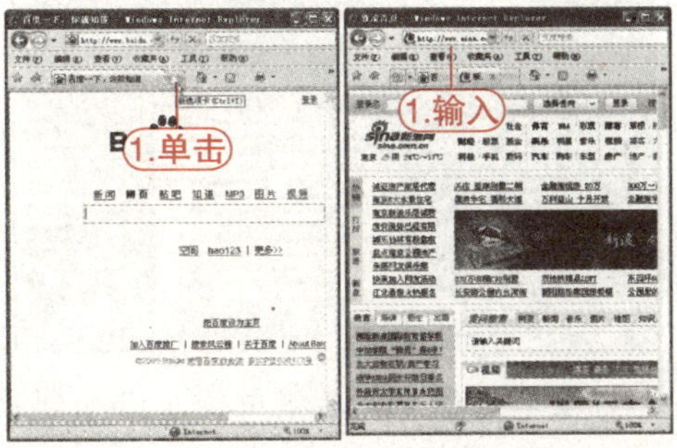

03 单击不同的选项卡，可以打开不同的网页。

04 右击当前选项卡显示的页面超链接，在弹出的快捷菜单中选择【在新选项卡中打开】命令，打开一个新选项卡并且打开该链接网页。

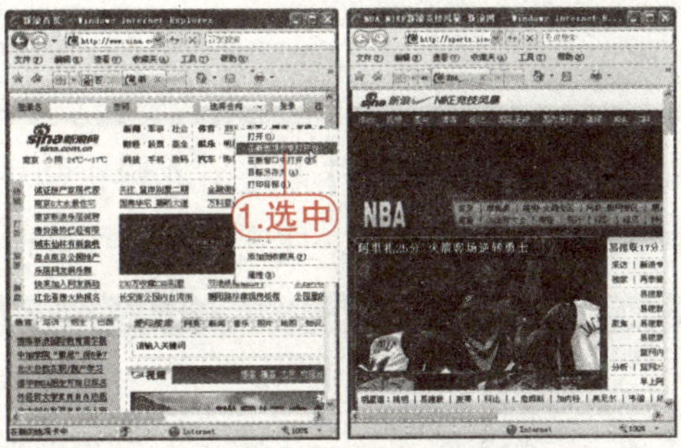

10.2.3 使用浏览器【收藏夹】

IE浏览器的收藏夹是收藏网页地址的地方，当下次需要打开收藏的网页时，直接在收藏夹中选择该网页选项即可，是使用IE浏览器的常用操作之一。

1. 添加网页到收藏夹

下面通过实例介绍添加网页到收藏夹的方法。

【例10-5】打开IE浏览器，添加网页到收藏夹。视频

01 启动IE浏览器，打开所需添加到收

藏夹的网页，选择【收藏夹】|【添加到收藏夹】命令，打开【添加到收藏夹】对话框。

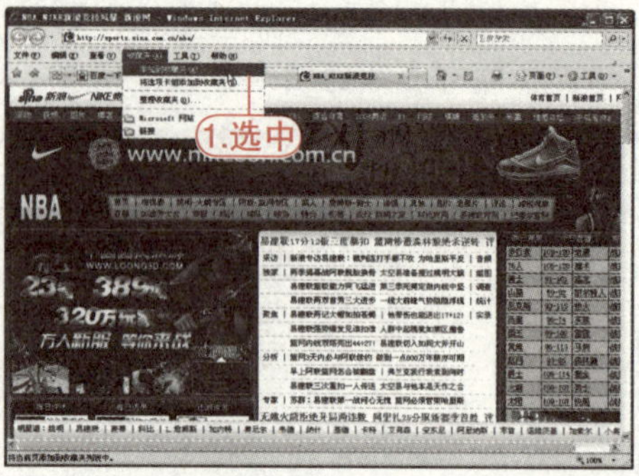

02 在【名称】文本框中输入添加到收藏夹的网页名称，在【创建位置】下拉列表中选中添加到收藏夹的位置，单击【添加】按钮，添加网页。

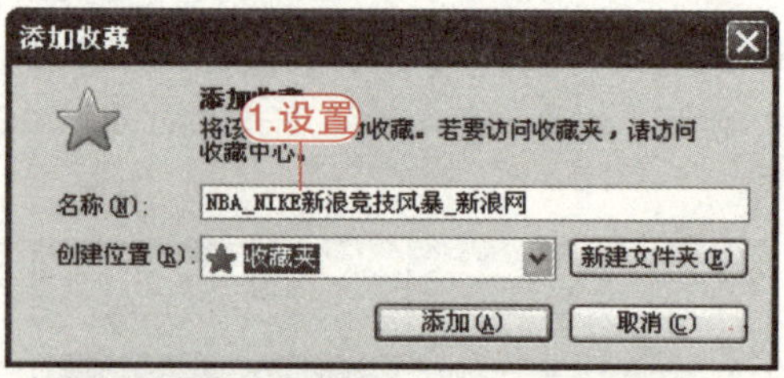

03 选择【收藏夹】命令，在弹出的下拉菜单中选择添加的网页，即可跳转到该页面。

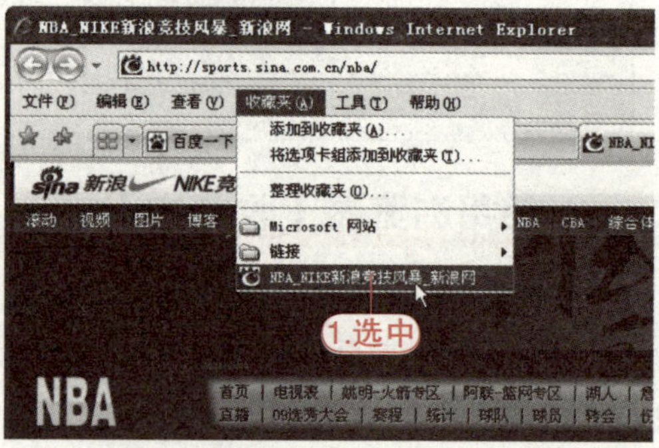

2. 整理收藏夹

将网页添加到收藏夹后，可以根据实际需要整理收藏夹，包括在收藏夹中创建文件夹、重命名文件夹或网页等。

【例10-6】打开IE浏览器收藏夹，对收藏夹中的网页进行管理操作。视频

01 启动IE浏览器，选择【收藏夹】|【整理收藏夹】命令，打开【整理收藏夹】对话框。

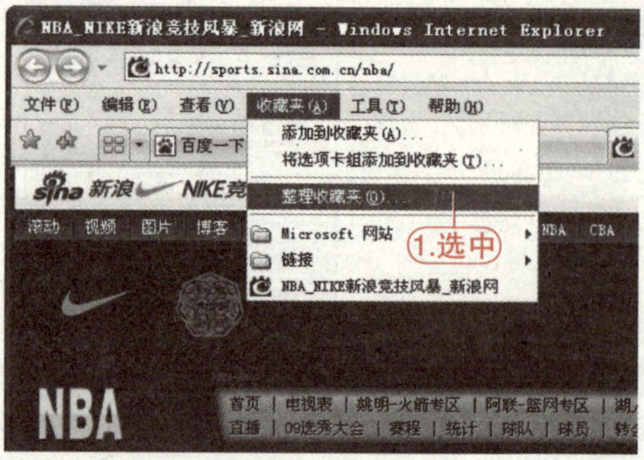

02 单击【新建文件夹】按钮，可以新建一个文件夹，输入文件夹名称，例如“体育新闻”，按下Enter键即可。

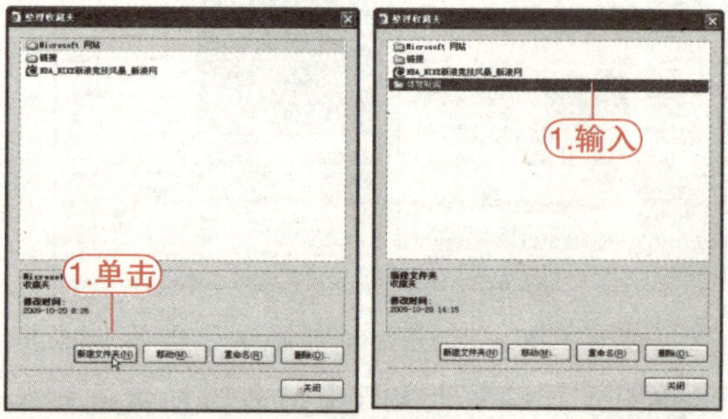

03 选中要移动的网页单击【移动】按钮，打开【浏览文件夹】对话框，单击要移至的文件夹名称，选中文件夹，然后单击【确定】按钮。

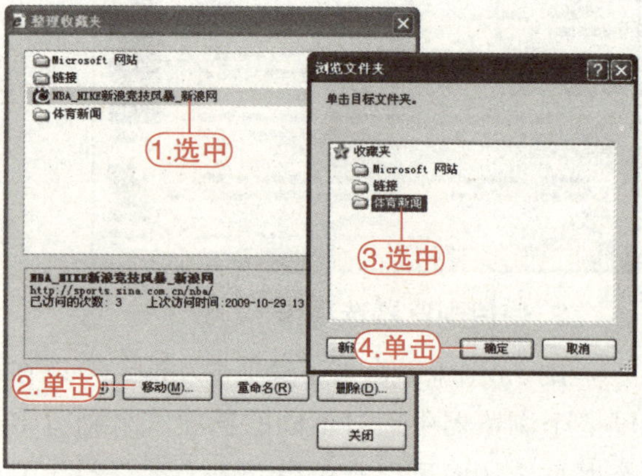

04 单击要进行重命名的文件夹或网页，单击【重命名】按钮，输入名称，按下Enter键，即可重命名文件夹或网页。

05 选中所需删除的文件夹或网页，单击

【删除】按钮，打开一个【确认文件删除】对话框，单击【是】按钮，可以删除文件夹或网页；单击【否】按钮，可以取消操作。

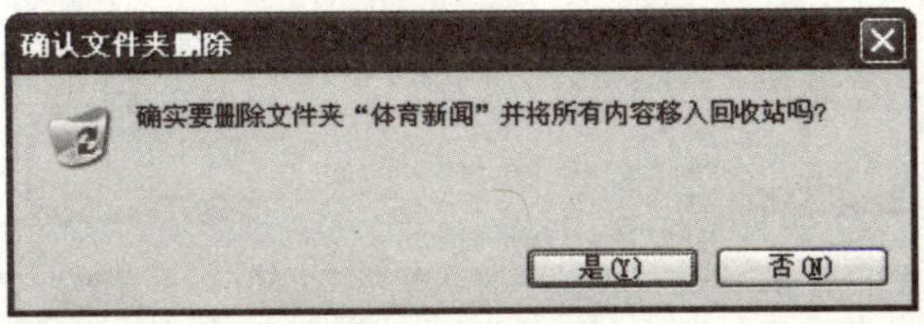

10.2.4 保存网页

保存网页主要是将网页中的信息保存到电脑中，以备今后浏览。同时还可以保存网页中的某个图片或者文本。

1. 保存整个网页

保存整个网页是将网页中的内容全部保存到电脑中，网页中的一些媒体元素会保存在文件夹中。

【例10-7】打开一个网页，保存网页。视频

01 启动IE浏览器，打开所需保存的网页，选择【文件】|【另存为】命令，打开【保存网页】对话框。

02 选择网页保存位置，在【文件名】文本框中输入保存的网页名称。

03 在【保存类型】下拉列表中选中【Web档案，单个文件】选项。

04 单击【保存】按钮，保存网页。

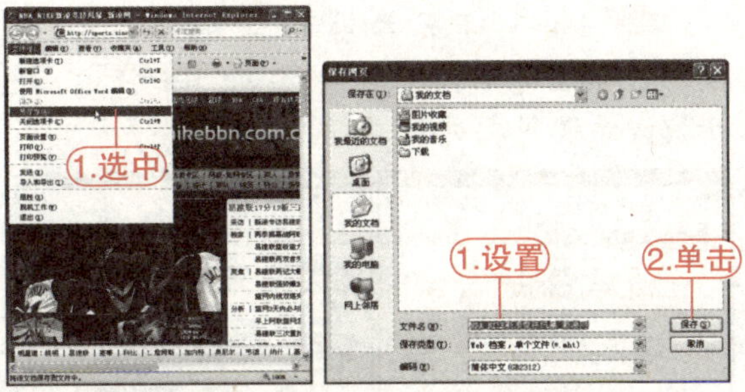

2. 保存网页中的图片

在浏览网页时，可以将喜欢的图片单独保存在电脑中。

【例10-8】打开一个网页，保存网页中的图片到电脑中。视频

01 启动IE浏览器，打开一个网页。

02 右击要保存的图片，在弹出的快捷菜单中选中【图片另存为】命令，打开【保存图片】对话框。

03 选择图片保存位置，输入图片保存名称，单击【保存】按钮，保存图片。

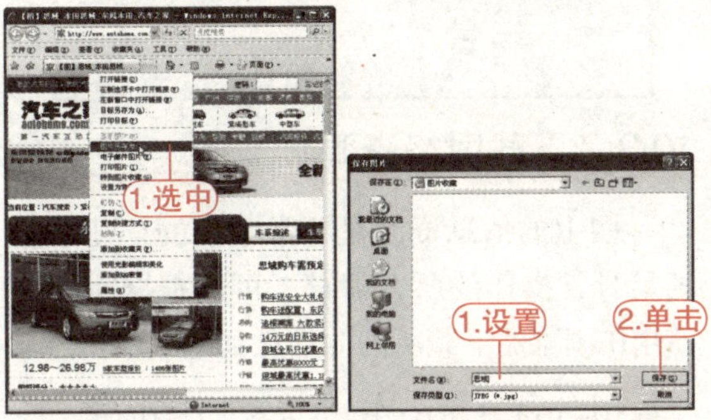

10.3 搜索和下载网络资源

Internet是知识和信息的海洋，几乎可以找到所需的任何资源，可以使用搜索引擎快速在网上搜索信息并使用专门的下载软件下载所需的资源。

10.3.1 使用搜索引擎

使用搜索引擎，可以准确、快捷地搜索网络信息，它以一种特殊的方式对网络中的资源和信息进行处理、解释、组织和提取，并提供检索功能，从而达到搜索信息的目的。目前国内最常用的搜索引擎有Google、百度、中国雅虎和搜狐等。

【例10-9】使用百度搜索引擎搜索南京地区天气情况。视频

01 启动IE浏览器，在地址栏中输入“www.baidu.com”，按下Enter键，打开百度搜索引擎。

02 输入搜索关键词“南京天气预报”，单击【百度一下】按钮 百度一下 ，打开搜索结果列表页面。

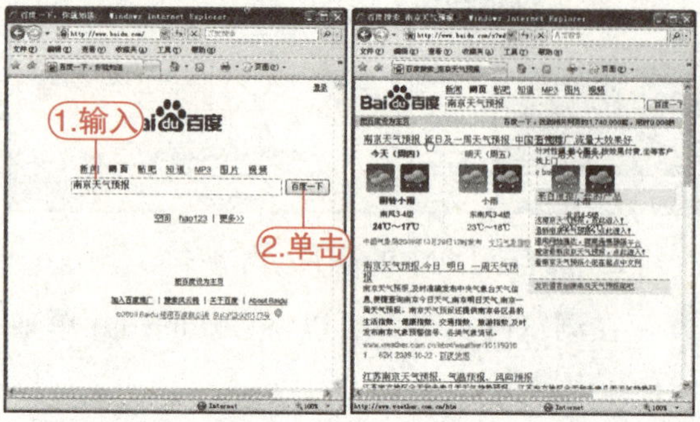

03 单击其中一个信息标题链接，打开该链接网页，显示南京地区实时天气情况。

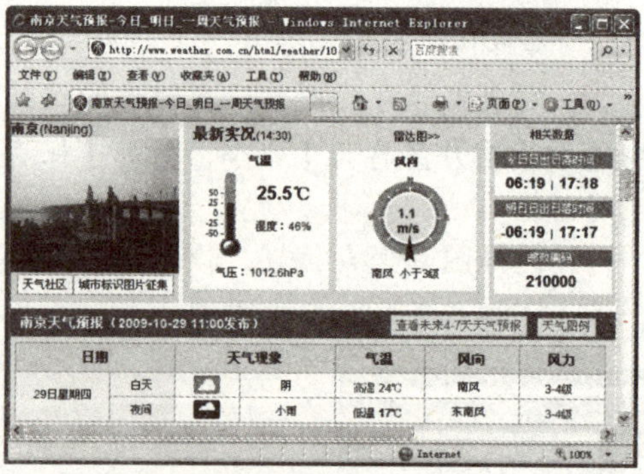

10.3.2 下载网络资源

网上的信息资源是非常丰富的，几乎能满足日常操作的所有需求，可以根据需要，使用IE浏览器下载所需的信息到电脑中。

【例10-10】使用IE浏览器下载百度MP3中的歌曲。视频

01 启动IE浏览器，打开百度首页。单击【MP3】链接，打开【百度MP3】页面。

02 输入要下载的歌曲名称，例如“圣诞结”，单击【百度一下】按钮，打开下载页面。

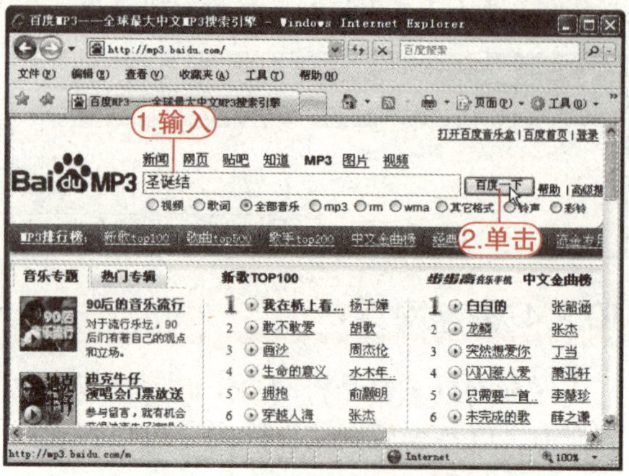

03 在歌曲下载页面中，提供了许多下载地址和下载格式，可以单击链接速度较快的歌曲链接，打开相应的下载地址页面。

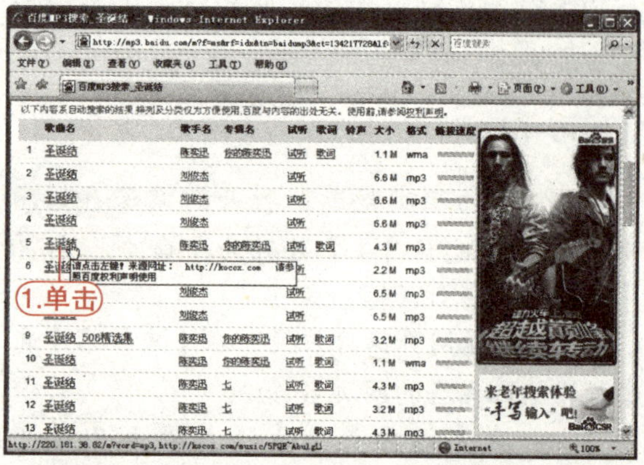

04 右击【请点击此链接】右侧的歌曲下载地址，在弹出的快捷菜单中选择【目标另存为】命令，打开【另存为】对话框。

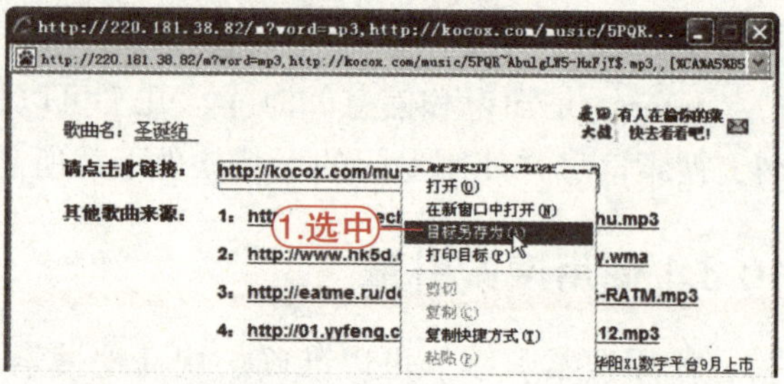

05 选择歌曲下载目录，输入歌曲名。

06 单击【保存】按钮，打开下载对话框，开始下载歌曲，并且显示下载进度和剩余时间等信息。

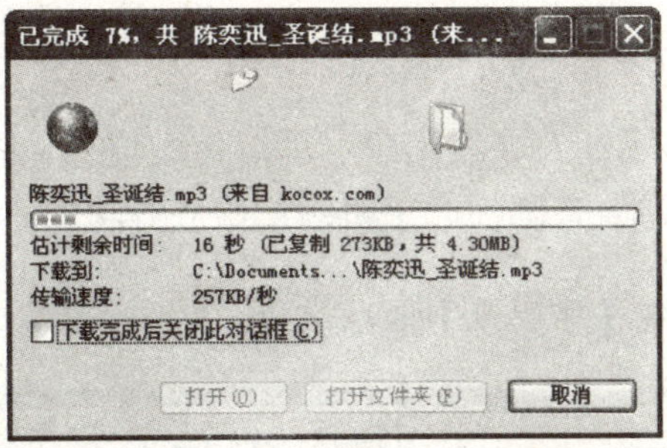

10.3.3 使用迅雷下载工具

迅雷是一款专门用于下载网络资源的工具软件，同时还具有管理下载文件的功能。使用迅雷下载网络资源，不但可以提高下载速度，也方便对下载后的文件进行管理。

【例10-11】使用迅雷下载电影。视频

01 启动迅雷下载工具。

02 启动IE浏览器，打开所需下载的电影页面。

03 单击【下载选中的文件】按钮，打开【建立新的下载任务】对话框。

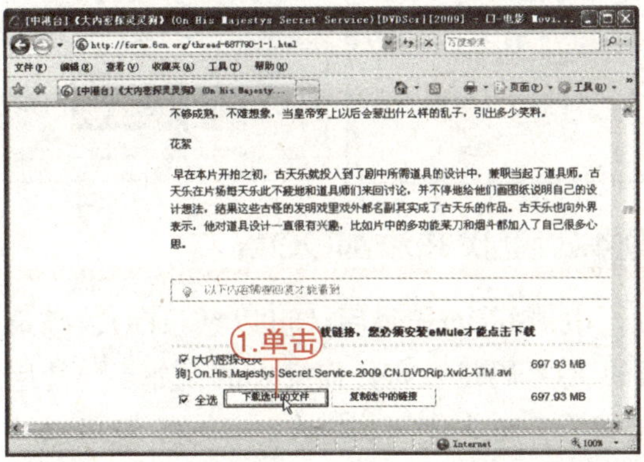

04 单击【浏览】按钮，打开【浏览文件夹】对话框。

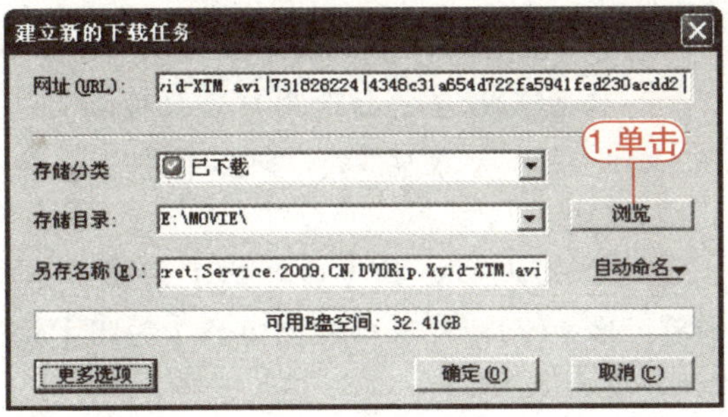

05 选择下载的电影保存的磁盘位置，然后单击【确定】按钮，返回【建立新的下载任务】对话框。

06 单击【确定】按钮，开始下载。

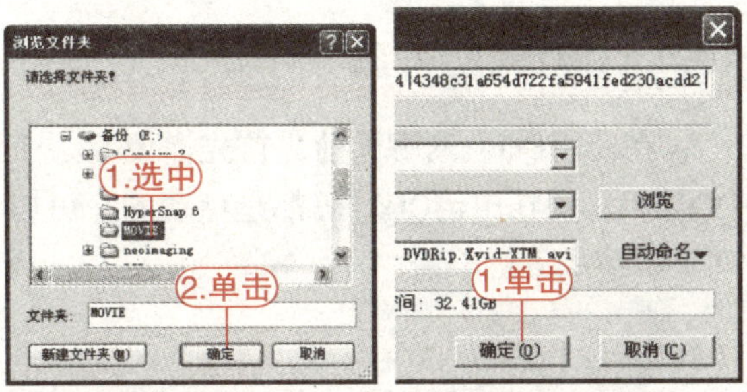

07 在下载时会显示下载速度和进度。

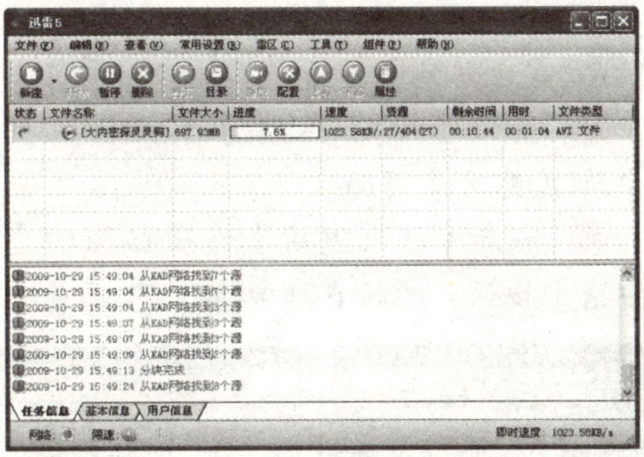

08 右击下载项，在弹出的快捷菜单中可以选择【暂停任务】、【删除任务】命令来暂停下载项或删除下载项。

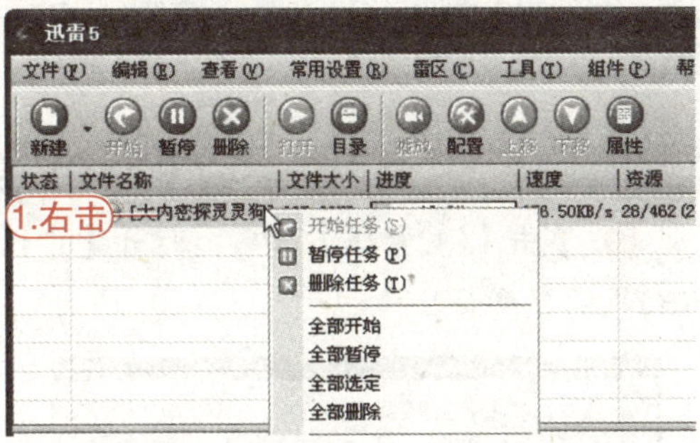

09 下载完成后，可以单击【迅雷】程序左侧的【任务管理】列表框中【已下载】选项，显示已经下载的项。

专家指点

除了迅雷下载工具外，还有电驴、QQ旋风等下载工具，这些下载工具都有各自的优点，用户可以选择合适的一款使用。

10.4 使用QQ进行即时聊天

作为国内应用最广泛的网络聊天工具QQ，它支持显示朋友在线信息、即时传送信息、即时交谈、即时发送文件，而且还具有聊天室、传输文件、语音邮件、手机短信服务等功能。

10.4.1 申请QQ号码

在使用QQ上网聊天前，首先需要有一个QQ号码，现在申请QQ号码都是免费的，可以网页申请或手机申请。

【例10-12】免费申请QQ号码。视频

01 启动IE浏览器，在地址栏中输入网址“im.qq.com”，按下Enter键，打开【I’M QQ –QQ官方网站】页面。

02 单击【申请QQ账号】链接，打开【申请QQ账号】页面。

03 单击【网页申请】选项区域的【立即申请】按钮，跳转直接申请QQ号码页面。

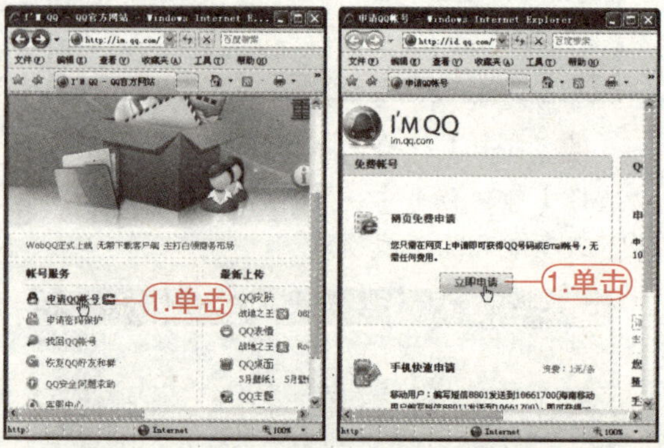

04 单击【QQ号码】选项，打开【申请免费QQ号码】页面。

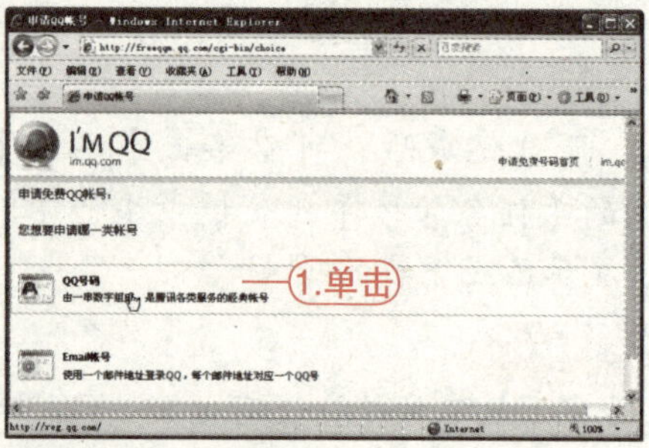

05 填写QQ昵称、密码、密码保护问题、验证码等信息(所有带*号的信息表示必填选项)，单击【下一步】按钮。

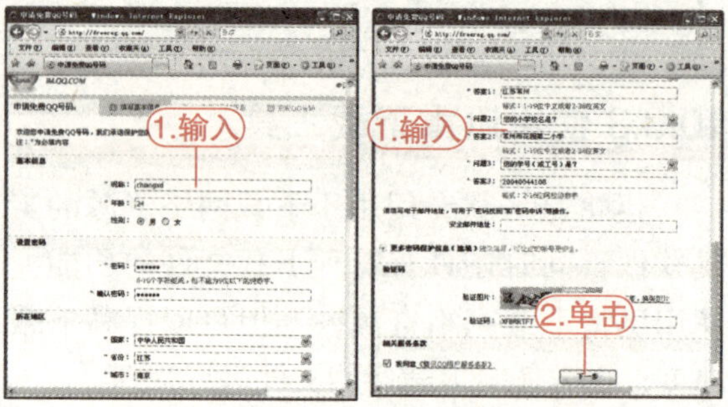

06 回答设置的密码保护问题。

07 单击【下一步】按钮，弹出申请成功页面，显示了申请的QQ号码，完成申请操作。

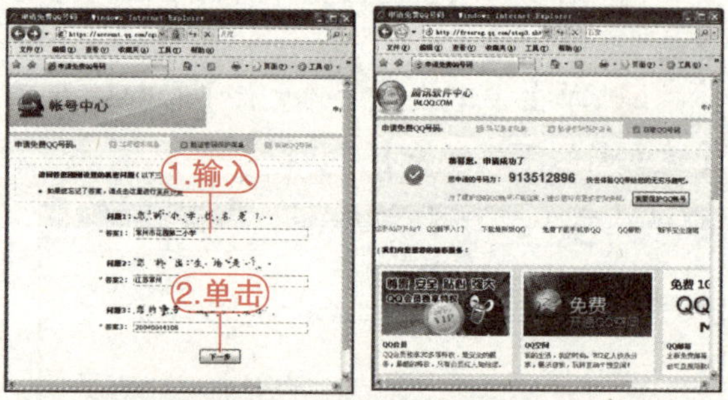

10.4.2 查找并添加QQ好友

申请好QQ号码后，可以登录QQ，登录新的QQ号码是没有任何好友的，如果要使用QQ聊天，首先要添加好友，添加好友可以通过QQ服务器查找，也可以输入好友QQ号码进行精确查找。

【例10-13】查找并添加QQ好友。视频

01 启动QQ程序，打开用户登录对话框，输入QQ号码和登录密码，单击【登录】按钮，登录QQ。

02 登录QQ后，在【通知栏】会显示QQ图标，单击QQ聊天窗口右上角的【关闭】按钮，退出QQ程序。

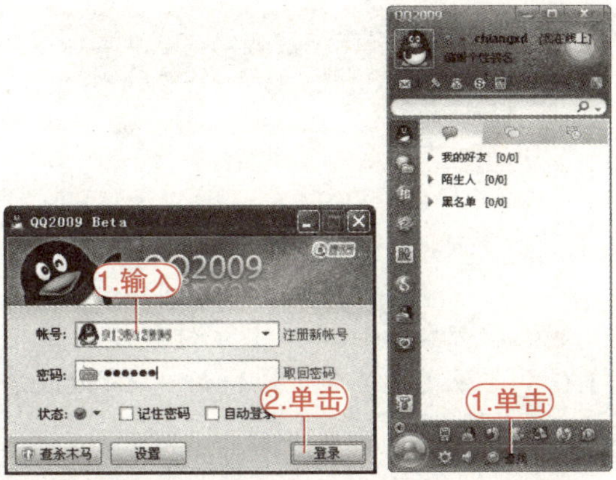

03 单击QQ窗口右下角的【查找】按钮，打开【查找联系人/群】对话框。

04 选中【按条件查找】单选按钮，选择要查找的好友信息，单击【查找】按钮。

05 通过QQ服务器，在对话框中显示了符合当前查找条件在线的QQ用户，选择要添加的QQ用户，单击【添加好友】按钮，打开【添加好友】对话框。

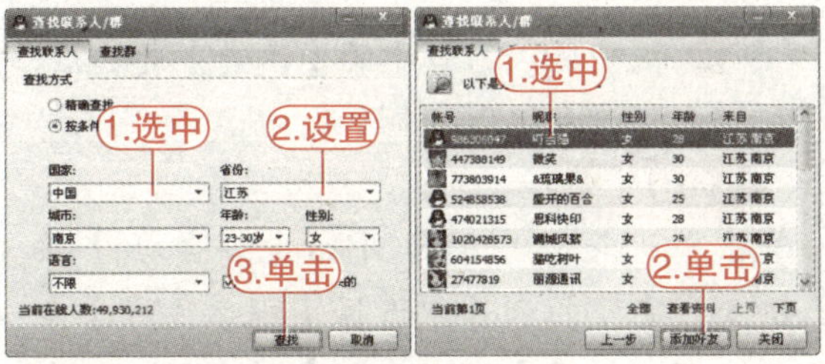

06 输入添加好友验证信息，单击【确定】按钮，如果通过对方验证，即可将他添加为自己的好友。

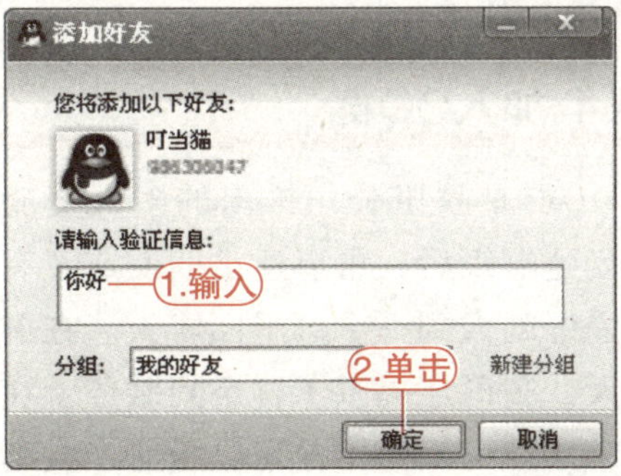

07 在【查找联系人/群】对话框选中【精确查找】单选按钮，在【账号】文本框中输入好友QQ号码，单击【查找】按钮，可以精确查找好友。

08 选中好友QQ号码，单击【添加好友】按钮，打开【添加好友】对话框。

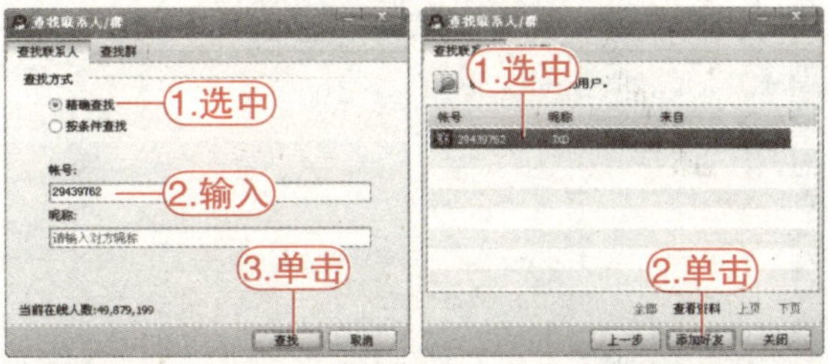

09 该QQ用户由于未设置验证信息，所以无需验证即可添加其为好友，可以在【分组】下拉列表中选择好友分组。

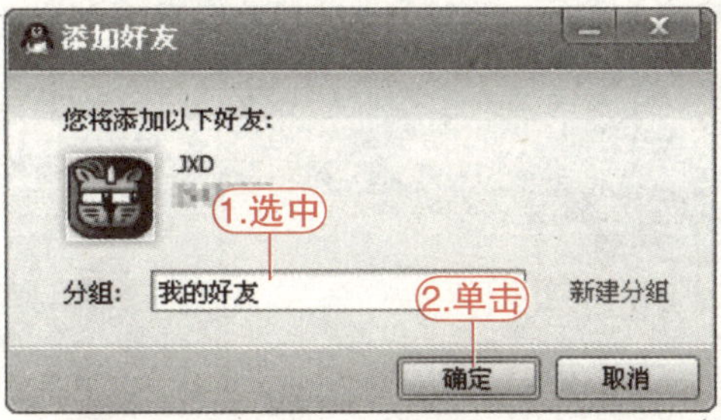

10 单击【确定】按钮，添加对方为QQ好友，可以在【备注】文本框中输入好友备注信息，一般输入对方昵称或真实姓名，也可以不输入，单击【完成】按钮，完成添加QQ好友操作。

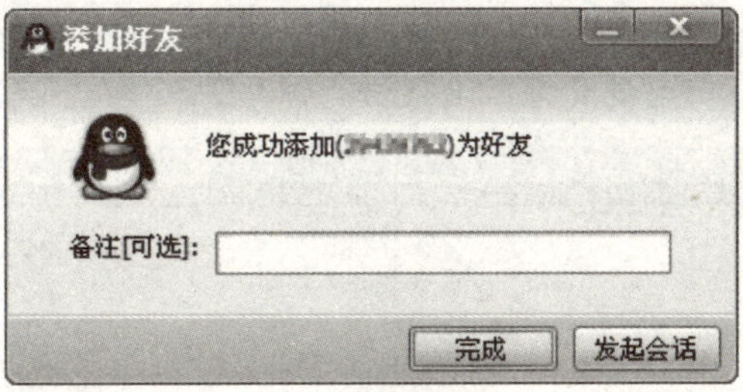

10.4.3 与QQ好友聊天

QQ支持丰富的聊天功能，可以通过QQ进行文字、语音或视频聊天。

【例10-14】与QQ好友聊天。视频

01 双击QQ好友列表中好友头像，打开聊天窗口。

02 输入聊天内容，按下Ctrl+Enter键或单击【发送】按钮，发送QQ消息。

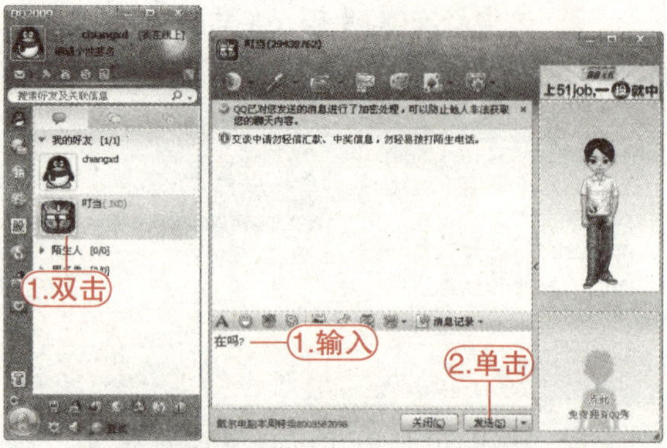

03 单击聊天窗口工具栏上的【开始语音会话】按钮，在弹出的下拉列表中选择【开始语音会话】命令，向好友发送语音聊天请求。

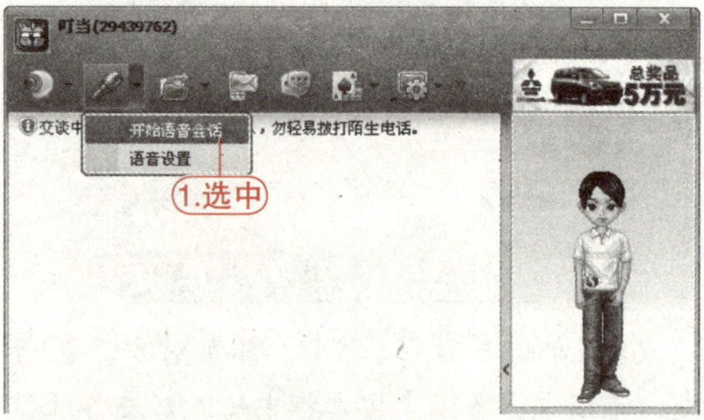

04 在聊天窗口显示【等待对方接受邀请】信息，单击【取消】按钮，可以取消发送语音聊天请求。

05 待对方接受请求后，建立语音连接，就可以通过麦克风进行语音聊天了。

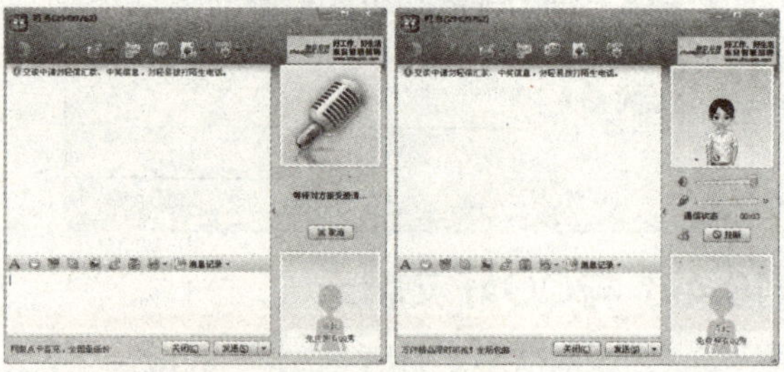

> **专家指点**
>
> 拖动聊天窗口右侧的扬声器音量滑块和麦克风音量滑块可以调节音量大小。

06 单击聊天窗口工具栏上的【开始视频会话】按钮，在弹出的下拉列表中选择【开始视频会话】命令，向好友发送视频聊天请求。

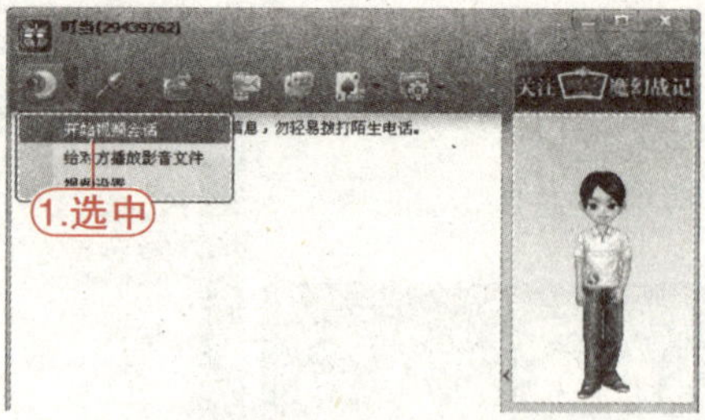

07 在聊天窗口显示【等待对方接受邀请】信息，单击【关闭】按钮，可以取消发送请求。

08 待对方接受请求后，建立视频连接，就可以通过摄像头进行视频聊天了。

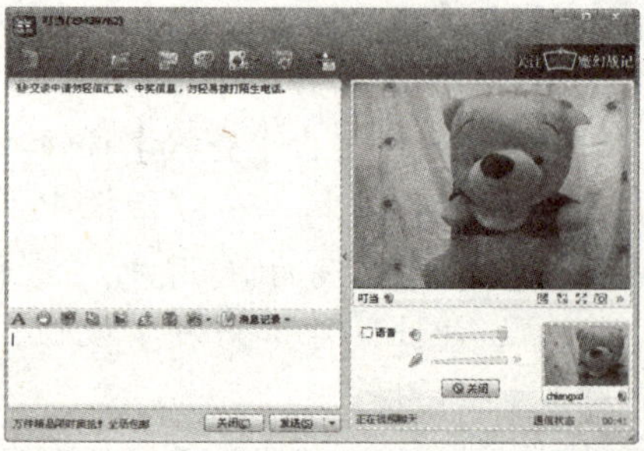

09 选中聊天窗口中的【语音】复选框，可以进行语音和视频同步聊天。

> **专家指点**
>
> 单击聊天窗口中的【开始视频会话】按钮，在下拉列表中选择【视频设置】命令，可以打开【语音视频】对话框，单击【画质调节】按钮，在弹出的对话框中可以设置画面质量，例如对比度、亮度、饱和度等。

10.4.4 加入QQ群

QQ群是腾讯公司推出的多人交流的服务。创建群以后，可以邀请朋友或者有共同兴趣爱好的人到一个群里面聊天。在群内除了聊天，腾讯还提供了群空间服务，在群空间中，用户可以使用论坛、相册、共享文件等多种交流方式。

【例10-15】加入QQ群。视频

01 单击QQ窗口右下角的【查找】按钮

查找，打开【查找联系人/群】对话框。

02 单击【查找群】选项卡，打开该选项卡对话框。

03 选中【精确查找】单选按钮，在【群号码】文本框中输入要加入的QQ群号码，单击【查找】按钮。

04 选中要加入的群，单击【加入该群】按钮，打开【添加群】对话框。

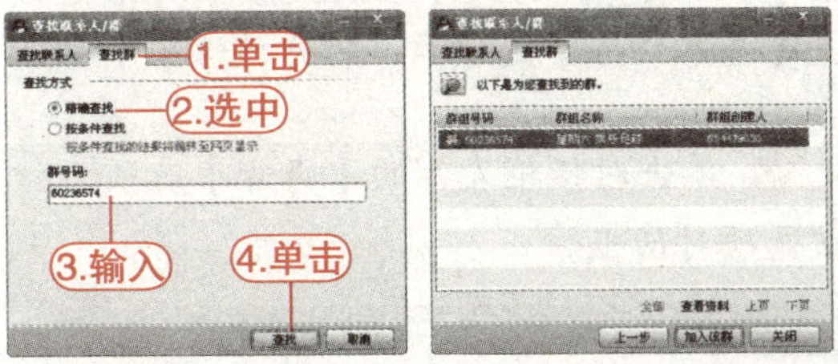

05 输入验证信息，单击【发送】按钮。

06 待群管理员验证后即可加入QQ群，在群中与群成员进行多人交流。

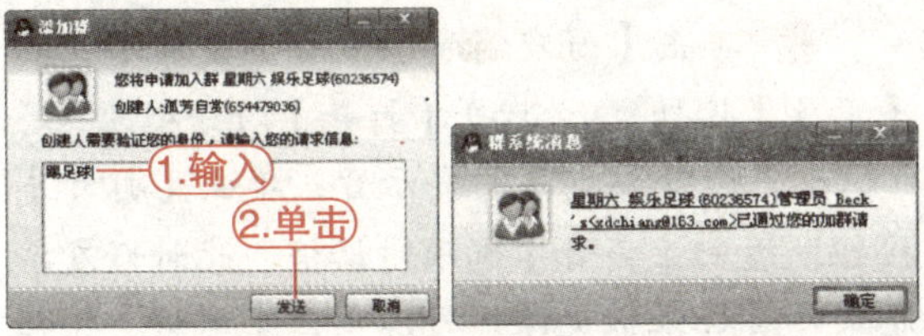

10.4.5 添加QQ表情

QQ表情是在聊天时发送的表情图片，可以丰富聊天内容，QQ表情可以是静态表情也可以是GIF动态表情。

【例10-16】添加QQ表情。视频

01 打开聊天窗口。单击【选择表情】按钮，打开QQ表情对话框。

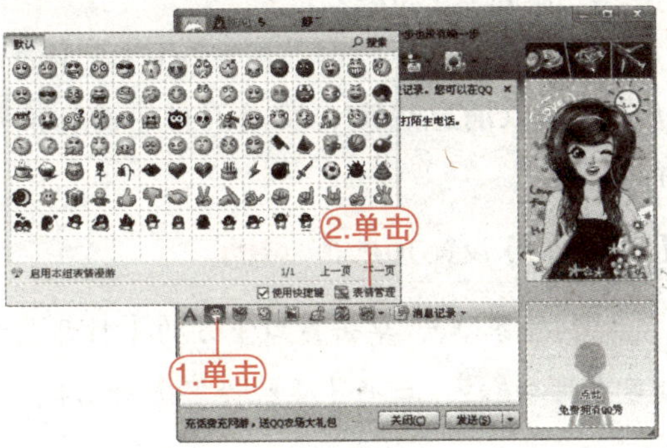

02 单击【表情管理】按钮，打开【表情管理】对话框。

03 单击【添加】按钮 添加，打开【添加自定义表情】对话框。

04 单击【浏览】按钮，打开【打开】对话框。

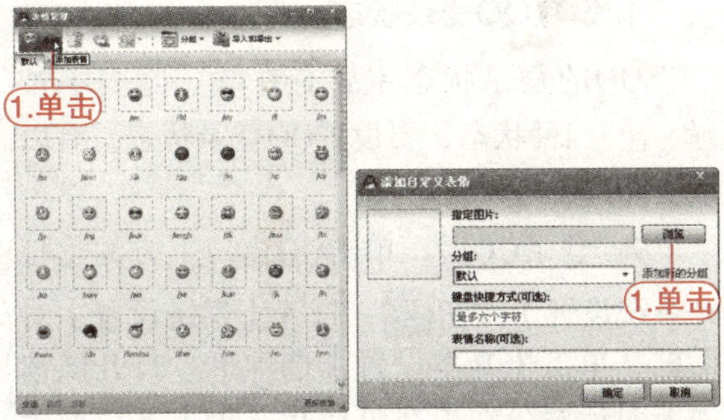

05 单击选中要添加的QQ表情图片，单击【打开】按钮，返回【添加自定义表情】对话框。

06 单击【确定】按钮，添加QQ表情。

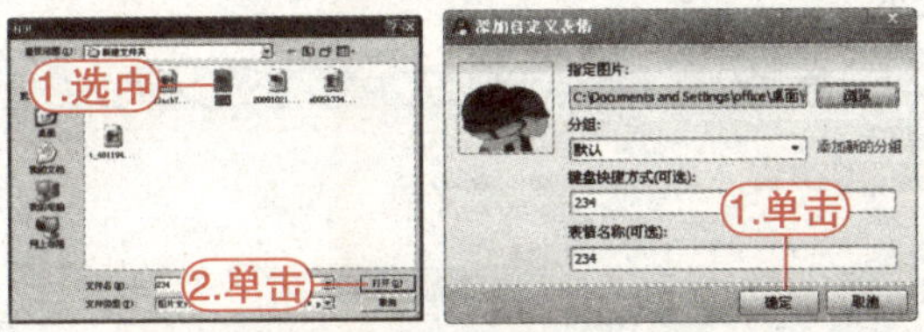

07 成功添加QQ表情后会打开一个【提示】对话框，提示成功添加信息。

08 单击【选择表情】按钮，打开QQ表情对话框，选择要发送的QQ表情，发送消息即可将QQ表情发送给好友。

10.4.6 QQ基本设置

设置QQ，可以更加个性化自己的QQ，使得使用QQ更加得心应手。QQ常规设置QQ登录后的状态、热键、声音提示和更改皮肤。

1. 设置QQ登录状态

QQ的登录状态主要有在线、隐身、忙碌、离开4种状态，要设置QQ登录状态，有以下3种方法。

- 登录QQ后，单击QQ窗口下方的【打开系统设置】按钮，打开【系统设置】对话框，单击【基本设置】选项卡，打开该选项卡对话框，在【登录后状态为】下拉列表中有【我在线上】、【Q我吧】、【离开】、【忙碌】、【请勿打扰】和【隐身】6种登录状态，其中【隐身】状态表示对QQ好友隐身显示。

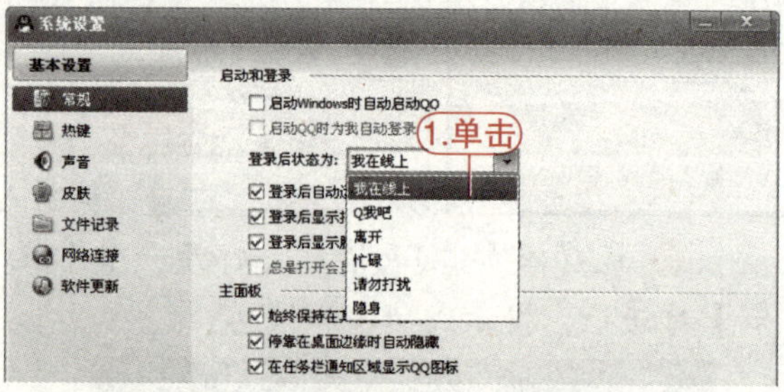

- 启动QQ程序，在【状态】下拉列表中可以选择登录状态。
- 登录QQ后，在左上角的【状态】下拉列表中选择登录状态。

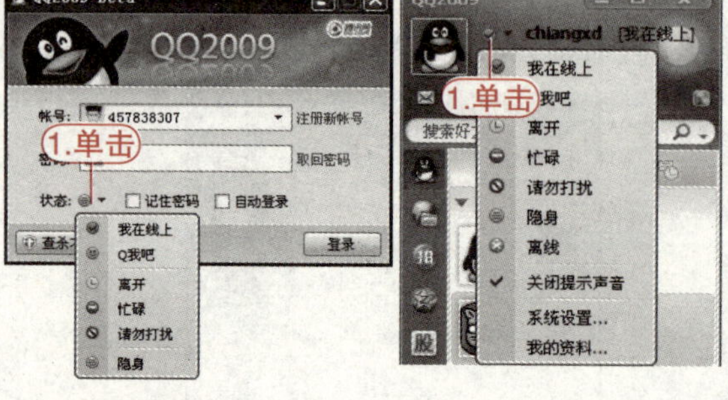

2. 设置QQ提示音

设置QQ声音提示包括好友消息提示音、群消息提示音、好友上线提示音和语音呼叫提示音4种。

【例10-17】设置QQ提示音。视频

01 登录QQ，单击窗口下方的【打开系统设置】按钮，打开【系统设置】对话框，单击【基本设置】选项卡，打开该选项卡对话框。

02 单击对话框左侧的【声音】选项，打开该选项对话框。

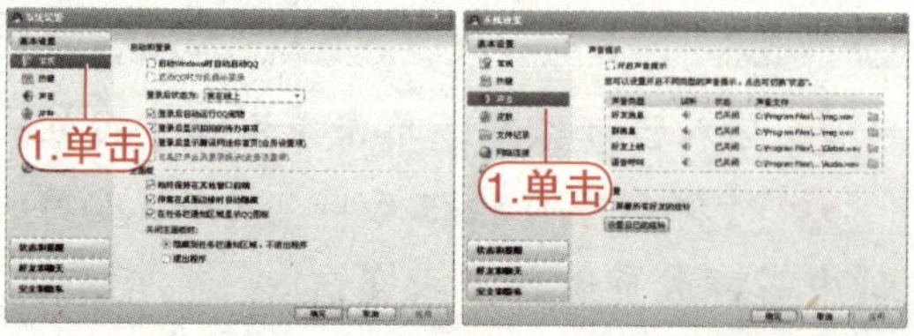

03 单击【好友消息】声音类型最右侧的【更改】按钮，打开【打开】对话框。

04 选择要更改的提示音，单击【打开】按钮，返回【声音】选项对话框，此时好友消息提示音已经被更改，可以单击【试听】按钮，试听更改的声音。

05 根据以上步骤，更改其他提示音，然后单击【确定】按钮，保存设置。

3. 设置QQ热键

热键也就是快捷键，设置QQ热键主要可以设置提取消息热键、发送消息热键和捕捉屏幕热键。

【例10-18】设置QQ热键。视频

01 登录QQ，单击窗口下方的【打开系统设置】按钮，打开【系统设置】对话框。

02 单击【基本设置】选项卡，打开该选项卡对话框。

03 单击【热键】选项，打开该选项对话框，选中【提取消息】选项区域中的【自定义热键】单选按钮，然后按下热键，例如Alt+T键，即可设置提取消息热键。

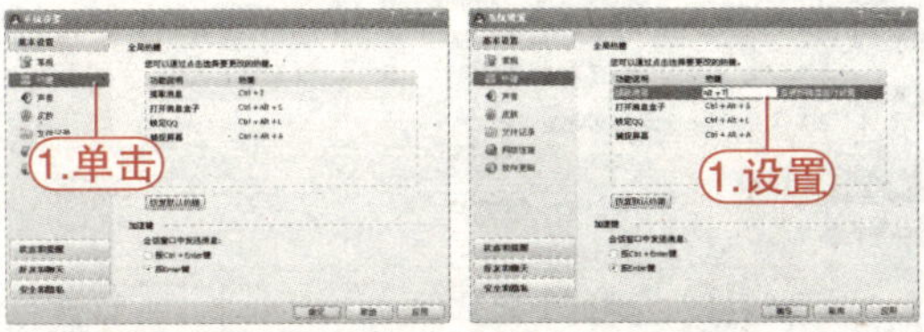

04 根据以上步骤，设置捕捉屏幕热键和发送消息热键，其中发送消息热键只可以选择Ctrl+Enter键或Enter键。

05 最后单击【确定】按钮，保存设置。

4. 更换界面皮肤

QQ界面皮肤设置包括皮肤颜色、透明度、底纹，还可以从网络中下载皮肤安装包，设置个性化的QQ皮肤。

要设置QQ皮肤，打开【系统设置】对话框后，单击【基本设置】选项卡，打开该选项卡对话框，选择【皮肤】选项，打开该选项对话框，在该对话框中可以设置如下。

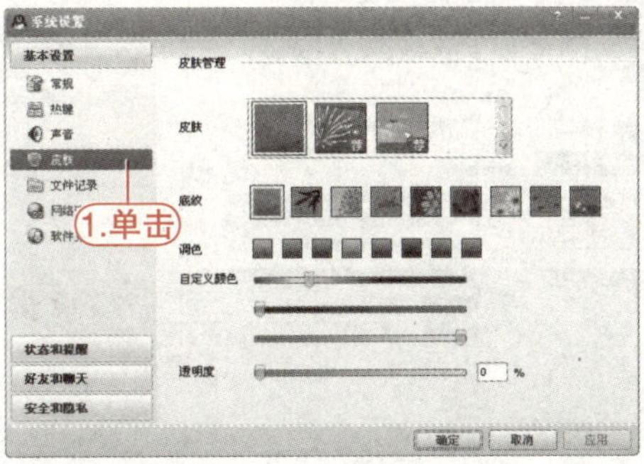

- 【皮肤】：可以在列表中选择皮肤样式。
- 【调色】：可以选择QQ皮肤颜色。
- 【自定义颜色】：可以自定义QQ皮肤颜色。
- 【透明度】：设置QQ皮肤显示透明度，设置透明度后，打开的聊天窗口也将以此透明度显示。
- 【底纹】：设置QQ皮肤底纹。

10.4.7 QQ系统设置

QQ系统设置主要包括设置自动回复、文件传输保存文件夹、设置安全和隐私保护。

1. 设置自动回复信息

自动回复是设置【离开】、【忙碌】和【请勿打扰】3种状态时自动回复消息。

【例10-19】设置QQ自动回复信息。视频

01 登录QQ，单击QQ窗口下方的【打开系统设置】按钮，打开【系统设置】对话框，单击【状态和提醒】选项卡，打开该选项卡对话框。

02 单击【自动回复】选项，打开该选项对话框。

03 在【自动回复】列表框中显示了QQ程序默认的3种回复消息。

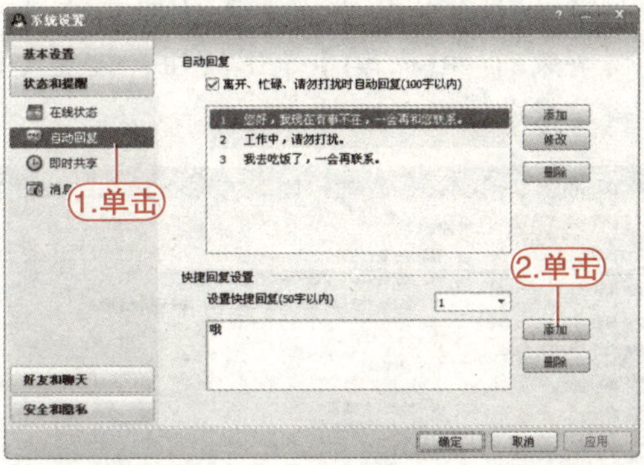

04 单击【添加】按钮，打开【添加自动回复】对话框，在【回复内容】文本框中输入自动回复内容，单击【确定】按钮，即可添加自动回复消息。

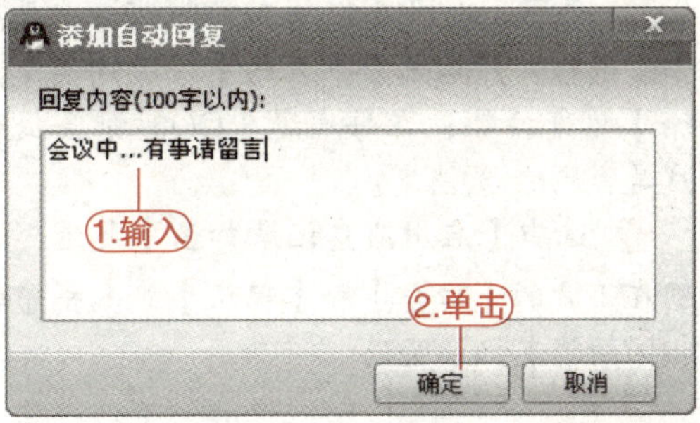

05 选中【自动回复】列表框中的任意回复消息，单击【确定】按钮，当切换到【离开】、【忙碌】和【请勿打扰】3种状态时可以自动回复消息。

06 选择回复消息后，单击【修改】按钮可以修改消息；单击【删除】按钮，可以删除消息。

2. QQ安全和隐私保护设置

设置安全和隐私保护主要包括设置文件传输安全级别、消息记录安全和身份验证。

【例10-20】在系统设置中设置QQ安全级别和隐私保护。视频

01 登录QQ后，单击QQ窗口下方的【打开系统设置】按钮，打开【系统设置】对话框，打开【系统设置】对话框，单击【安全和隐私】选项卡，打开该选项卡对话框。

02 单击【安全】选项，打开该选项对话框。在【文件传输安全】选项区域选中【安全级别-中(推荐)】单选按钮，设置文件传输过程中的安全级别。

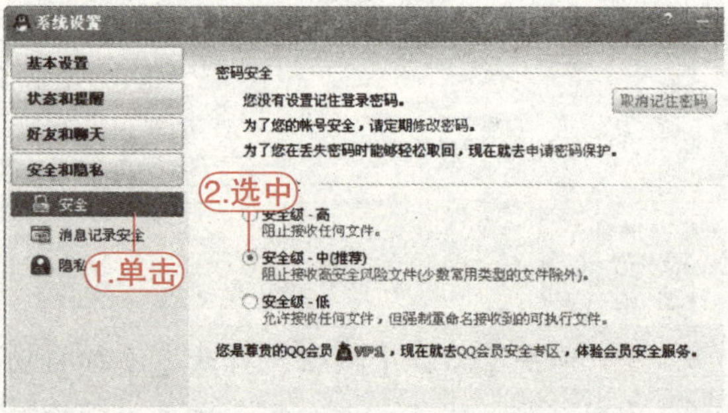

03 单击【消息记录安全】选项，打开该选项对话框。

04 选中【退出QQ时自动删除所有消息记录】复选框，然后选中下方的【每次询问是否删除】单选按钮，在每次退出QQ时都会提示用户是否删除QQ消息。

05 选中【启用消息记录加密】复选框，分别在下方的【口令】和【确认】文本框中输入相同的消息记录密码。

06 选中【启用加密口令提示】复选框，可以在【提示问题】下拉列表中选择或输入提示问题，然后在【问题答案】文本框中输入问题答案。

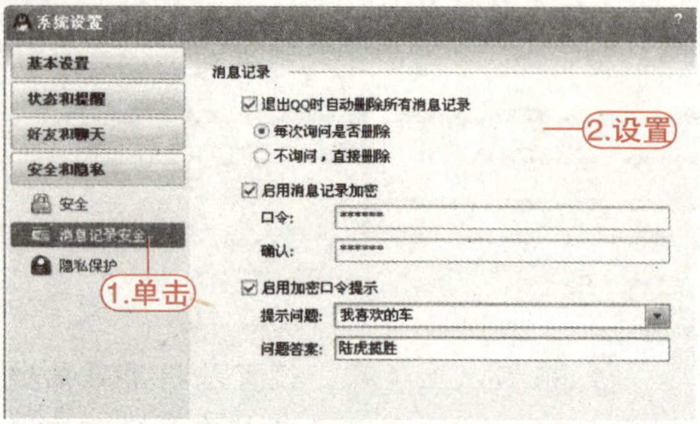

07 单击【隐私保护】选项，打开该选项对话框，在【请选择允许别人查找到您的方式】选项区域中选中【只能通过账号或昵称找到我】复选框，其他用户只有通过正确的昵称或账号才能查找。

08 在【身份验证】选项区域中选中【需要正确回答问题才能把我列为好友】单选按钮，在【提示问题】下拉列表中选择或输入提示问题，然后在【问题答案】文本框中输入问题答案，最后单击【确定】按钮，完成设置。

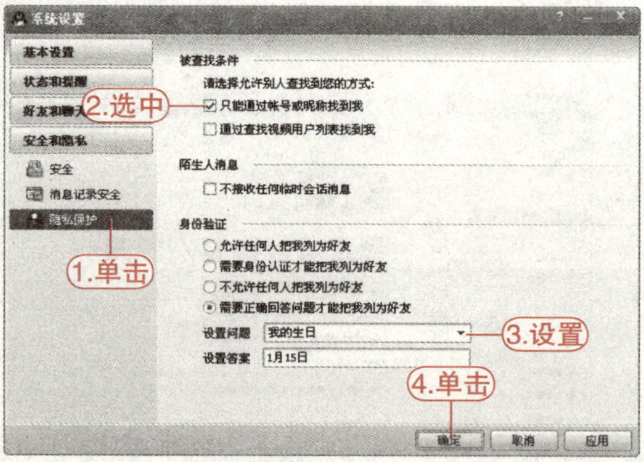

10.4.8 QQ其他应用

QQ程序除了聊天外，利用程序附带的一些功能，可以查看天气情况、传输文件和上传文件到网络硬盘等。

1. 查看天气

随着QQ软件的更新，QQ自带的一些功

能更加人性化、生活化，查看实时天气是最普遍的应用。

【例10-21】使用QQ查看实时和未来几天的天气情况。视频

01 登录QQ，将鼠标移至QQ程序窗口右上角有关天气符号区域，QQ程序会自动弹出一个菜单，显示了当前所在地区的实时天气情况和未来两天的天气预报。

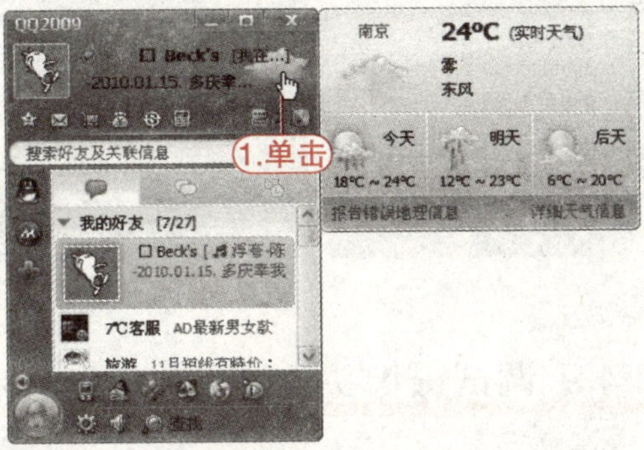

02 单击该区域，可以打开IE浏览器，显示未来几天当地的天气情况。

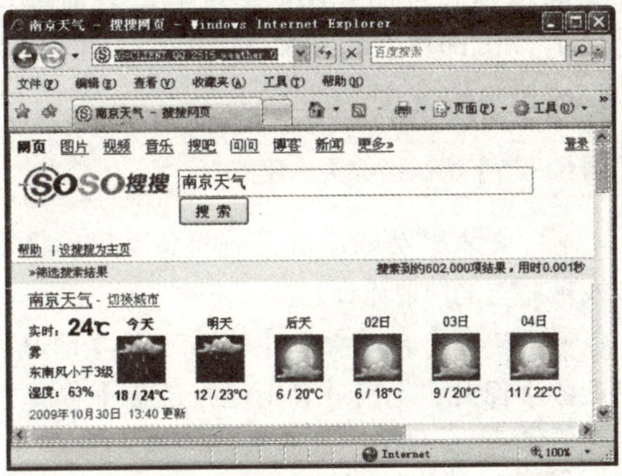

2. 使用QQ传输文件

QQ支持好友之间的文件相互传输，例如客户资料、图片文件等，并且传输速率优秀，从而大大提高了移动性。

【例10-22】使用QQ传输文件。视频

01 登录QQ，双击要发送文件的QQ好友头像，打开聊天窗口。

02 单击工具栏上的【传送文件】按钮，在下拉列表中可以选择【发送文件】或【发送文件夹】选项，打开【打开】对话框。

03 选择要发送的文件，单击【打开】按钮，发送传送文件请求。

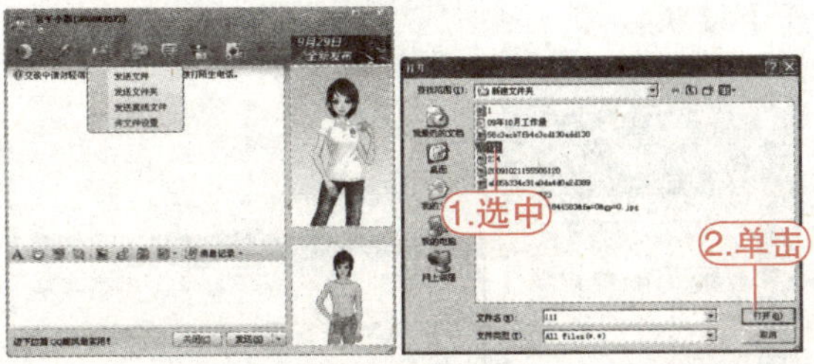

04 在聊天窗口显示【发送文件请求】信息，单击【取消】链接，可以取消发送请求。

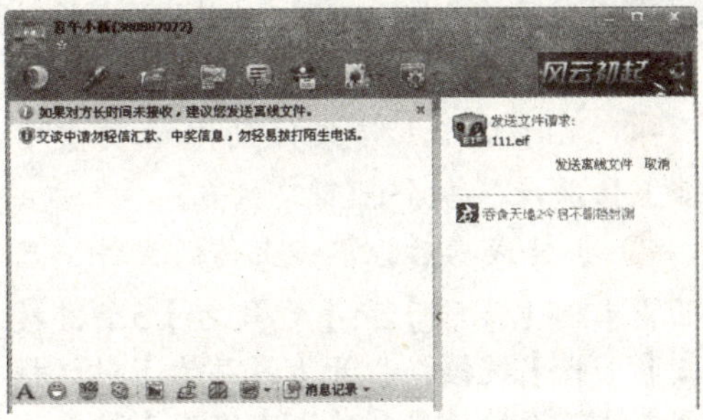

3. 上传文件到网络硬盘

网络硬盘是网络中专属的存储空间，方便用户上传、下载文件，而独特的分享、分组功能更突破了传统存储的概念。

【例10-23】上传本地电脑中的文件到网络硬盘中。视频

01 登录QQ，单击程序窗口左侧的【网络硬盘】按钮，打开网络硬盘界面。

02 单击【上传】按钮，打开文件上传操作界面。

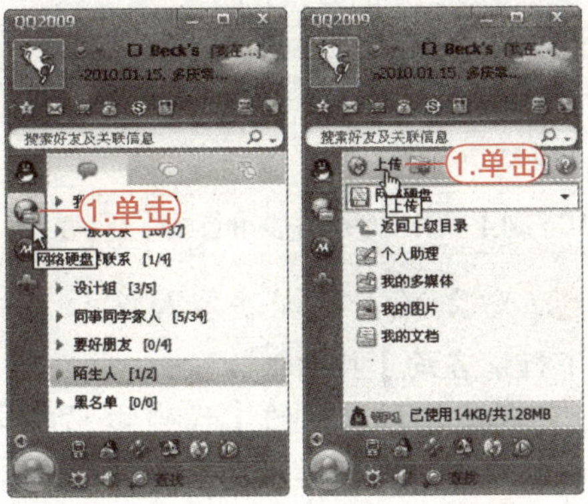

03 单击【添加】按钮，打开【打开】对话框。

04 选择要上传的文件，然后单击【打开】按钮。

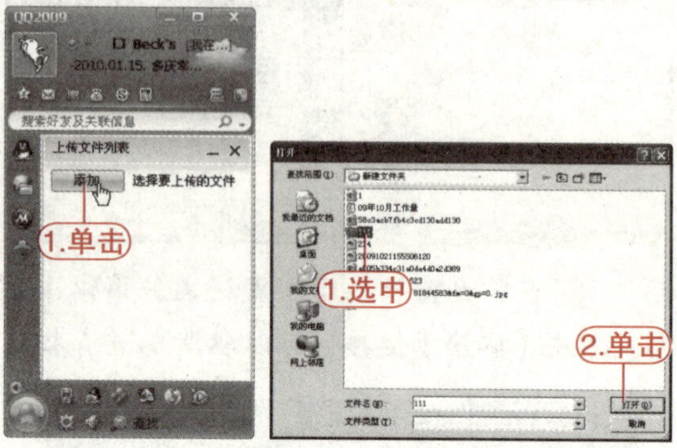

05 此时开始上传文件到网络硬盘中，显示上传速度、剩余时间等信息。

06 上传成功后，单击上传的文件，显示【下载】、【删除】和【重命名】3个链接。单击【下载】链接，打开【另存为】对话框，选择文件保存的位置，单击【保存】按钮，即可从网络硬盘下载文件到本地电脑中。

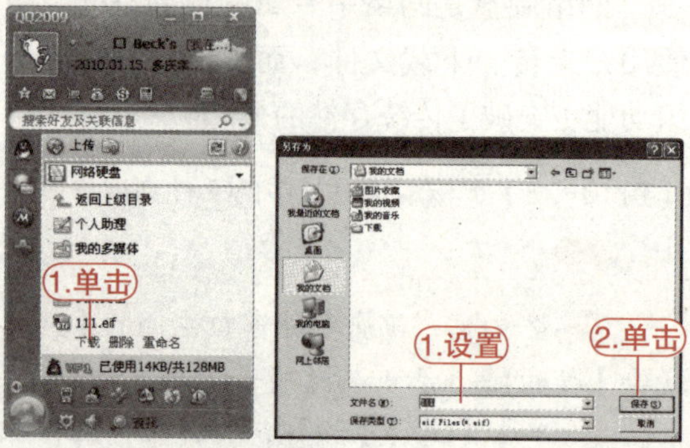

4. 查看股市行情

使用QQ查看股市行情，可以将关注或购买的股票添加到查看列表中，方便以后查看该股行情。

【例10-24】使用QQ查看股市行情。视频

01 登录QQ后，单击程序窗口左侧的【股市行情咨询】按钮股。

02 在右侧列表框的【代码/拼音】文本框中输入要查询的股票代码。

03 单击【添加】按钮，即可添加查看的股票，显示当前股票价格、涨幅等。

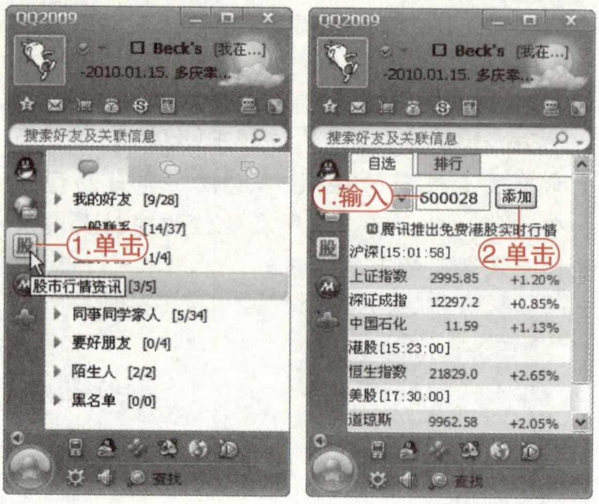

10.4.9 调试摄像头

通过QQ进行视频对话，可以使得分隔两地的亲友能真切地看到对方状况。目前市场上的摄像头普遍采用USB接口，只需经过简单的调试即可获得清晰的图像。下面介绍调试摄像头的方法。

【例10-25】调试摄像头。视频

01 安装驱动程序后，将摄像头USB接口插入机箱上的USB插口。

02 双击【我的电脑】窗口中的【USB视频设备】图标，打开【USB视频设备】窗口，启动摄像头。

03 转动摄像头镜头外的调节圈，调节成像清晰度到满意为止。

10.5 收发电子邮件

电子邮件即E-mail，是一种通过电子邮箱实现网络中各电脑之间收发文本或文件的方法。它是通过发送和接受数据包来进行传输的，可以把电子邮件看作是一个数据包，通过网络发送到收信人的指定邮箱地址。

10.5.1 申请电子邮箱

许多网站都提供免费的电子邮件服务，例如网易、新浪、搜狐、雅虎等，其中又分为免费和收费邮箱两种，用户可以根据自己实际需求，选择邮箱类型。

【例10-26】申请电子邮箱。视频

01 启动IE浏览器，在地址栏中输入网址“mail.163.com”，按下Enter键，打开【网易通行证】页面。

02 单击【注册】按钮，打开注册页面。

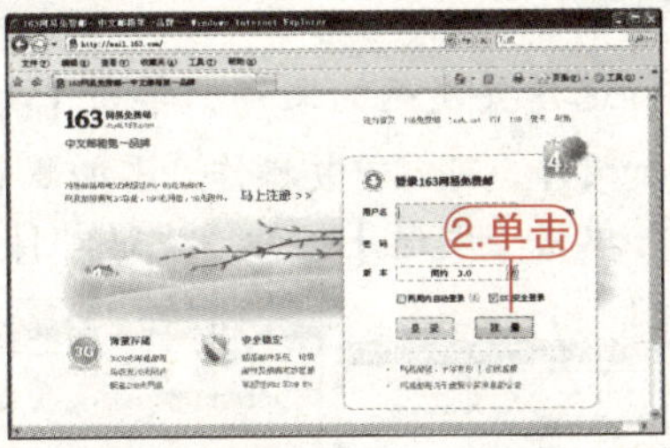

03 输入注册信息。

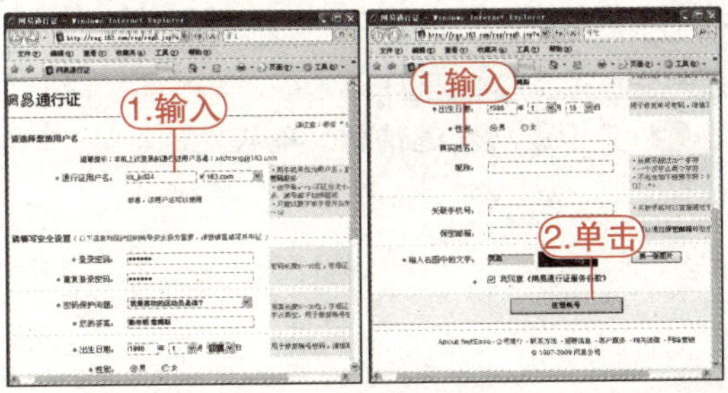

04 单击【注册账号】按钮，注册成功，单击【进入3G免费邮箱】按钮，登录邮箱。

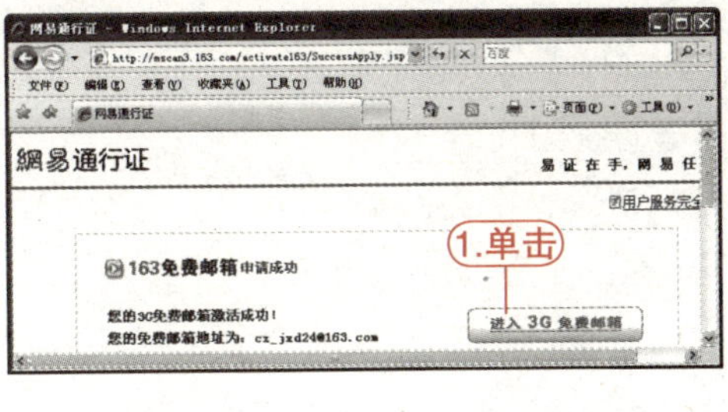

10.5.2 接收和发送电子邮件

登录邮箱后，可以在【收件箱】中接收邮件，还可以发送并保存邮件。

【例10-27】接收并发送电子邮件。视频

01 登录电子邮箱后，单击左侧的【收件箱】链接，打开收件箱。

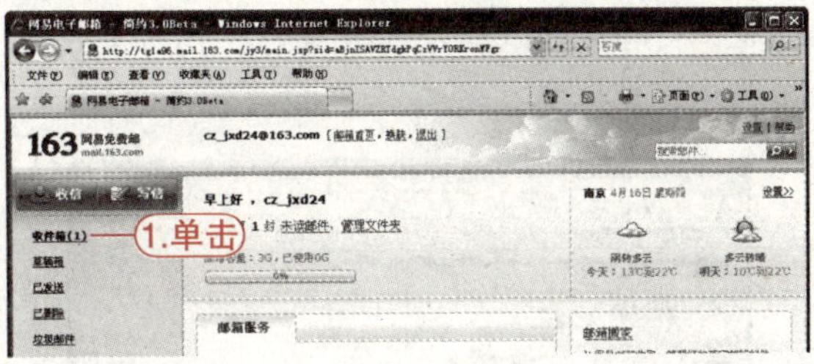

02 单击邮件链接，即可打开该邮件。

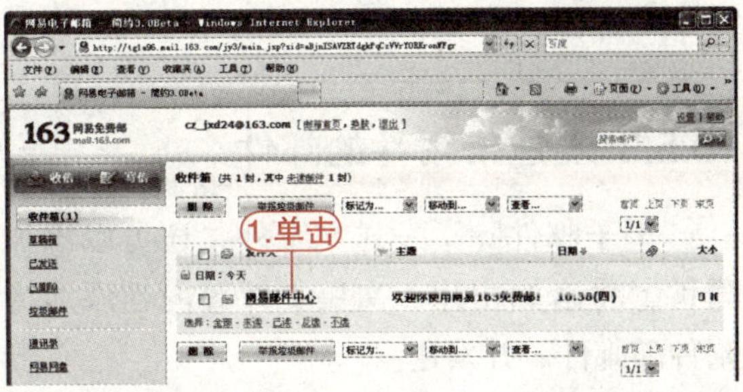

03 单击【写信】按钮，开始撰写发送的邮件内容。

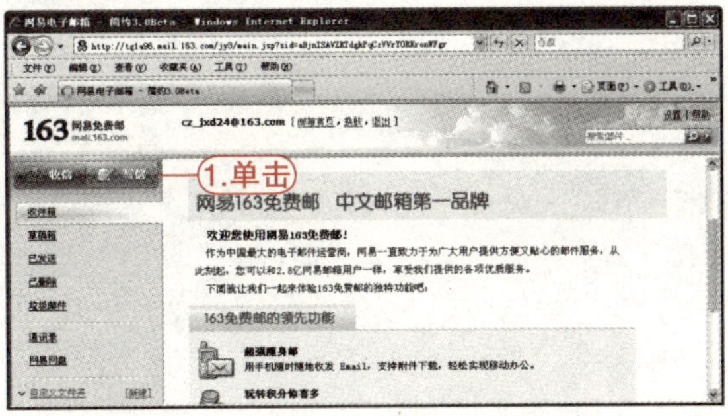

04 在【收件人】文本框中输入对方的邮箱地址，例如“xdchiang@163.com”(邮箱地址

一定要输入正确，特别要注意格式，否则无法发送邮件)，在【主题】文本框中输入邮件主题，在【内容】文本框中输入邮件内容。

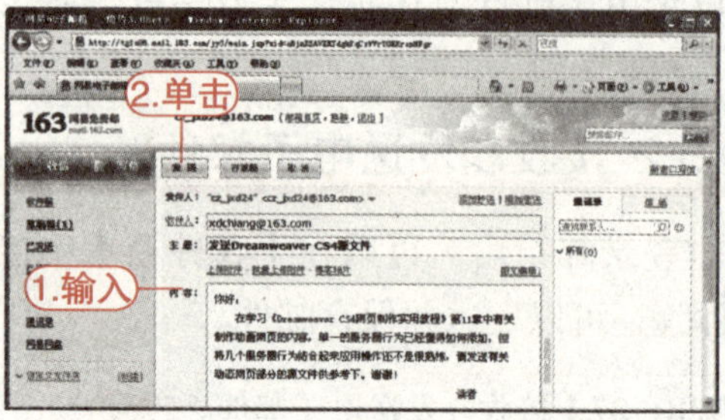

05 单击【发送】按钮，发送邮件。当邮件发送成功后，页面会显示【邮件已成功发送】信息，并且会自动保存发送的电子邮件。

06 用户可以继续其他操作，例如发送邮件、收取邮件等。

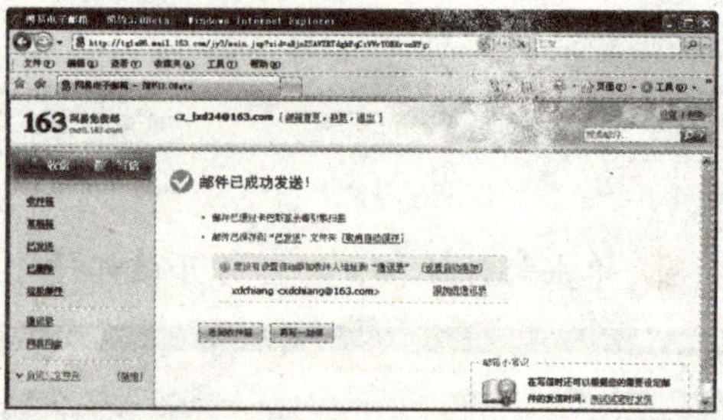

10.5.3 发送带附件的邮件

电子邮件除了发送文字外，还可以添加附件，将诸如相片、文稿文件等内容添加为附件随邮件一并发送。

【例10-28】发送带附件的邮件。视频

01 登录邮箱，单击【写信】按钮，开始撰写邮件。

02 在【收件人】文本框中输入收件人邮箱地址“xdchiang@163.com”，然后在【主题】和【内容】文本框中输入发件主题和内容。

03 单击【上传附件】链接，打开【选择文件】对话框。

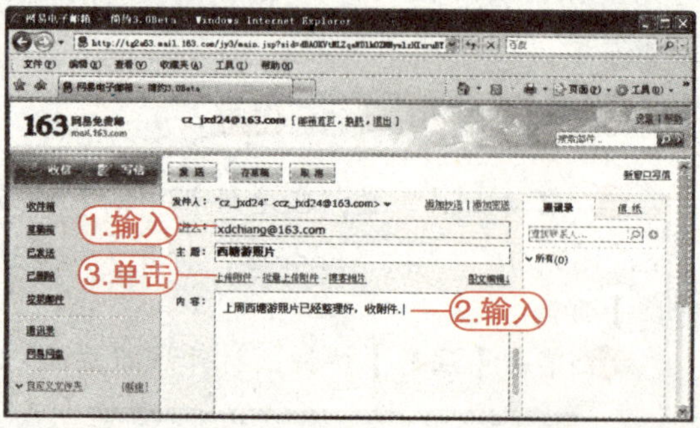

04 选择要发送的文件，单击【打开】按钮，添加附件。可以重复操作，添加多个附件。

05 单击【发送】按钮，发送邮件。

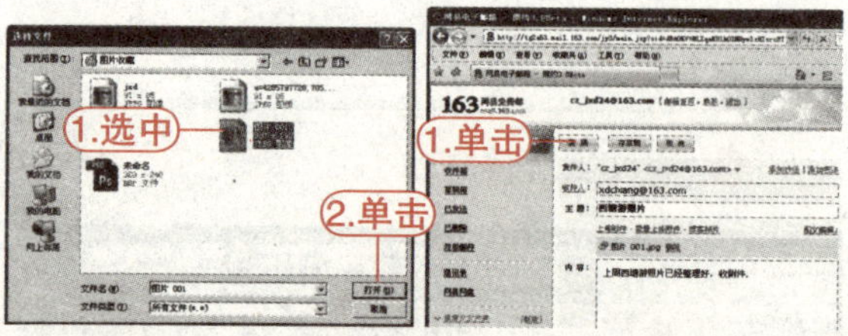

06 显示成功发送信息，确认发送。

Chapter 11 网络休闲娱乐与日常应用

网络日益普及，很多用户选择了收看互联网电视电影。此外，网络还提供了网络论坛、个人网络博客、网上购物等应用。

- 在线看电影、听音乐
- 上网玩游戏
- 畅游网络论坛
- 开通个人网络博客
- 上开心网结交朋友
- 网上购物

参见随书光盘

例11-1 在【迅雷看看】看电影
例11-2 使用PPS在线看电影
例11-3 看优酷视频
例11-4 上【一听音乐网】听歌
例11-5 使用QQ音乐在线听歌
例11-6 玩QQ游戏大厅游戏
例11-7 玩浩方平台游戏
例11-8 注册天涯论坛帐户
例11-9 回复和发表主题帖
例11-10 注册新浪博客通行证
例11-11 发表博客文章
例11-12 设置博客风格样式
例11-13 设置博客模块
例11-14 设置博客排版方式
例11-15 自定义博客头像
例11-16 自定义博客名称
例11-17 自定义博客风格
例11-18 注册开心网用户
例11-19 查找开心网好友
例11-20 添加开心网组件
例11-21 与开心网中的好友互动
例11-22 注册淘宝网会员
例11-23 开通网上银行
例11-24 搜索淘宝商品
例11-25 购买商品
例11-26 确认收货

11.1 在线看电影、听音乐

随着网络技术的发展，网速越来越快，许多用户摒弃了传统的电视节目，改为收看网络电视电影。此外，用户还可以在网络上观看一些趣味视频和在线听歌，免去了下载的操作。

11.1.1 在线看电影

随着网络技术日新月异的发展，在线看电影已经非常便利了，并且在线电影的清晰度和流畅度也越来越好。

在线看电影可以直接在网上收看，也可以下载专门的播放软件，通过播放软件观看，例如PPStream、PPLIVE等。

1. 在线观看电影

网上看电影需要安装插件，IE 7.0浏览器一般都安装了这些插件，如果未安装，更新浏览器即可。

【例11-1】在【迅雷看看】观看在线电影。视频

01 启动IE浏览器，在地址栏中输入网址“movie.xunlei.com”，按下Enter键，打开【迅雷影视】页面。

02 单击想要收看的电影链接，打开在线收看页面。

03 初次使用迅雷看看观看电影时，会提示安装迅雷看看播放器，单击【立即下载安装】按钮即可下载并自动安装播放器。

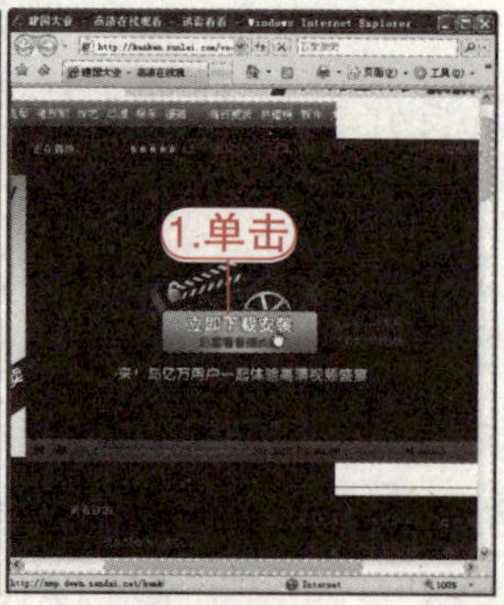

04 播放器安装完成后，会打开一个【安装完成】对话框，提示用户刷新播放页面。

05 按下F5键刷新播放页面即可播放影片。在观看影片时，可以执行调节音量、切换全屏模式、拖动进度条等操作，操作方法与传统播放器相同。

专家指点

在线观看电影时，通常会在开始几秒出现缓冲进度，缓冲是为了保证画面的流畅，先进行缓冲把数据下载到本地硬盘或者内存上然后再播放，就相当于从本地硬盘上读取数据来播放，以免网络链接状况的不稳定而影响观看。

2. 使用PPS观看电影

PPStream（http://www.pps.tv/）是一套完整的基于P2P技术的流媒体大规模应用解决方案，包括流媒体编码、发布、广播、播放和超大规模用户直播，能够为宽带用户提供稳定和流畅的视频直播节目。与传统的流媒体相比，PPStream采用了P2P-Streaming技术，具有用户越多播放越稳定，支持数万人同时在

线的大规模访问等特点。PPStream 客户端可以应用于网页、桌面程序等各种环境。

【例11-2】使用PPS在线观看电影。视频

01 启动PPS播放器，在左侧的播放列表中可以选择要收看的节目，例如【体育世界】|【劲爆篮球场】，在展开的菜单中显示相关的节目菜单。

02 在上方的【搜索栏】中输入所要观看的影片名称，例如输入“极限特工”，在下方的【搜索】菜单中会显示搜索结果。

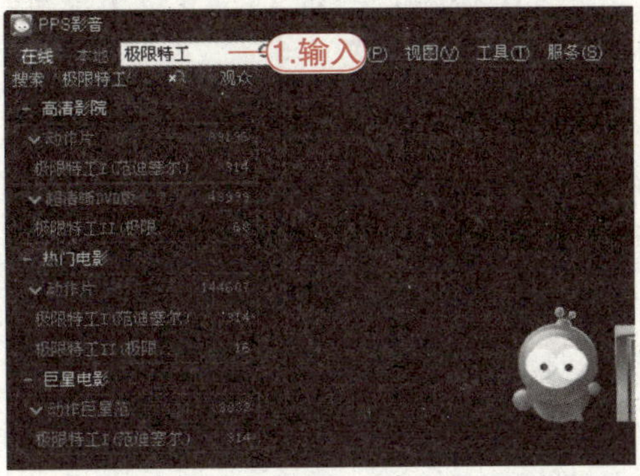

03 双击所要观看的节目，即可播放影片，并且同样可以执行调节音量、切换全屏模式、拖动进度条等操作。

04 选择【播放】|【最近播放】命令，在弹出的级联菜单中可以选择最近播放的影片。

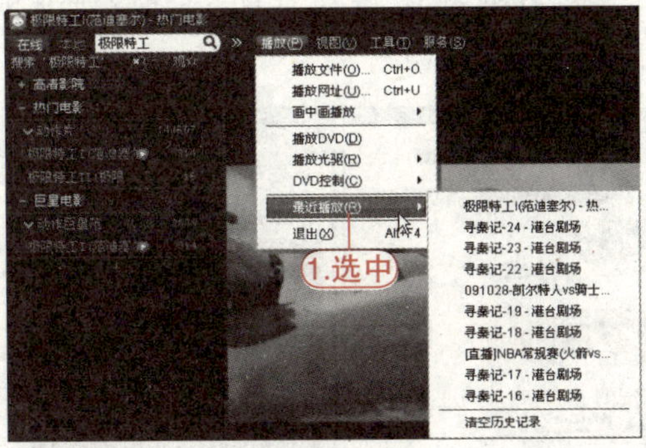

11.1.2 在线看视频

视频（Video）泛指将一系列的静态影像以电信号方式加以捕捉、记录、处理、储存、传送与重现的各种技术。

在线观看视频无需安装软件，直接在专门的视频网站中即可收看。下面以观看优酷网视频为例，介绍在线观看视频的方法。

【例11-3】在线观看优酷视频。视频

01 启动IE浏览器，在地址栏中输入网址“www.youku.com”，按下Enter键，打开【优酷网】主页。

02 可以单击某个视频，或者在搜索栏中输入要收看的视频名称，单击【搜索】按钮，打开搜索信息列表页面。

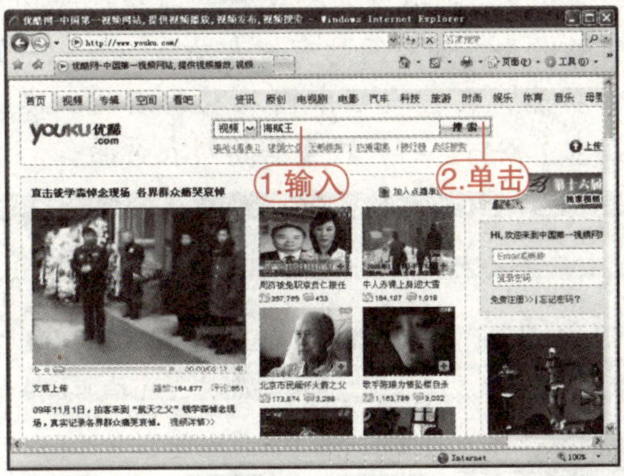

03 在搜索信息列表页面，单击要收看的视频链接，其中带有HD图标的，表示高清视频，一般情况下，搜索同一个视频内容会

显示多个视频链接，在网络通畅的情况下推荐选择高清视频。

04 打开视频播放页面，待缓冲完成后，即可播放视频内容。

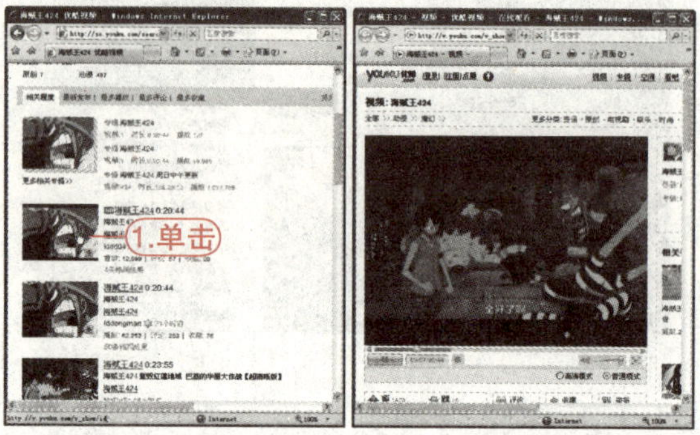

11.1.3 在线听歌

在线听歌与在线观看电影或电视节目相同，无需把歌下载到电脑中，直接打开在线听歌网站，点击要收听的歌曲，即可在线收听。

1. 上听歌网听歌

许多网站都提供了在线试听服务，只需单击歌曲名称，即可自动连接到服务器上开始播放歌曲，免去了下载歌曲操作。

【例11-4】上【一听音乐网】在线听歌。视频

01 启动IE浏览器，在地址栏中输入网址“www.1ting.com”，按下Enter键，打开【一听音乐网】页面。

02 可以通过单击超链接的方法浏览所要收听的歌曲，如果网站有搜索功能，可以利用搜索功能，在搜索栏中输入歌曲名称，单击【搜索】按钮，打开搜索信息列表页面。

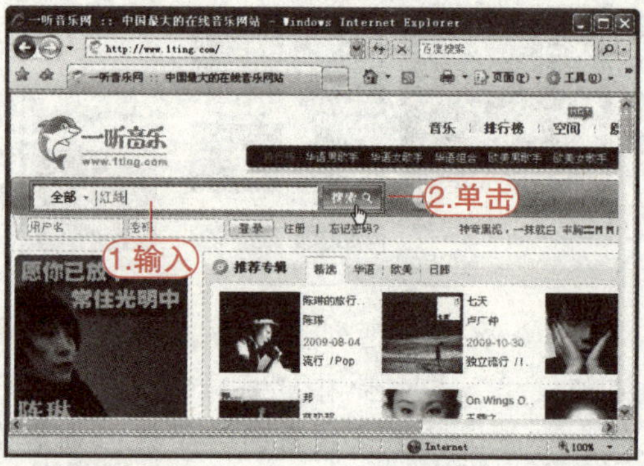

03 单击搜索信息列表页面中所要收听歌曲名称链接。打开试听页面，待缓冲完成后，即可在线收听歌曲。

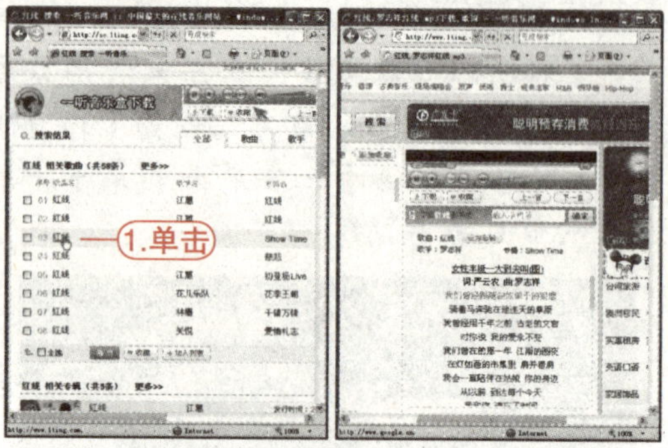

2. 使用QQ 音乐在线听歌

除了通过网页连接到服务器实现在线听歌外，一些专门的音乐播放软件，例如千千静听、QQ 音乐等也支持在线听歌。下面就以QQ音乐为例，介绍在线听歌的方法。

【例11-5】使用QQ Music在线听歌。视频

01 登录QQ，单击【QQ音乐】按钮，启动【QQ音乐】播放器。

专家指点

如果电脑中未安装【QQ音乐】播放器，QQ程序会自动下载并安装播放器。

02 启动播放器后，会自动以当前QQ账号登录播放列表，单击【播放列表】按钮，可以打开播放列表，显示添加的歌曲，双击某个歌曲即可播放。

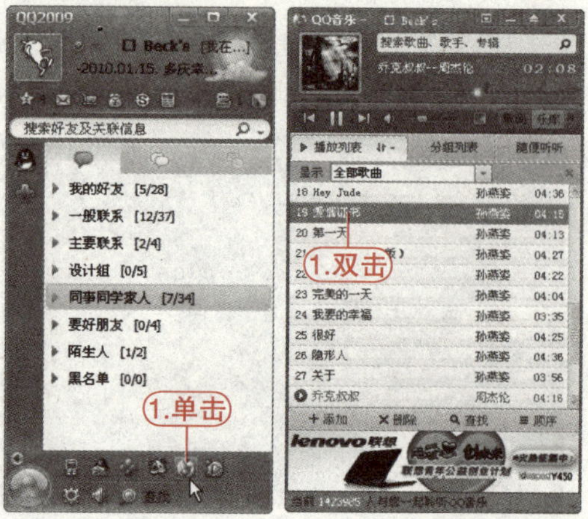

03 单击播放器界面中的【乐库】按钮，可以打开【乐库】对话框，显示了【推荐】、【排行榜】、【歌手】等7个选项卡。

04 单击【推荐】选项卡，打开该选项卡对话框，显示了QQ音乐推荐的歌曲，双击即可播放选择的歌曲；单击【添加】按钮 ＋，可以将其添加到当前播放列表中。

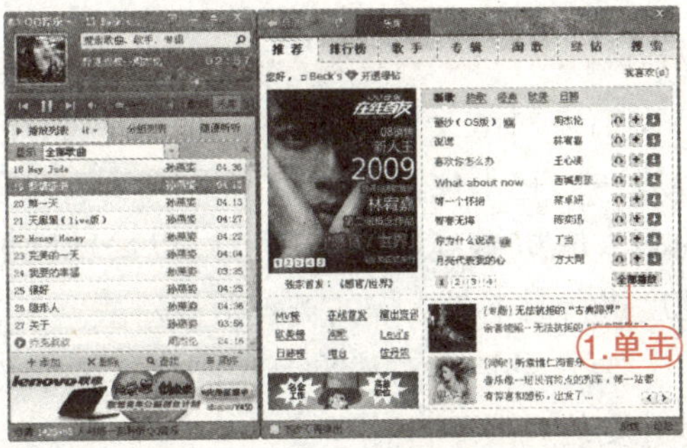

11.2 上网玩游戏

在线游戏的魅力在于无论何时何地，只要拥有一台连接上了网络的电脑，就可以和网络上的游戏玩家共同游戏。目前流行的在线游戏平台有QQ游戏、联众游戏等休闲游戏平台和浩方、QQ队长等竞技游戏平台。

11.2.1 玩QQ游戏

下载并安装QQ游戏大厅，然后使用QQ账号登录大厅，即可玩QQ游戏。

【例11-6】登录QQ游戏大厅，下载并在线试玩QQ斗地主游戏。视频

01 启动QQ游戏程序，输入正确的QQ号和QQ密码，单击【登录】按钮，登录游戏大厅。

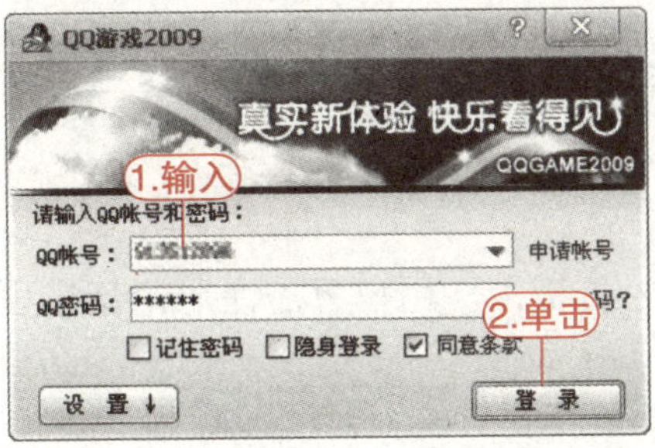

02 双击【斗地主】游戏，开始下载并安装游戏。

03 下载完成后自动安装游戏并显示安装进度条。

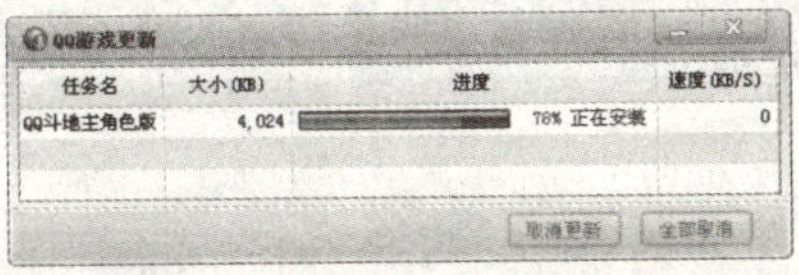

04 安装完成后单击【确定】按钮。

05 选择游戏房间，登录房间，单击空余的座位，选择该座位，进入游戏界面。

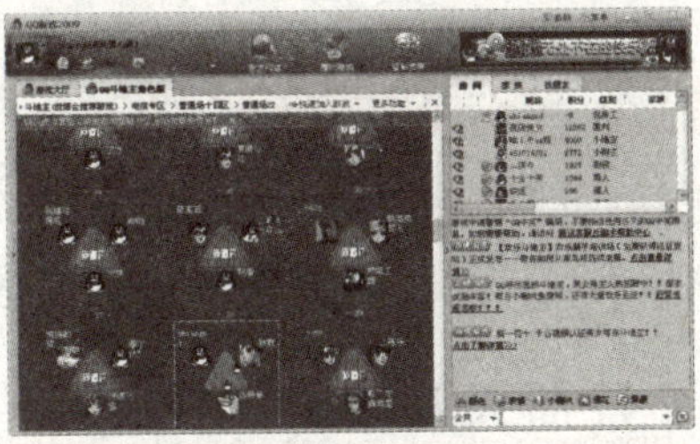

06 单击【准备】按钮，准备游戏。待游戏人数满后，即可开始游戏。

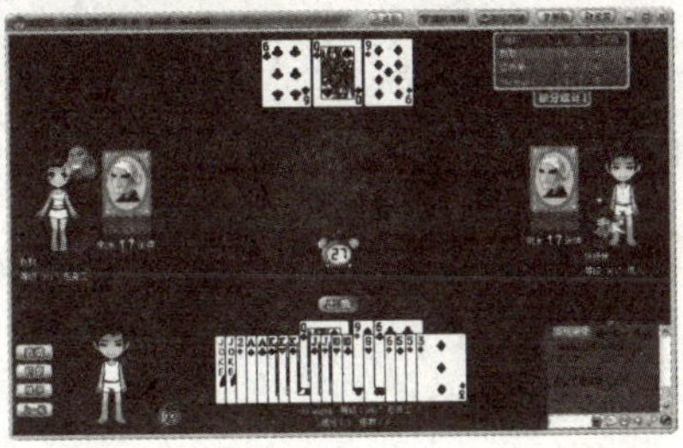

11.2.2 浩方对战平台

浩方对战平台是目前最大的游戏对战平台之一。它不仅能够为玩家提供基于互联网的多人联机游戏服务，还可以以局域网般的速度进行时下最火爆的竞技游戏对战。

要登录浩方对战平台，同样需要浩方账号并安装对战平台。

【例11-7】登录浩方游戏平台，与网友玩竞技游戏。视频

01 启动浩方对战平台程序，输入浩方账号和密码，单击【登录】按钮，登录平台。

02 单击最左侧的列表框中【竞技】按钮。

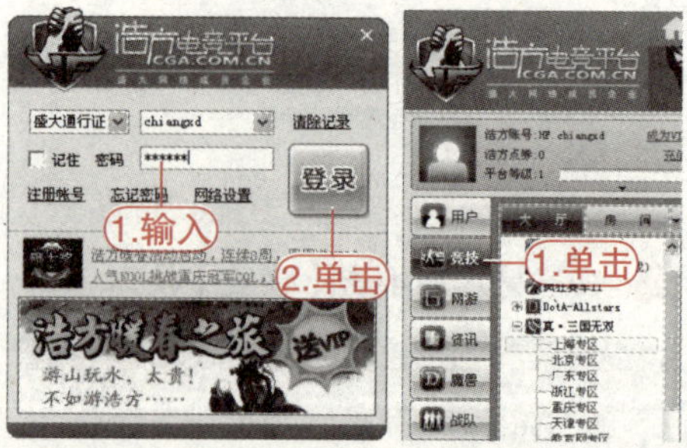

03 在中间的列表框中选择游戏专区和游戏房间，一般选择本地专区且连接速度较快的房间。

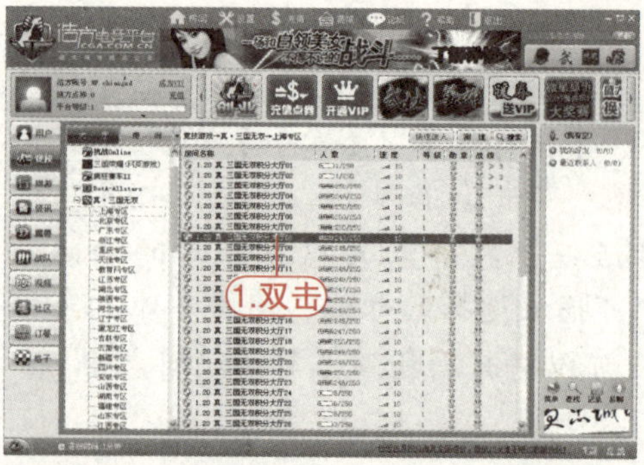

04 进入房间后，单击【启动游戏】按钮，启动游戏与同房间的网络用户进行对战。

专家指点

在浩方对战平台中启动游戏时，电脑中需要安装该游戏，如果未安装，也可以通过浩方服务器转接进入游戏，建议将游戏安装在本地电脑中，以便于游戏运行顺畅。

11.3 畅游网络论坛

论坛，即俗称的BBS（Bulletin Board System，电子公告板）。用户只需注册论坛帐户，登录论坛后，即可发表话题或回复其他话题。

11.3.1 注册天涯帐户

目前在国内比较著名的综合性论坛有天涯论坛、猫扑论坛、西祠胡同等。下面以天涯为例，介绍注册论坛帐户操作。

【例11-8】注册天涯论坛帐户。视频

01 启动IE浏览器，在地址栏中输入网址“www.tianya.cn”，按下Enter键，打开【天涯社区】页面。

02 单击【免费注册】按钮，打开新用户注册页面。

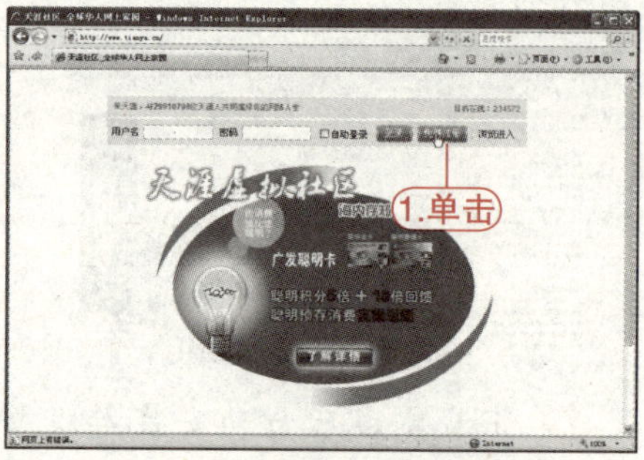

03 填写用户名、密码等注册信息，单击【提交信息】按钮，提交注册信息。

04 成功提交注册信息后，单击【登录邮箱收取激活邮件】按钮，激活用户。

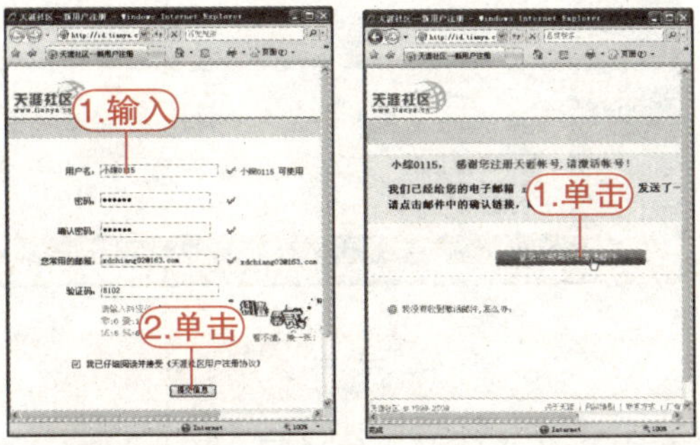

05 登录邮箱后，打开天涯论坛发送的激活用户链接，激活用户。

06 成功激活用户后，会打开一个信息提示框，提示已经激活帐户。

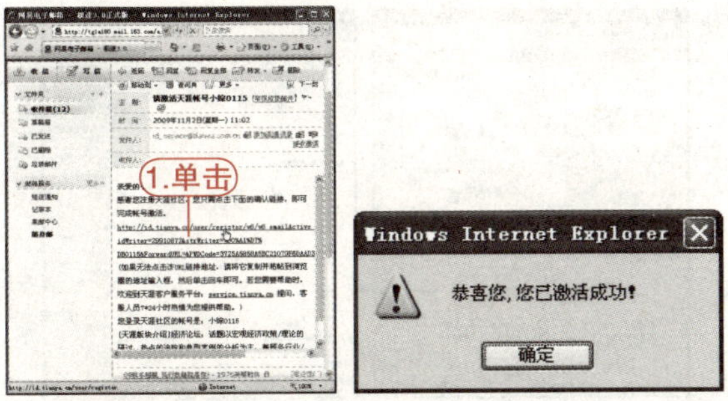

07 单击【确定】按钮，在打开的页面中继续填写相关的注册信息，例如密码提示问题等，其中带*号的为必填项。

08 单击【完成注册】按钮，完成注册操作并且自动登录用户。

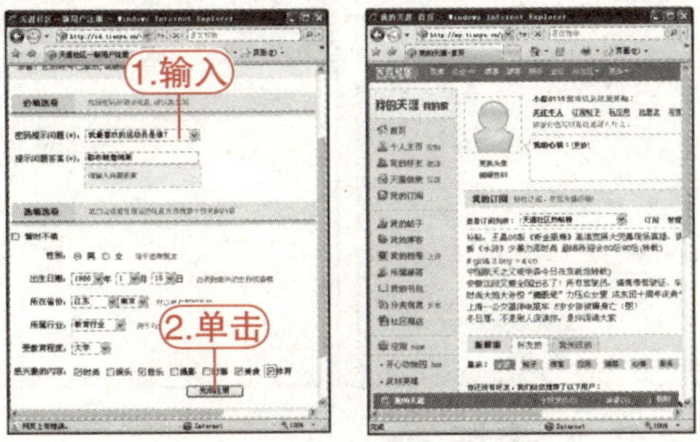

11.3.2 回复和发表论坛主题

登录论坛后，可以选择自己感兴趣的板块，浏览相关的主题贴并进行回复，也可以自己发表相关的主题。

【例11-9】回复和发表主题帖。视频

01 登录天涯用户后，单击【论坛】链接，进入论坛。

02 在左侧的列表框中选择感兴趣的板块，单击相应的链接，进入板块。

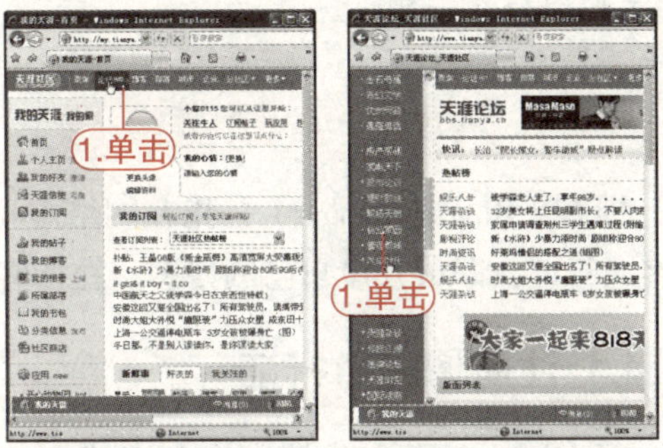

03 浏览该板块中的主题帖，单击标题文本链接，打开相关的主题帖。

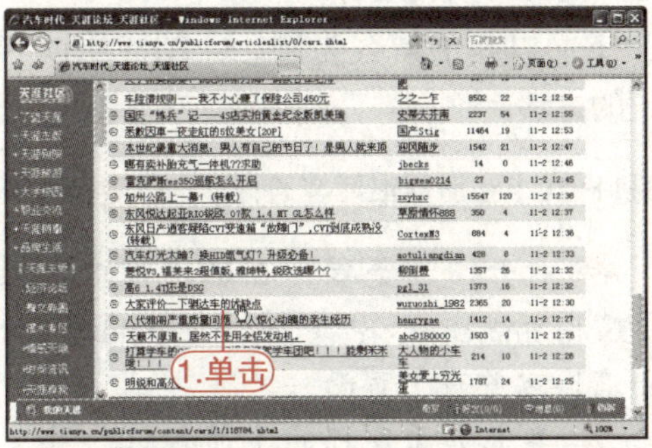

04 浏览主题贴后，在页面底部的文本框中可以输入自己的观点，然后单击【发表】按钮即可回复主题帖。

05 如果要发表主题帖，可以单击板块上的【发表帖子】按钮，打开发表帖子页面。

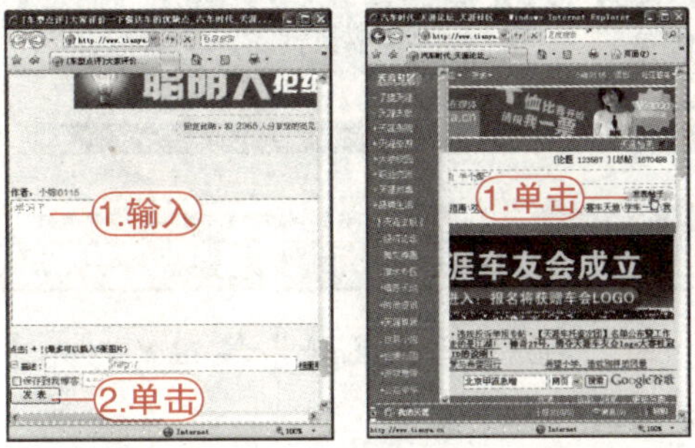

06 输入主题帖标题和帖子内容，在【描述】选项区域中选中【原创】或【转载】单选按钮，然后单击【发表】按钮即可发布主题帖。

专家指点

在发表主题帖时，可以在【类别选择】下拉列表中选择主题帖分类，这样在发表后，论坛会自动更新数据库信息，将同类的主题划分在一起。

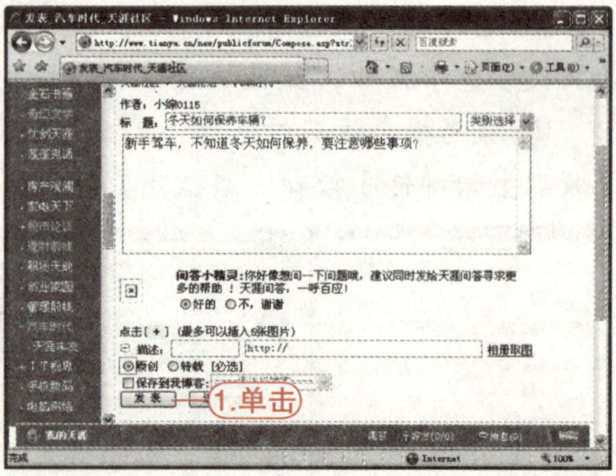

11.4 开通个人网络博客

博客（Blog或Weblog）是指在网络虚拟空间中发布文章等各种形式的过程，用户只需注册博客通行证，即可开设自己的博客。在博客中可以发表博文，回复其他博友留言和美化博客。

11.4.1 注册博客通行证

现在国内较著名的博客有新浪博客、网易博客、搜狐博客等，用户只需注册博客通行证，即可开设博客。

下面以新浪博客为例，介绍注册博客通行证的方法。

【例11-10】注册新浪博客通行证。视频

01 打开IE浏览器，在地址栏中输入网址“bolg.sina.com.cn”，按下Enter键，打开【新浪博客首页】页面。

02 单击页面顶部的【通行证登录】按钮，打开【通行证】页面。

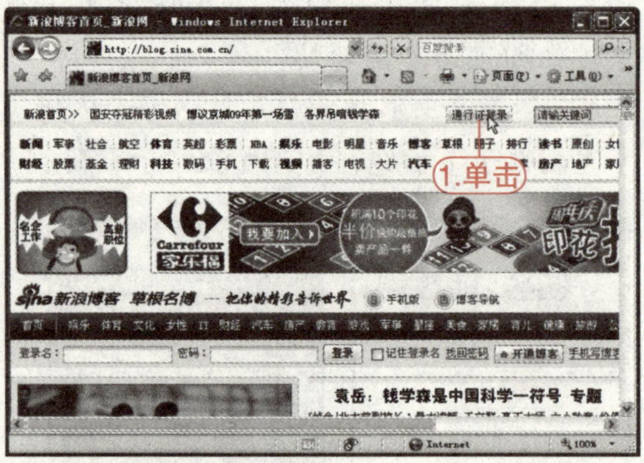

03 单击【马上注册】按钮，打开【注册新浪通行证】页面。

04 填写注册新浪免费邮箱名称和正确的验证码，然后单击【下一步】按钮。

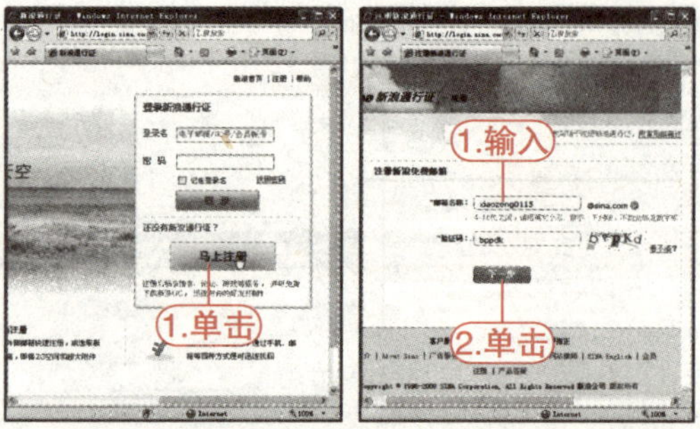

05 填写相关的注册信息，包括登录密码、密码查询问题、验证码等，单击【提交表单】按钮，注册通行证。

06 成功注册通行证后，显示注册信息。

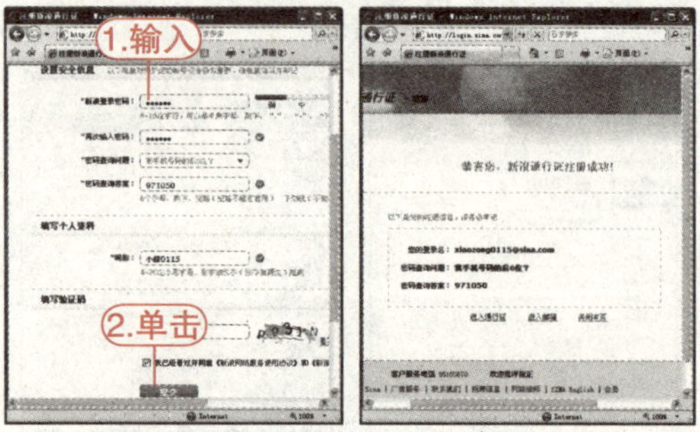

11.4.2 发表博文

注册通行证后，可以登录通行证，开通博客，发表博客的第一篇博文。

【例11-11】登录博客，发表博文。视频

01 打开IE浏览器，打开【新浪博客首页】页面。单击【进入我的博客】链接，打开个人博客页面。

02 显示了还未开通博客信息，单击【立即开通】按钮，打开【注册新浪通行证】页面。

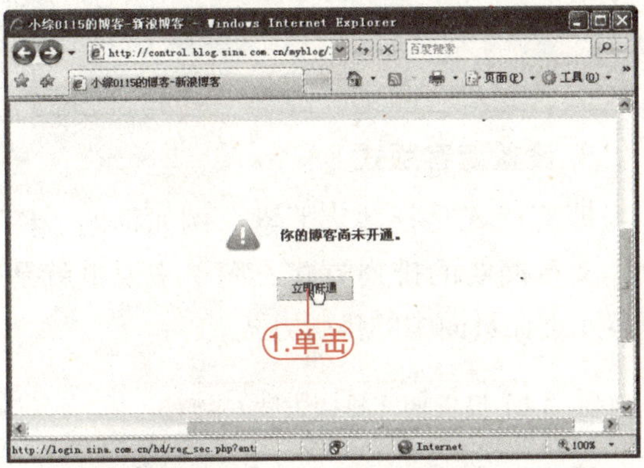

03 填写个人资料和注册码，单击【完成】按钮，开通博客。

04 开通博客后会自动登录博客。

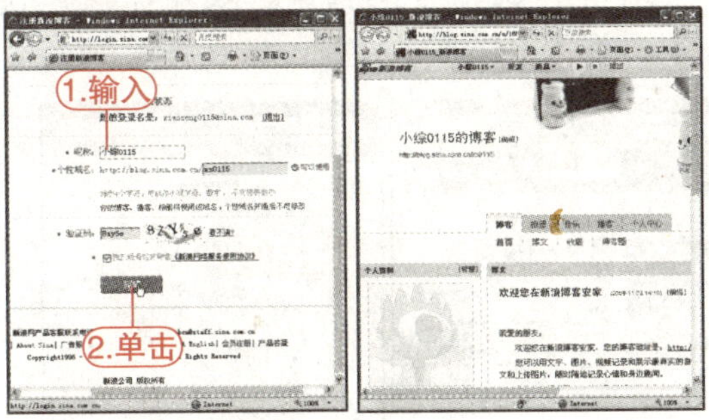

05 单击【发博文】按钮，打开【发博文】页面。

06 输入博文的标题和内容。

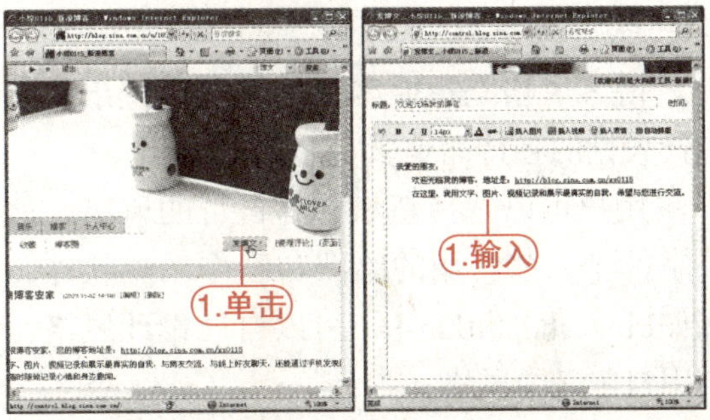

07 拖动滚动条，在【投稿到排行榜】选项区域中选中相关分类单选按钮，单击【发博文】按钮，发表博文。

08 成功发表博文后，会打开一个【提示】对话框，告之已经成功发表博文，单击【确定】按钮，跳转到发表的博文页面。

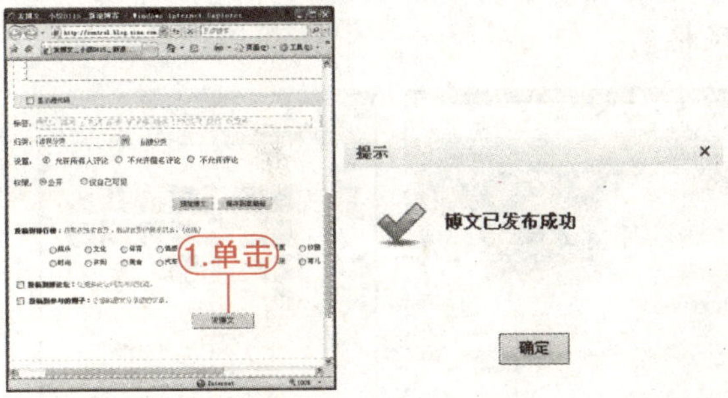

09 在博文页面中，单击博文标题右侧的【编辑】按钮，对博文进行修改，也可以单击【删除】按钮，删除博文。

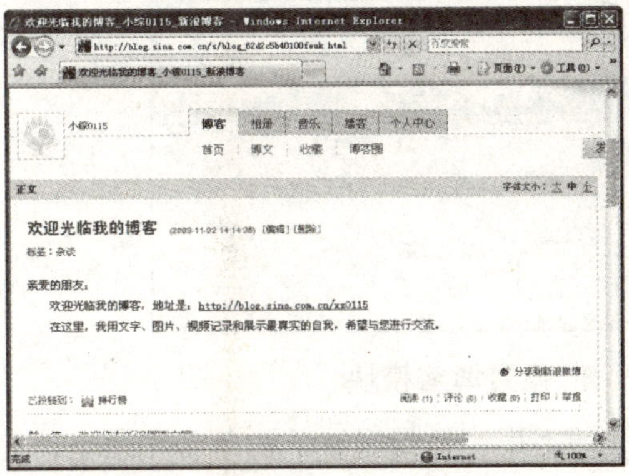

11.4.3 美化博客

精美的博客有助于增加流量，下面介绍下美化博客的常用设置，包括页面风格设置、模块设置和版式设置。

1. 风格设置

博客风格是指博客在整体上呈现出的具有代表性的独特面貌。

用户可以选择新浪博客自带的风格，如果掌握了一些常用的绘图和制作动画软件，例如Photoshop和Flash，可以自己设计风格，应用自定义的风格。

【例11-12】设置博客风格样式。视频

01 登录博客，单击右侧的【页面设置】链接，打开【页面设置】对话框。

02 单击【设置风格】选项卡，打开该选项卡对话框，选择风格分类，例如选择【游戏动漫】，单击该风格样式，可以预览风格。

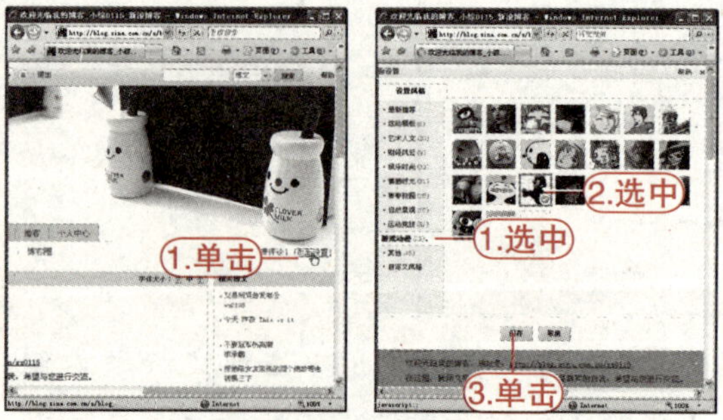

03 单击【保存】按钮，保存页面风格。

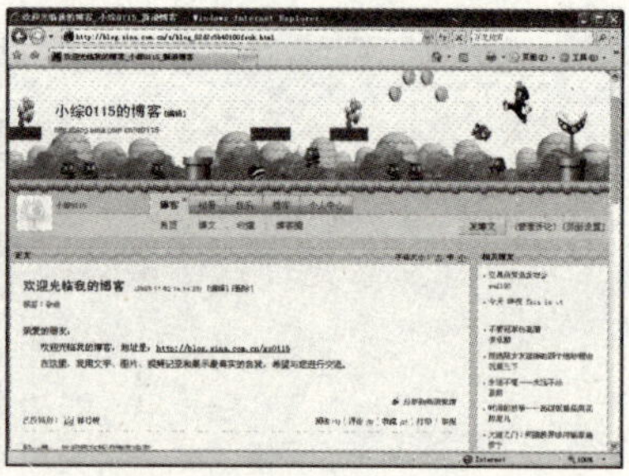

2. 设置博客模块

博客模块是指能够单独命名并独立地完成一定功能的集合。新浪博客默认的模块有【个人资料】、【博文】、【访客】、【好友】、【评论】和【留言】，可以添加或删除模块。

【例11-13】设置博客模块。视频

01 打开【新浪博客】页面，单击右侧的【页面设置】链接，打开【页面设置】对话框。

02 单击【设置博客首页模块】选项卡，打开该选项卡对话框。

03 其中选中的复选框表示已经添加的模块，可以选中所需添加的模块对应的复选框添加模块；取消选中复选框可以删除模块。

04 添加【音乐播放器】和【许愿瓶】模块，删除【评论】、【分类】和【好友】模块，单击【保存】按钮，保存模块设置。

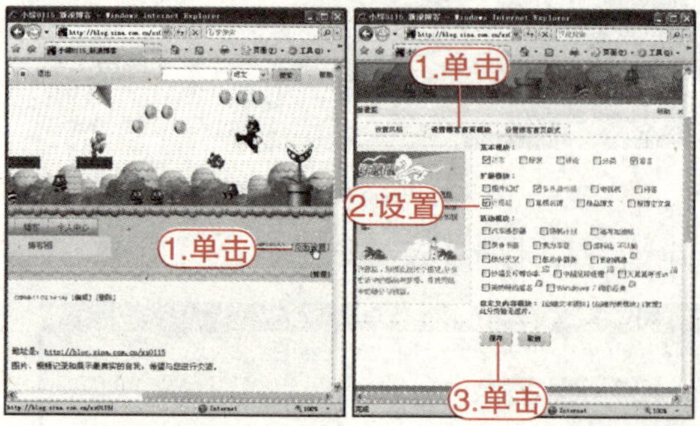

3. 设置博客版式

博客版式是指博客元素，例如标题、模块、文章摘要的排列方式，简单来说也就是博客元素在页面中的排版方式。

【例11-14】设置博客排版方式。视频

01 登录博客，单击右侧的【页面设置】链接，打开【页面设置】对话框。

02 单击【设置博客首页版式】选项卡，打开该选项卡对话框。选中【三栏版式】，单击【保存】按钮，保存版式。

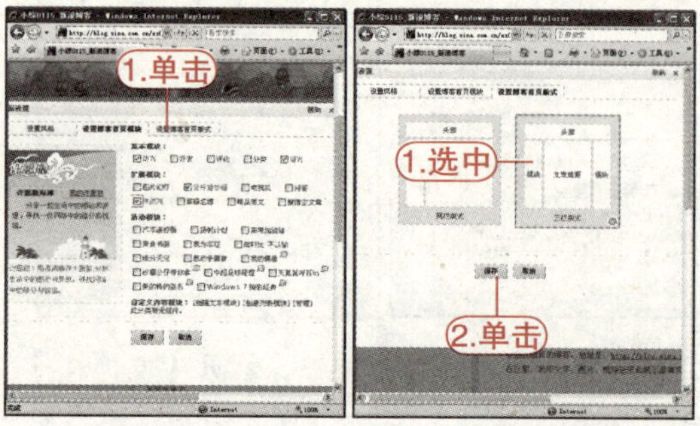

03 设置三栏版式后，可以将博客模块

移至右侧栏目中。

04 将鼠标移至【音乐播放器】模块标题栏位置，鼠标光标显示为双向箭头，可以按住鼠标拖动模块到右侧栏目中时释放鼠标，即可将【音乐播放器】模块移至右侧栏目中。

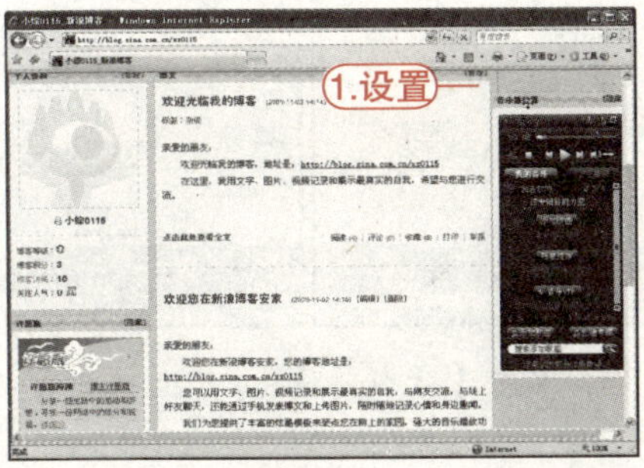

05 重复操作，将【访客】和【留言】模块移至右侧栏目中。

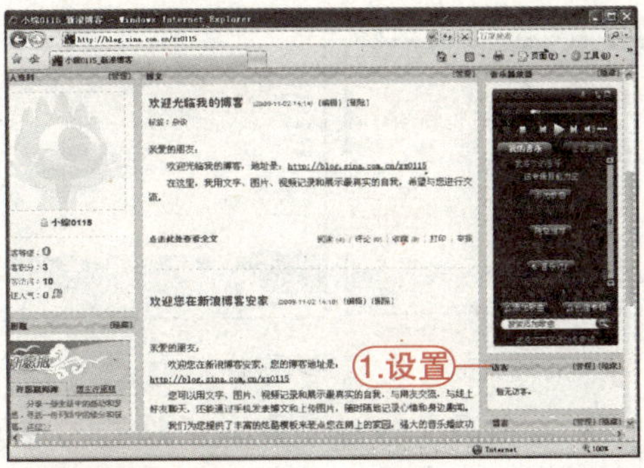

专家指点

在模块标题栏上显示了【管理】和【隐藏】两个链接，单击【管理】链接，可以对该模块进行管理；单击【隐藏】链接，可以隐藏显示该模块。

11.4.4 自定义博客

自定义博客主要包括自定义博客头像、名称和风格。

1. 自定义博客头像

用户可以使用本地电脑中的个人照片或者其他图片代替默认的博客头像。

【例11-15】自定义博客头像。视频

01 登录博客，单击【个人资料】标题栏上的【管理】链接，打开【修改昵称头像】页面。

02 在【昵称】文本框中修改个人昵称，例如输入“超级马里奥”。

03 单击【头像】文本框右侧的【浏览】按钮，打开【选择要上载的文件】对话框，选择图片文件，单击【打开】按钮，上传图片。

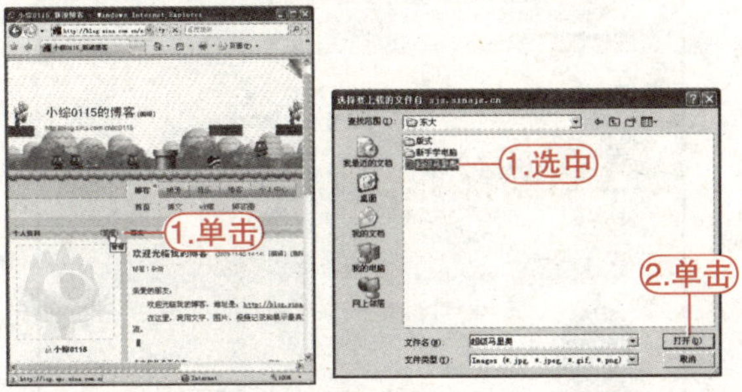

04 上传图片后，可以修改左侧的图片，可以旋转图片和裁剪图片，右侧的图片即为修改后的图片，也就是最终的头像图片效果。

05 裁剪图片后，单击【保存】按钮，保存设置的昵称和头像。

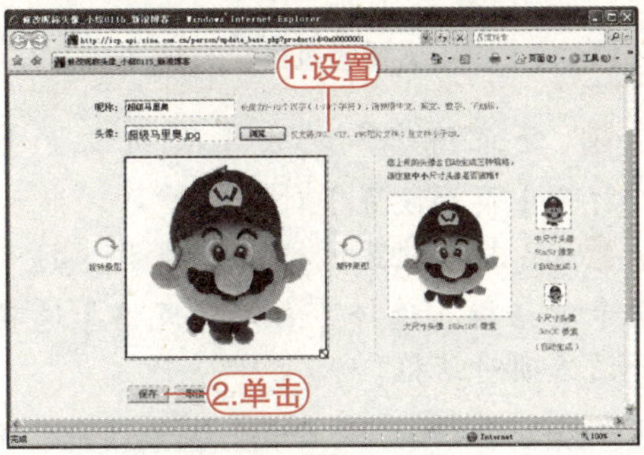

2. 自定义博客名称

自定义博客名称的方法很简单，只需一个步骤即可修改成功。

【例11-16】自定义博客名称。视频

01 登录博客，单击博客名称右侧的【编辑】按钮，打开【编辑博客名称】对话框。

02 在文本框中输入博客名称，单击【保存】按钮，即可修改博客名称。

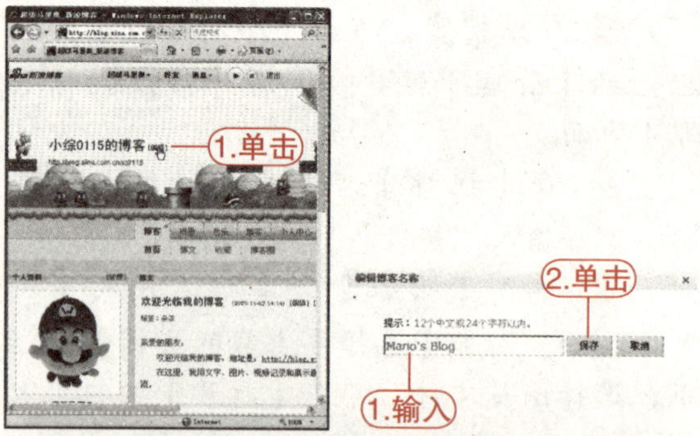

3. 自定义博客风格

如果用户熟练掌握一些图形图像编辑软件，可以自己设置博客风格，然后应用到博客中，凸显自己的个性。

【例11-17】自定义博客风格。视频

01 登录博客，单击【页面设置】链接，打开【页面设置】对话框。

02 单击【设置风格】选项卡，打开该选项卡对话框，选择【自定义风格】选项，打开该选项对话框。

03 单击【自定义头图】选项，会出现【重新上传】链接，单击该链接。

04 单击【上传图片】文本框右侧的【浏览】按钮，打开【选择文件】对话框，选择自定义风格图片，单击【打开】按钮。

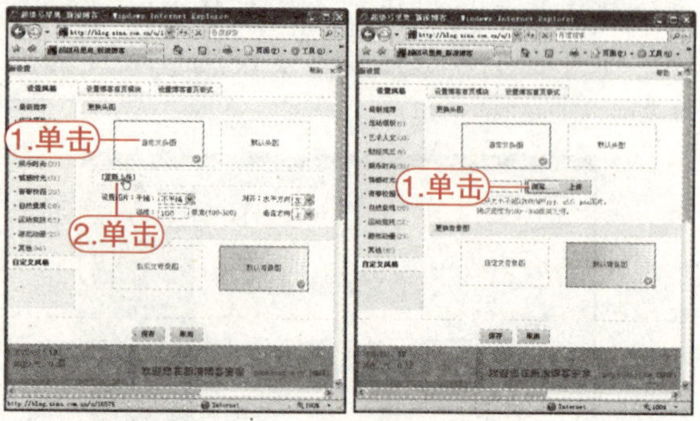

05 单击【上传】按钮，上传自定义风格图片。

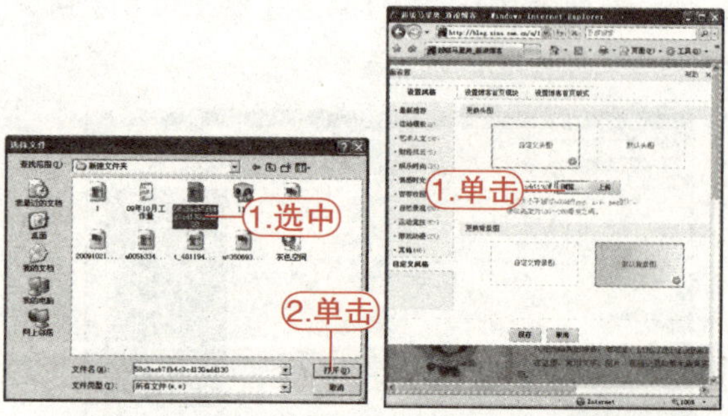

06 上传自定义风格图片后，设置图片的平铺方式、高度和对齐方式。设置相应的选项后，单击空白区域，可以预览调整的头图效果，例如设置图片高度130 像素后，单击空白区域，即可预览调整高度为130 像素后头图在博客页面中的显示。

07 参照以上步骤，可以自定义背景图片，最后单击【保存】按钮，保存自定义风格设置。

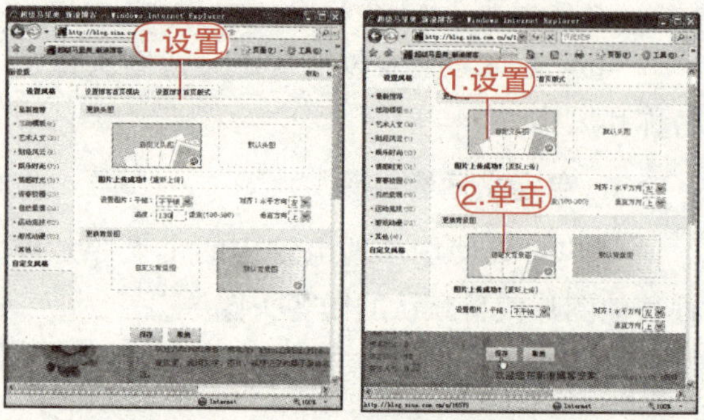

11.5 上开心网结交朋友

开心网是一个社交网络，通过它你可以与朋友、同学、同事、家人保持更紧密的联系，及时了解他们的动态，与他们分享你的生活和快乐。

11.5.1 注册开心网用户

只需注册一个开心网帐户，即可登录开心网，与其他好友进行交流。

【例11-18】注册开心网用户。视频

01 启动IE浏览器，输入网址“www.kaixin001.com”，按下Enter键，打开【开心网】首页。

02 单击【立即注册】链接，打开【开心网 注册】页面。

03 填写相关的注册信息，在这里要注意的是开心网是一个实名网站，填写的姓名信息需要经过系统审核，因此尽量不要用一些有歧义的名称，单击【同意条款，立即注册】按钮，提交注册表单。

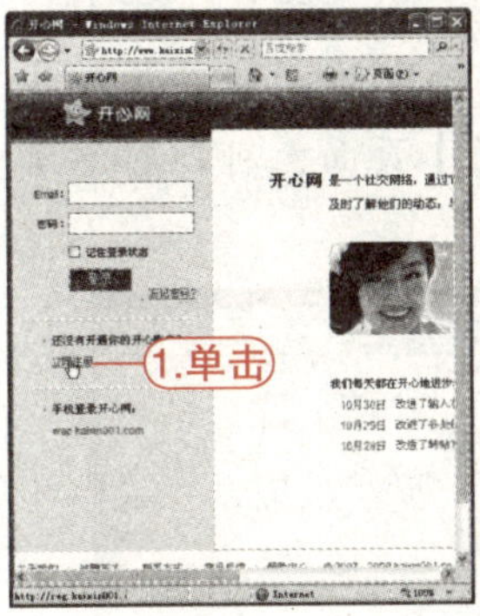

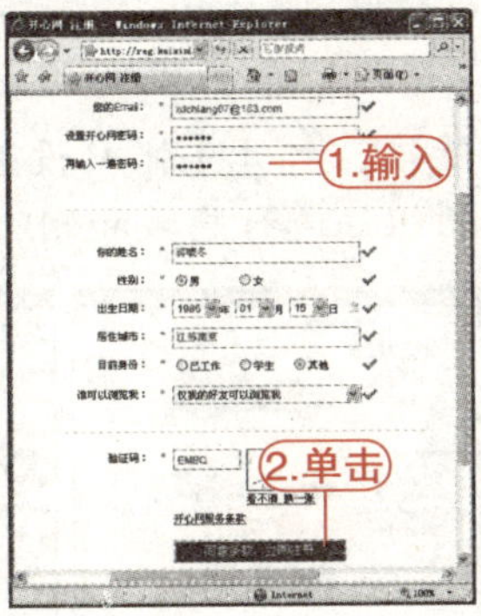

04 注册成功后，开心网会发送一封激活邮件到注册邮箱中，用户登录邮箱并激活用户即可。

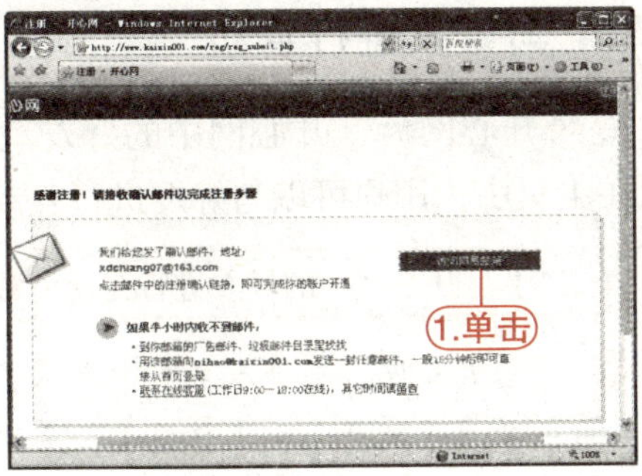

11.5.2 查找开心网好友

登录开心网后，就可以利用该平台，通过好友名称或邮箱地址查找好友。

【例11-19】查找开心网好友。视频

01 打开【开心网】首页，输入注册邮箱地址和密码，然后单击【登录】按钮，登录开心网。

02 单击【好友】按钮，在弹出的下拉菜单中选择【查找朋友】命令，打开【查找朋友】页面。

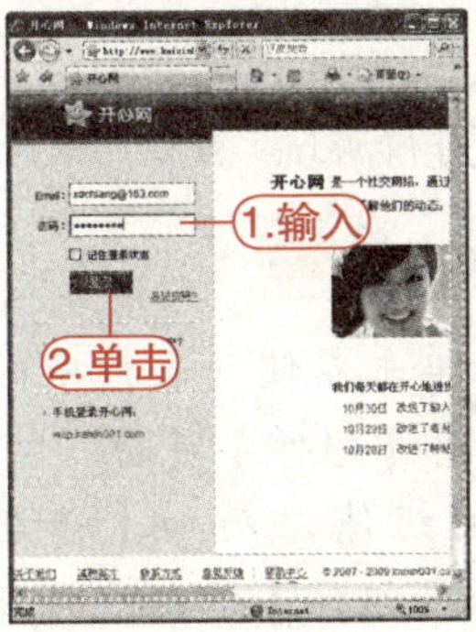

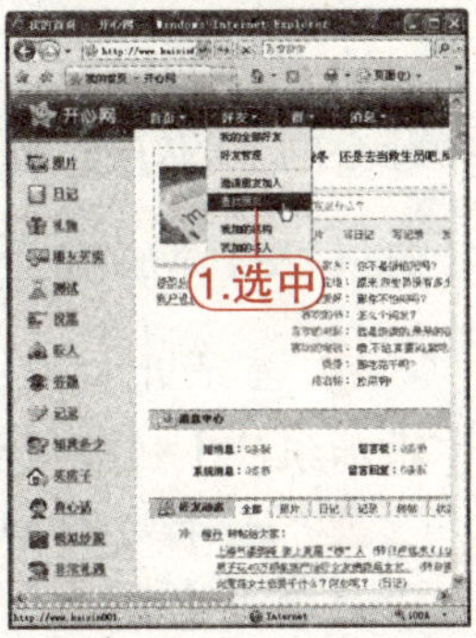

03 在打开的【查找朋友】页面中有多种查找方式，这里选择【按姓名查找】。单击【按姓名查找】链接，输入查找的好友信息，单击【查找】按钮，开始查找好友。

04 在查找结果中显示了当前在开心网注册的好友，单击要添加的好友头像或名字。

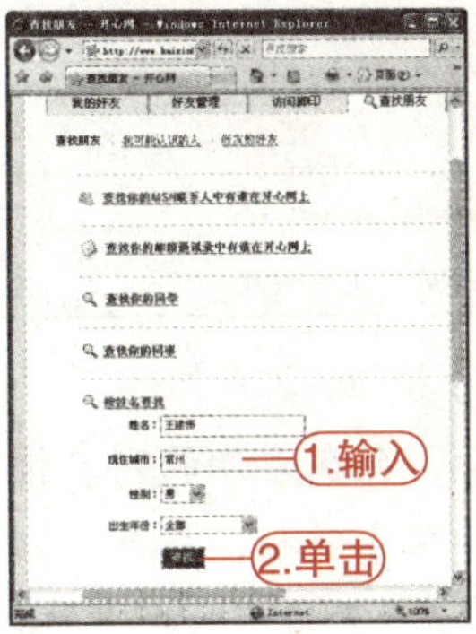

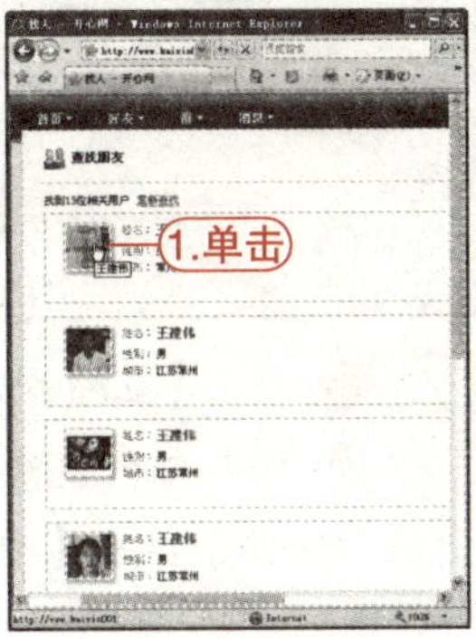

05 单击【加为好友】链接，打开【请求加为好友】对话框，输入好友请求附言，单击【确定】按钮，发送请求。

06 待好友登录开心网，接受你的好友请求即可添加好友。

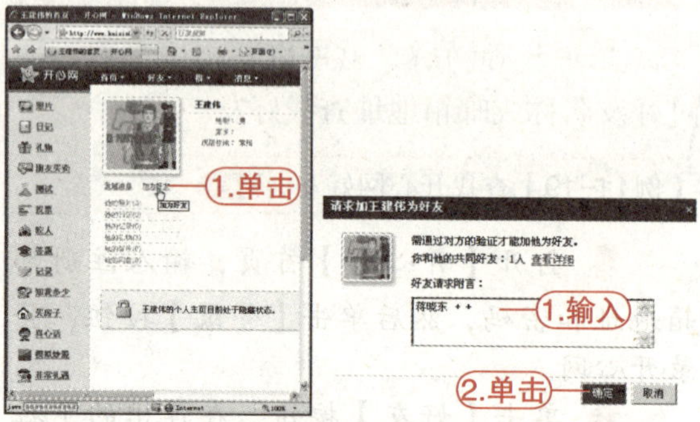

11.5.3 添加开心网组件

登录开心网后，可以添加相关的组件，与开心网上的好友一同进行游玩。

【例11-20】添加开心网组件。视频

01 登录开心网，单击左侧列表框中的【添加组件】链接，打开【组件】页面。

02 选择要添加的组件，例如【争车位】，单击【我要添加此组件】链接，打开【添加组件】页面。

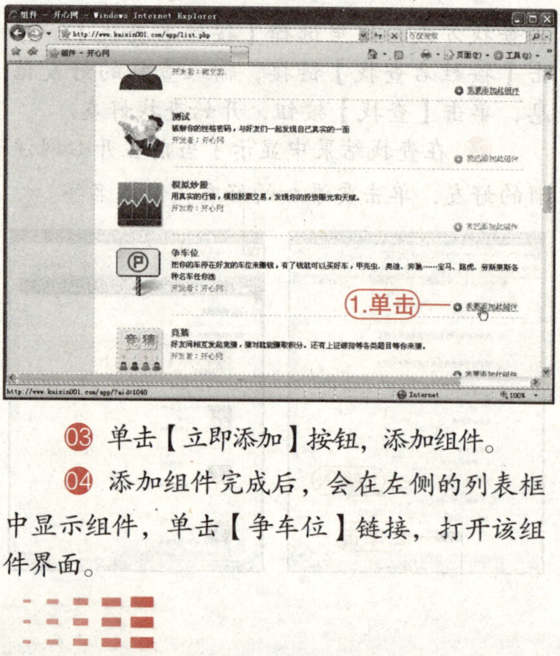

03 单击【立即添加】按钮，添加组件。

04 添加组件完成后，会在左侧的列表框中显示组件，单击【争车位】链接，打开该组件界面。

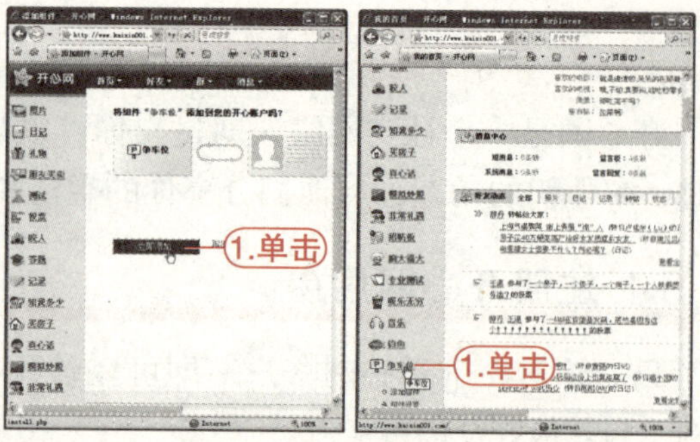

05 如果用户对当前组件操作不是很了解，可以单击【帮助】按钮，打开帮助进行学习。

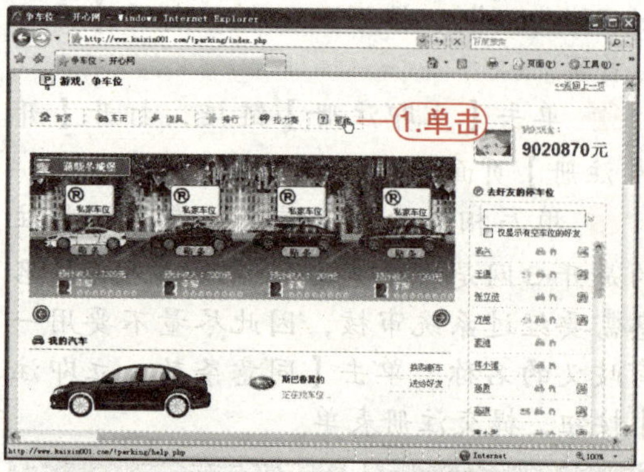

06 单击左侧列表框中的【组件管理】链接，打开【帐户设置】页面，可以对添加的组件进行隐藏和删除操作。

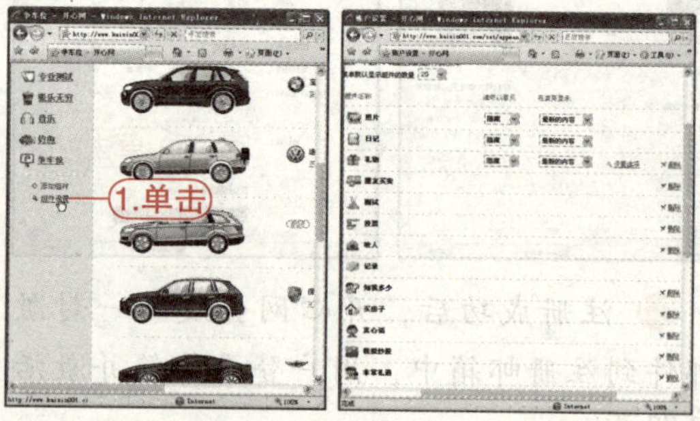

11.5.4 与好友进行互动

登录开心网后，开心网中的好友动态会显示在主页中，用户可以与好友进行互动。

【例11-21】与开心网中的好友进行互动。视频

01 登录开心网，在个人主页中显示了好友动态，可以单击【照片】、【日记】、【记录】

等按钮，打开相应的好友动态操作。

02 单击某个好友动态操作链接，可以打开相关的页面进行操作。

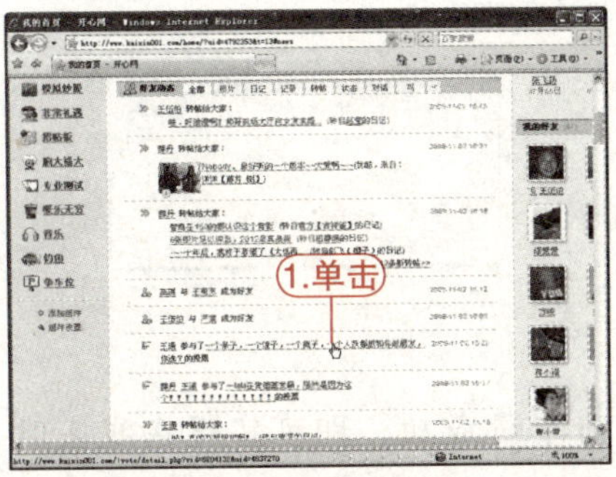

03 例如打开一个投票页面，除了可以投票外，还可以在下方查看好友的投票选项。此外，你的投票选项其他好友也可以看到。

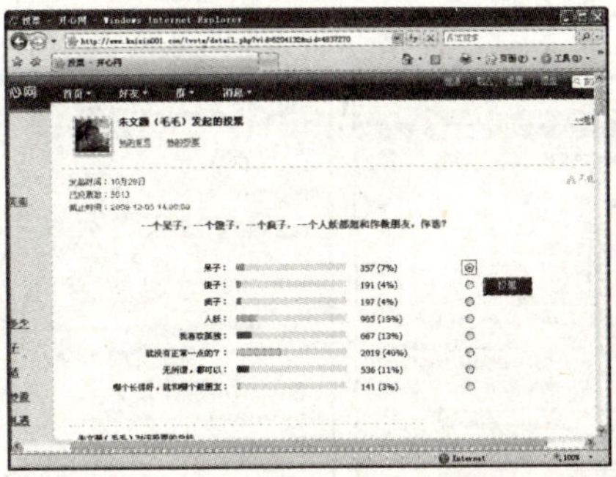

11.6 网上购物

随着电子保密技术的不断进步，网上购物已经成为时下流行的购物方式，用户可以足不出户，通过点击鼠标，即可购买物品。

11.6.1 注册淘宝会员

要在淘宝网上购买物品，首先需要注册淘宝用户，才能继续购买操作。

【例11-22】注册淘宝网会员。视频

01 打开IE浏览器，在地址栏中输入网址“www.taobao.com”，按下Enter键，打开【淘宝网】页面。

02 单击左上角的【免费注册】链接。

03 选择【邮箱注册】，单击【点击进入】按钮，打开【新会员免费注册】页面。

04 输入相关的注册信息，单击【同意以下服务条款，提交注册信息】按钮。

05 淘宝网会发送一封激活邮件到注册邮箱中，登录邮箱后，打开淘宝网邮件，然后激活用户。

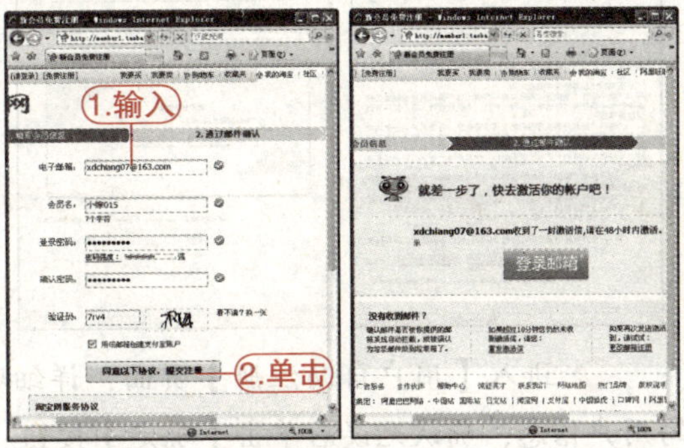

11.6.2 开通网上银行

在淘宝网上购物时，推荐使用支付宝支付，也可以通过网上银行支付，但切忌通过银行汇款方式支付。

开通网上银行可以去银行柜台开通，也可以在网上开通，下面通过实例介绍网上开通网上银行的方法。

【例11-23】开通工商银行网上银行。视频

01 打开IE浏览器，输入网址“http://www.icbc.com.cn”，按下Enter键，打开工商银行网站首页。

02 单击【个人网上银行登录】按钮下方的【注册】链接。

03 在打开的页面中，单击【注册个人网上银行】按钮。

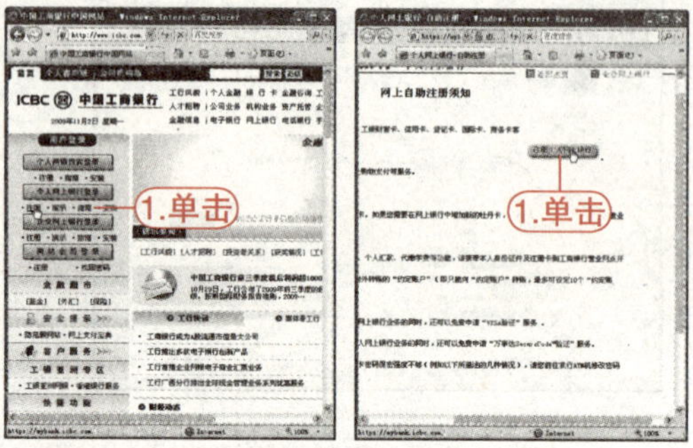

04 在打开的页面中阅读其中的协议条款，然后单击【接受此协议】按钮。

05 在打开的页面中输入注册的银行卡号，然后单击【提交】按钮。

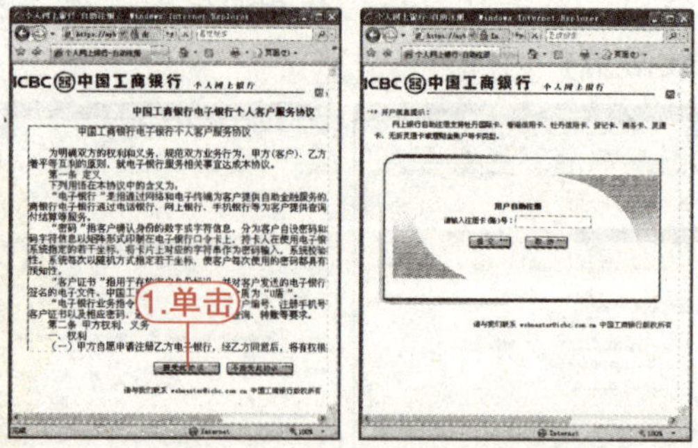

06 进入【用户自助注册】页面，详细填写用户信息，确认无误后单击【确定】按钮。

07 此处的登录密码就是在银行柜台申请银行卡时设置的密码。在该页面中可以修改这个登录密码，将其设置为较长较复杂的密码，从而增加网上银行的安全性。

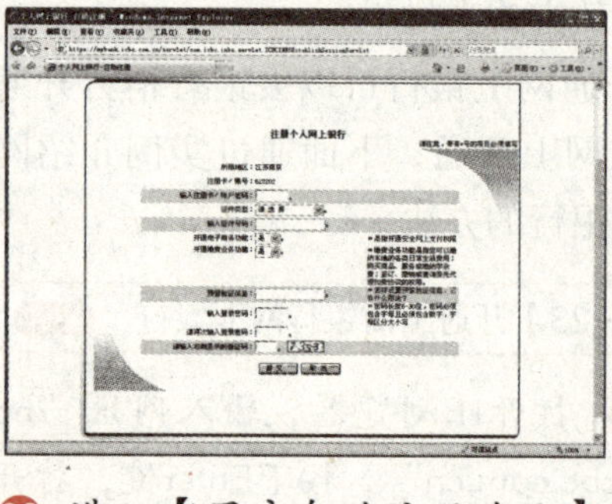

08 进入【用户自助注册确认】页面，牢记其中显示的注册号码。

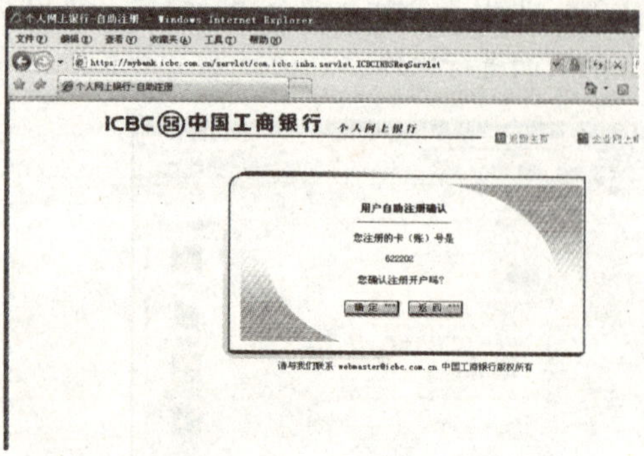

09 注册申请成功，即可实现在线实时支付款项。

11.6.3 搜索商品

在网上购物时存在这样的问题：网络交易平台庞大，商品数量众多，如果不锁定目标去搜索，肯定会迷失方向，被商品巨潮所淹没。所以，网上购物首先就要学会如何搜索好商品。

【例11-24】搜索淘宝网中的商品。视频

01 打开淘宝网首页。向下拖动IE浏览器右侧的滚动栏，移动到淘宝网首页的下方，即可看到淘宝网丰富的商品分类。

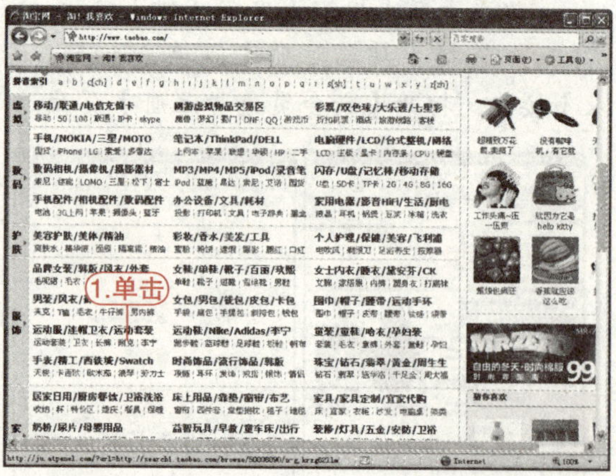

02 单击其中的某个分类链接，即可打开该分类商品的页面，缩小搜索范围。

03 继续单击其中的某个子分类，显示该子分类中的所有商品，进一步缩小搜索范围。

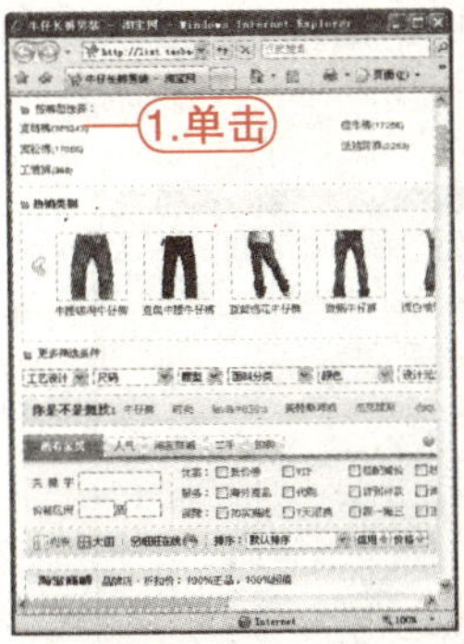

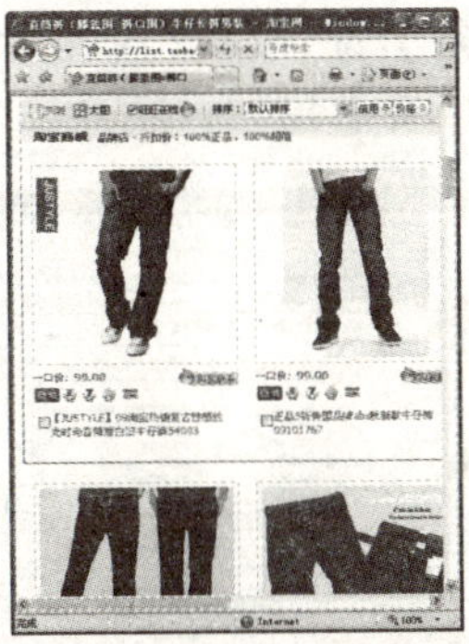

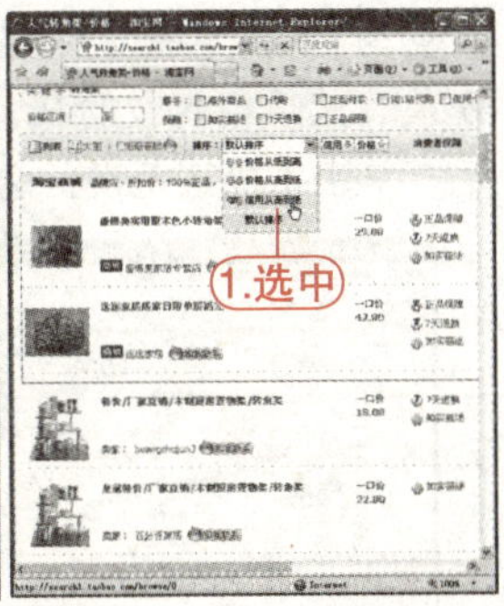

04 返回淘宝网首页，单击上方的【店铺】链接，然后在搜索栏中输入店铺名称，单击【搜索】按钮。

05 在打开的页面中会列出符合所输入店铺名称的所有店铺，单击网络店铺进入店铺。

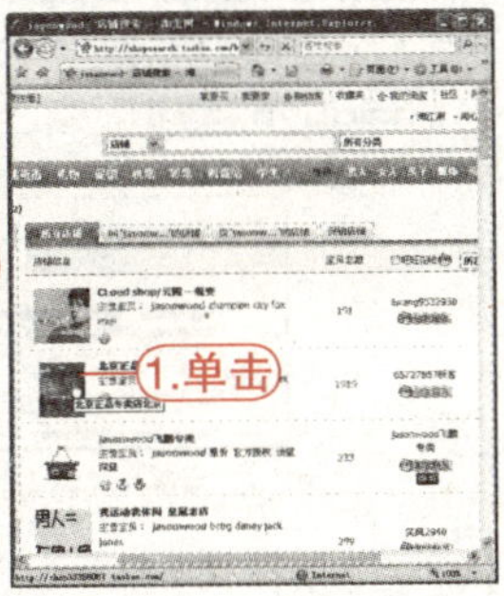

06 此时打开该网络店铺的首页，买家可以尽情地浏览该店铺，选购自己满意的商品。

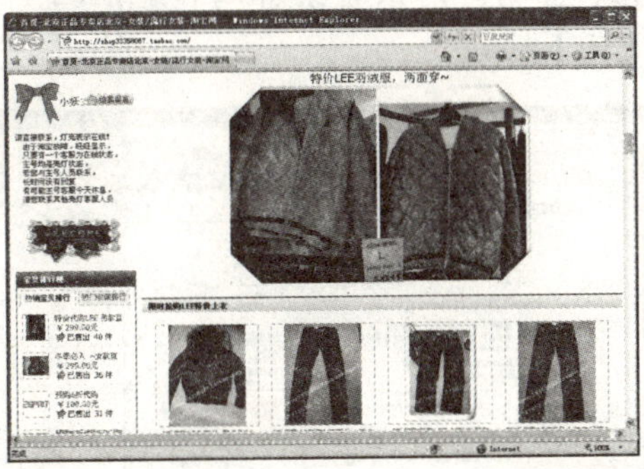

07 返回淘宝网首页，在顶端的搜索栏中输入与商品相关的关键字，然后单击【搜索】按钮。

08 在打开的页面中会列出所有与搜索的关键字相关的商品。有时搜索出来的商品很多，此时可以单击【信用】按钮，按照信用度高低排序商品，从而可以选择信用度较高的网络店铺购买商品。

11.6.4 购买商品

搜索好所要购买的商品后，可以与商家进行交谈，然后进行买卖交易。

【例11-25】购买商品。视频

01 登录淘宝帐户，通过搜索操作，进入所要购买商品的店铺。

02 在商铺中单击所要购买的商品链接，例如《中文版Flash CS3动画制作实用教程》的链接。

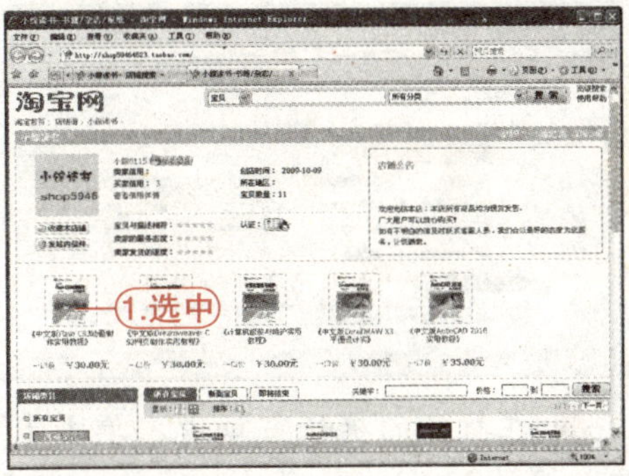

03 确认购买后，单击【立刻购买】按钮立刻购买。

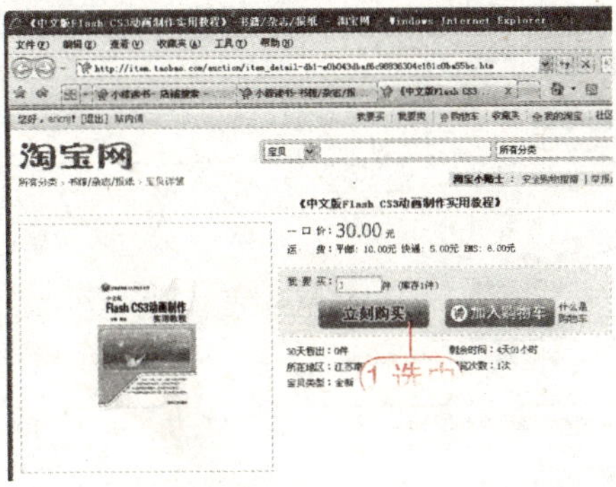

04 此时在页面中确认收货地址，设置购买

数量为1本，单击【快递】单选按钮，选择快递方式。然后输入校验码，此时显示商品总价为35元。单击【确认无误，购买】按钮。

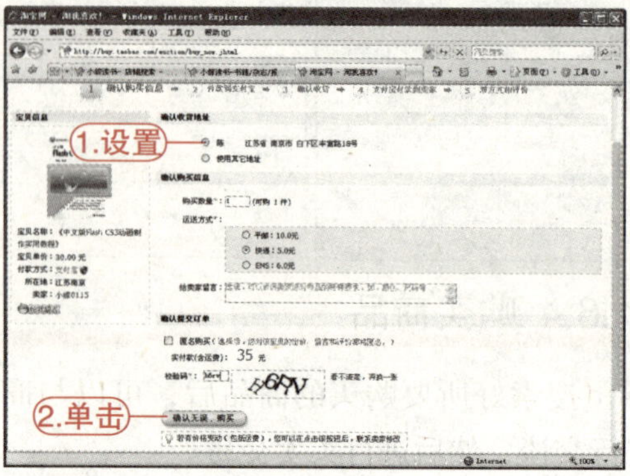

05 打开【支付宝付款】页面，单击选择【网上银行付款】选项卡，选择【个人版】单选按钮，同时选择对应的银行选项，此处选的是【中国工商银行】。单击【确认无误，付款】按钮。

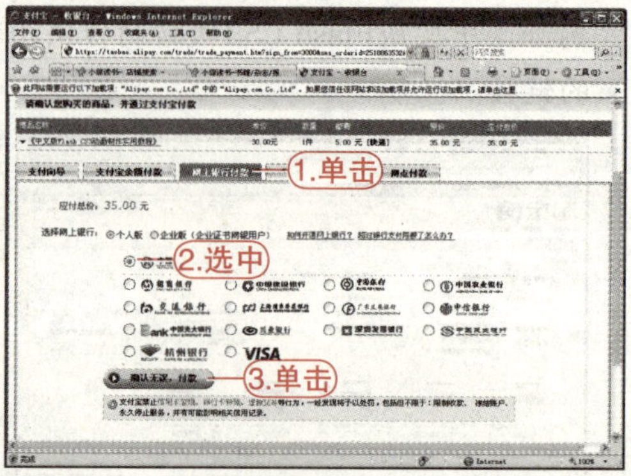

06 在打开的确认窗口中，单击【去网上银行付款】按钮。

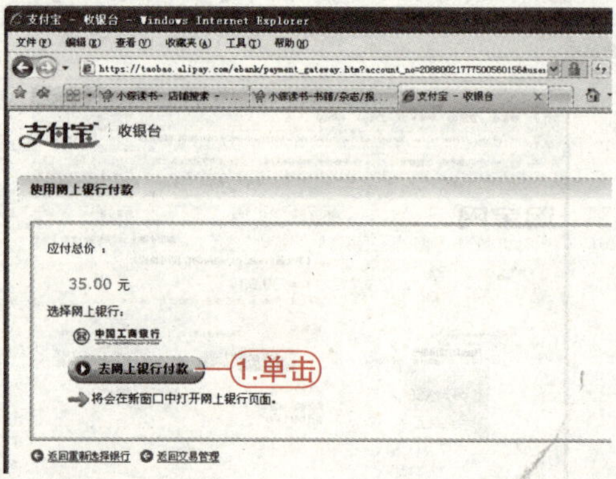

07 打开【中国工商银行客户定单支付服务】窗口，输入支付卡号和验证码，单击【提交】按钮。

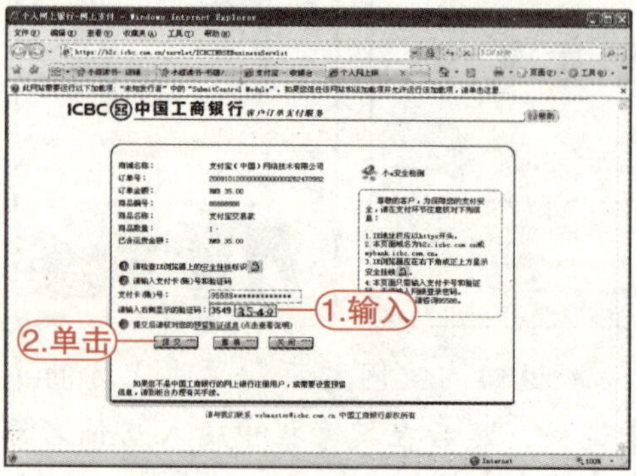

08 打开确认页面窗口，单击【全额付款】按钮。

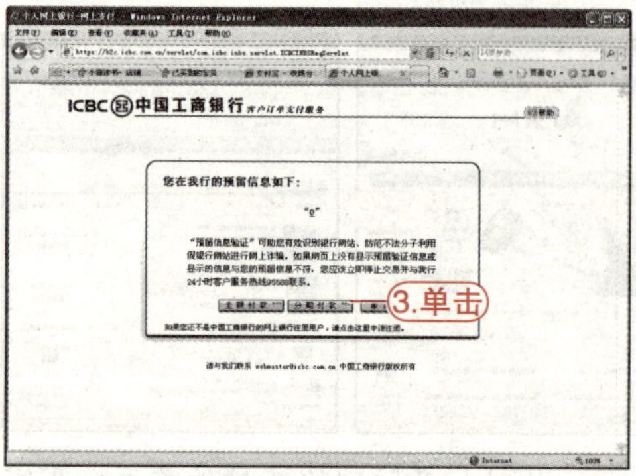

09 打开【确认支付信息】窗口，输入口令卡密码、网银登录密码和验证码，单击【提交】按钮。

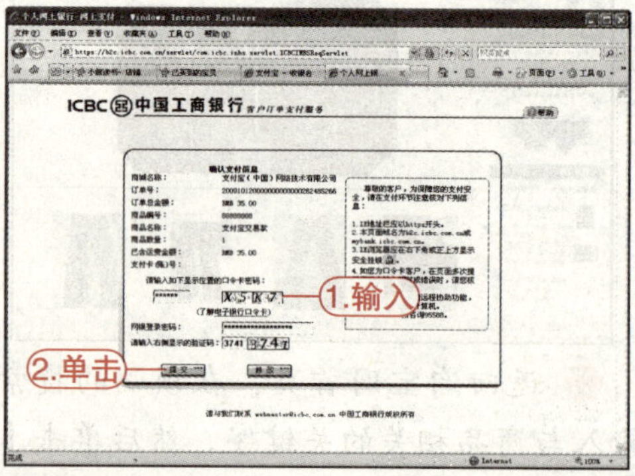

10 支付成功后，关闭窗口，完成宝贝支付操作。

11 此时窗口显示支付宝的【交易管理】页面，在该页面中显示已经付款的交易详细条目，单击右下方的【查看】按钮。

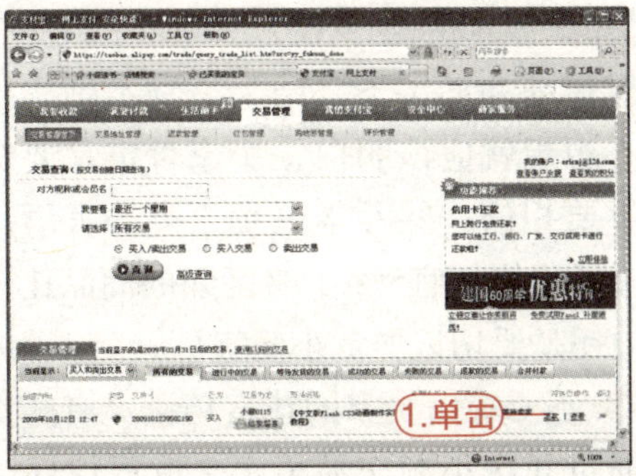

⑫ 在窗口中显示该笔交易的订单信息，用户可以单击下方的【提醒卖家发货】链接，提示卖家注意。

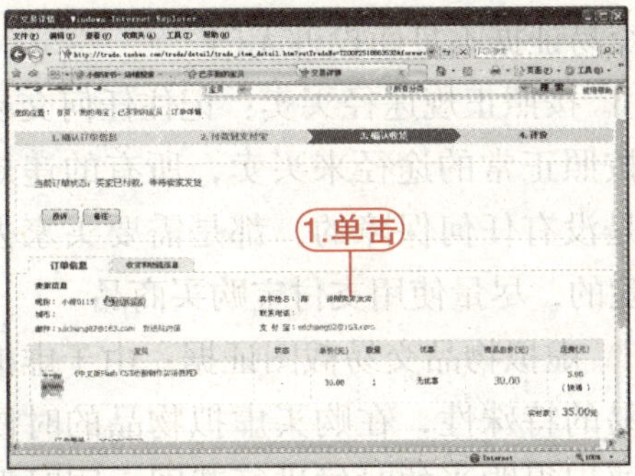

11.6.5 确认收货

当收到商品后检查商品无误，要及时确认收货。

【例11-26】确认收货。视频

01 登录淘宝帐户，进入【我的淘宝】页面，单击【交易提醒】一栏中显示【您有1笔交易，卖家已经发货，等待您确认收货】链接。

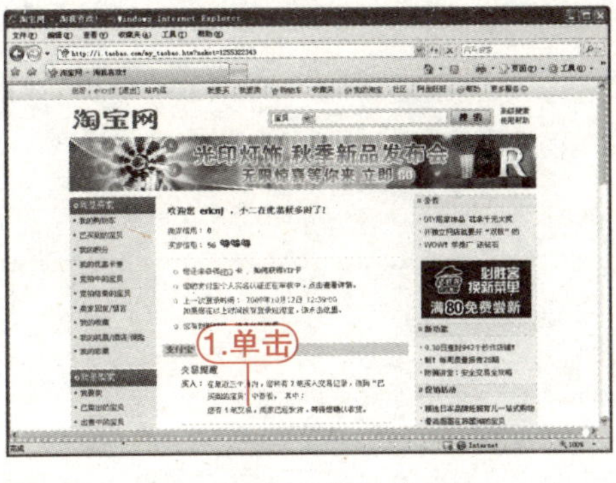

02 打开【已买到的宝贝】窗口，在页面中显示交易的信息，单击【确认收货】按钮。

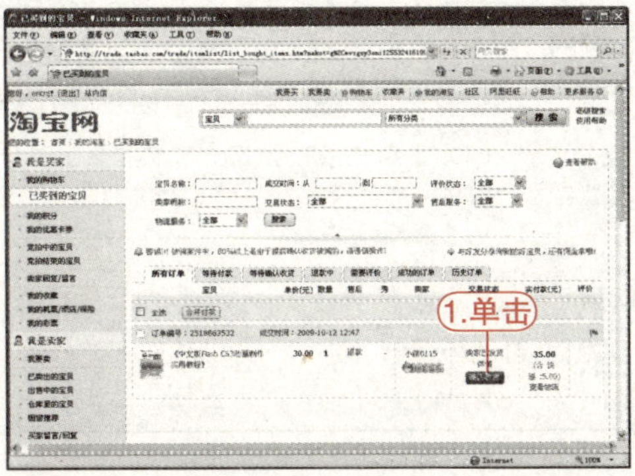

03 此时显示交易成功，卖家已经收到您支付的货款。

04 单击【给对方评价】按钮。

05 打开【信用评价】窗口页面，在页面中对此次交易做出客观正确的评价信息。在此处选择【好评】单选按钮，然后在下方的【店铺动态评分】中设置评价分数。评价完毕后，单击【确认提交】按钮。

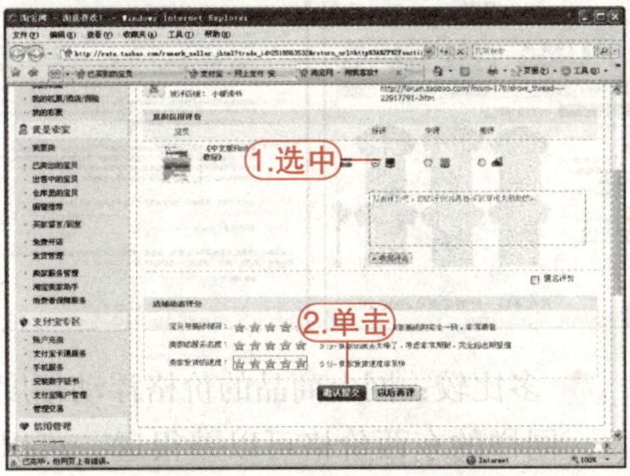

06 此时显示评价结束。整个购买过程到此全部结束，用户可以使用同样方法购买其他中意的商品。

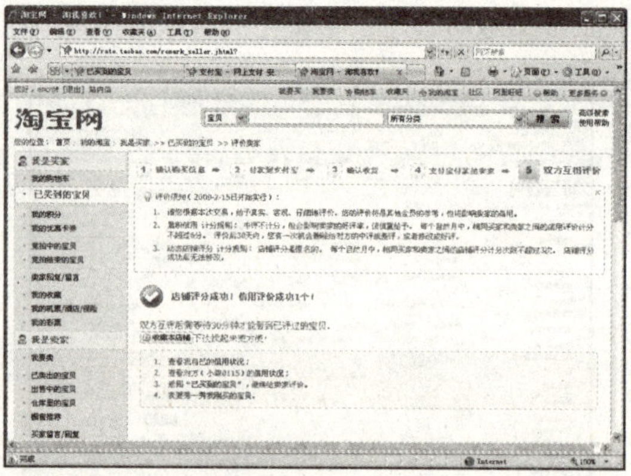

11.6.6 网上购物心得

网上购物有利有弊，弊端在于不能亲自检验商品质量是否过关，用户在网上购买物品时，只有从实践中积累经验，避免购买劣质商品。

下面总结了一些网上购物心得，供用户在网购前参考。

- 卖家好评度：在购买物品时，参考卖家的好评度是最简单、最直接的方法。卖家好评度显示在店铺的【掌柜档案】模块（一般位于页面左侧或右侧）中。
- 店铺交流区：店铺交流区是买家与卖家之间进行交流的区域，类似于留言板，可以参考交流内容。

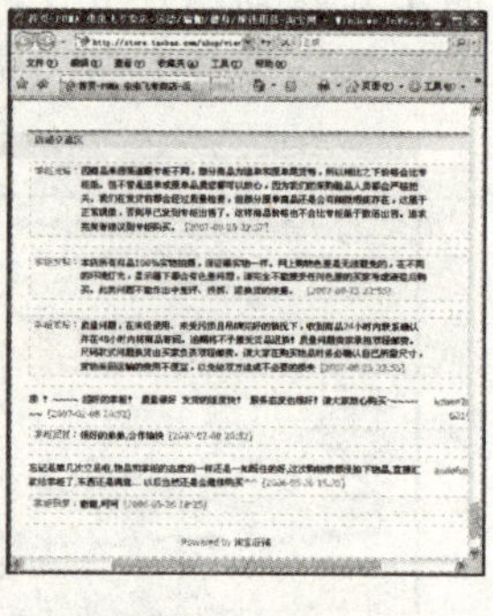

- 多比较：网上商品的价格浮动幅度比较大，同样的东西价格可以差很远，可以多检索商品信息，多加比较。
- 不要贪图便宜：这是很多人买到劣质商品一个共同原因。当发觉商品特别便宜（比其他同类商品至少便宜30%以上或更多）时，很容易冲动买下，结果是物不副实。其实细心想想就应该明白，卖家肯定是要赚钱的，不要相信一些亏本甩卖之类的言语，一般比市场价格便宜5%~15%区间的商品比较正常，但还是要切记勿贪小便宜!
- 不要轻信卖家的花言巧语：有些卖家会先通过几次小额交易买卖来取得信任，然后会在一次大的交易中说一些借口或理由违规操作，典型的如先确认收货、线下汇款、网上银行转账等，即便以后知道上当，但却因为交易证据不足而投诉无门。
- 按照正规途径买卖：记住任何交易都必须按照正常的途径来买卖，所有的违规行为都是没有任何保障的，都是需要买家去承担风险的，尽量使用支付宝购买商品。
- 虚拟物品交易截图证据：由于虚拟物品交易的特殊性，在购买虚拟物品的时候，一定要记得购买的时候进行截图，同时保留买卖时候双方对话的原始记录。
- 牢记买卖操作流程：任何时候对任何交易都必须严格按照交易流程去操作，不能有丝毫的错误和疏忽，正确的流程是先双方沟通咨询价格-->谈好数量开单-->买家付款-->卖家进交易管理查询到账情况-->卖家回复买家-->卖家填写发货清单确认发货-->上线交易给买家-- >交易的同时双方截图-->请买家立即确认收货-->双方好评。

Chapter 12 常用工具软件的应用

在使用电脑过程中，掌握一些常用的工具软件能更全面地应用电脑功能。本章主要介绍了常用工具软件的使用，例如ACDSee、光影魔术手、光盘刻录软件等。

- 使用图片浏览软件——ACDSee
- 使用光影魔术手处理相片
- 使用金山词霸翻译软件
- 使用光盘刻录软件——Nero
- 使用EasyRecovery恢复软件
- 使用文件夹加密超级大师

参见随书光盘

例12-1 批量重命名图片文件
例12-2 制作幻灯片
例12-3 调整数码相片大小
例12-4 裁剪相片
例12-5 去除数码相片红眼
例12-6 应用影楼效果
例12-7 使用金山词霸中英文互译
例12-8 使用金山词霸查询单词
例12-9 使用金山词霸屏幕取词
例12-10 使用迷你背单词功能
例12-11 使用Nero刻录光盘
例12-12 使用Nero刻录音乐CD
例12-13 使用EasyRecovery
例12-14 加密文件
例12-15 解密文件

12.1 使用图片浏览软件——ACDSee

ACDSee是目前最为流行的图片浏览、处理软件之一，它能实现图片的获取、管理、浏览、优化等功能，还可以快速高质量地显示用户电脑中的图片。软件中还配置有内置的音频播放器，并能编辑MPEG视频文件。

12.1.1 浏览图片

下载并安装ACDSee后，运行该程序，操作界面如下图所示。

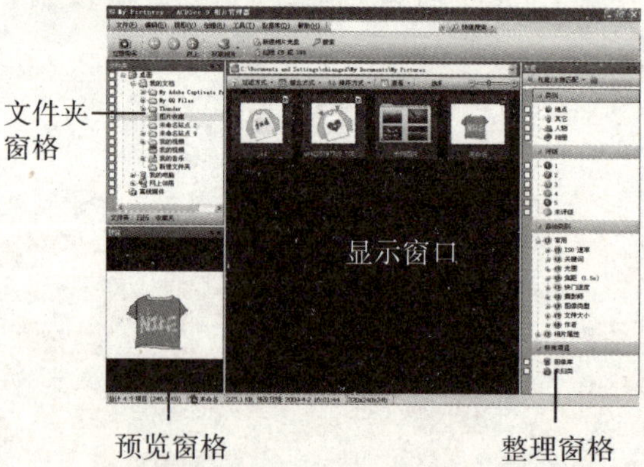

在ACDSee主界面中，除了标题栏、工具栏外，主要有文件夹窗格、预览窗格、整理窗格和显示窗口组成。

- 文件夹窗格：显示和选择打开图片文件的路径。
- 显示窗口：显示当前文件夹包含的所有图片。双击要浏览的图片，打开相片管理器窗口，即可预览图片。

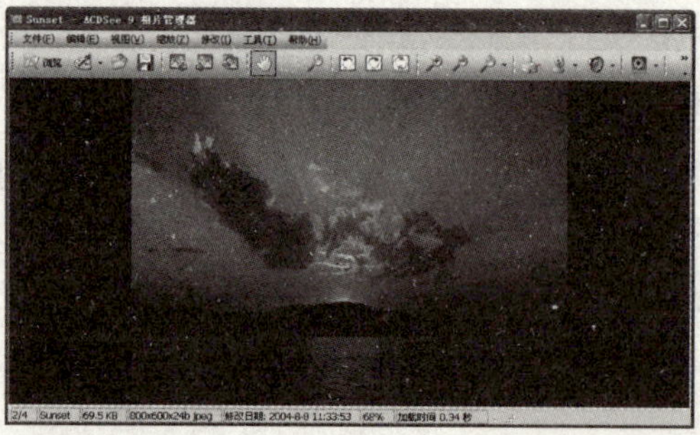

- 预览窗格：预览在显示窗口中选择的图片。
- 整理窗格：设置显示图片文件的分类选项。

双击要浏览的图片，打开相片管理器窗口，即可浏览图片。

12.1.2 编辑图片

ACDSee除了浏览图片外，还支持简单的图片编辑功能。

打开相片管理器窗口，拖动窗口左侧的【编辑任务】工具栏，可以单击按钮对图片进行编辑操作，常用按钮的作用如下。

- 【自动曝光】按钮：可以调整当前图片的曝光度。
- 【亮度】按钮：可以调整当前图片的亮度。
- 【色阶】按钮：可以调整当前图片的对比度。
- 【阴影/高光】按钮：可以调整当前图片的阴影和高光情况。
- 【色偏】按钮：可以调整当前图片的偏色情况。
- 【RGB】按钮：可以调整当前图片红色、绿色和蓝色的色值大小。
- 【HSL】按钮：可以调整当前图片的色调、饱和度和亮度。
- 【灰度】按钮：可以设置图片为灰度显示。
- 【红眼消除】按钮：可以调整任务图像中的红眼现象。
- 【模糊蒙版】按钮：可以调整当前图片的模糊值大小。
- 【消除杂点】按钮：可以调整当前

图片的杂色值大小。

- 【调整大小】按钮：可以调整当前图片的大小。
- 【裁剪】按钮：可以对当前图片进行裁剪。
- 【旋转】按钮：可精确设置当前图片的旋转角度。
- 【添加文本】按钮：可以在当前图片中输入文本。
- 【相片修复】按钮：可以右击当前图片定义素材目标，拖动鼠标遮盖当前图片中不需要的部分。
- 【效果】按钮：可以调整当前图片的显示效果。

12.1.3 批量重命名图片文件

ACDSee的批量重命名功能可以将电脑或数码相机中的图片按名称快速分类，免去了重复操作的烦琐。

【例12-1】批量重命名图片文件。视频

01 启动ACDSee，在文件夹窗格中选择要进行批量重命名的图片所在文件夹。

02 系统会自动搜索文件夹中所有图片。

03 按住Ctrl键，选择要批量重命名的图片，选择【工具】|【批量重命名】命令，打开【批量重命名】对话框。

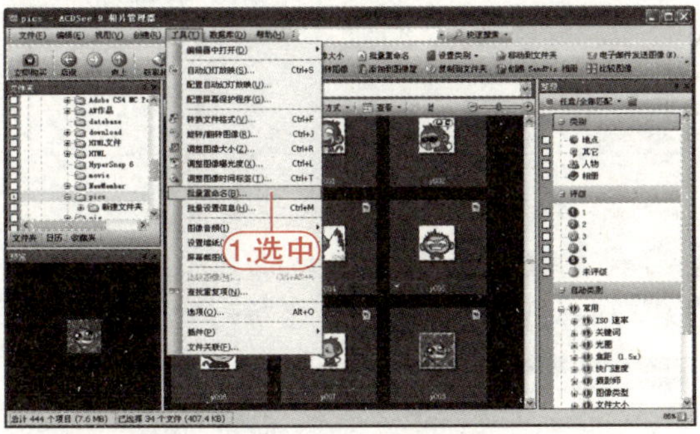

04 单击【模板】选项卡，打开该选项卡对话框。

05 选中【使用数字替换#】单选按钮，在【开始于】微调框中输入“001”，在【模板】下拉列表中输入“悠嘻猴表情###”，在【文件名大小写】下拉列表中选择【文件后缀改为小写】选项，单击【开始重命名】按钮，进行批量重命名操作。

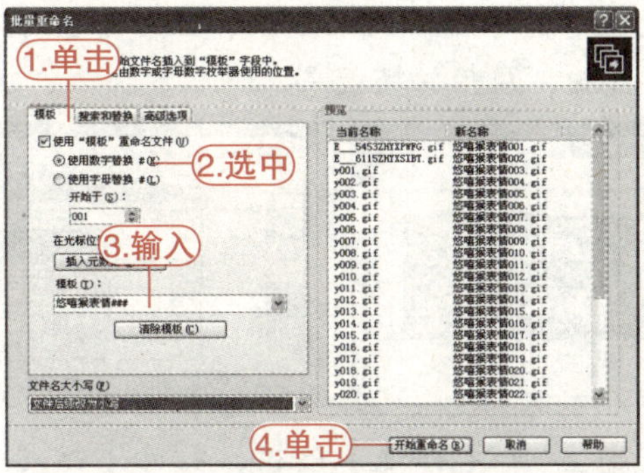

06 批量重命名操作完成后，单击【完成】按钮，关闭对话框，完成操作，显示窗口中的图片将显示重命名后的名称。

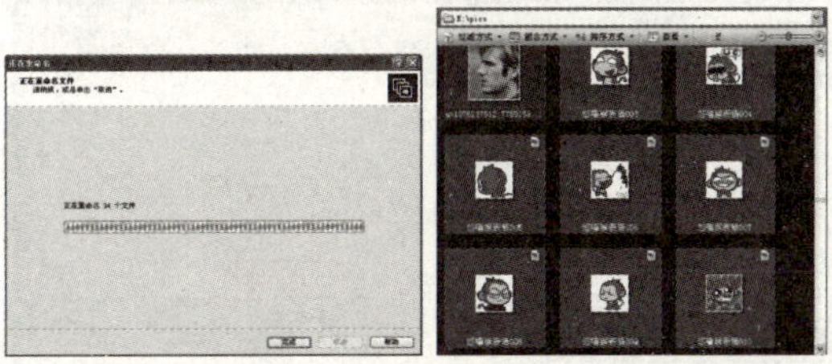

12.1.4 制作幻灯片

使用ACDSee可以制作多种图片之间的切换效果，从而生成幻灯片。

【例12-2】制作幻灯片。视频+素材

01 启动ACDSee，选择【创建】|【创建幻灯放映文件】命令，打开【创建幻灯放映向导】对话框。

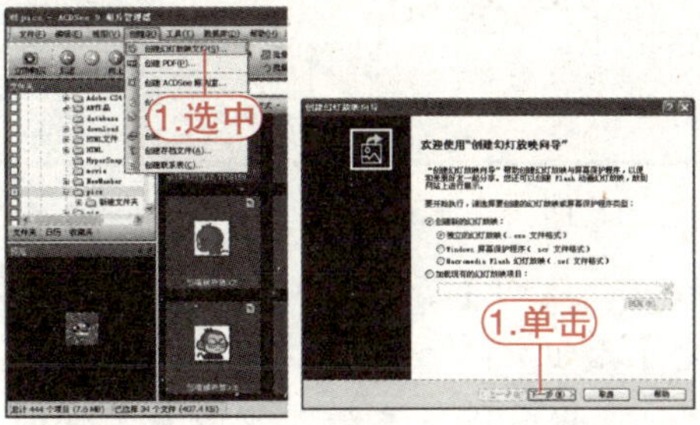

02 选择【创建新的幻灯放映】|【独立

的幻灯放映】单选按钮，单击【下一步】按钮。

03 选择要包含在幻灯放映中的图片，单击【下一步】按钮。

04 单击任意图片文件右侧的【转场】链接，打开【转场】对话框，在【选择的】列表框中选择转场效果选项，然后单击【确定】按钮，应用转场效果。

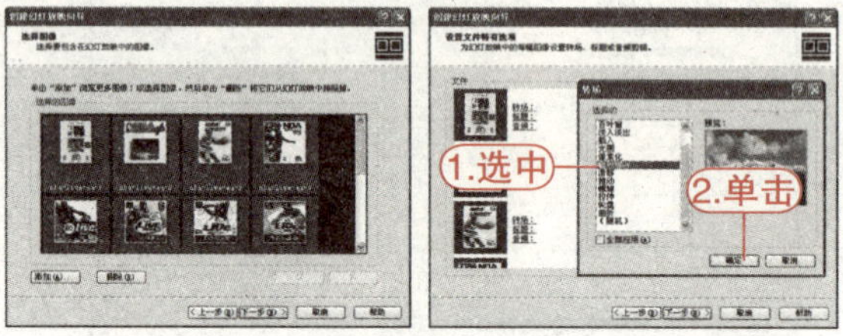

05 单击【标题】链接，打开【标题】对话框，在【文本】文本框中输入图片文件标题，单击【确定】按钮。

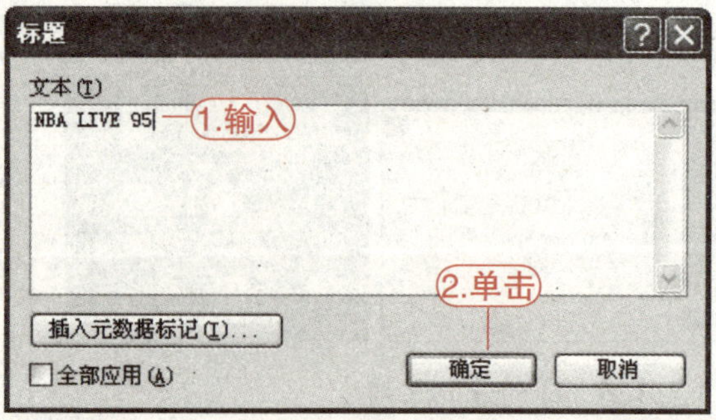

06 单击【音频】链接，打开【音频】对话框。

07 单击【浏览】按钮，打开【打开】对话框。

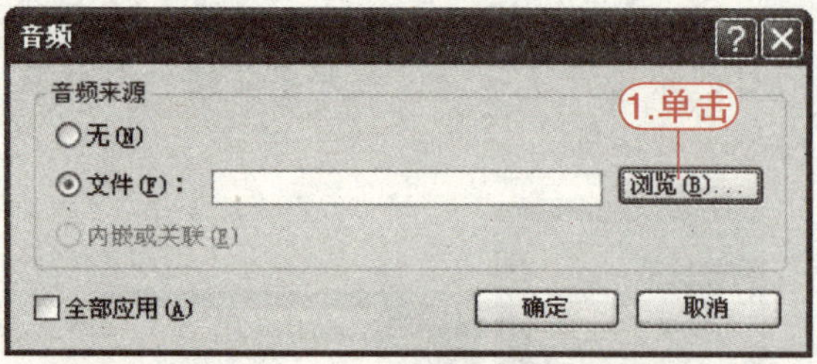

08 选择导入的音频文件，单击【打开】按钮，返回【音频】对话框，然后单击【确定】按钮。

09 重复操作，添加其他图片文件的转场效果和标题，音频可以添加也可不添加。

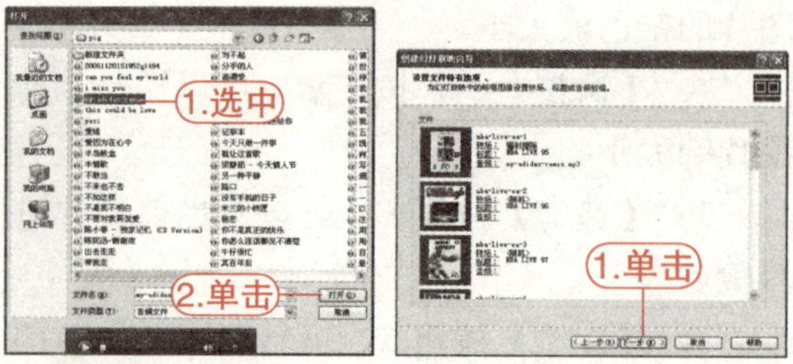

专家指点

在【打开】对话框的下方显示了一个播放器，可以单击播放按钮，试听音频文件。

10 单击【下一步】按钮，可以设置幻灯持续时间与背景音频以及标题显示位置等，这里采用默认设置，单击【下一步】按钮。

11 单击【文件名与位置】选项区域的【浏览】按钮，打开【另存为】对话框。

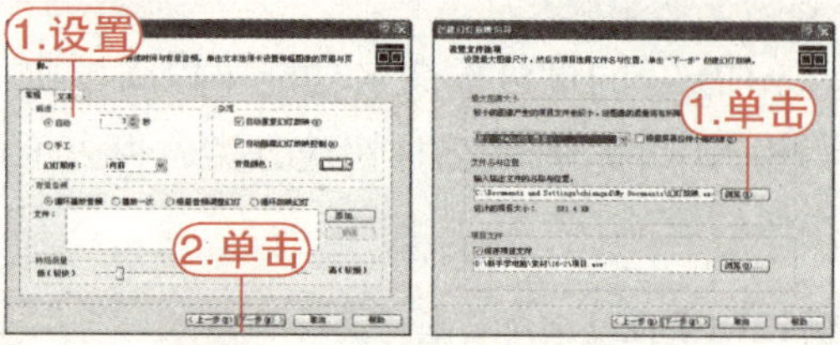

12 选择幻灯放映文件保存路径并输入保存文件名，单击【保存】按钮。

13 单击【下一步】按钮，开始创建放映文件。

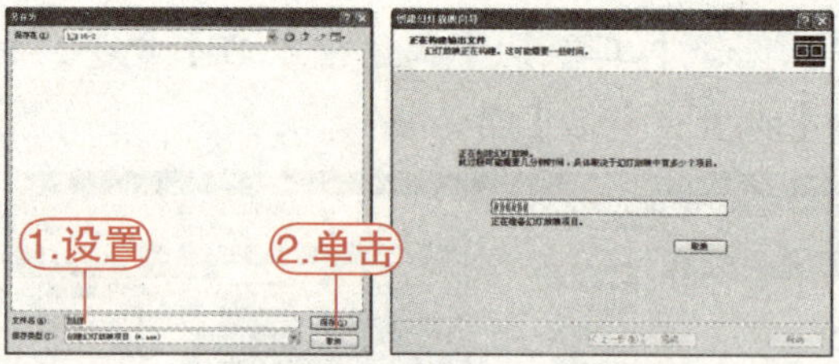

14 创建放映文件成功后，可以单击【完成】按钮，退出对话框，也可以单击【启动幻灯放映】按钮，启动幻灯放映。

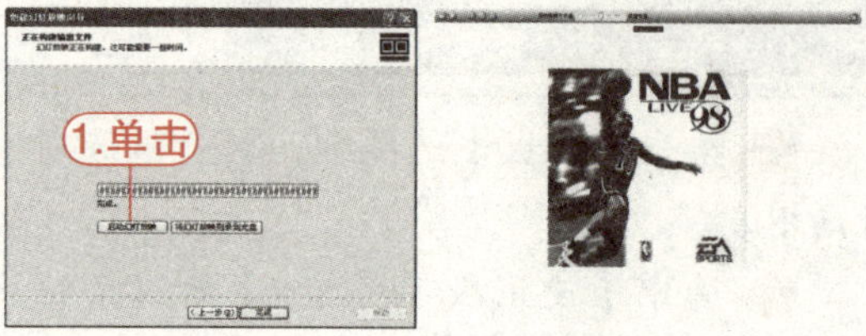

12.2 使用光影魔术手处理相片

光影魔术手是一款用于改善画质和个性化处理照片的软件，它具有简单、易用的优势，可以很简单地利用它制作精美的相框、艺术照甚至达到专业胶片的效果。

12.2.1 调整相片大小

数码相机中的原始相片文件的尺寸一般采用1024×768像素，这虽然保证了相片的清晰度，但却往往不利于电脑保存或网络传输。因此，自定义相片尺寸，调整合适大小，是使用光影魔术手最常用的操作之一。

【例12-3】调整数码相片大小。视频+素材

01 启动光影魔术手，选择【文件】|【打开】命令，打开【打开】对话框。

02 选择要调整大小的相片，单击【打开】按钮，打开相片文件。

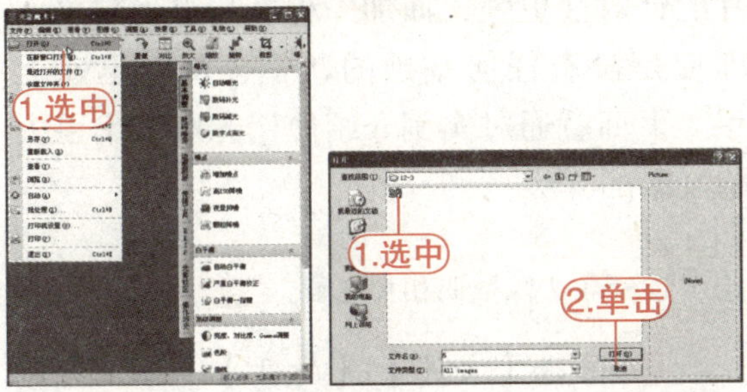

03 选择【图像】|【缩放】命令，打开【调整图像尺寸】对话框。

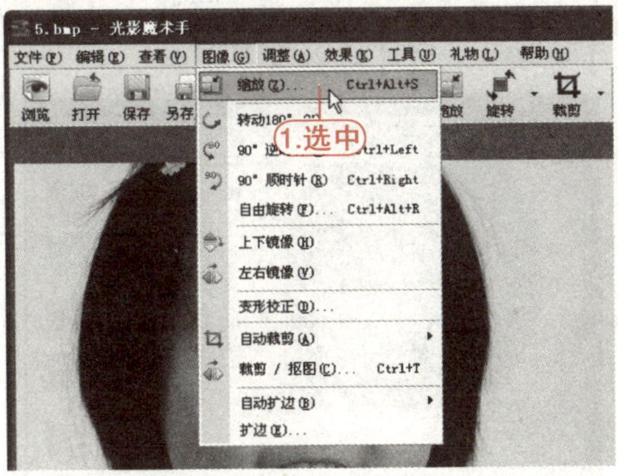

04 在【新图片宽度】和【新图片高度】文本框中输入指定的像素大小数值。

05 如果用户对像素与照片尺寸的转换关系不是很熟悉的话，可以单击【快速设置】按钮，在弹出的菜单中选择【按照片冲印尺寸】命令，然后在弹出的子菜单中选择具体尺寸的照片大小选项命令，例如选择【6寸/4R照片大小】命令。

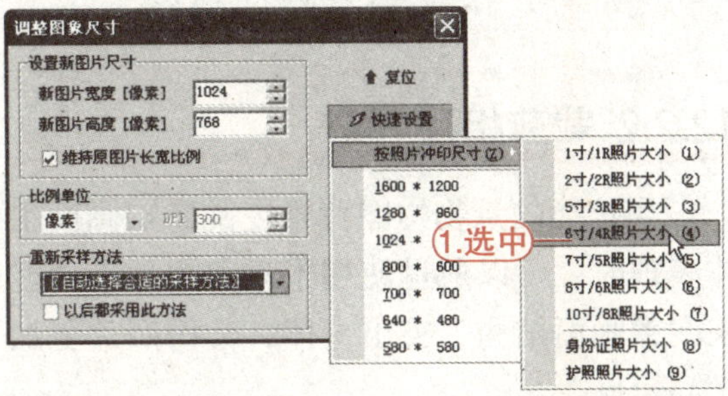

06 选择快速设置后，【新图片宽度】和【新图片高度】文本框中的数值将换算为具体像素值，单击【开始缩放】按钮即开始缩放相片文件。

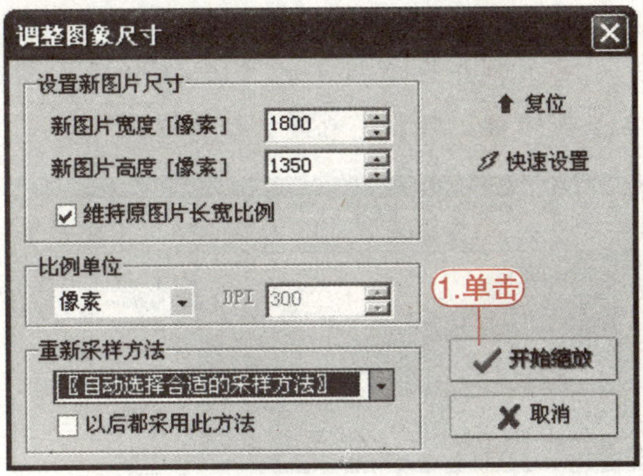

07 如果用户对调整后的相片尺寸大小不满意，可以单击【调整图像尺寸】对话框中的【复位】按钮，恢复相片原始尺寸。

08 选择【文件】|【另存】命令，打开【保存】对话框，在该对话框中设置保存路径和文件名，在【格式】下拉列表中选择【.jpg】选项，单击【保存】按钮，保存相片为JPG图片。

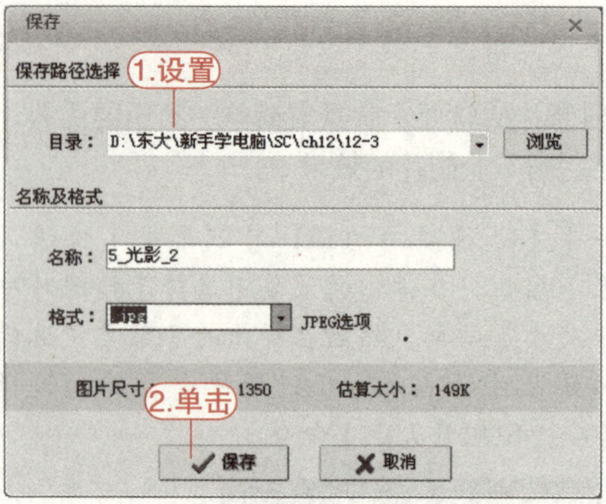

12.2.2 裁剪相片

当选择的景物构图背景凌乱影响画面主体表现时，可以通过使用【裁剪相片】功能来改善画面结构，突出主体，使得照片更加赏心悦目。

【例12-4】裁剪相片。视频+素材

01 选择【文件】|【打开】命令，打开【打开】对话框，选择所需裁剪的数码相片，单击【打开】按钮，打开相片。

02 单击菜单栏下方工具栏中的【裁剪】按钮，打开【裁剪】对话框。

03 选中【自由裁剪】单选按钮，单击【矩形选择工具】按钮。

04 将鼠标移至相片上，鼠标光标显示为十字形状，按下鼠标左键在窗口中的图片上拖动出一个矩形选框框选需要截取的部分。

05 释放鼠标左键，此时被截取的部分周围将有虚线显示，而其他部分将会以羽化状态显示。

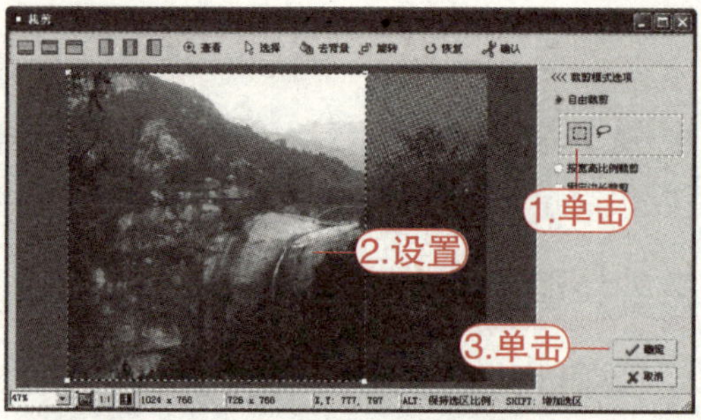

06 单击【确定】按钮，裁剪相片，返回主界面，显示裁剪后的图像。

07 选择【文件】|【另存】命令，保存文件为【千岛湖】。

12.2.3 去除红眼

光影魔术手的真正强大之处在于其对相片的加工和处理功能。相对于Photoshop等专业图片处理软件而言，光影魔术手对数码相片的针对性更强，而加工程序却更为简单，即使是没有任何基础的新手也可以迅速上手。下面就通过实例介绍使用光影魔术手去除红眼的方法。

【例12-5】去除数码相片红眼。视频

01 选择【文件】|【打开】命令，打开要加工的相片。

02 单击主界面中的【数码暗房】选项卡，打开该选项卡列表框，选择【祛斑去红眼】选项，打开【去红眼】窗口。

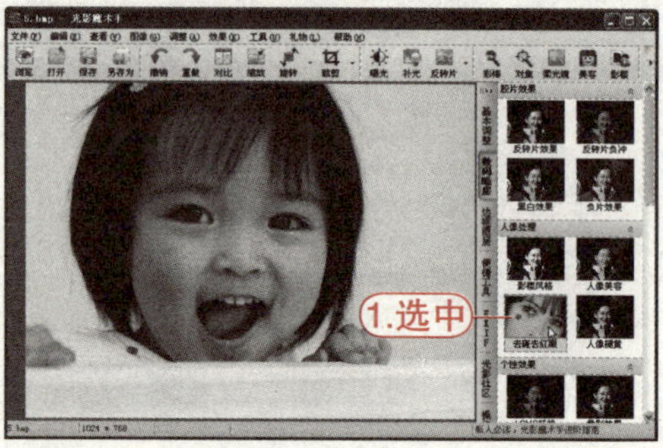

03 将光标移至要去除红眼区域，光标显示为十字带圈形状，单击鼠标，进行去除红眼操作。

专家指点

在【去红眼】窗口右侧的【参数设置】列表框中，调整【光标半径】滑竿，可以设置去红眼区域大小，调整【力量】微调框，可以设置调整红眼力度。

04 去除红眼后，单击【确定】按钮，返回主界面，保存图片。

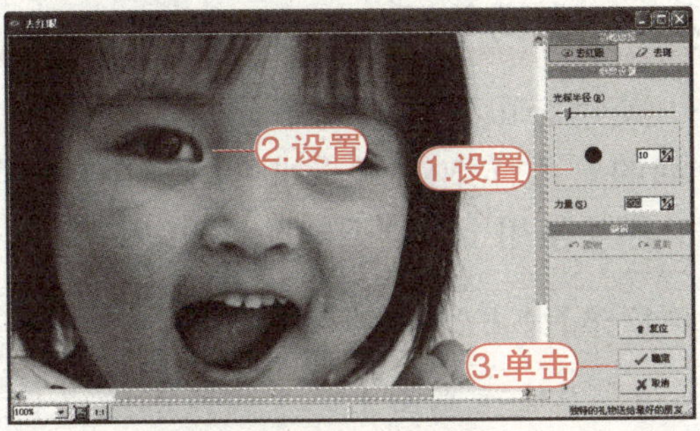

12.2.4 影楼效果

使用光影魔术手的影楼效果，通过简单的步骤即可达到专业影楼处理的效果。此外，它还提供了多套边框，可以用于装饰相片。

【例12-6】应用光影魔术手影楼效果并给相片添加相框。视频+素材

01 选择【文件】|【打开】命令，打开要应用影楼效果的相片。

02 单击主界面上的【影楼】按钮，打开【影楼人像】对话框。

03 在【色调】下拉列表中选择【冷蓝】选项，调节【力量】滑竿，设置完毕点击【确定】按钮。

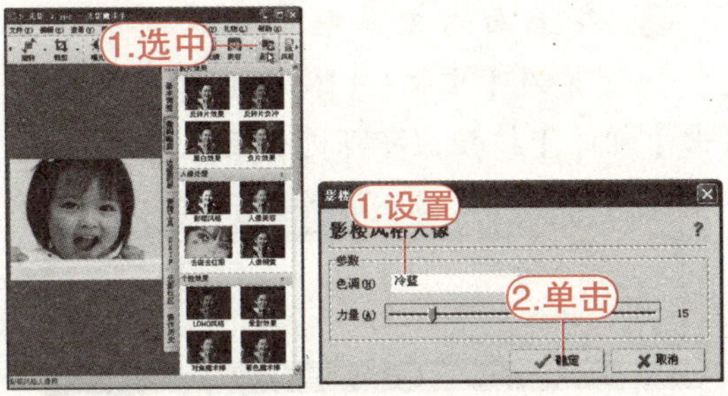

04 单击【边框图层】选项卡，打开该选项卡列表框，选择【多图边框】选项，打开【多图边框】对话框。

05 选择【BlackKorea】选项，单击【确定】按钮，使用该边框。

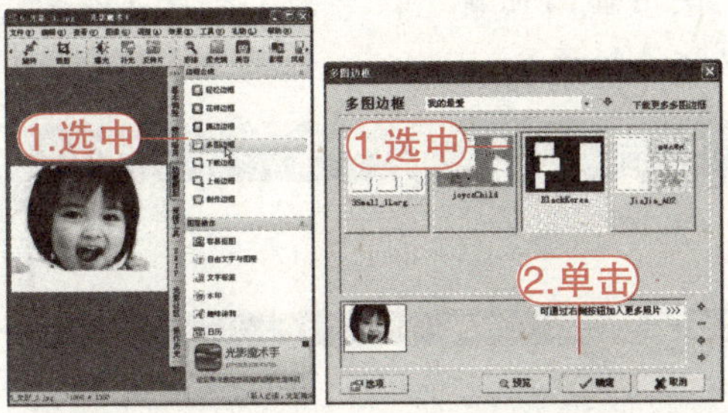

06 最后处理的相片效果如下图所示。

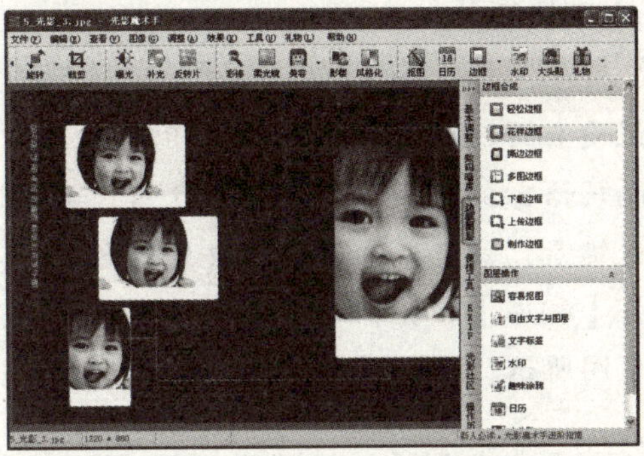

07 保存图片文件为【应用影楼效果】。

12.3 使用金山词霸翻译软件

在学习电脑时，许多用户都有同一种困惑，就是在实际操作中经常遇到一些英文信息，用户因不懂英文而经常胡乱操作。这时可以使用金山词霸进行翻译，还可以使用该软件进行英语学习，它支持中英文互译、单词发声、屏幕取词、定时更新词库以及提供生词本辅助学习等功能。

12.3.1 中英文互译

使用金山词霸可以输入中文单词进行英文翻译，也可以输入英文单词进行中文解释。

【例12-7】使用金山词霸进行中英文互译。视频

01 启动金山词霸后，单击主界面上的【翻译】选项卡，打开该选项卡窗口。

02 在上面的文本框中输入词语“欢迎”，设置为【中文(简体)】到【英语】，单击【翻译】按钮，即可进行英文翻译。

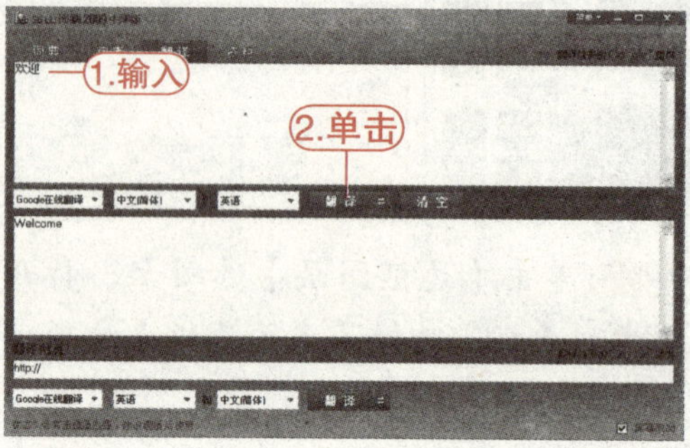

03 可以继续在上面的文本框中输入短语“使用金山词霸”，单击【翻译】按钮，可以翻译短语。

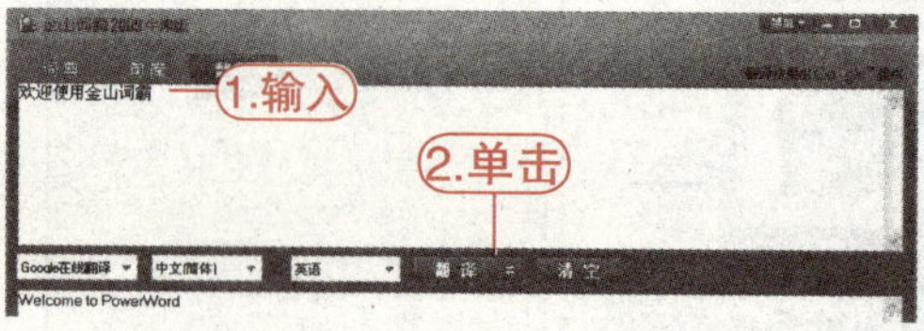

04 可以重复操作，输入其他内容，进行英文翻译操作。

专家指点

如果要翻译多个词语，可以使用逗号(，)分隔词语，例如输入“光驱，硬盘，显示器，键盘，鼠标，内存，中央处理器”，单击【翻译】按钮，即可翻译多个词语，如下图所示。

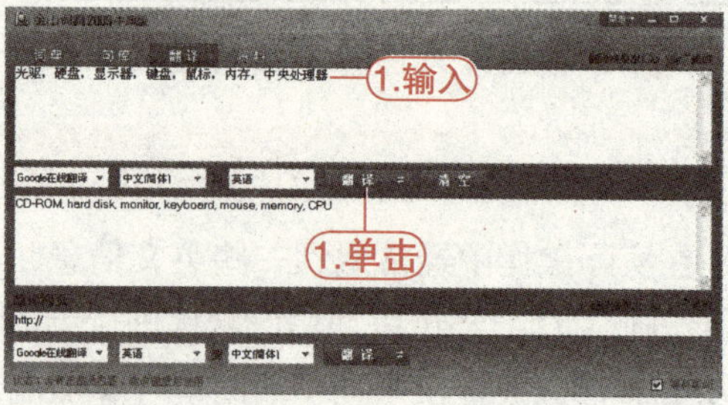

05 单击【清空】按钮，可以清空内容。

06 在上面的文本框中输入英文内容，设置为【英语】到【中文(简体)】，单击【翻译】按钮，可以进行中文解释。

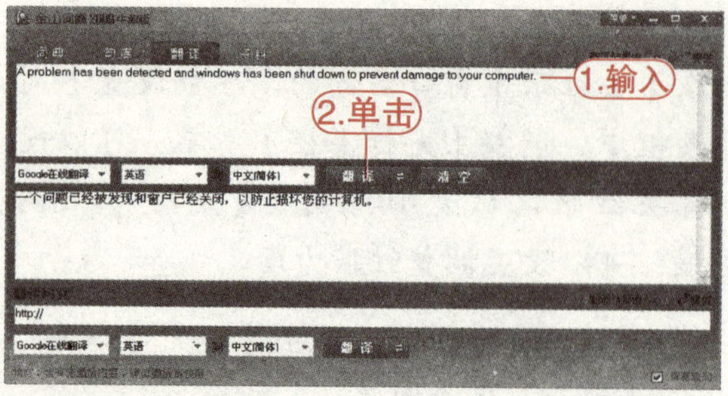

12.3.2 查询单词

使用金山词霸查询单词，可以显示该单词的一些详细解释，如果用户在学习英语，不妨使用金山词霸辅助学习。

【例12-8】使用金山词霸查询单词。视频

01 单击主界面上的【词典】选项卡，打开该选项卡窗口。

02 在查询栏中输入单词“电脑”，金山词霸会自动显示有关电脑的词语.

03 按下Enter键，即可显示有关“电脑”的英文翻译。

04 单击英文翻译链接。

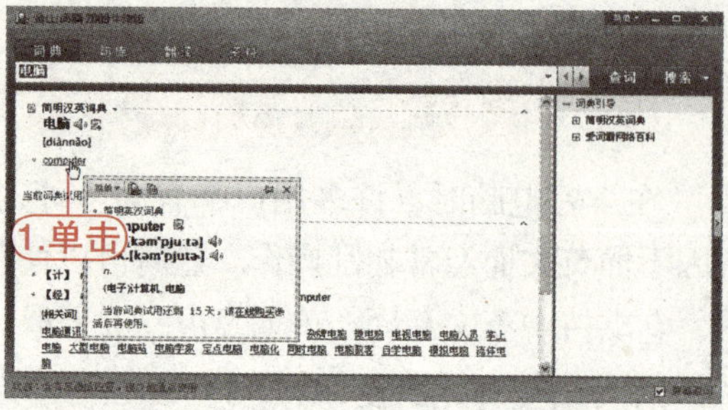

05 打开有关“电脑”一词英文翻译的一些详细内容和拓展内容，可以拖动滚动条进行学习。

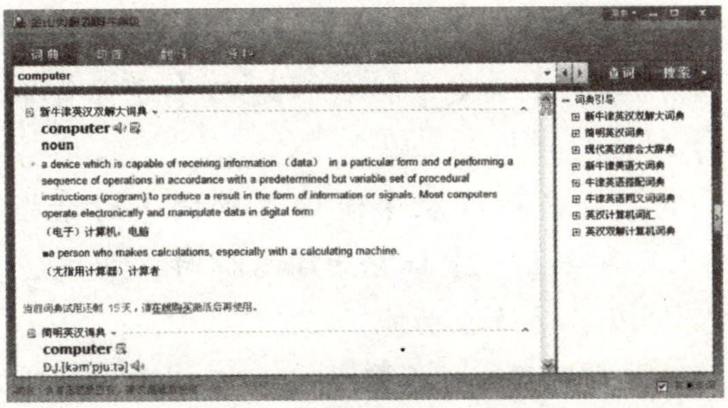

12.3.3 使用屏幕取词功能

金山词霸的屏幕取词功能是非常人性化的一个附加功能，只要将鼠标光标指向屏幕中任何中、英字词，金山词霸会出现浮动的取词条，用户可以方便地看到单词的音标、注释等相关内容。

【例12-9】使用金山词霸屏幕取词功能。视频

01 启动金山词霸后，默认情况下已经开启了屏幕取词功能。

02 将光标移至屏幕上的任意位置，金山词霸会自动搜索该位置是否含有词典中的单词，有则显示取词窗口，显示该单词的相关说明内容。

03 要设置金山词霸的屏幕取词功能，可以单击主界面右侧列表框中的【软件设置】链接，打开【软件设置】对话框。

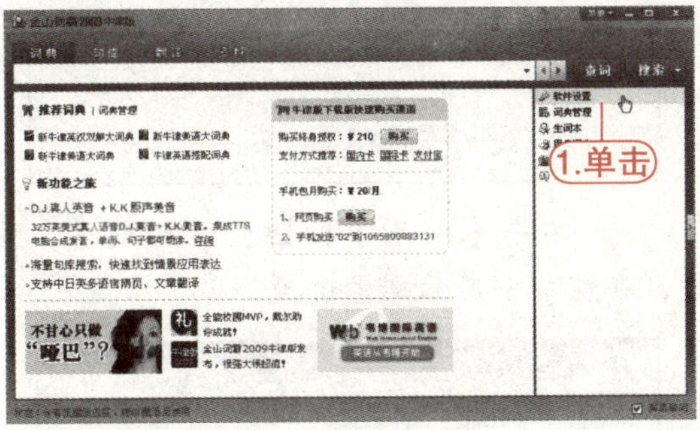

04 选择【屏幕取词】选项卡，打开该选项卡对话框。

05 在【基本设置】选项区域中可以设置取词模式、延迟时间和窗口宽幅；在【控制选项】选项区域中可以设置屏幕取词功能相关的启动选项。

06 单击【更多选项】按钮，打开【高级设置】对话框，可以设置取词窗口的显示内容。设置完成，单击【确定】按钮，即可保存设置。

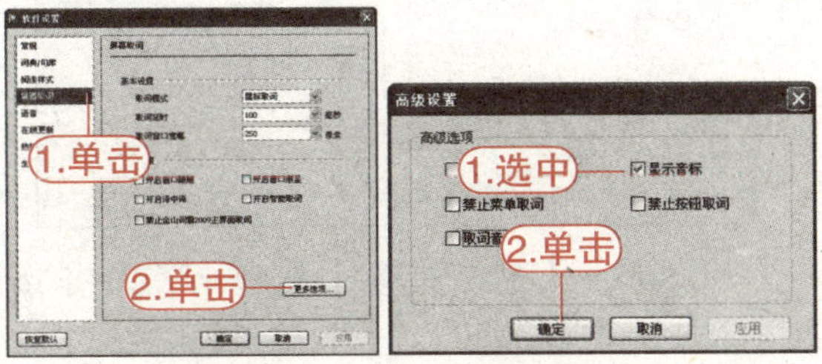

12.3.4 应用迷你背单词功能

金山词霸的迷你背单词功能可以用来学习和背诵单词，用户可以设置背诵单词的词汇，例如大学英语四级词汇、研究生入学考试词汇等，用户完全可以把它当作一款英语学习软件。

【例12-10】使用金山词霸迷你背单词功能。视频

01 启动金山词霸，单击右侧列表框中的【迷你背单词】链接，打开【迷你背单词】对话框，默认情况下未添加词库。

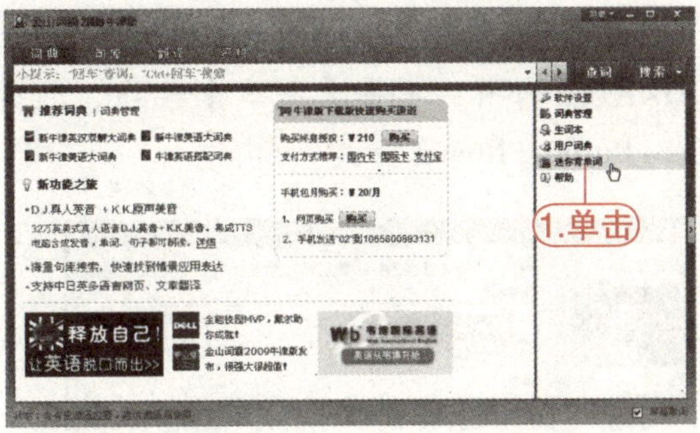

02 单击按钮，在弹出的下拉菜单中选择【设置】命令，打开【系统设置】对话框。

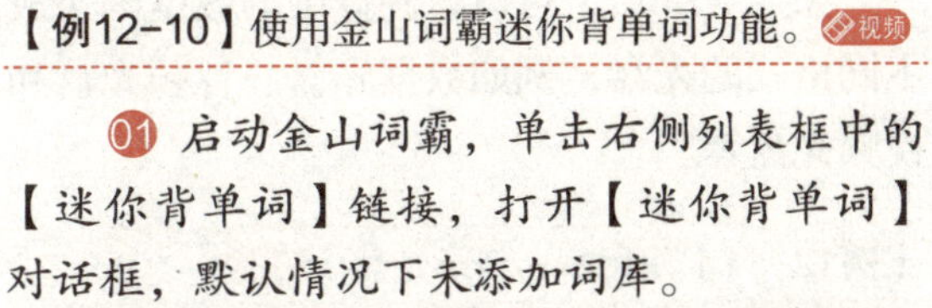

03 选中【公共词库】单选按钮，在【词库选择】下拉列表中可以选择要添加的词库选项，例如选择【大学英语四级词汇】选项，添加大学英语四级单词词库。

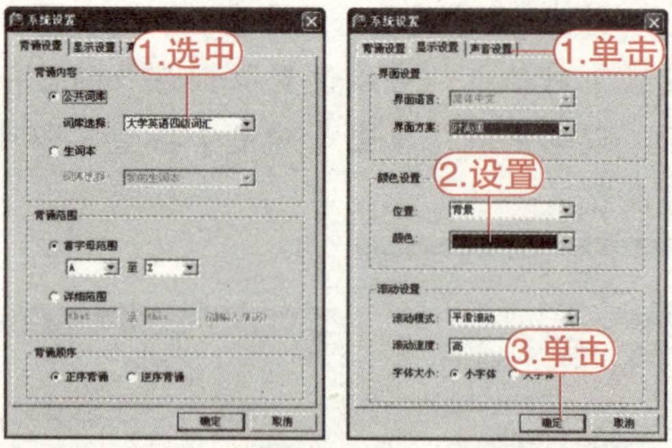

04 单击【显示设置】选项卡，打开该选项卡对话框，对界面、颜色和滚动进行设置，单击【确定】按钮，返回【迷你背单词】对话框。

05 将光标移至【迷你背单词】对话框中的滚动条上，光标显示图标时，单击鼠标，可以启动语音功能。

06 单击按钮和按钮，可以跳转到上一个和下一个单词。

12.4 使用光盘刻录软件——Nero

Nero Burning ROM是一款非常实用的光盘刻录软件，可以实现在CD或DVD上存储数据、音频文件和视频文件的功能。

12.4.1 刻录光盘

安装Nero后，可以将硬盘中的数据刻录成不同格式的光盘，例如数据光盘、音频光盘和视频光盘等。

【例12-11】使用Nero刻录光盘。视频

01 启动Nero，在左侧的列表框中选择CD-ROM选项，单击【新建】按钮，打开Nero Burning Rom窗口。

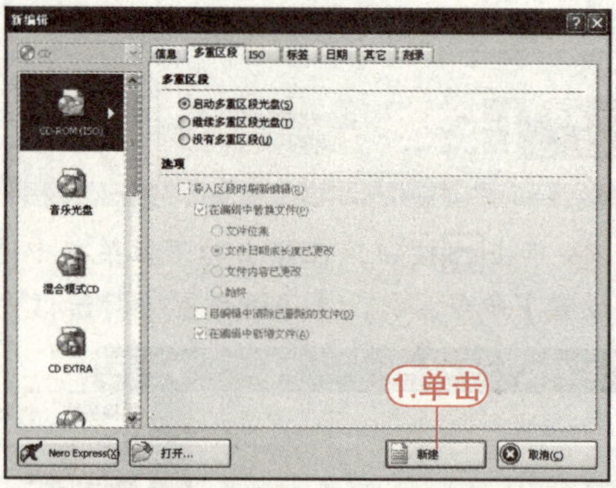

02 选中需要刻录的文件，拖动到左侧的窗格中。

03 单击【刻录】按钮，打开【刻录编译】对话框，在【写入方式】下拉列表框中选择刻录方式。

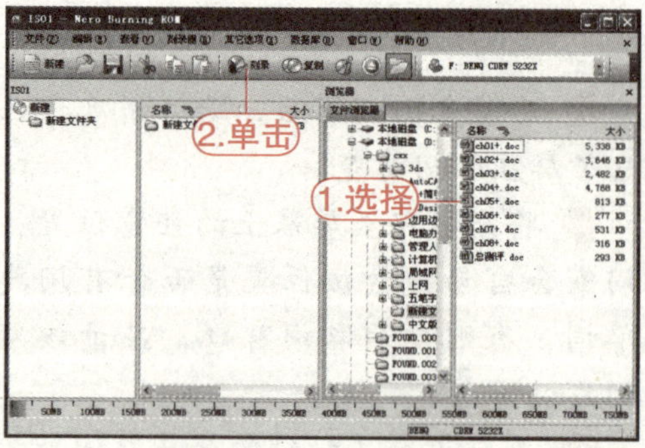

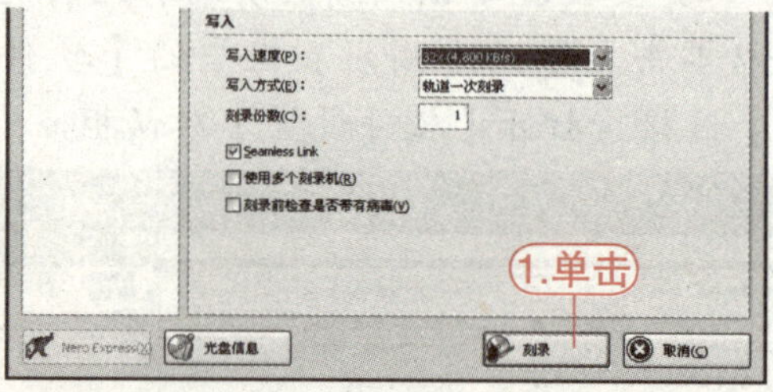

04 单击【刻录】按钮，开始刻录，同时，在窗口中显示刻录进度。

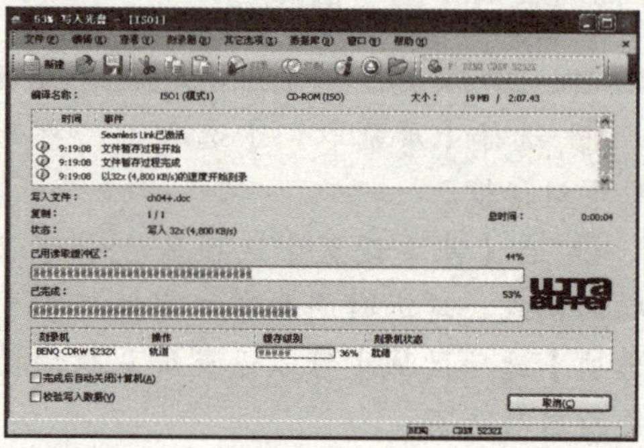

12.4.2 刻录音乐CD

使用Nero可以很方便地创建各种类型的音频CD，包括标准音频CD、MP3 CD、WMA CD和Nero Digital Audio CD等格式。

【例12-12】使用Nero刻录音乐CD。视频

01 启动Nero应用程序，在左侧的列表框中选择【音乐光盘】选项，单击【新建】按钮，打开Nero Burning Rom窗口。

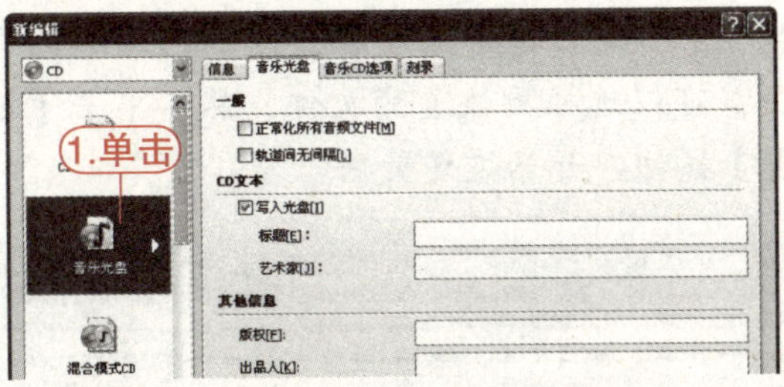

02 选中要刻录的音乐文件，拖动至左侧的窗格中。

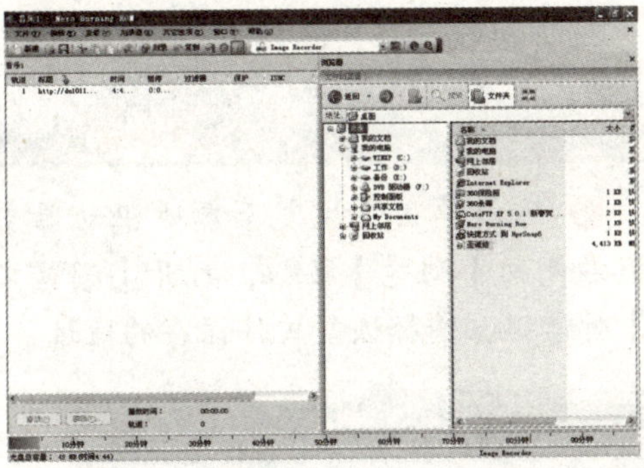

03 单击【刻录】按钮，打开【刻录编译】对话框，单击【刻录】按钮，即可开始刻录音乐CD。

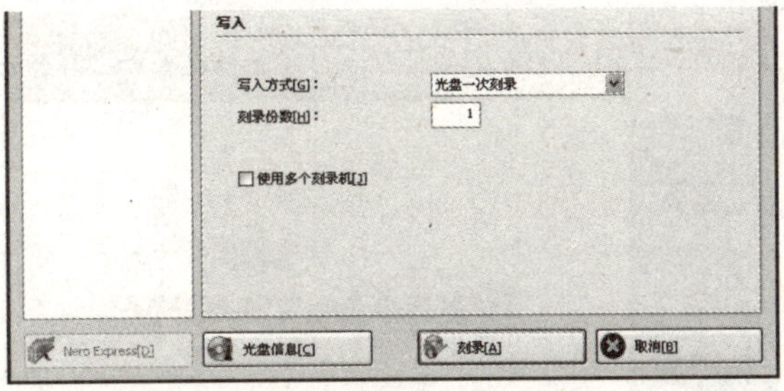

04 单击【音乐光盘】选项卡，打开该选项卡对话框，选中【写入光盘】复选框，在【写入光盘】选项区域中的【标题】和【艺术家】文本框中分别输入音乐名称和艺术家。

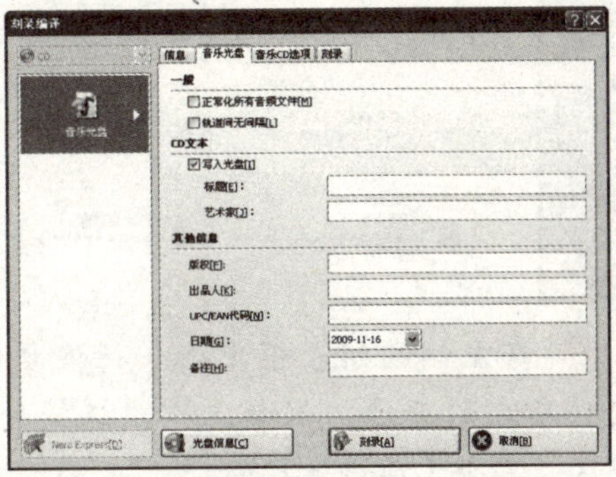

05 单击【刻录】按钮，开始刻录音乐光盘，显示刻录进度。刻录完成后退出光盘即可。

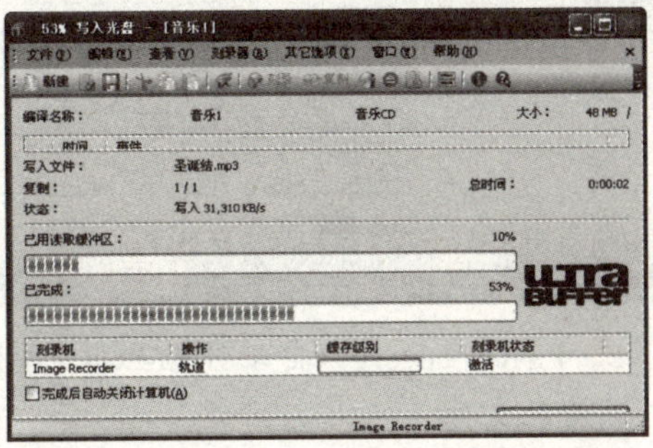

12.5 使用EasyRecovery恢复软件

用户如果不小心或因为系统断电等意外导致文件损坏或丢失，可以使用EasyRecovery恢复软件恢复误删的文档。

【例12-13】使用EasyRecovery恢复软件。视频

01 启动EasyRecovery，单击【数据恢复】按钮，打开【数据恢复】对话框。

02 单击【删除恢复】按钮。系统会打开一个【目标警告】对话框，单击【确定】按钮。

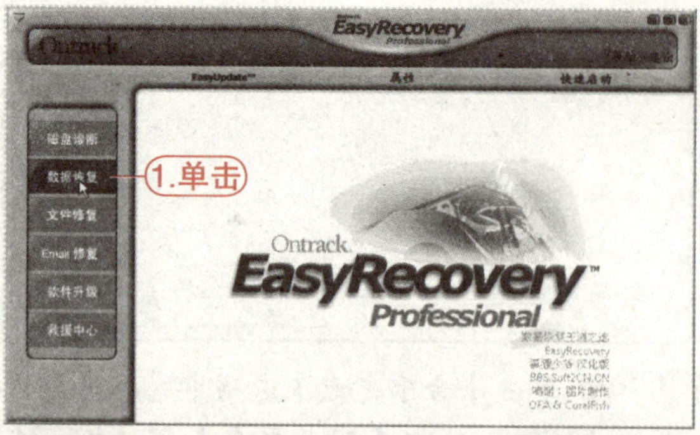

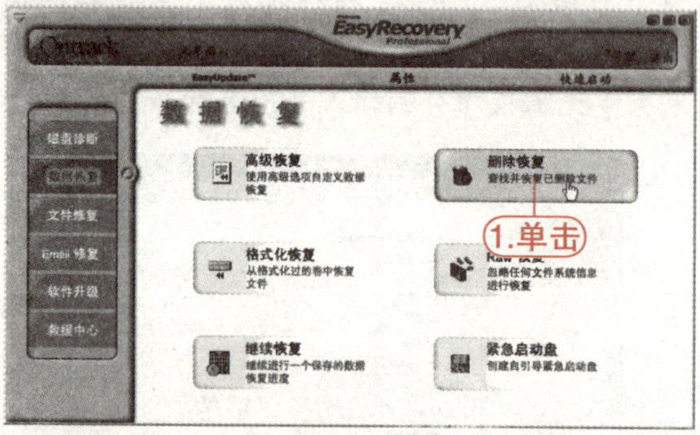

03 在左侧的列表框中选中待恢复已删除文件所在的分区，例如本例中选择的是C盘分区，单击【前进】按钮。

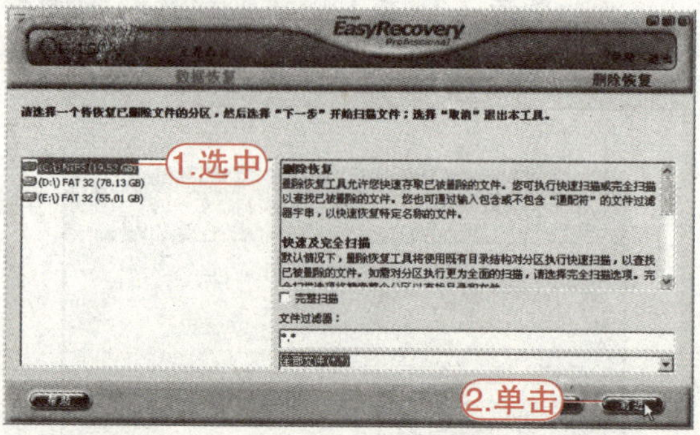

04 EasyRecovery会自动开始扫描C盘分区中已删除的文件。

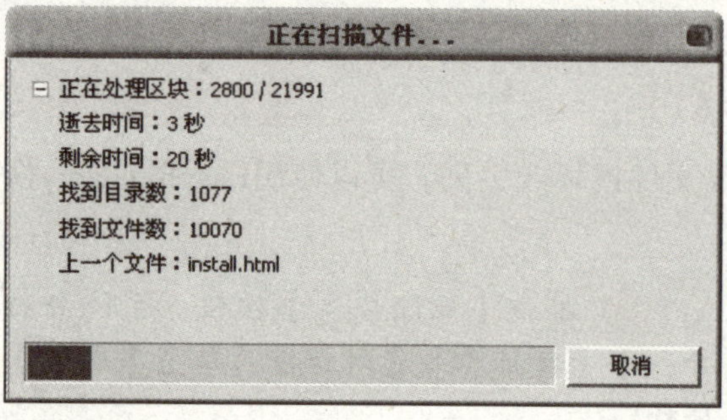

05 扫描完毕后，EasyRecovery会自动创建树形目录。

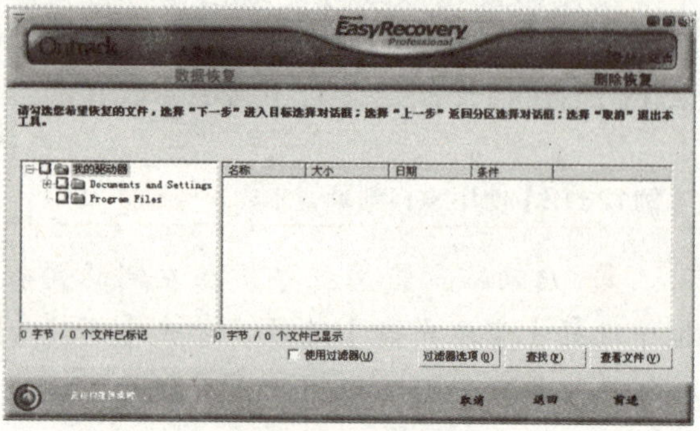

06 目录创建完成后，显示已删除的文件，可以选择要恢复的文件，然后单击【前进】按钮，开始恢复数据。

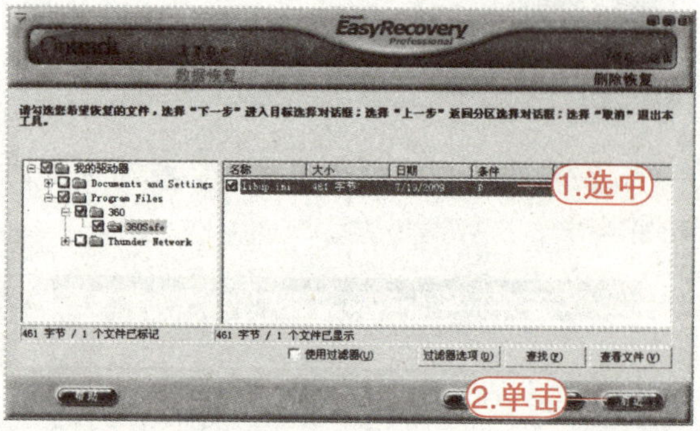

07 可以单击【恢复至本地驱动器】文本框右侧的【浏览】按钮，打开【浏览文件夹】对话框，选择恢复文件保存的地址。

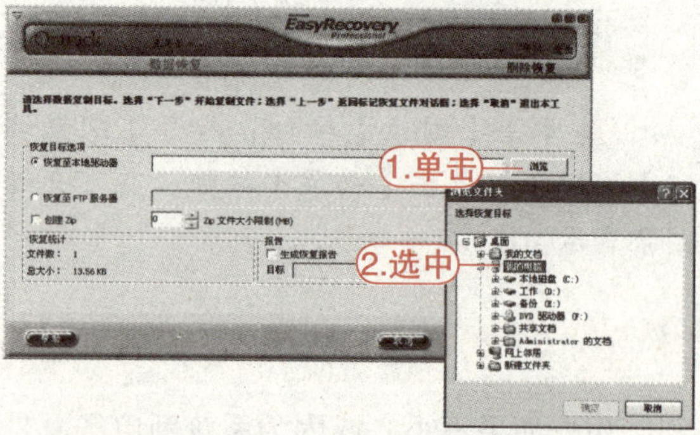

08 单击【前进】按钮，开始恢复数据，待数据恢复完成后，会显示相关的恢复信息，可以单击【完成】按钮，完成操作。

12.6 使用文件夹加密超级大师

数据加密是对信息及数据进行加密并保护，提高了数据的安全性和保密性，从而防止数据被外部窃取。使用数据加密软件不仅可对文件和文件夹加密，还能防止文件和文件夹被删除。

12.6.1 启动文件夹加密超级大师

文件夹加密超级大师是一款专业的文件及文件夹加密软件。对于电脑中的一些机密文件，可以使用该软件加密，避免其他用户查看这些文件或文件夹。文件夹加密超级大师可以加密任何文件，它采用独特的加密算法，被加密的文件难以破解。

安装文件夹加密超级大师软件后，选择【开始】|【所有程序】|【文件夹加密超级大师】|【文件夹加密超级大师】命令，启动该软件。

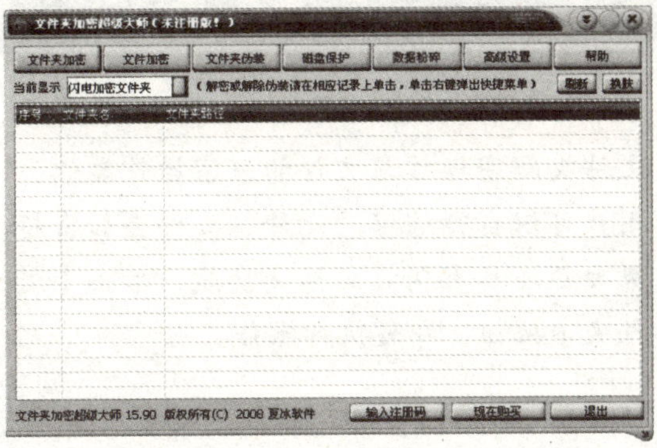

文件夹加密超级大师界面主要由标题栏、工具栏和任务列表框组成。用户可以通过单击工具栏中的按钮，进行文件和文件夹的加密、解密等操作。

12.6.2 加密文件

文件夹加密超级大师采用了独特的加密算法，根据用户输入的密码对数据加密，这样使得被加密的文件难以破解。

【例12-14】使用文件夹加密超级大师加密重要的文档。视频

01 启动【文件夹加密超级大师】应用程序。单击工具栏上的【文件加密】按钮，打开【打开】对话框，选择要加密的文件，然后单击【打开】按钮。

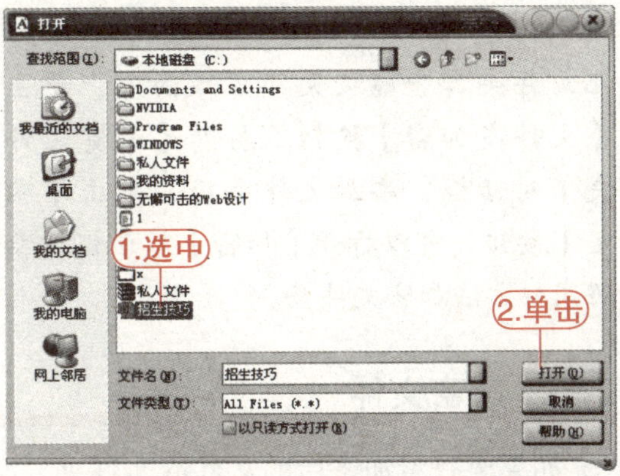

02 打开【加密】对话框，输入加密密码，并选中【全钻】单选按钮，然后单击【加密】按钮。

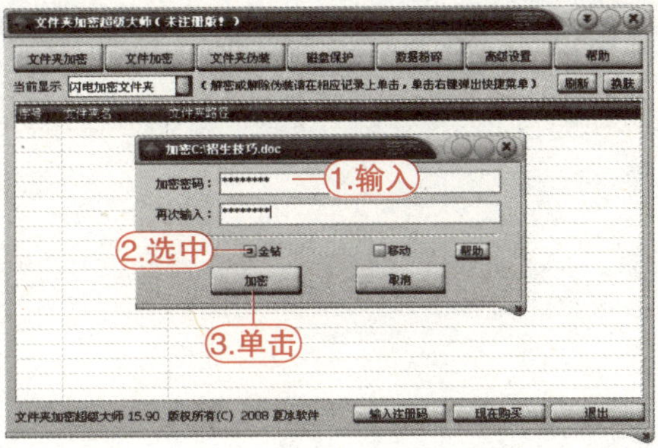

03 开始对文件进行加密，并且显示加密进度。

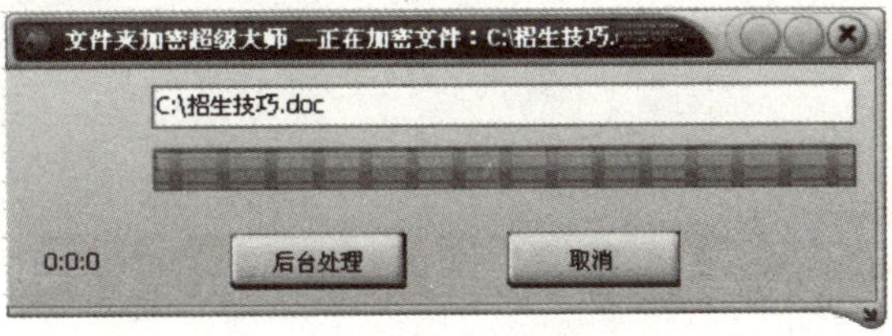

04 加密完成后，在主界面中显示加密文

件的名称及路径，查看加密文件。

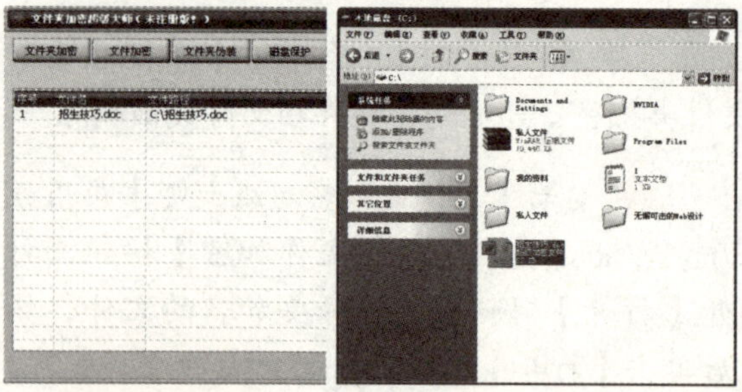

专家指点

在文件夹加密超级大师主界面中，单击【文件夹加密】按钮，打开【浏览文件夹】对话框，添加文件夹后，单击【确定】按钮，可以打开【加密】对话框，参照同样方法加密文件夹。

12.6.3 解密文件

如果要查看加密后的文件或文件夹，必须对其进行解密操作。使用文件夹加密超级大师解密文件和文件夹的方法与加密文件的方法相似。

【例12-15】使用文件夹加密超级大师进行解密文件操作。视频

01 打开加密文件所在路径，双击“招生技巧”文件。

02 打开【请输入密码】对话框，输入密码，然后单击【解密】按钮。

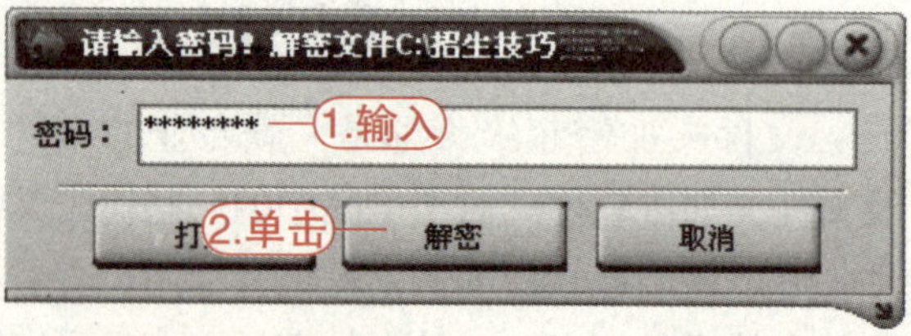

03 此时即可对文件进行解密操作，并显示解密进度，解密成功后，双击该文件，即可打开并查看文件内容。

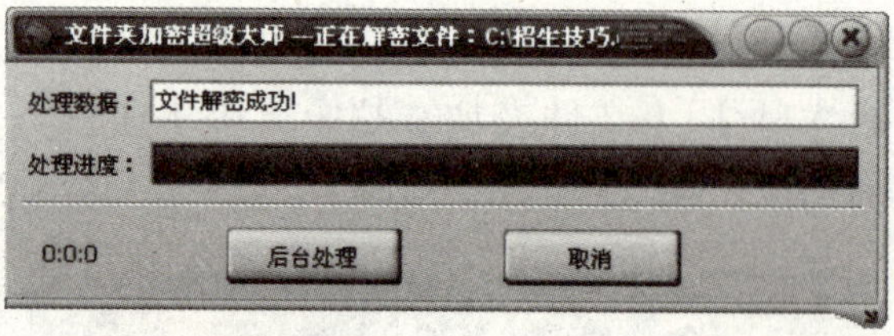

注意事项

文件夹解密操作与文件的解密操作类似，用户可以自行练习。此外，文件夹加密超级大师还具有伪装文件夹功能，单击【文件夹】按钮，即可执行操作。

Chapter

13 电脑的安全和维护

用户除了熟练操作电脑外还需要学习一些电脑的安全和维护技巧。本章主要介绍了保养电脑硬件、维护系统、防护病毒、修复漏洞等操作。用户通过学习能掌握一些基本的电脑安全和维护方法。

- 电脑硬件的保养方法
- 电脑系统的日常维护
- 备份数据
- 系统还原
- 电脑病毒防护
- 检测和修复系统漏洞
- 系统安全设置
- 关闭不需要的功能

参见随书光盘

例13-1 电脑硬件的保养方法
例13-2 设置系统自启动项目
例13-3 整理磁盘碎片
例13-4 清理系统垃圾文件
例13-5 备份数据
例13-6 还原备份的数据
例13-7 创建系统还原点
例13-8 还原系统
例13-9 备份注册表
例13-10 使用卡巴斯基杀毒
例13-11 使用安全卫士查杀木马
例13-12 启动安全卫士实时保护
例13-13 使用安全卫士下载软件
例13-14 开启Windows防火墙
例13-15 清理IE浏览器中的记录
例13-16 扫描系统漏洞
例13-17 自动更新系统漏洞
例13-18 禁用NetBIOS
例13-19 禁用文件和打印共享服务
例13-20 禁用注册表
例13-21 限制登录密码输入次数
例13-22 关闭系统发送错误报告
例13-23 关闭系统休眠功能

13.1 电脑硬件的保养方法

电脑是比较精密的电器设备，掌握一些电脑硬件的保养方法，能有效延长设备的使用寿命。下面就介绍一些主要硬件的保养和维护方法。

13.1.1 电脑使用环境注意事项

要想使电脑保持健康，首先应该在一个良好的使用环境下操作电脑。有关电脑的使用环境需要注意的事项有以下几点。

- 环境温度：电脑正常运行的理想环境温度是5℃～35℃，其安放位置最好远离热源并避免阳光直射。
- 环境湿度：最适宜的湿度是30%～80%，湿度太高可能会使电脑受潮而引起内部短路，烧毁硬件，湿度太低则容易产生静电。
- 清洁的环境：电脑要放在一个比较清洁的环境中，以免大量的灰尘进入电脑而引起故障。
- 远离磁场干扰：强磁场会对电脑的性能产生很坏的影响，例如导致硬盘数据丢失、显示器产生花斑和抖动等。强磁场干扰主要来自一些大功率电器和音响设备等，因此电脑要尽量远离这些设备。
- 电源电压：电脑的正常运行需要一个稳定的电压，如果家里电压不够稳定，一定要使用带有保险丝的插座，或者为电脑配置一个UPS电源。

13.1.2 CPU的保养

电脑内部绝大部分数据的处理和运算都是通过CPU处理的，因此CPU的发热量很大，对CPU的维护和保养主要是做好相应的散热工作。

【例13-1】保养CPU。视频

01 打开机箱，从主板上拔下CPU风扇的电源线。

02 打开散热片的扣杆，取掉散热片。

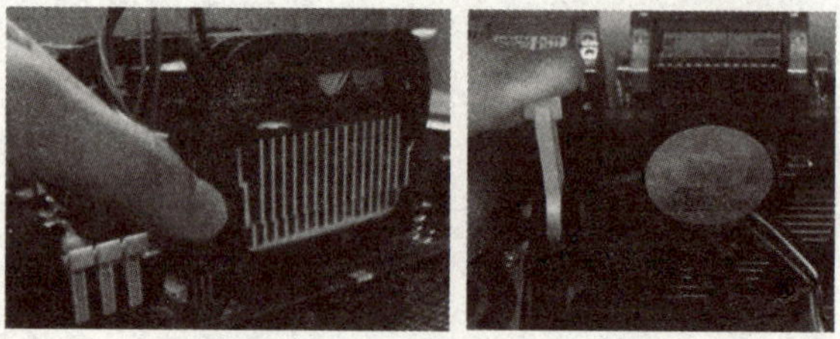

03 准备好用于CPU导热的硅胶，然后在CPU和散热片之间均匀涂抹导热硅胶。

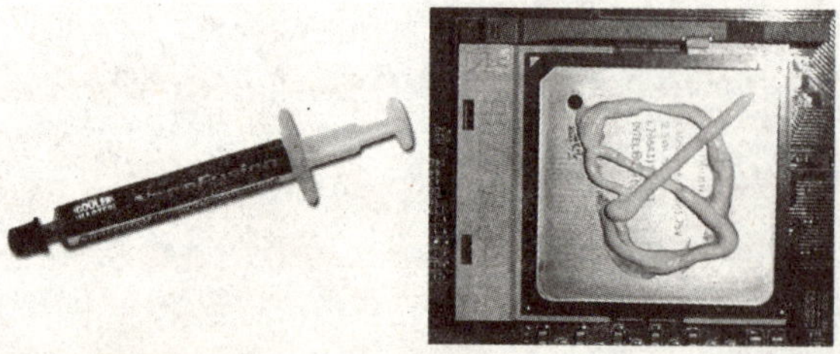

注意事项

导热硅胶和导热硅脂都是白色的液体。导热硅胶比较黏稠，而导热硅脂比较稀。将它们涂在散热片与CPU之间，可以较好地将CPU的热量传给散热片。

04 拧开CPU上方固定风扇的4颗螺丝钉，将散热片上的风扇拆卸下来，然后使用毛刷清除风扇扇页上的灰尘。

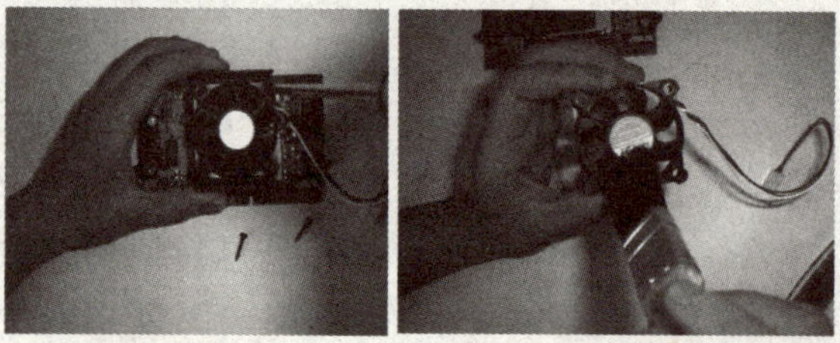

注意事项

CPU使用一段时间后，风扇和散热片上会有灰尘，不利于散热，因此需要及时清扫。

13.1.3 硬盘的保养

电脑中的主要数据都保存在硬盘中，硬盘一旦损坏，会给用户造成很大的损失。硬盘安装在机箱的内部，一般不会随意移动，在拆卸时要注意以下几点。

- 在拆卸硬盘时，尽量在正常关机并等待磁盘停止转动后（听到硬盘的声音逐渐变小并消失）再进行移动。
- 在移动硬盘时，应用手捏住硬盘的两侧，尽量避免手与硬盘背面的电路板直接接触。注意轻拿轻放，尽量不要磕碰或者与其他坚硬物体相撞。
- 硬盘内部的结构比较脆弱，应避免擅自拆卸硬盘的外壳。

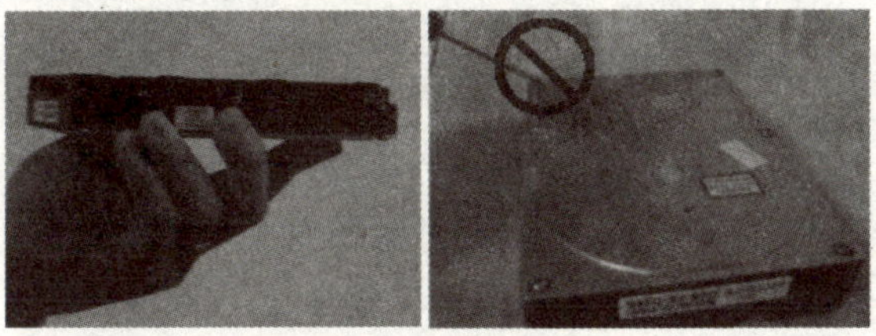

13.1.4 液晶显示器的保养

液晶显示器（LCD）是比较容易损耗的器件，在使用时要注意以下几点。

- 避免屏幕内部烧坏：如果长时间不用，一定要关闭显示器，或者降低显示器的亮度，避免内部部件烧坏或者老化。这种损坏一旦发生就是永久性的，无法挽回。
- 注意防潮：长时间不用显示器，可以定期通电工作一段时间，让显示器工作时产生的热量将机内的潮气蒸发掉。另外，不要让湿气进入LCD。发现有雾气，要用软布将其轻轻地擦去，然后才能打开电源。
- 正确清洁显示器屏幕：如果发现显示屏表面有污迹，可用沾有少许水的软布轻轻地将其擦去，不要将水直接洒到显示屏表面，这样容易导致屏幕短路。
- 避免冲击屏幕：LCD屏幕十分脆弱，所以要避免强烈的冲击和振动。还要注意不要对LCD显示器表面施加压力。
- 切勿拆卸：一般用户尽量不要拆卸LCD。即使在关闭了很长时间以后，背景照明组件中的CFL换流器依旧可能带有大约1 000V的高压，能够导致严重的人身伤害。

13.1.5 光驱的保养

光驱是电脑中的读写设备，对光驱保养应注意以下几点。

- 光驱的主要作用是读取光盘，因此要提高光驱的寿命，首先需要注意的是光盘的选择。尽量不要使用盗版或质量差的光盘，如果盘片质量差，激光头就需要多次重复读取数据，从而使其工作时间加长，加快激光头的磨损，进而缩短光驱的寿命。
- 光驱在使用的过程中应保持水平放置，不能倾斜放置。
- 在使用完光驱后应立即关闭仓门，防止灰尘进入。
- 关闭光驱时应使用光驱前面板上的开关盒按键，切不可用手直接将其推入盘盒，以免损坏光驱的传动齿轮。
- 放置光盘的时候勿用手捏住光盘的反光面来移动光盘，指纹有时会导致光驱读写发生错误。
- 光盘不用时将其从光驱中取出，不要让光驱无谓地空转，这样会导致光驱负荷很重，缩短使用寿命。
- 尽量不要用光驱播放光碟，这样会大大加速激光头的老化，可将光碟中的内容拷贝到硬盘中进行播放。

13.2 电脑系统的日常维护

操作系统是电脑运行的软件平台，系统的稳定直接关系到电脑的操作。下面主要介绍了电脑系统的日常维护，包括管理开机启动项、整理磁盘碎片和清理垃圾文件等。

13.2.1 设置系统自启动项目

有些软件会随着系统的启动而自行启动，如果这些自启动软件比较多，会严重影响电脑的开机速度并占用系统资源。此时用户可将一些不必要的开机启动项取消掉，以降低资源消耗，优化开机过程。

【例13-2】设置系统自动启动项目。视频

01 选择【开始】|【运行】命令，打开【运行】对话框。

02 在【运行】对话框中输入命令msconfig，按下Enter键，打开【系统配置实用程序】对话框。

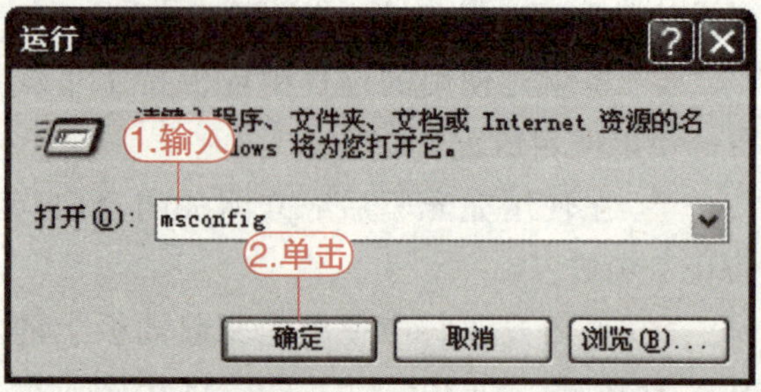

03 单击【启动】标签，切换至【启动】选项卡，该选项卡中列举了电脑开机时自动启动的应用程序。

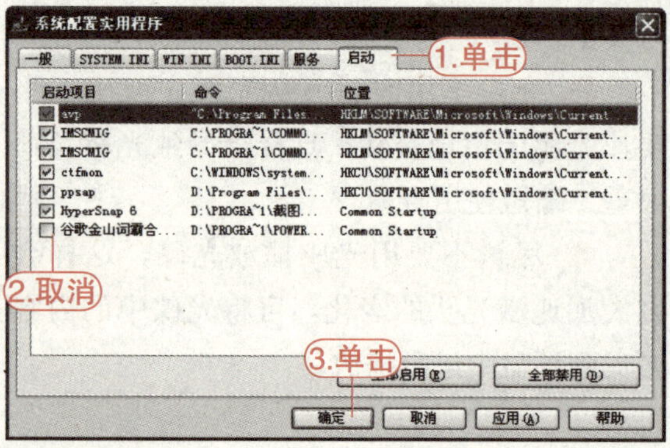

04 取消选中不需要启动的程序前面的复选框，然后单击【确定】按钮，即可使该程序开机时不再自动启动。

13.2.2 整理磁盘碎片

在使用电脑进行创建、删除文件或者安装、卸载软件等操作时，这些操作会在硬盘内部产生很多磁盘碎片。碎片的存在会影响系统往硬盘写入或读取数据的速度，而且由于写入和读取数据不在连续的磁道上，也加快了磁头和盘片的磨损速度，所以定期地清理磁盘碎片对用户的硬盘保护有很大实际意义。

【例13-3】整理磁盘碎片。视频

01 选择【开始】|【所有程序】|【附件】|【系统工具】|【磁盘碎片整理程序】命令，打开【磁盘碎片整理程序】对话框。

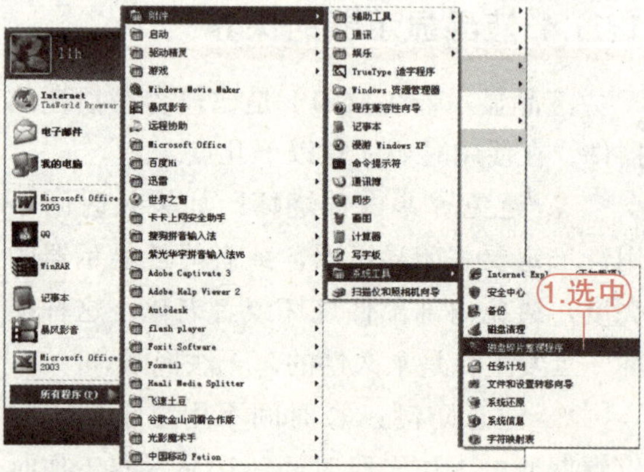

02 选中要整理碎片的磁盘，然后单击【分析】按钮。

03 系统开始对该磁盘进行分析，分析完成后，系统弹出分析结果对话框，告诉用户是否应对磁盘碎片进行整理。

04 单击【查看报告】按钮，可查看该磁盘的详细信息。

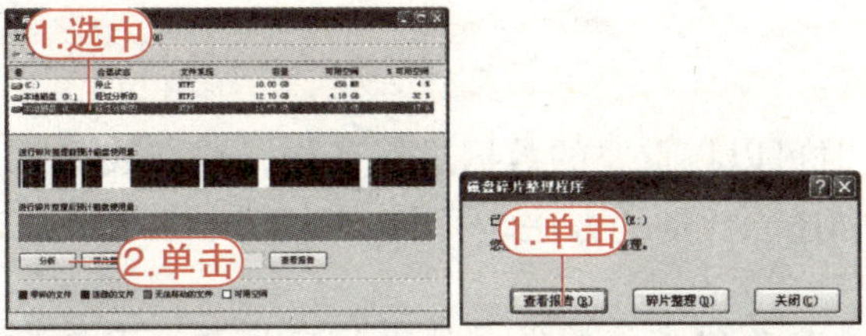

05 如果需要对磁盘碎片进行整理，单击【碎片整理】按钮，系统即可自动开始整理磁盘碎片，整理完成后将弹出整理完成的对话框，单击【关闭】按钮，完成磁盘碎片的整理。

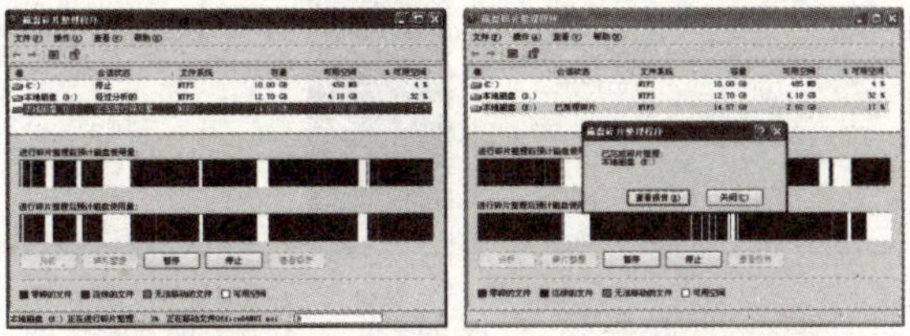

注意事项

需要注意的是如果磁盘不需要整理碎片，尽量不要强行进行整理，过频地整理磁盘碎片会缩短硬盘的寿命。

13.2.3 清理垃圾文件

系统在运行一段时间后，在系统和应用程序运行过程中，会产生许多的垃圾文件，包括应用程序在运行过程中产生的临时文件，安装各种各样的程序时产生的安装文件等。电脑使用得越久，垃圾文件就会越多，如果长时间不清理，垃圾文件数量会越来越庞大，就会产生大量的磁盘碎片，这不仅会使硬盘的读写速度变慢，还会影响硬盘的使用寿命。所以用户需要定期清理磁盘中的垃圾文件。

【例13-4】清理系统垃圾文件。视频

01 选择【开始】|【所有程序】|【附件】|【系统工具】|【磁盘清理】命令，打开【选择驱动器】对话框。

02 在【选择要清理的驱动器】下拉列表中选择要清理垃圾文件的磁盘，单击【确定】按钮。

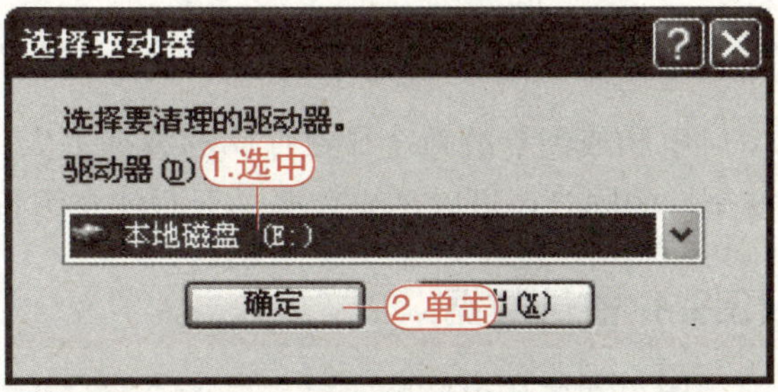

03 打开【磁盘清理】对话框，开始计算垃圾文件被清理后，可以释放多少磁盘空间。

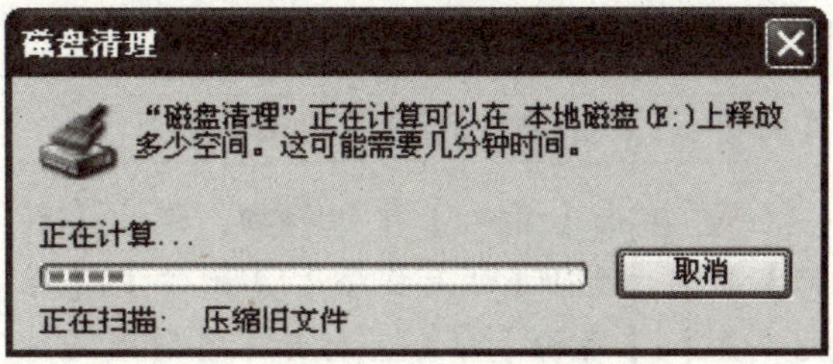

04 计算释放空间后，打开【本地磁盘的磁盘清理】对话框，单击【磁盘清理】选项卡，打开该选项卡对话框。

05 在【要删除的文件】列表框中选择所需删除的文件类型对应的复选框，例如选中【压缩旧文件】复选框，单击【选项】按钮，打开【压缩旧文件】对话框，可以设置清理压缩多长时间没有使用过的文件。

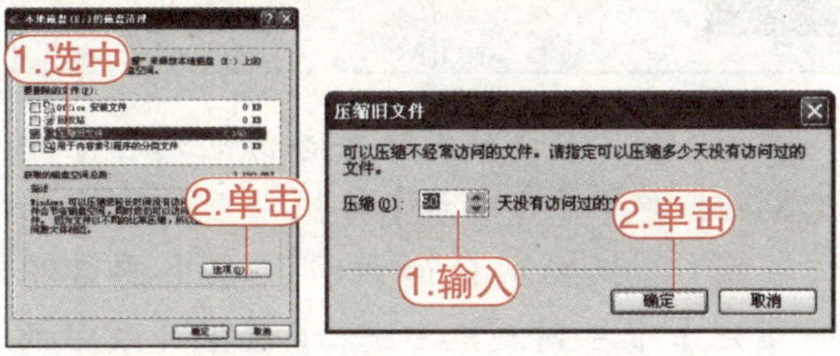

06 设置完成后，单击【确定】按钮，返回至【本地磁盘的磁盘清理】对话框，单击【确定】按钮，然后在弹出的对话框中单击【是】按钮，即可开始清理垃圾文件。

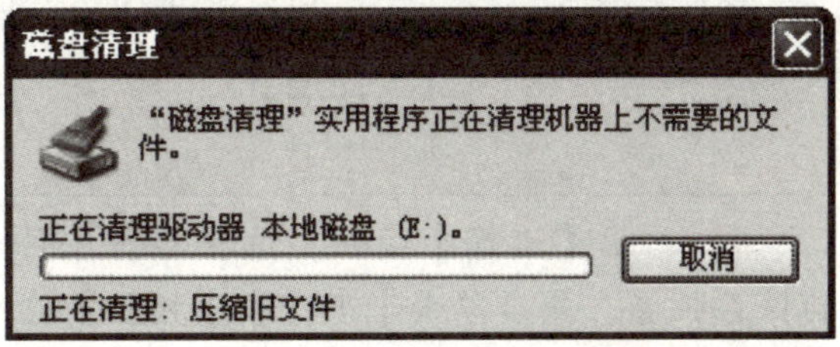

13.3 备份数据

电脑或硬盘故障会导致存储的数据丢失，此时可以将重要的数据进行备份，提高数据的安全性的同时还可以还原数据。下面就介绍备份和还原数据的方法。

13.3.1 备份数据

用户在使用电脑的时候，常常会将一些重要的文件保存在硬盘中。在对系统进行维护时，应定期备份重要数据，以免在电脑出现故障后造成不必要的损失。

【例13-5】备份C盘中的数据。视频

01 单击【开始】按钮，弹出【开始】菜单，选择【所有程序】|【附件】|【系统工具】|【备份】命令，打开【备份或还原向导】对话框。

02 单击【下一步】按钮。

03 选择【备份文件和设置】单选按钮，单击【下一步】按钮。

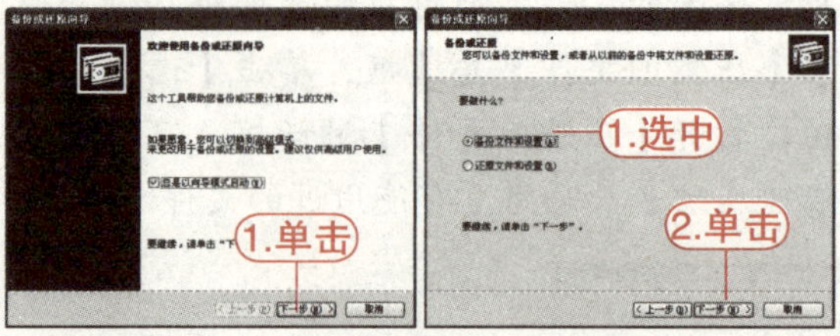

04 选中【让我选择要备份的内容】单选按钮，单击【下一步】按钮。

05 选择要备份的内容，在【要备份的项目】下拉列表框中选择C盘根目录中的【重要数据】文件夹复选框，单击【下一步】按钮。

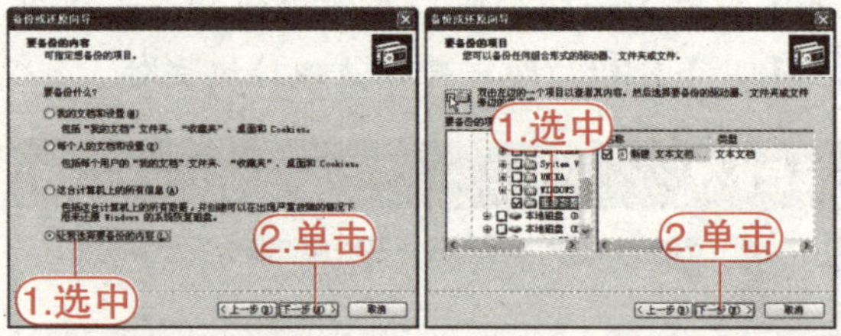

06 单击【浏览】按钮，选择备份文件的保存位置，然后单击【下一步】按钮。在选择备份文件的保存位置时应注意，不要选择被备份文件所在的分区。

07 单击【完成】按钮，打开【备份进度】对话框。

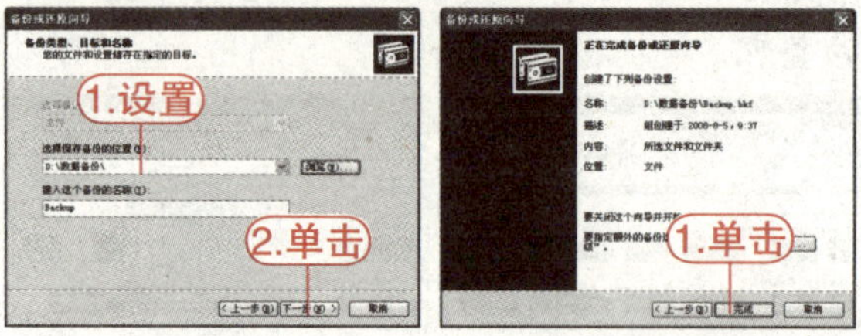

08 开始备份文件操作，在对话框中显示备份操作进度条。

09 备份操作完成后，显示备份报告信息，单击【关闭】按钮完成备份操作。

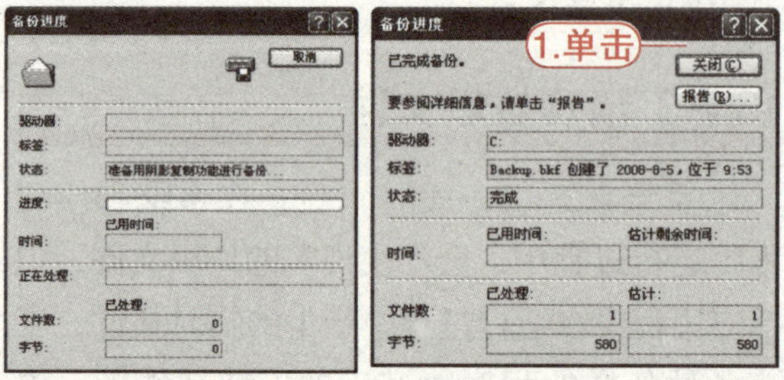

13.3.2 还原数据

成功备份数据后，当需要恢复丢失的数据时，进行还原操作即可。

【例13-6】还原备份的数据。视频

01 单击【开始】按钮，弹出【开始】菜单，选择【所有程序】|【附件】|【系统工具】|【备份】命令，打开【备份或还原向导】对话框。

02 单击【下一步】按钮。

03 选中【还原文件和设置】单选按钮，单击【下一步】按钮。

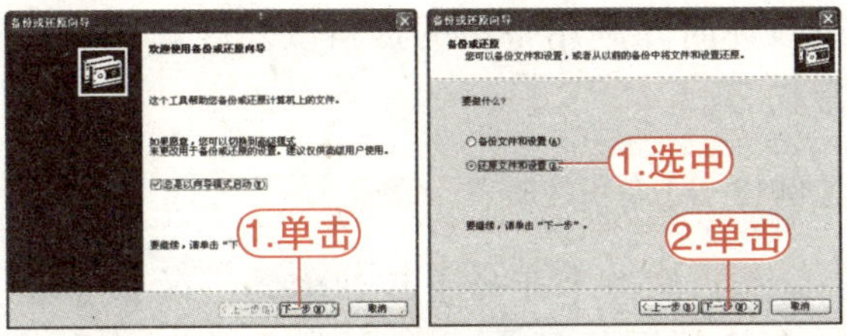

04 选择所需还原的文件，单击【下一步】按钮。

05 单击【完成】按钮。

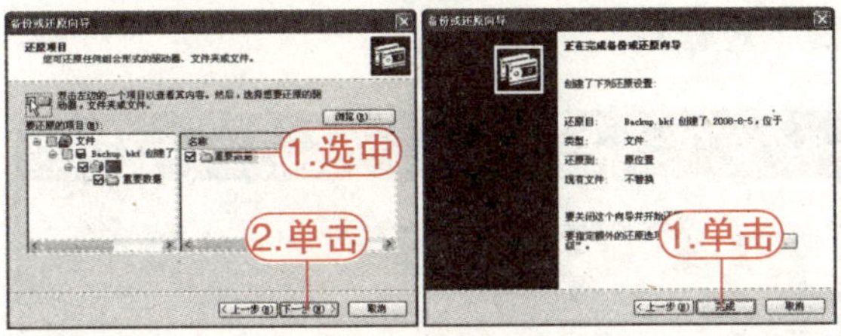

06 开始还原文件操作，在对话框中显示还原操作进度条。

07 还原操作完成后，显示还原报告信息，单击【关闭】按钮即可完成还原数据操作。

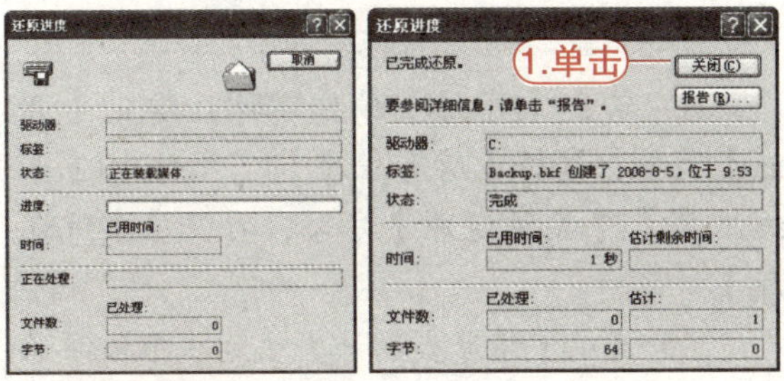

专家指点

单击【高级】按钮，在打开的对话框中可以选择文件的还原位置。

13.4 系统还原

操作系统由于操作失误而频繁出现故障时，可以使用自带的系统还原工具将系统恢复到出现问题之前的状态。下面就介绍备份和还原系统的方法。

13.4.1 创建还原点

还原系统前需要创建一个还原点，当系统出现故障时，使用系统还原可将系统恢复到还原点的状态。创建多个系统还原点，则可以在恢复系统时提供更多的选择。

【例13-7】创建系统还原点。视频

01 选择【开始】|【所有程序】|【附件】|【系统工具】|【系统还原】命令，打开【系统还原】对话框。

02 选中【创建一个还原点】单选按钮，单击【下一步】按钮。

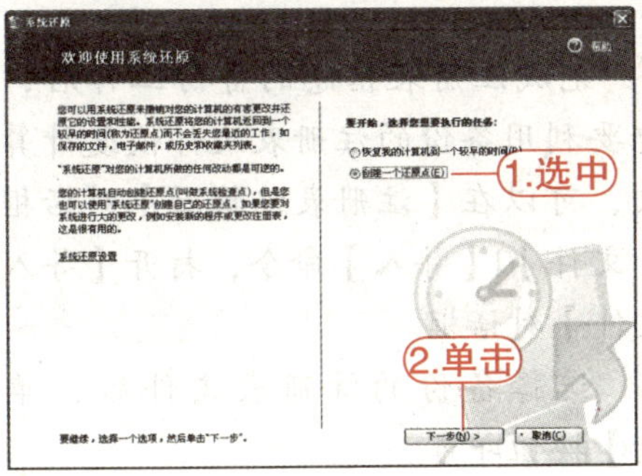

03 在【还原点描述】文本框中输入该还原点的相关描述，以便以后识别，然后单击【创建】按钮。

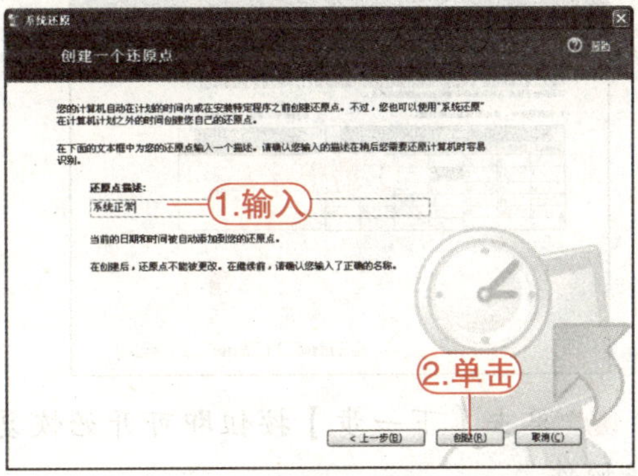

04 还原点创建完成后，系统自动记录创建该还原点的时间，便于用户进行维护，单击【关闭】按钮即可创建系统还原点。

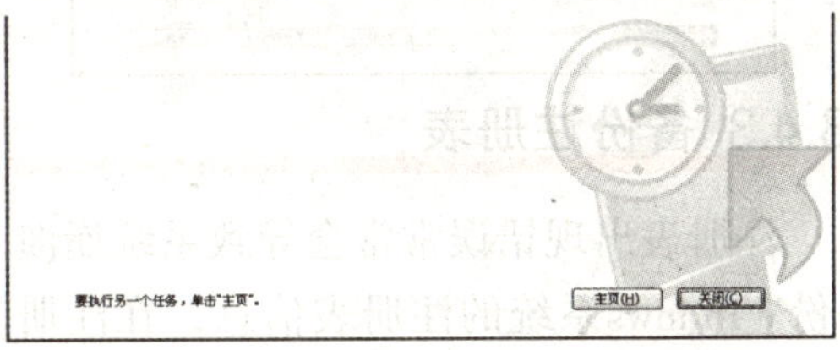

13.4.2 还原系统

创建还原点后，就可以通过还原系统操作恢复系统到还原点状态。

【例13-8】还原系统。视频

01 单击【开始】按钮，弹出【开始】菜单，选择【所有程序】|【附件】|【系统工具】|【系统还原】命令，打开【系统还原】对话框。

02 选中【恢复我的计算机到一个较早的时间】单选按钮，然后单击【下一步】按钮。

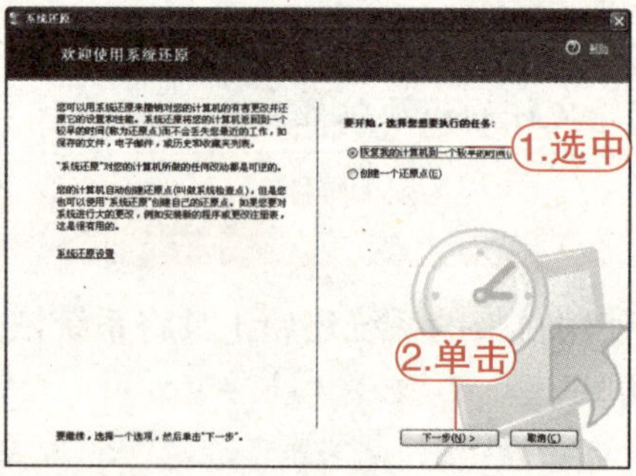

03 选择一个还原点，然后单击【下一步】按钮。

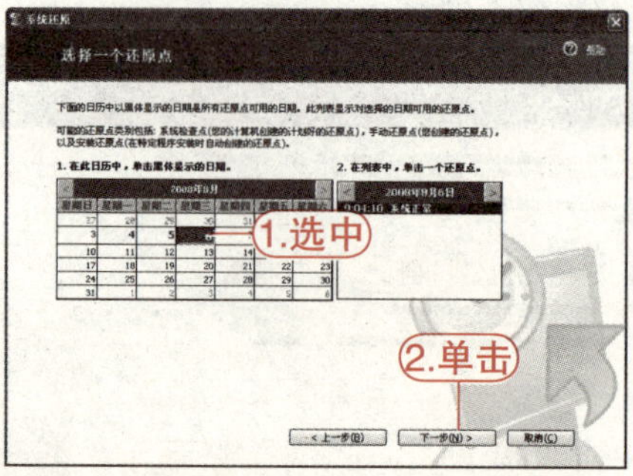

04 单击【下一步】按钮即可开始恢复系统操作。

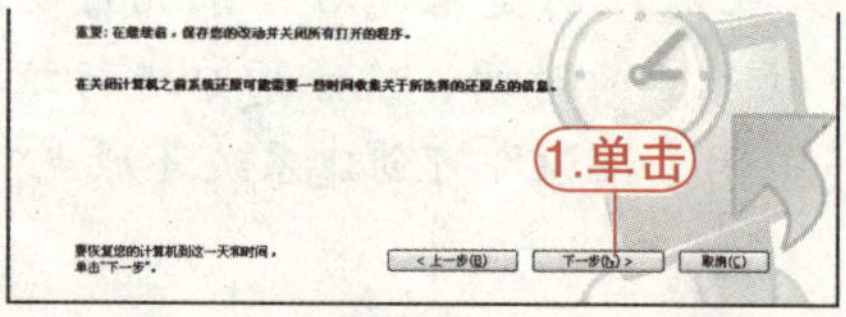

13.4.3 备份注册表

注册表出现错误常常会导致系统崩溃。备份Windows系统的注册表信息，在注册表被破坏时，利用备份的资料恢复计算机的正常状态。

【例13-9】备份注册表。视频

01 单击【开始】按钮，弹出【开始】菜单，选择【运行】命令，打开【运行】对话框。

02 在【打开】文本框中输入regedit命令后，单击【确定】按钮，打开【注册表编辑器】对话框。

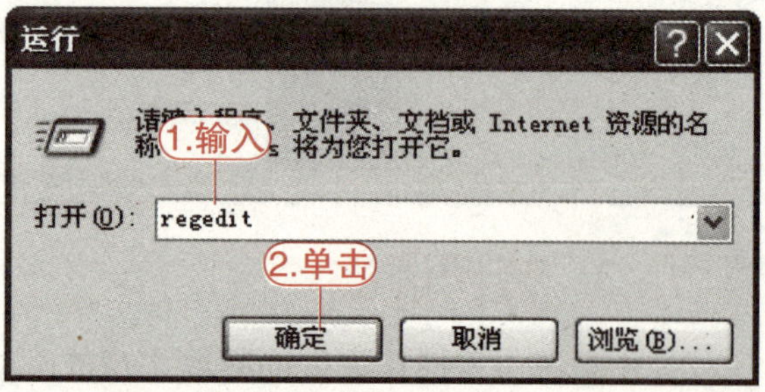

03 选择【文件】|【导出】命令，打开【导出注册表文件】对话框。

04 在【导出注册表文件】对话框中指定注册表文件的备份路径和文件名后，在【导出范围】选项区域中选中【全部】单选按钮，然后单击【保存】按钮即可备份当前注册表信息。

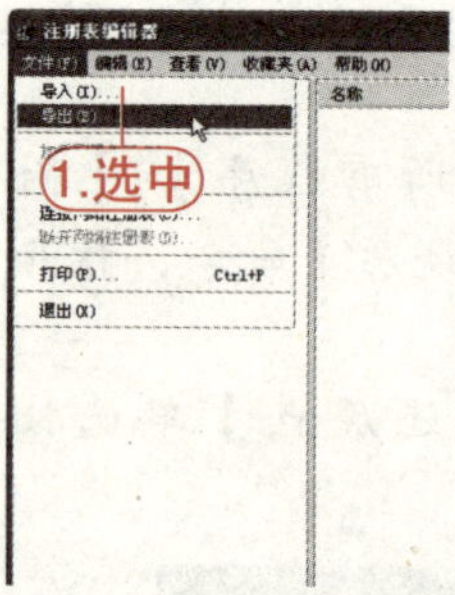

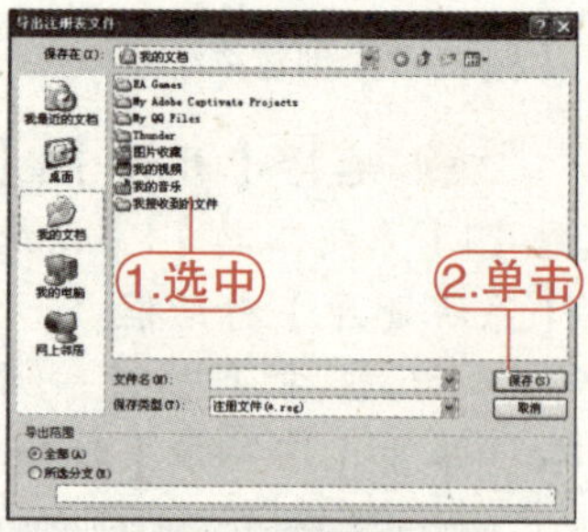

05 完成注册表信息的备份工作后，如果用户要利用备份的注册表文件恢复计算机注册表，可以在【注册表编辑器】对话框中选择【文件】|【导入】命令，打开【导入注册表文件】对话框。

06 选择备份的注册表文件后，单击【打开】按钮即可。

13.5 电脑病毒防护

电脑一旦感染上了病毒，将会导致系统无法正常运行，甚至会造成数据的丢失或损坏，因此在平时使用电脑过程中就要做好相应的病毒防护工作，尽量避免遭受病毒破坏。

13.5.1 电脑病毒防护技巧

在使用电脑的过程中，如果用户能够掌握一些预防电脑病毒的技巧，可以有效地降低电脑感染病毒的几率。

- 尽量禁用可移动磁盘和光盘的自动运行功能，因为很多病毒会通过可移动存储设备进行传播。
- 尽量不要在一些不知名的网站上下载软件，很有可能病毒会随着软件一同下载到电脑上。
- 建议使用正版杀毒软件。
- 定期更新并升级补丁，因为据统计显示，80%的病毒是通过系统的安全漏洞进行传播的。
- 如果是游戏爱好者，尽量不要登录一些外挂类的网站，很有可能在你登录的过程中，病毒已经悄悄地侵入了你的电脑系统。
- 设置共享文件密码，共享结束后应及时关闭。
- 对重要文件应形成备份的习惯，以防遭遇病毒的破坏造成意外损失。
- 定期使用杀毒软件扫描电脑，并及时升级杀毒软件。
- 当病毒已经入侵电脑，应该及时将其清除，防止其进一步扩散。

13.5.2 使用卡巴斯基查杀病毒

为了防止电脑病毒的入侵，用户可在电脑中安装杀毒软件，以预防和查杀病毒。下面以卡巴斯基杀毒软件为例来介绍病毒的查杀方法。

【例13-10】使用卡巴斯基查杀病毒。视频

01 安装并启动卡巴斯基杀毒软件。

02 单击左侧列表框中的【扫描】选项，然后在【扫描】区域中单击【完全扫描】按钮，可打开【完全扫描】界面。

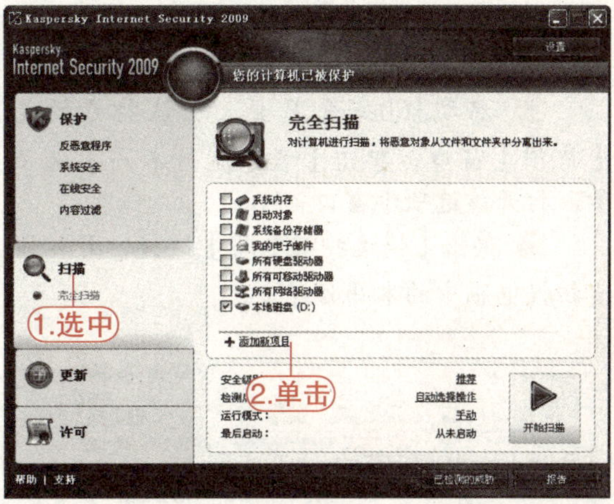

03 在中间的列表框中选中所需扫描的选项对应的复选框。

04 单击【添加新项目】链接，打开【选择要扫描的对象】对话框，可以选择要添加入列表中的扫描对象。

05 添加完成后，单击【开始扫描】按钮，软件即开始扫描病毒。

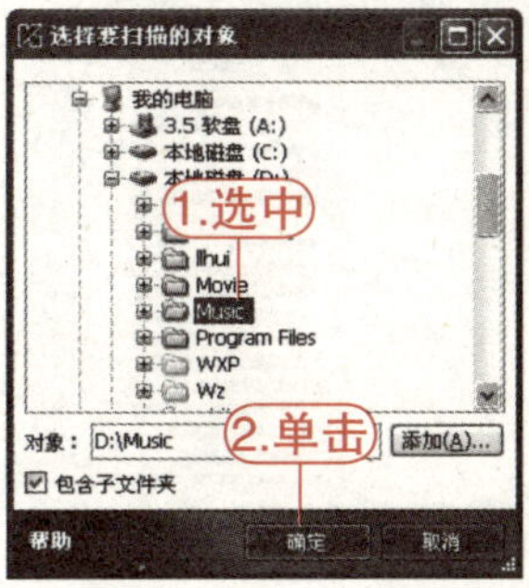

06 当扫描到可疑程序时，系统会弹出消息提示用户，并作相应的处理。

13.5.3 使用360安全卫士

306安全卫士也是一款很不错的系统保护软件。相对于专门的杀毒软件而言，它的功能比较多，不仅可以查杀病毒，还可以查杀木马程序以及恶意软件，对电脑进行实时保护，甚至可以管理和升级系统中安装的软件和程序等。

1. 查杀木马

使用360安全卫士，可以查杀电脑中的木马程序和恶评插件。

【例13-11】使用360安全卫士查杀木马。视频

01 启动360安全卫士，默认打开的是【常用】窗口，单击【查杀流行木马】选项卡，打开该选项卡窗口。

02 单击【快速扫描木马】链接，开始快速扫描电脑中的木马程序。

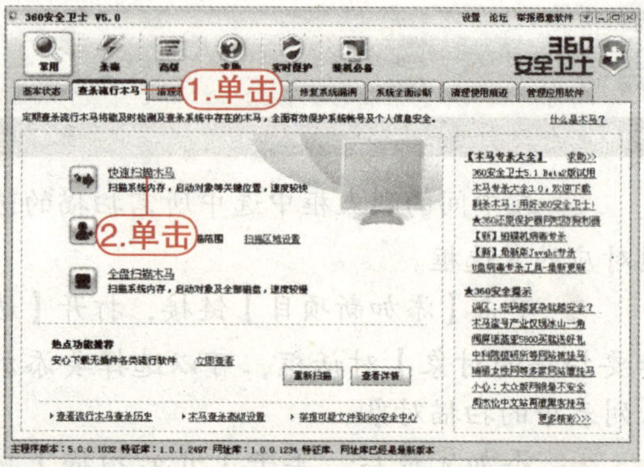

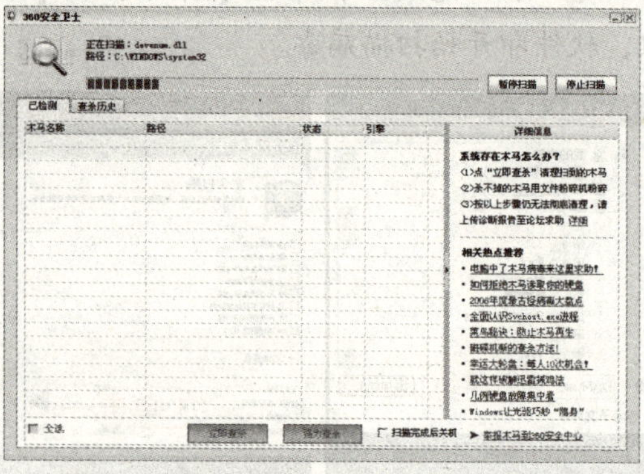

03 扫描完成后，显示木马程序，选中要删除的木马程序对应的复选框，单击【立即查杀】按钮，即可删除木马。

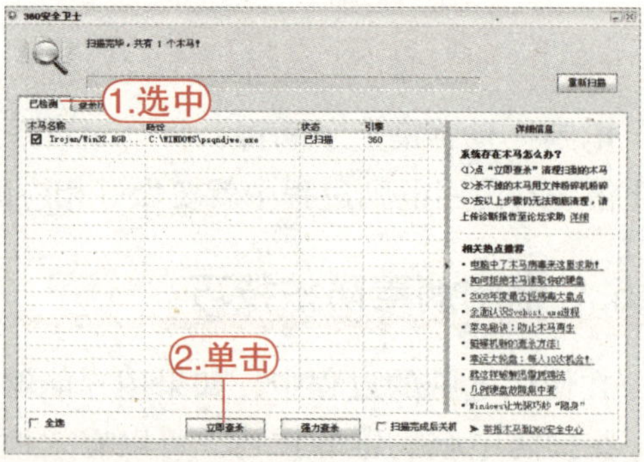

04 返回【常用】窗口，单击【清理恶评插件】选项卡，打开该选项卡窗口。

05 单击【开始扫描】按钮，开始扫描电脑中的恶评插件。

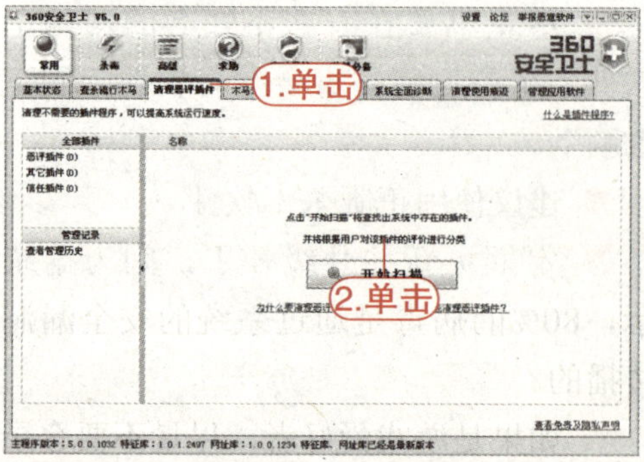

06 完成扫描后，在窗口左侧的【全部插件】列表框中显示了扫描结果。单击【恶评插件】、【其它插件】等选项，可以显示扫描到的插件。

07 选中要清理的插件对应的复选框，例如【百度工具栏】、【迅雷下载组件】等插件，然后单击【立即清理】按钮，即可清理插件。

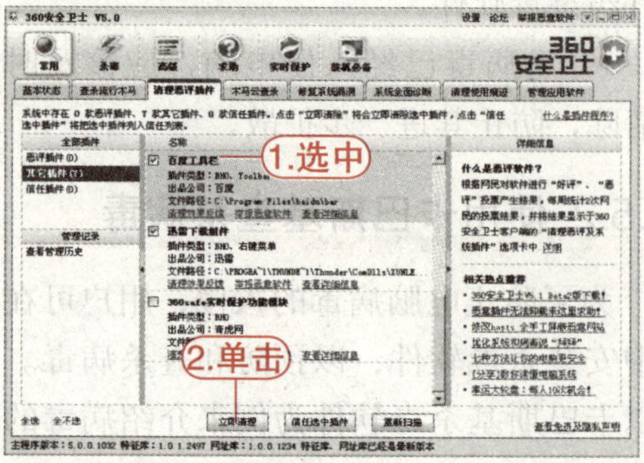

2. 启动实时保护功能

360安全卫士的实时保护功能，从木马

病毒的来源、执行权限、执行后的拦截等各个层次，全方位捍卫系统安全。

【例13-12】启动360安全卫士实时保护功能。视频

01 启动360安全卫士，单击【实时保护】按钮，打开【360实时保护】窗口。

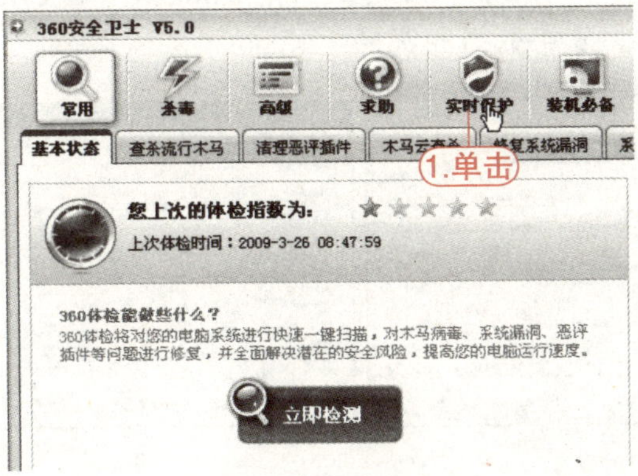

02 单击所需启动的实时保护功能选项右侧的【开启】链接，即可启动该实时保护功能。

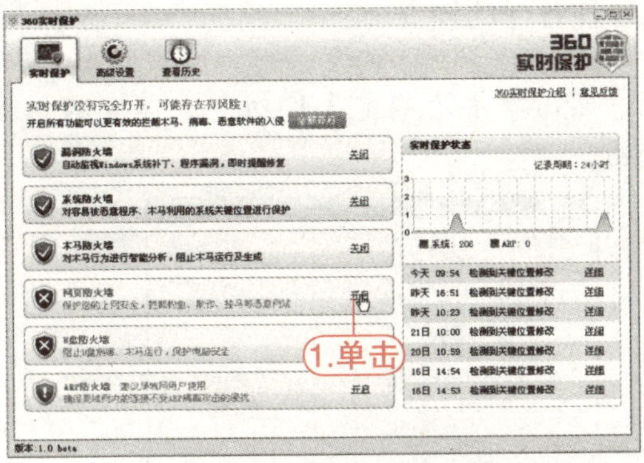

3. 下载和升级装机必备软件

360安全卫士提供了装机必备软件下载服务，无需专门搜索这些软件。此外360安全卫士能自动检测系统安装的软件版本，直接利用360安全卫士可以下载或升级软件版本，并且360安全卫士会实时更新和添加最新的软件。

【例13-13】使用360安全卫士下载软件。视频

01 启动360安全卫士，单击菜单栏上的【装机必备】按钮，打开【360软件管理】窗口。

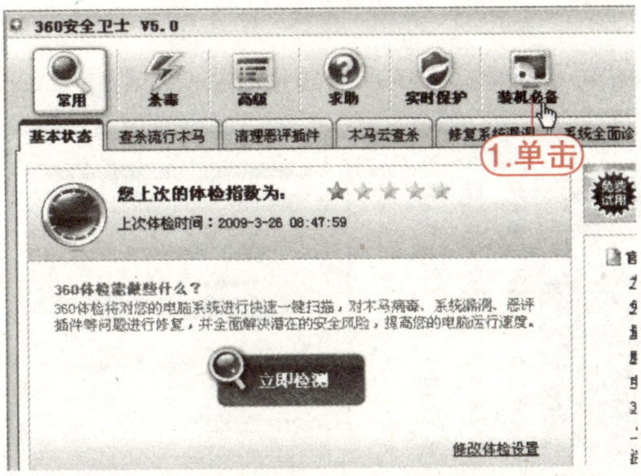

02 单击所需下载或升级的软件右侧的【下载】或【升级】按钮，例如升级暴风影音2009，单击该软件右侧的【升级】按钮。

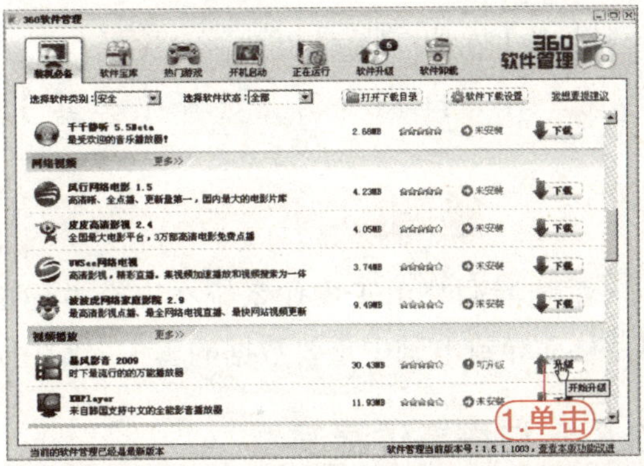

03 360安全卫士会自动连接并下载升级程序，在窗口下方显示下载进度，下载完成后即可安装程序。

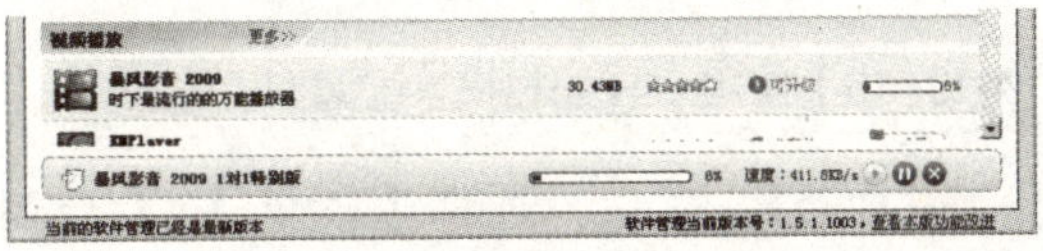

13.5.4 开启Windows防火墙

操作系统安装完成后，Windows的防火墙默认是开启的，如果用户出于某种需要或是因受到病毒的感染把防火墙关闭了，还可以通过【控制面板】重新开启防火墙。

【例13-14】开启Windows防火墙。视频

01 打开【控制面板】窗口。

02 双击【Windows防火墙】图标，打开【Windows防火墙】对话框。

03 选中【启用(推荐)】单选按钮，单击【确定】按钮即可开启Windows 防火墙。

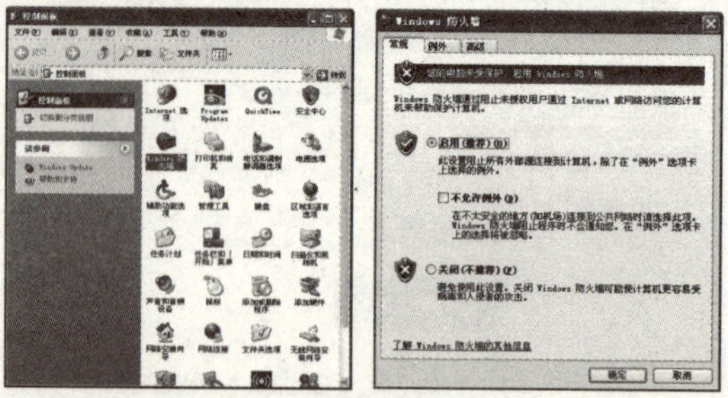

13.5.5 清理上网记录

清理上网记录可以有效地保护自己的个人隐私。

【例13-15】清理IE浏览器中的记录。视频

01 打开IE浏览器，选择【工具】|【Internet选项】命令，打开【Internet选项】对话框。

02 单击【浏览历史记录】选项区域中的【删除】按钮，打开【删除浏览的历史记录】对话框。

03 单击【全部删除】按钮，可以删除记录的Internet临时文件、Cookie、历史记录、表单数据和密码。

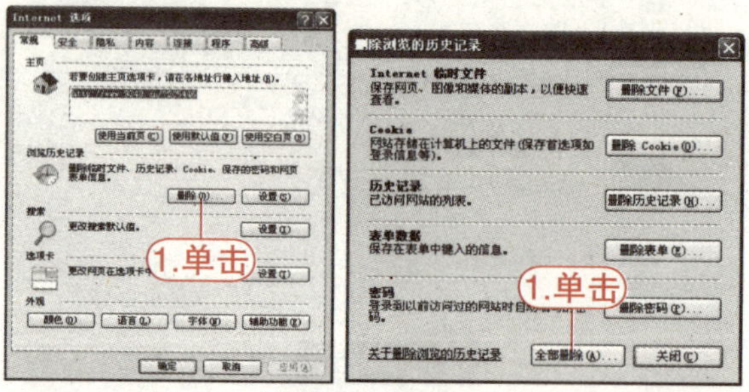

13.6 检测和修复系统漏洞

系统漏洞是由于操作系统在安全方面的设计缺陷造成的，这些漏洞往往会被入侵者利用，从而导致电脑中重要数据的丢失，给用户造成各种各样的损失。

13.6.1 扫描系统漏洞

可以通过一些系统漏洞扫描工具来搜索并修补系统漏洞。下面以X-Scan软件为例，介绍使用软件扫描系统漏洞的方法。

【例13-16】使用X-Scan扫描系统漏洞。视频

01 启动X-Scan，选择【设置】|【扫描参数】命令，打开【扫描参数】对话框。

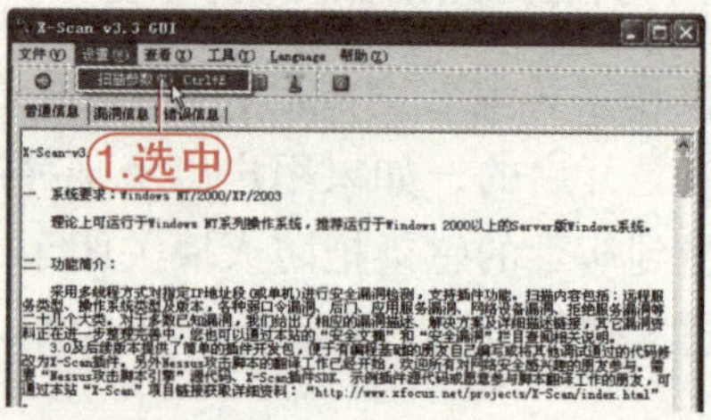

02 在左侧的列表框中展开【全局设置】选项，然后选择【扫描模块】选项。

03 单击中间列表框中的【全选】按钮，选中该对话框中部列表框内所有的选项。然后单击【确定】按钮，完成漏洞扫描设置。

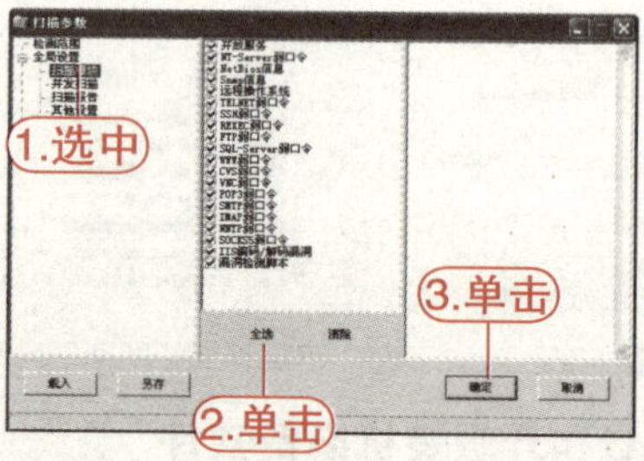

04 选择【开始】|【运行】命令，打开【运行】对话框，输入cmd，单击【确定】按钮，打开【命令提示符】窗口。

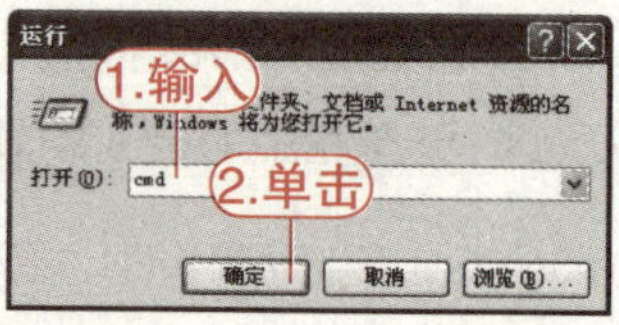

05 在【命令提示符】窗口中输入ipconfig命令后，按下Enter键，显示本地计算机的IP信息。

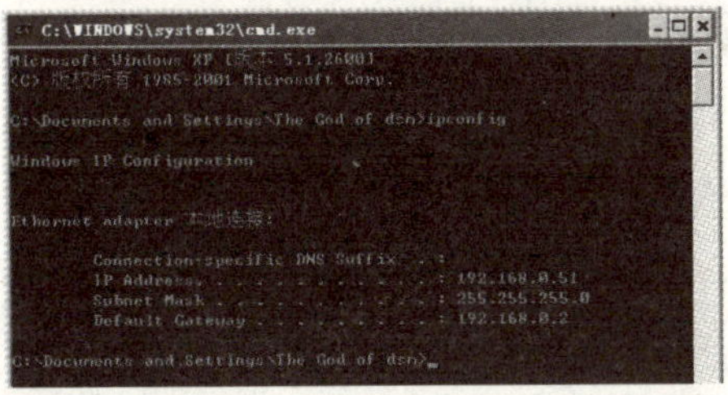

06 记录IP信息中IP Address项后的IP地址，然后返回X-Scan，选择【设置】|【扫描参数】命令，打开【扫描参数】对话框。

07 在【指定IP范围】文本框内输入记录的IP地址后，单击【确定】按钮。

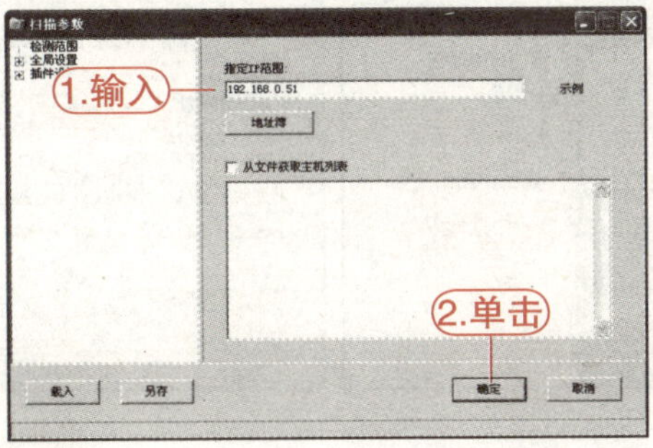

08 选择【文件】|【开始扫描】命令，即可开始执行扫描系统漏洞的操作。

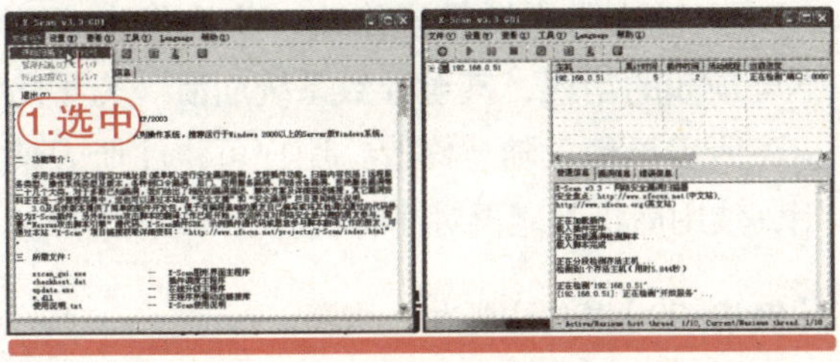

完成系统漏洞的检测后，如果发现系统中存在漏洞，就要使用Windows系统自带的【自动更新】功能进行修补。

【例13-17】自动更新系统漏洞。视频

01 选择【开始】|【设置】|【控制面板】命令，打开【控制面板】窗口。

02 在该【控制面板】窗口中，双击【自动更新】图标，打开【自动更新】对话框。

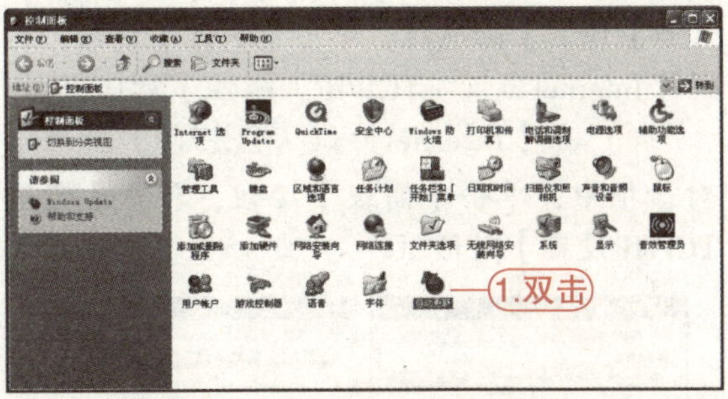

03 在【自动更新】对话框中，选择【自动】单选按钮后，单击【确定】按钮即可。

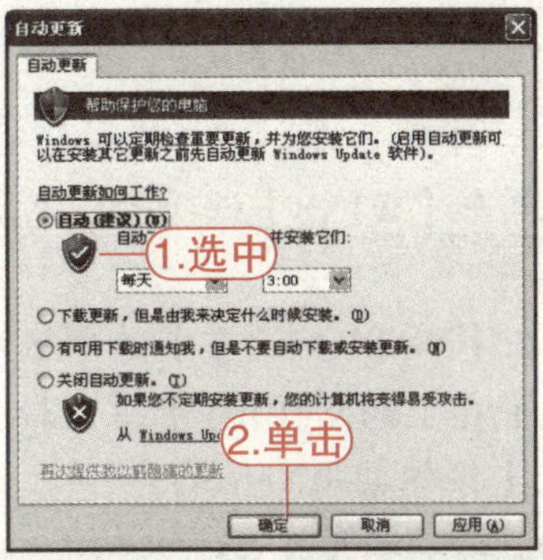

13.7 系统安全设置

Windows系统提供了很多安全设置，合理设置这些安全设置，可以帮助用户保护系统的安全。本节就将介绍一些常用的系统安全设置方法。

13.7.1 禁用NetBIOS

NetBIOS是导致系统安全漏洞的源头，对于不需要使用文件和打印机共享的主机，可以将绑定在TCP/IP协议上的NetBIOS关闭，以避免网络中针对NetBIOS的攻击行为。

【例13-18】禁用NetBIOS。视频

01 打开【控制面板】窗口，双击【网络连接】图标，打开【网络连接】窗口。

02 右击【本地连接】图标，在弹出的快捷菜单中选择【属性】命令，打开【本地连接属性】对话框。

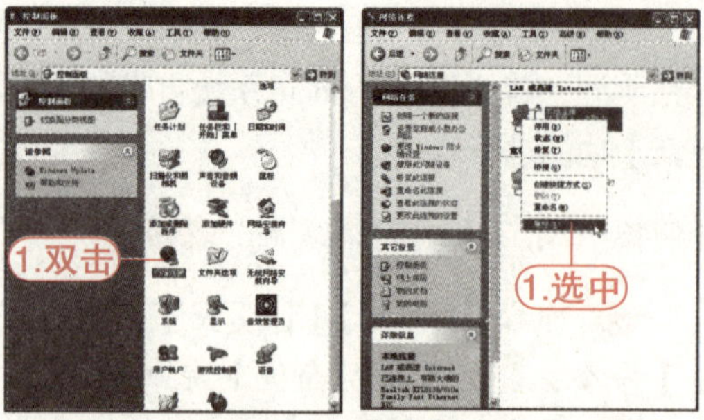

03 在【本地连接属性】对话框的【此连接使用下列项目】列表框中选中【Internet协议（TCP/IP）】选项后，单击【属性】按钮，打开【Internet协议（TCP/IP）属性】对话框。

04 在【Internet协议（TCP/IP）属性】对话框中，单击【高级】按钮，打开【高级TCP/IP设置】对话框。

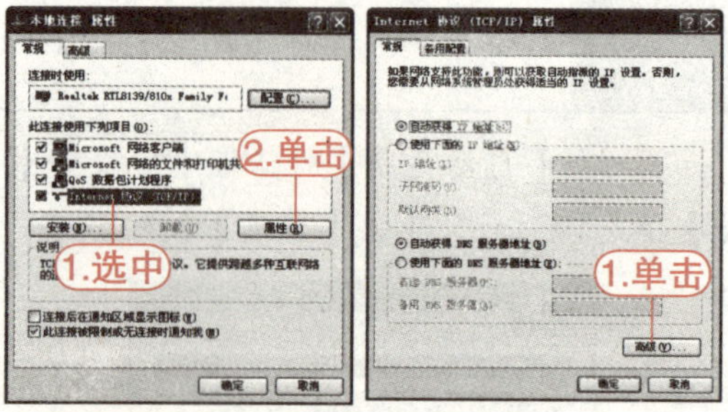

05 单击【WINS】选项卡，打开该选项卡对话框。

06 在【NetBIOS设置】选项区域中选中【禁用TCP/IP上的NetBIOS】单选按钮后，单击【确定】按钮禁用NetBIOS。

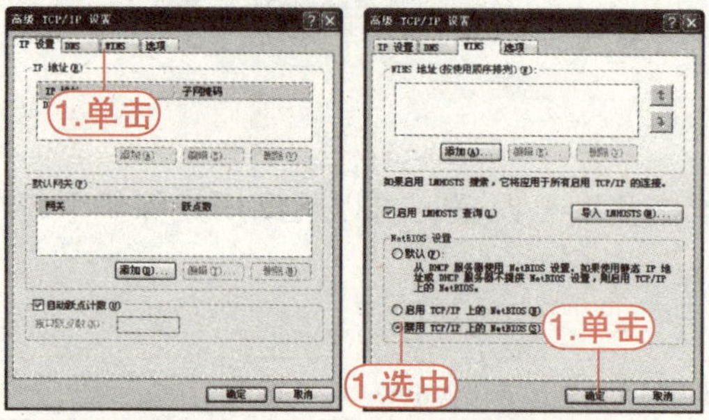

13.7.2 禁用文件和打印共享服务

对于文件和打印共享服务的137、138、139和445端口，用户可以采用下面的操作方法将其关闭。

【例13-19】禁用文件和打印共享服务。视频

01 打开【控制面板】窗口，双击【网络连接】图标，打开【网络连接】窗口。

02 右击【本地连接】图标，选择【属性】命令打开【本地连接属性】对话框。

03 在【本地连接属性】对话框的【此连接使用下列项目】列表框中，选择【Microsoft网络客户端】选项，然后单击【卸载】按钮即可。

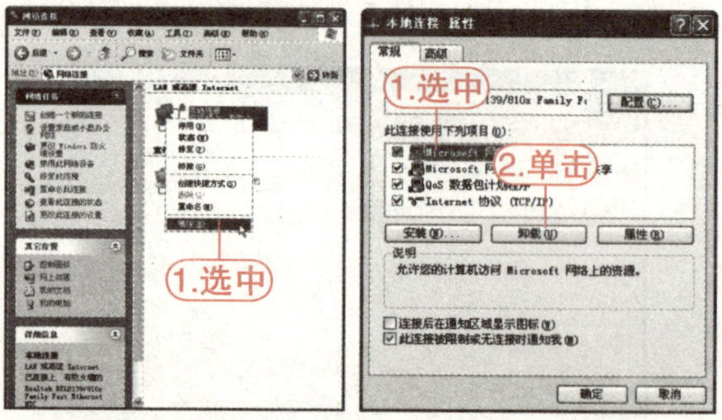

13.7.3 禁用注册表

如果注册表被错误修改，将会发生一些不可预知的错误，甚至导致系统崩溃。为了防止注册表被他人随意修改，用户可将注册表禁用，禁用后将不能再对注册表进行修改操作。

【例13-20】禁用注册表。视频

01 选择【开始】|【运行】命令，打开【运行】对话框。

02 在【打开】文本框中输入命令gpedit.msc，单击【确定】按钮，打开【组策略】窗口。

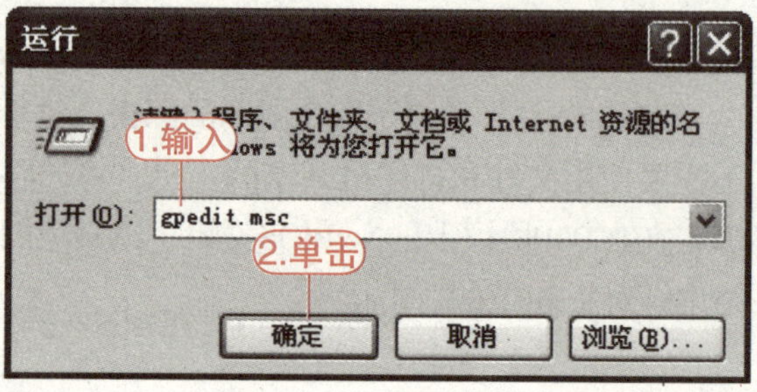

03 在左侧的列表中依次展开【用户配置】|【管理模板】|【系统】选项。在右侧的列表中右击【阻止访问注册表编辑工具】选项，在弹出的快捷菜单中选择【属性】命令。

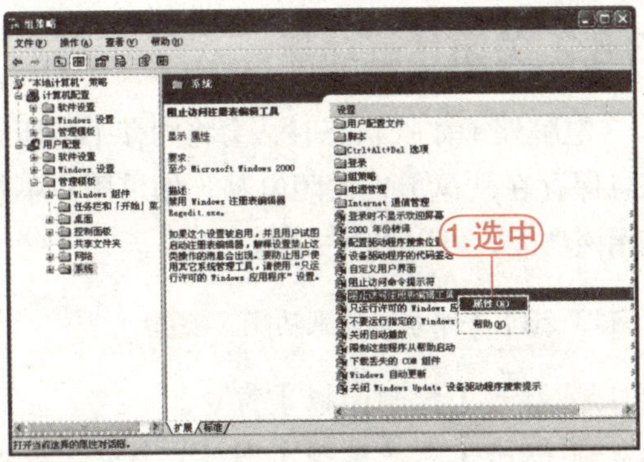

04 打开【阻止访问注册表编辑工具属性】对话框，在【设置】选项卡中选中【已启用】单选按钮，再在【禁用后台运行regedit】下拉列表框中选择【是】选项，然后单击【确定】按钮，即可禁用注册表编辑器。

05 此时，用户再次试图打开注册表时，系统将提示注册表已被禁用。

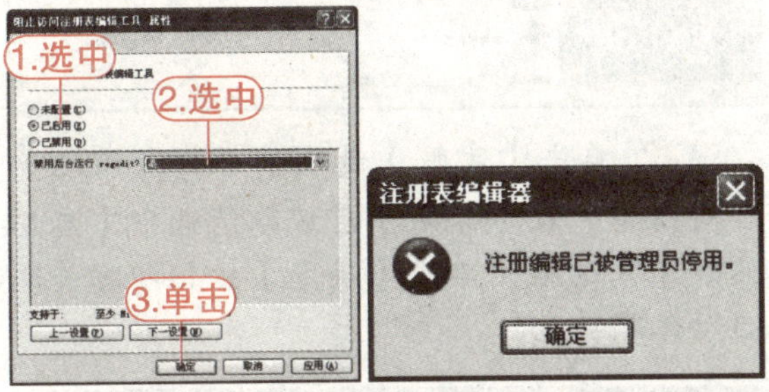

13.7.4 限制登录密码输入次数

对密码的输入次数做限制，当输入密码的错误次数超过设定值后，系统会自行锁定电脑，防止他人尝试暴力破解管理员密码。

【例13-21】限制登录密码输入次数。视频

01 选择【开始】|【运行】命令，打开【运行】对话框。

02 在【打开】文本框中输入命令gpedit.msc，单击【确定】按钮，打开【组策略】窗口。

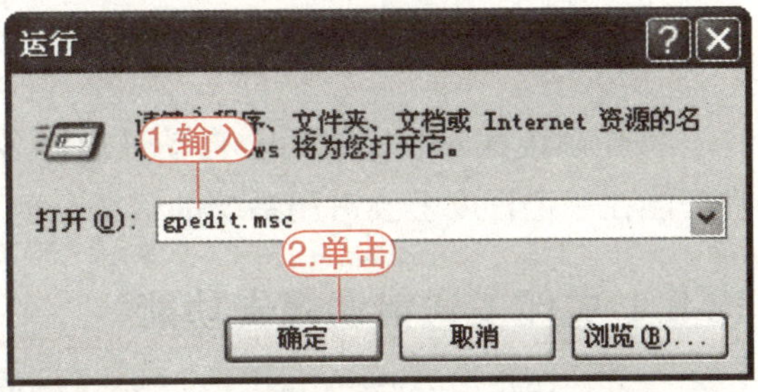

03 在左侧的列表中依次展开【计算机配置】|【Windows设置】|【安全设置】|【帐户策略】|【帐户锁定策略】选项。

04 在右侧的列表中双击【帐户锁定阈值】选项，打开【帐户锁定阈值属性】对话框。

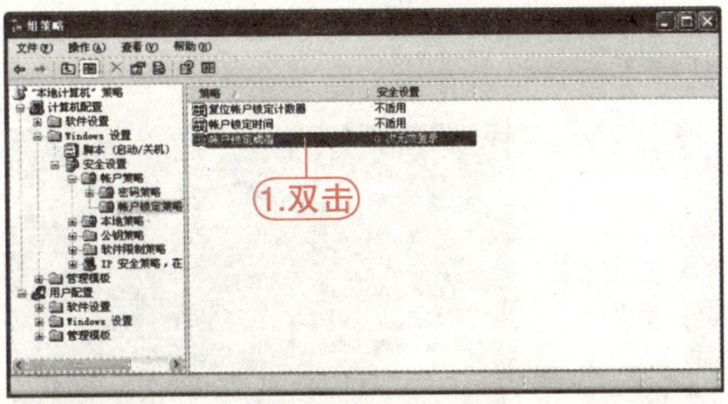

05 在【在发生以下情况之后，锁定帐户】微调框中设置数值为3，单击【确定】按钮，打开【建议的数值改动】对话框。

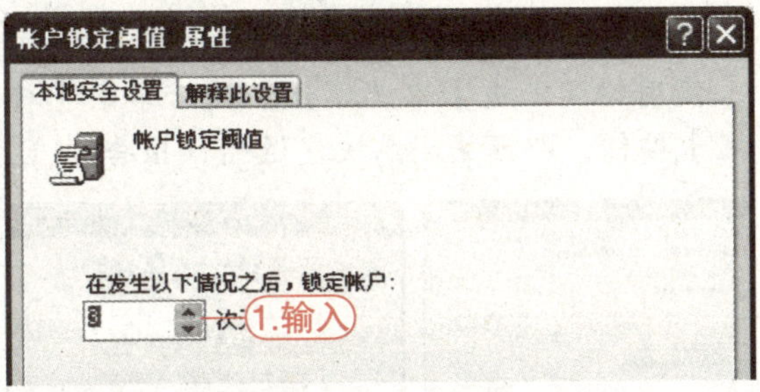

06 该对话框中显示了当输入密码错误的次数超过设定的次数时，帐户的锁定时间。直接单击【确定】按钮，完成设置。

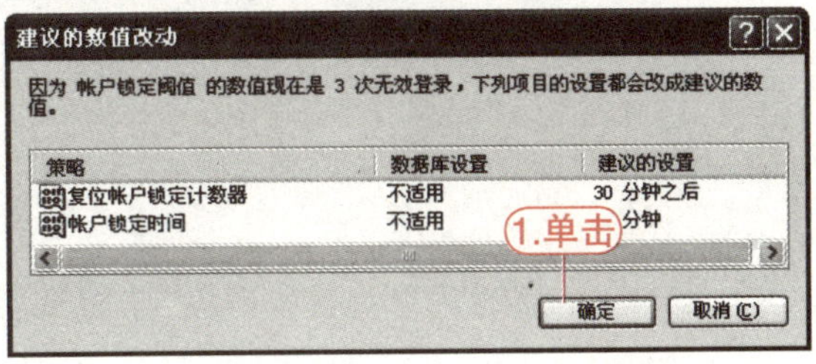

13.8 关闭不需要的功能

操作系统在安装完成后会自动开启许多功能，例如系统发送错误报告、休眠功能等。这些功能在一定程度上会占用系统的资源，如果不需要使用这些功能可以将其关闭。

13.8.1 关闭发送错误报告功能

一些应用程序在运行出错时，会发送错误报告，如果用户不想发送错误报告，可以关闭该功能。

【例13-22】关闭系统发送错误报告。视频

01 右击【我的电脑】图标，在弹出的快捷菜单中选择【属性】命令，打开【系统属性】对话框。

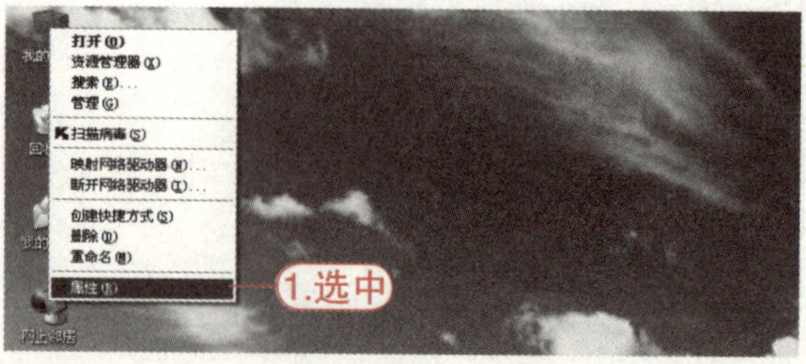

02 单击【高级】标签，打开该选项卡对话框，单击【错误报告】按钮，打开【错误汇报】对话框。

03 在【错误汇报】对话框中，选中【禁用错误汇报】单选按钮，然后单击【确定】按钮，即可关闭系统发送错误报告。

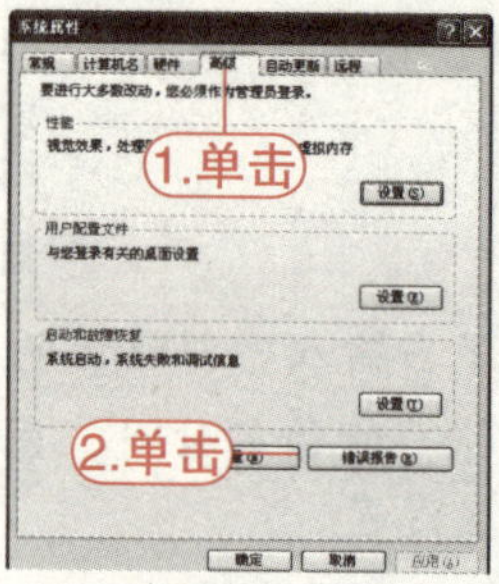

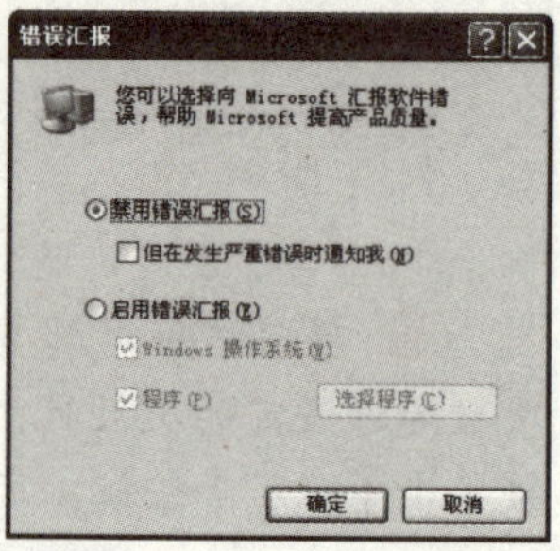

13.8.2 关闭休眠功能

电脑处于休眠状态时，会将内存中的所有信息保存在硬盘上再关闭电脑，如果用户不想使用该功能，可以将其关闭。

【例13-23】关闭系统休眠功能。视频

01 打开【控制面板】窗口。

02 双击【电源选项】图标，打开【电源选项 属性】对话框。

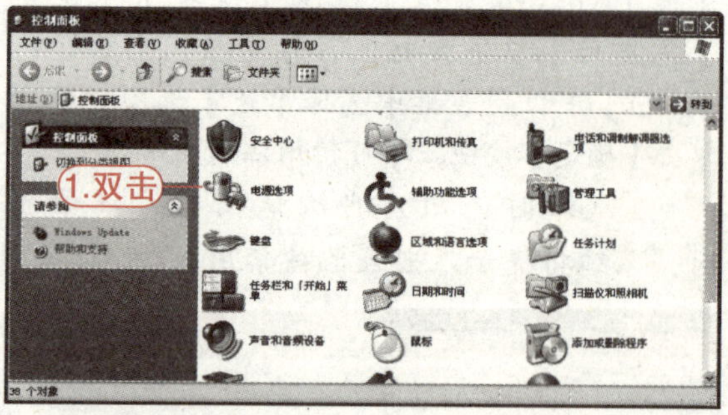

03 单击【休眠】选项卡，打开该选项卡对话框，在【休眠】区域取消选中【启用休眠】复选框，单击【确定】按钮即可关闭自动休眠功能。

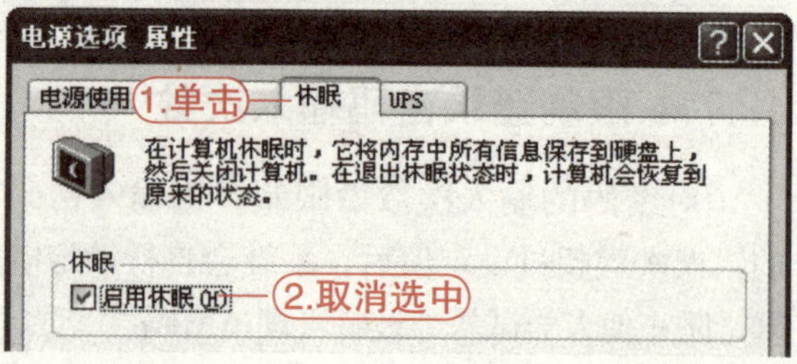

Chapter 14 电脑综合应用

本章是全书的一个电脑综合使用的引申，介绍了使用电脑过程中的一些技巧，包括办公软件的实用技巧、工具软件的实用技巧。此外，针对一些用户常遇到的问题进行了图文解析，用户通过本章学习，能更加完善的掌握电脑的综合应用知识。

- 办公软件实用技巧
- 工具软件实用技巧
- 组建家庭局域网
- 常见问题解析

参见随书光盘

例14-1 快速查找文档修改内容
例14-2 在Word文档中添加水印
例14-3 缩放打印文档
例14-4 设置Word文档阅读模式
例14-5 破解加密的Word文档
例14-6 打印文档正确日期和时间
例14-7 批量修改Excel工作表数据
例14-8 设置Excel合适列宽
例14-9 将文件压缩为EXE格式
例14-10 加密压缩文件
例14-11 添加和删除压缩文件
例14-12 使用金山词霸模糊查找
例14-13 使用ACDSee截图
例14-14 使用ACDSee制作屏保
例14-15 制作桌面日历
例14-16 使用千千静听转换格式
例14-17 使用Ping命令测试网络
例14-18 设置共享打印机
例14-19 使用共享打印机打印文档
例14-20 设置虚拟内存
例14-21 检查声卡是否冲突
例14-22 提高XP系统运行速度
例14-23 自动关闭停止响应程序
例14-24 自动清理桌面图标

14.1 办公软件实用技巧

下面主要针对最常用的办公软件Word和Excel，介绍一些非常实用的技巧。

14.1.1 快速查找文档修改内容

通过快速查找Word文档修改内容，可以迅速定位文档上次修改内容所在位置。

【例14-1】打开一篇Word文档，对文档进行任意修改并快速查找到文件修改内容。视频

01 打开一篇Word文档，双击文档中的图片，打开【设置图片格式】对话框。

02 单击【版式】选项卡，打开该选项卡对话框，在【环绕方式】选项区域中选中【四周型】选项，单击【确定】按钮，设置图片版式。

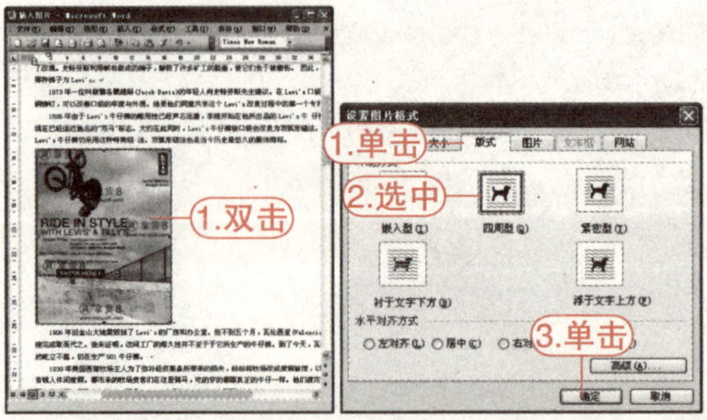

03 拖动文档，按下Shift+F5键，即可迅速将光标定位到上次修改位置。

04 此外，按下Ctrl+Z键可以撤销当前操作，按下Ctrl+Y键可以取消撤销的当前操作。

14.1.2 在Word文档中插入水印

在Word文档中插入水印是指添加某些数字信息以达到鉴别文件真伪、保护版权等功能。嵌入的水印信息隐藏于宿主文件中，不影响原始文件的可观性和完整性。

【例14-2】打开一篇Word文档，在文档中插入水印。视频+素材

01 打开一篇Word文档，选择【格式】|【背景】命令，然后选择【水印】选项，打开【水印】对话框。

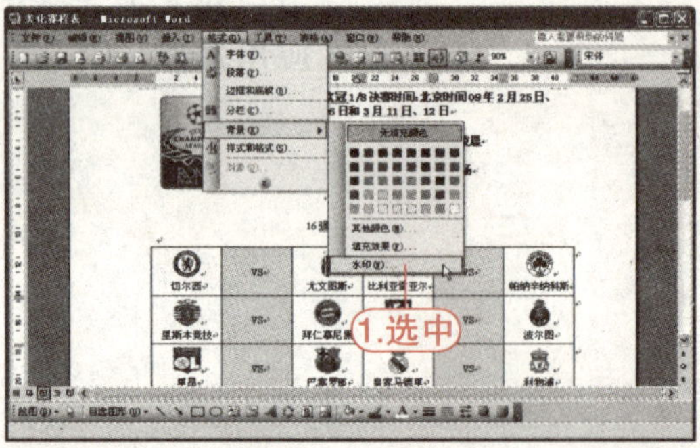

02 如果要添加图片水印，选中【图片水印】单选按钮，单击【选择图片】按钮，打开【插入图片】对话框，选择插入的水印图片，然后在【缩放】下拉列表中根据实际需求选择水印图片大小，单击【确定】按钮，即可插入图片水印。

03 如果要插入文字水印，选中【文字水印】单选按钮，然后在【文字】下拉列表框中输入水印文字，在【字体】和【尺寸】下拉列表中选择水印文字字体和大小，单击【确定】按钮，即可插入文字水印。

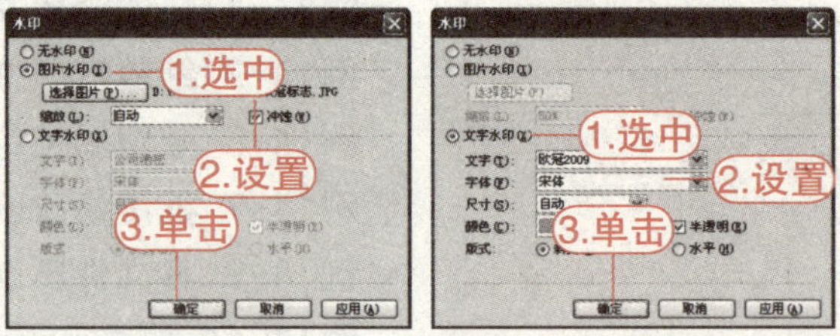

14.1.3 缩放打印文档

普通的家用打印机支持A4纸张的打印，当要打印一篇A3纸型的文档时，可以使用打印缩放功能，自动设置文档格式，使之符合打印纸张尺寸。

【例14-3】缩放打印文档。视频

01 打开一篇A3纸型的文档，选择【文件】|【打印】命令，打开【打印】对话框。

02 在【缩放】选项区域中的【按纸张大小缩放】下拉列表中选择当前打印支持的纸型选项，例如A4纸型，单击【确定】按钮，即可缩放文档。

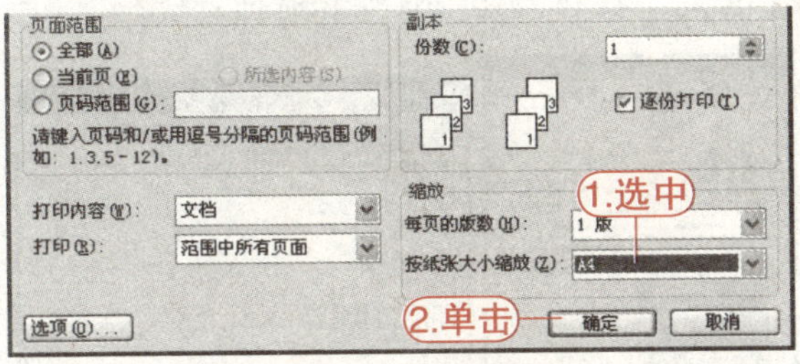

14.1.4 设置Word文档阅读模式

使用Word，通过简单的几步，就可以将之设置为一款支持多种格式文档并且能自由设定滚屏方式的阅读软件。

【例14-4】设置Word文档阅读模式。视频

01 打开一篇Word文档，选择【工具】|【选项】命令，打开【选项】对话框。

02 单击【常规】选项卡，打开该选项卡对话框，选中【蓝底白色】复选框，单击【确定】按钮，设置文档为蓝底白字。

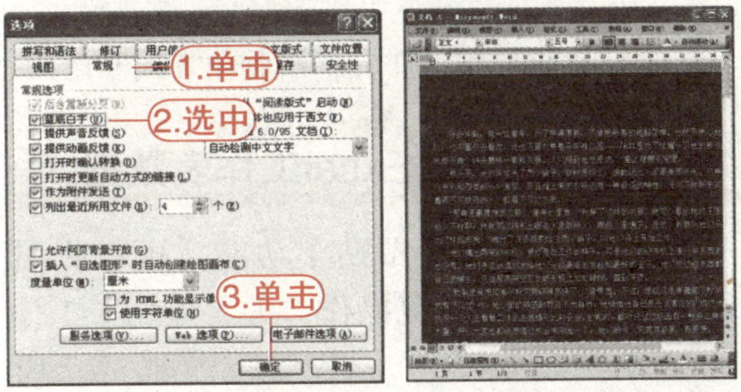

03 按下Ctrl+A键，选中文档中所有内容，选择【格式】|【段落】命令，打开【段落】对话框，在【行距】下拉列表中选择【固定值】选项，在【设置值】微调框中输入数值18，单击【确定】按钮，设置行距为18磅。

04 选择【文件】|【页面设置】命令，打开【页面设置】对话框，单击【文档网格】选项卡，打开该选项卡对话框，选中【指定行和字符网格】单选按钮，在【跨度】微调框中输入数值18，单击【确定】按钮。

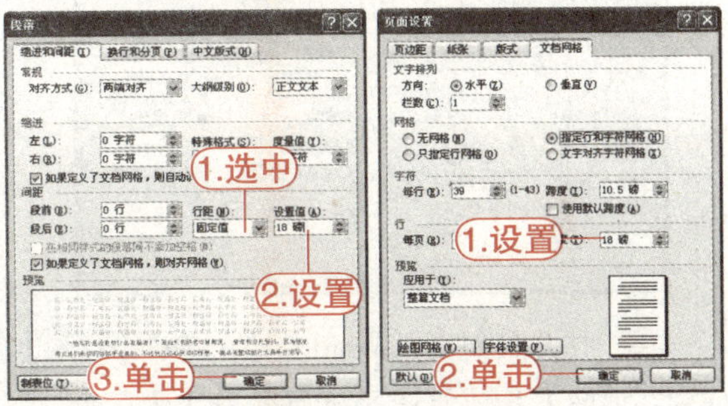

05 选择【视图】|【网格线】命令，显示网格线。

06 选择【工具】|【自定义】命令，打开【自定义】对话框，单击【命令】选项卡，打开该选项卡对话框，在【类别】列表框中选中【所有命令】选项，在【命令】列表框中选中【AutoScroll】选项，拖动到工具栏中。

07 单击【自动滚动】按钮，拖动鼠标会自动滚动文档。

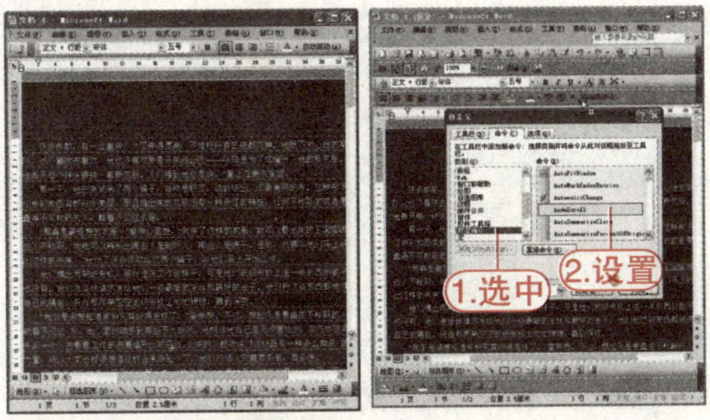

14.1.5 破解加密的Word文档

如果不慎忘记了Word文档密码，可以使用【多功能密码破解软件】进行破解。该软件可以破解Windows密码、Word/Excel密码、Access数据库密码等。

【例14-5】破解加密的Word文档。视频

01 启动【多功能密码破解软件】应用程序，单击【WORD/EXCEL】选项卡，打开该选项卡对话框。

02 单击【文件】文本框右侧的【浏览】按钮，打开【打开】对话框。

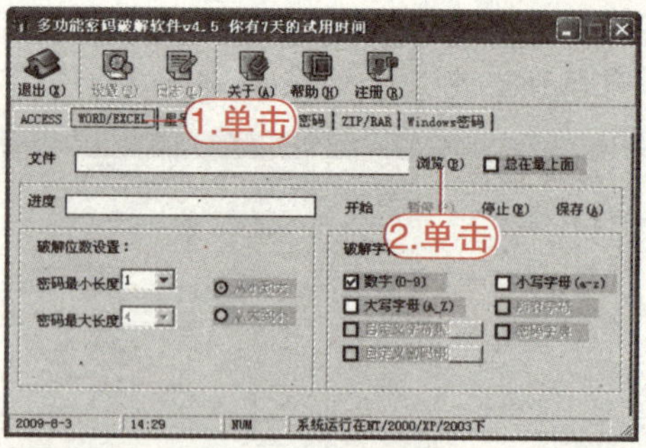

03 打开要解密的Word文档，单击【打开】按钮，返回【多功能密码破解软件】主界面。

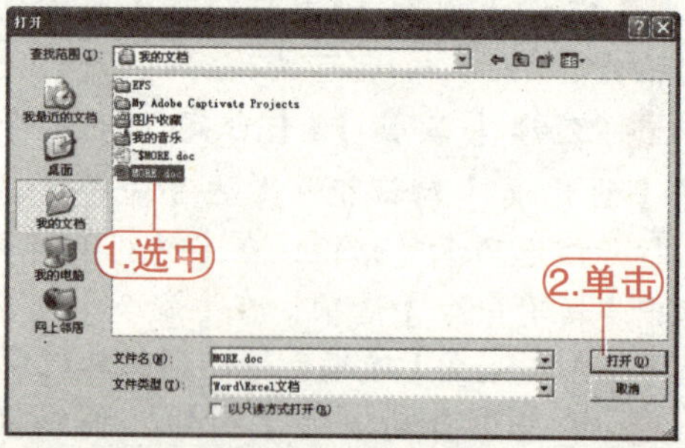

04 单击【开始】按钮，开始解密操作。

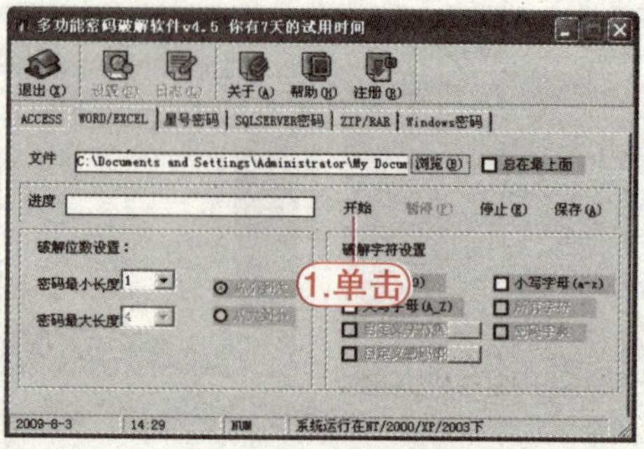

05 显示破解的Word文档密码。

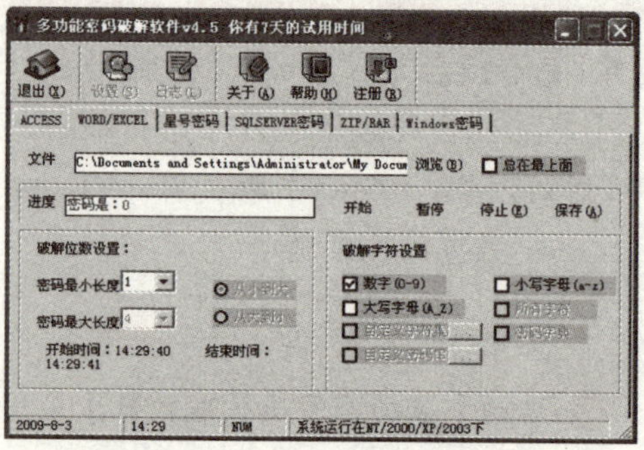

14.1.6 打印正确的日期和时间

在打印Word文档时，可以显示当前打印的准确日期和时间。

【例14-6】打印文档正确的日期和时间。视频

01 打开一篇Word文档，选择【插入】|【日期和时间】命令，打开【日期和时间】对话框。

02 选中【自动更新】复选框，单击【确定】按钮，插入日期和时间。

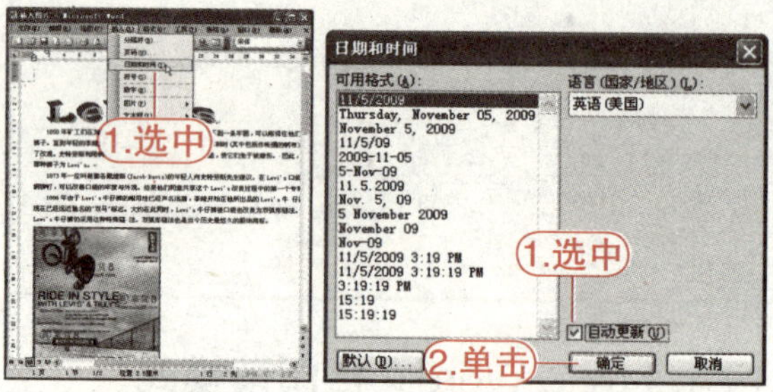

03 选择【文件】|【打印】命令，打开【打印】对话框。

04 单击【选项】按钮，在打开的对话框中选中【更新域】复选框，然后单击【确定】按钮，返回【打印】对话框。

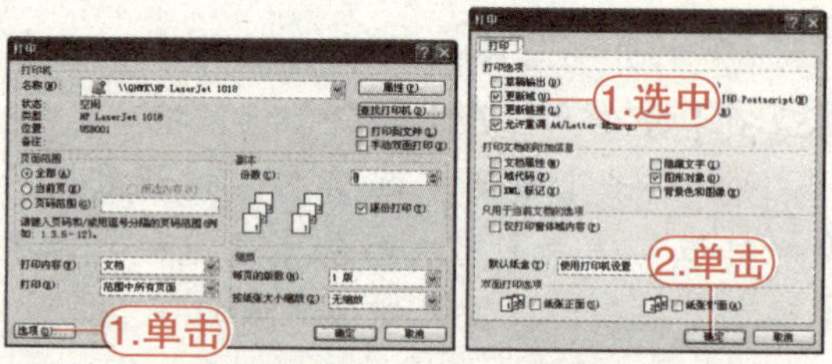

05 打印文档，即可正确打印日期和时间。

14.1.7 批量修改Excel工作表数据

利用【选择性粘贴】功能，可以批量修改数据，免去重复操作，大大提高了工作效率。

【例14-7】批量修改Excel工作表的数据。视频

01 打开一个Excel工作表，在两个空白单元格中分别输入“加操行分”和“30”。

02 选中输入的分数30，选中【编辑】|【复制】命令，然后选中F列中的所有总分分数，选择【编辑】|【选择性粘贴】命令，打开【选择性粘贴】对话框。

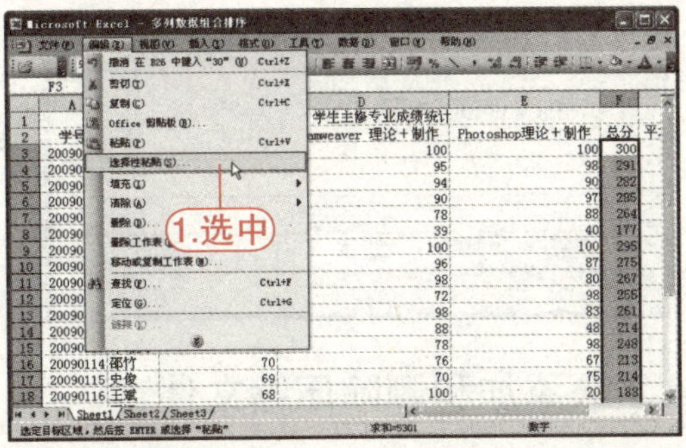

03 在【运算】选项区域中选中【加】单选按钮，单击【确定】按钮即可将操行分批量添加入总分。

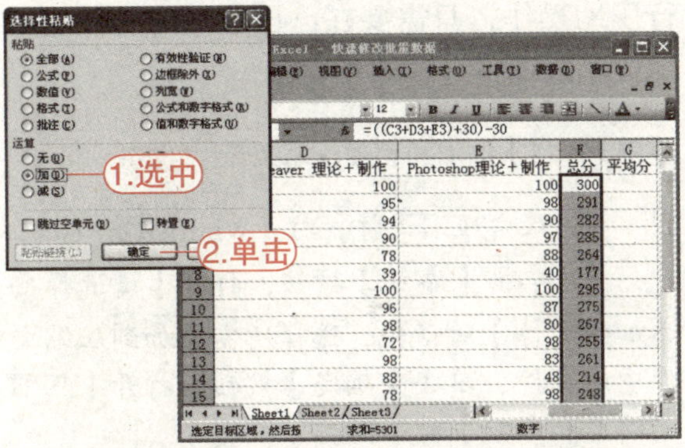

14.1.8 设置Excel工作表合适列宽

在实际操作过程中，经常会遇到由于某一列中有些单元格中输入的内容过多而无法全部显示单元格中内容的情况，这时可以使用Excel的自动调整单元格宽度功能，以显示单元格中所有内容为前提，调整单元格合适宽度。

【例14-8】设置Excel工作表合适列宽。视频

01 打开一个Excel工作表，在每列列标之间都有一条黑色的竖线，分隔显示每列，将光标移至竖线位置，例如C和D列之间。

02 双击鼠标，系统会自动调整C列和D列之间的列宽。

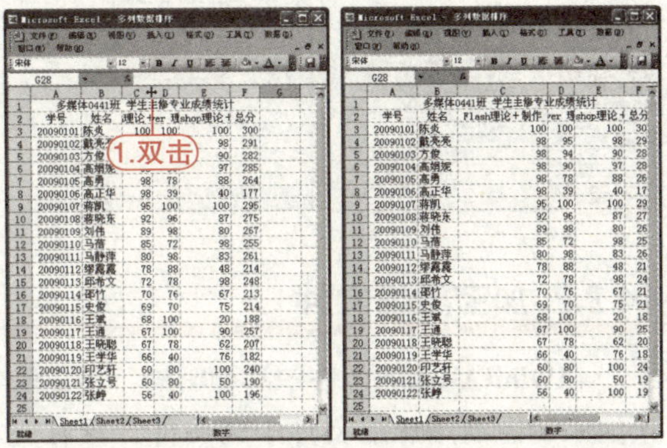

03 重复操作，调整其他列与列之间的合适列宽。

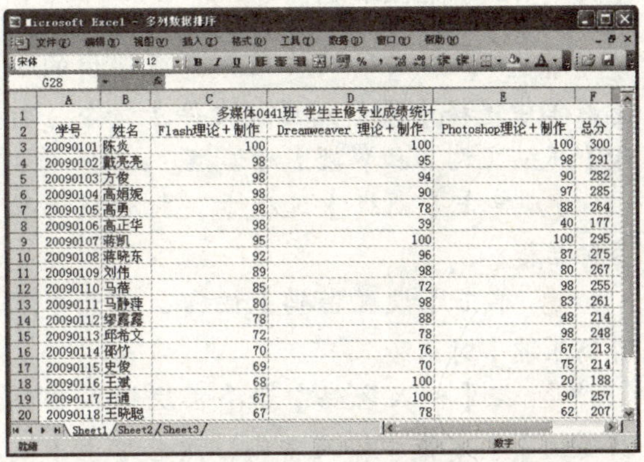

14.2 工具软件实用技巧

本节主要介绍了一些常用工具软件的实用技巧，在掌握这些工具软件使用方法的基础上，掌握一些使用技巧，能更全面地使用这些工具。

14.2.1 将文件压缩为EXE格式

将文件压缩为EXE格式后，无需解压，即可运行压缩文件中的文件，常用于程序的安装。

【例14-9】将文件压缩为EXE格式。视频

01 右击要压缩的文件，在弹出的快捷菜单中选择【添加到压缩文件】命令，打开【压缩文件名和参数】对话框。

02 在【压缩选项】选项区域中选中【创建自解压格式压缩文件】复选框，单击【确定】按钮，即可将文件压缩为EXE格式。

03 如果要将RAR格式的压缩文件转

换为EXE格式，可以双击压缩文件，打开WinRAR窗口。

04 选择【工具】|【压缩文件转换为自解压格式】命令，即可将RAR格式压缩文件转换为EXE格式文件。

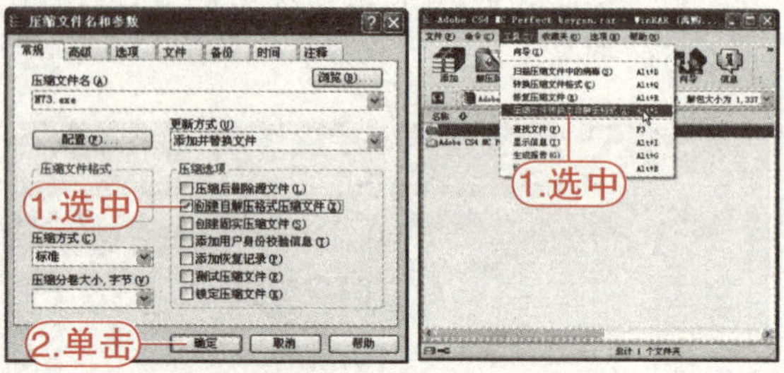

14.2.2 加密压缩文件

在WinRAR压缩文件中添加密码，可以防止他人随意使用压缩文件中的文件，只有通过正确的密码验证才能解压文件。

【例14-10】加密压缩文件。视频

01 右击需要压缩的文件，在弹出的快捷菜单中选择【添加到压缩文件】命令，打开【压缩文件名和参数】对话框。

02 单击【高级】选项卡，打开该选项卡对话框。

03 单击【设置密码】按钮，打开【带密码压缩】对话框。

04 在【输入密码】和【再次输入密码以确认】文本框中输入密码，然后单击【确定】按钮，即可给压缩文件添加密码。

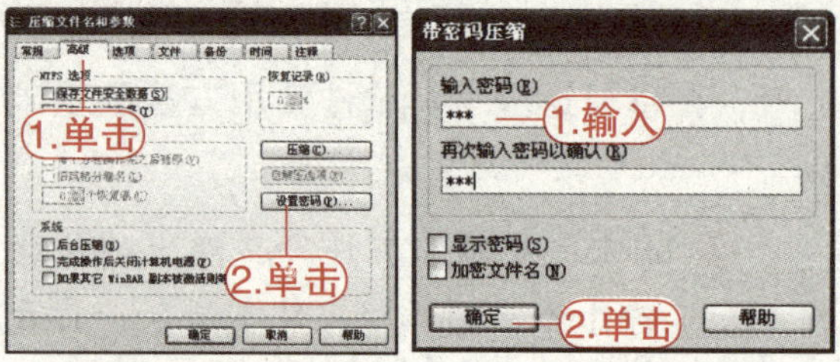

05 加密压缩文件后，当解压文件时，会打开一个【输入密码】对话框，在文本框中输入正确的解压密码，然后单击【确定】按钮，才可以解压缩文件。

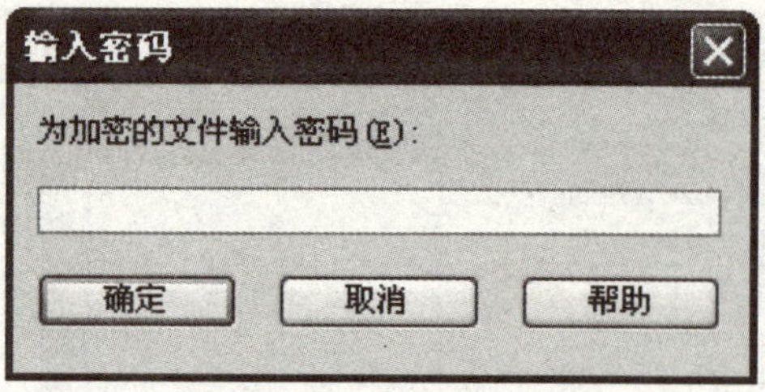

14.2.3 添加和删除压缩文件

在创建压缩文件时，用户可能会遗漏所要压缩的文件或添加了无需压缩的文件，这时可以使用WinRAR管理文件，无需重新进行压缩操作，只需要在已压缩好的文件里添加或删除即可。

【例14-11】添加和删除压缩文件。视频

01 双击压缩文件，打开WinRAR窗口。

02 单击【添加】按钮，打开【请选择要添加的文件】对话框，选择所需添加到压缩文件中的文件，单击【确定】按钮，打开【压缩文件名和参数】对话框。

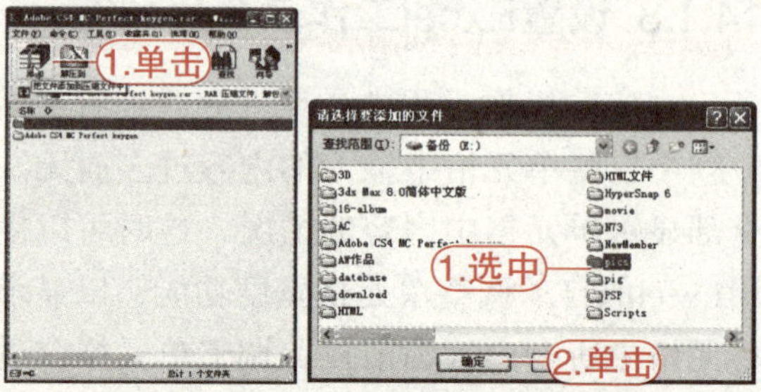

03 单击【确定】按钮，即可将文件添加到压缩文件中。

04 如果要删除压缩文件中的文件，在WinRAR窗口中选中要删除的文件，单击【删除】按钮，即可删除。

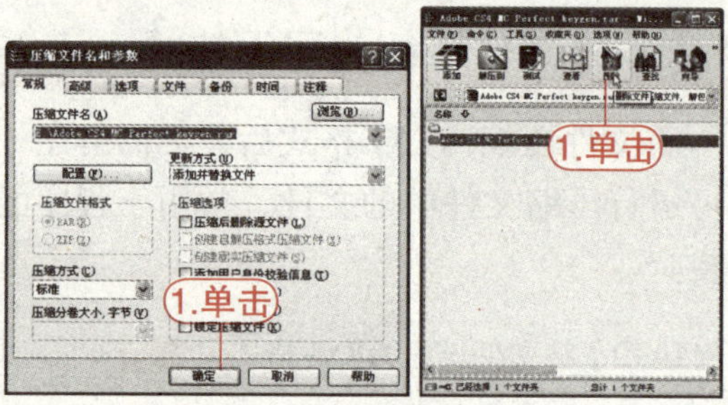

14.2.4 金山词霸模糊查询功能

在实际操作时，经常会碰到忘记英文单词如何正确拼写的情况，此时就可以使用金山词霸的模糊查询功能来查询单词。

【例14-12】使用金山词霸模糊查询功能。视频

01 启动金山词霸，例如要查询单词continue。

02 输入单词“cont??? e”，金山词霸会自动进行模糊查找，显示单词continue以及其他模糊查找的单词。

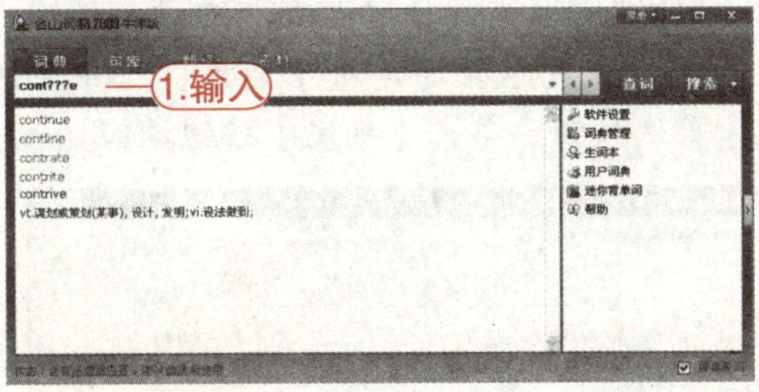

03 重新输入“cont***e”，金山词霸会自动进行模糊查找，显示多个相应的词组。

04 根据输入不同的通配符“*”和“?”显示的模糊查找结果可以看出，“*”可以替代多个字母，“?”仅代表一个字母。

14.2.5 使用ACDSee截图

ACDSee除了浏览图片外，还是一款非常便捷实用的截图软件，可以方便地截取桌面、打开的窗口、选中的区域和下拉菜单等。

【例14-13】使用ACDSee截取窗口。视频

01 启动ACDSee，选择【工具】|【屏幕截图】命令，打开【屏幕截图】对话框。

02 在【来源】选项区域中选中【整个窗口】单选按钮。

03 在【目标】选项区域中选中【编辑器】单选按钮。

04 在【开始截图】选项区域中选中【热键】单选按钮，然后按下Ctrl+F2键，设置热键，单击【开始】按钮。

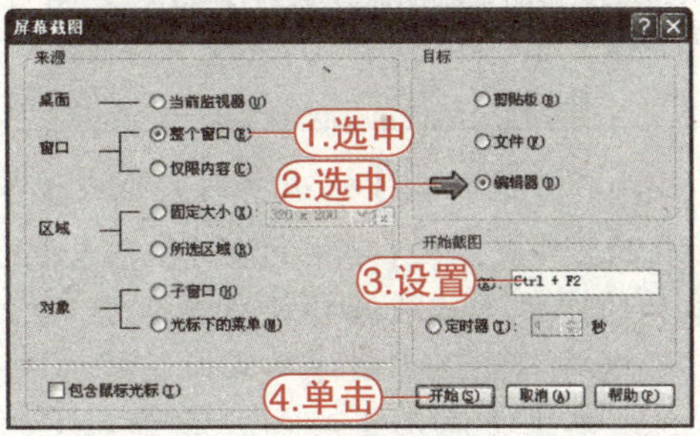

05 任意打开一个窗口，选中窗口，将光标移至窗口区域内，按下Ctrl+F2键，即可截取窗口。

06 截取的窗口会在ACDSee中显示。

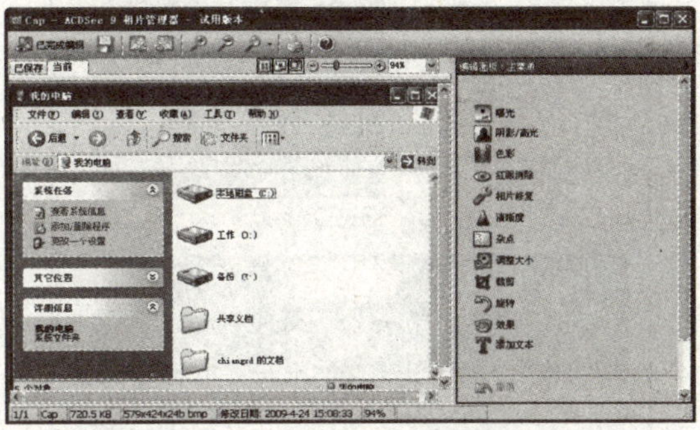

14.2.6 使用ACDSee制作屏保

使用ACDSee制作屏幕保护程序的原理与制作幻灯片相似，可以选择两个或两个以上的图片，然后插入转场效果，最后应用于屏幕保护程序即可。

【例14-14】使用ACDSee制作屏保。视频

01 启动ACDSee，选择【工具】|【配置屏幕保护程序】命令，打开【ACDSee屏幕保护程序】对话框。

02 单击【添加】按钮，打开【选择项目】对话框。

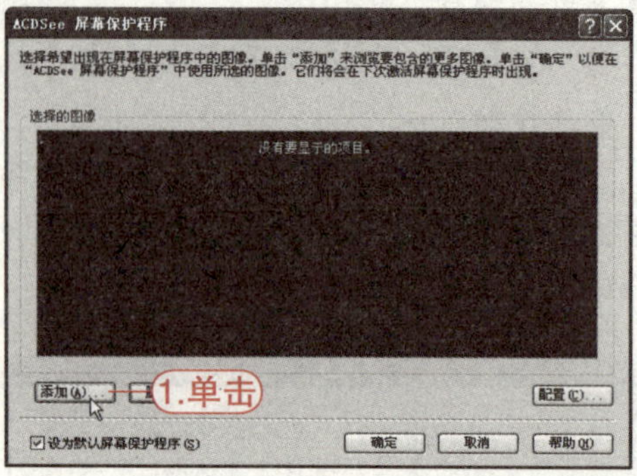

03 在【文件夹】选项卡列表框中选择图片所在的文件夹，在【可用的项目】列表框中选择添加的图片（必须选择两张或两张以上图片，否则将不能正常创建屏幕保护程序）。

04 单击【添加】按钮，添加到【选择的项目】列表框中，单击【确定】按钮，返回【ACDSee屏幕保护程序】对话框。

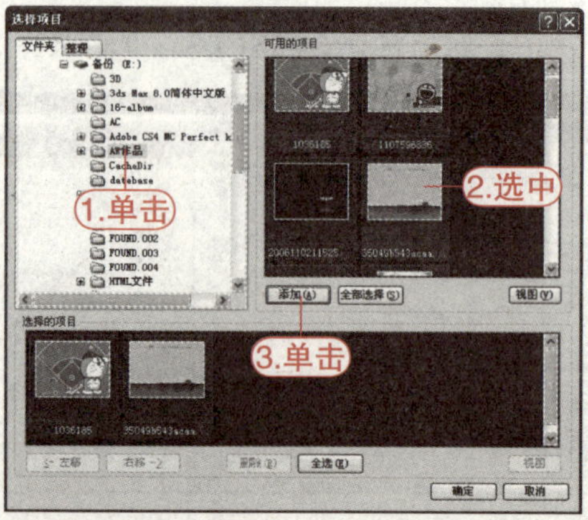

05 单击【配置】按钮，打开【ACDSee屏幕保护程序】对话框。

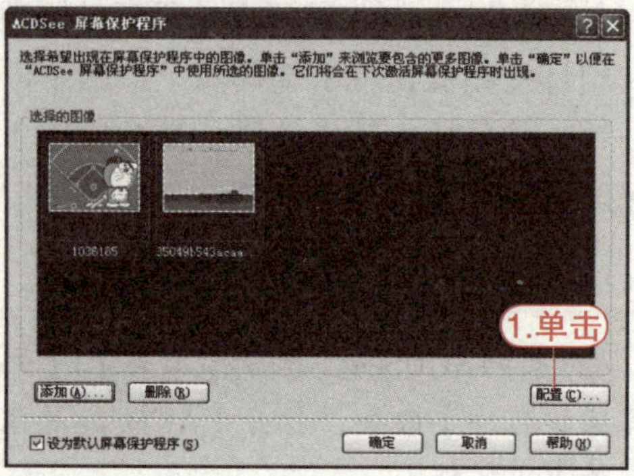

06 在【基本】选项卡对话框中的【选择转场效果】列表框中选择转场效果，设置【背景颜色】，设置【图像延迟】为5秒。

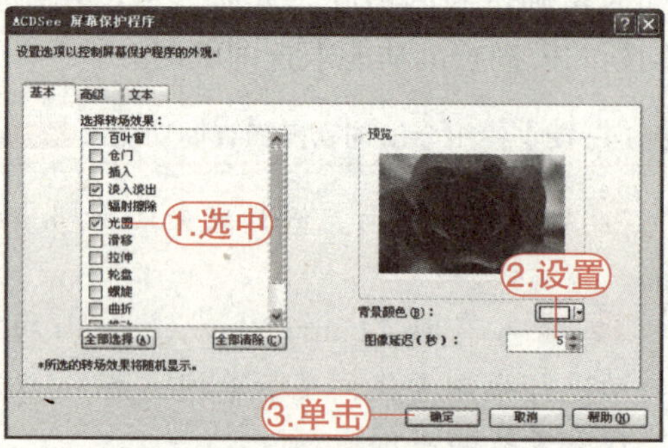

07 单击【高级】选项卡，打开该选项卡对话框。设置【转场质量】为高，选中【随机】单选按钮。单击【确定】按钮返回。

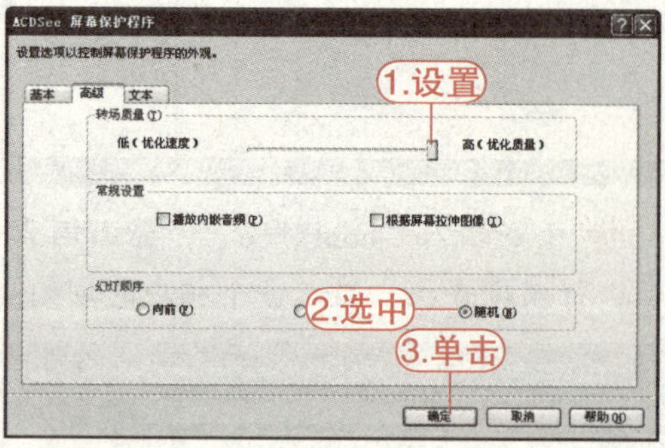

08 单击【文本】选项卡，打开该选项卡对话框。设置页眉和页脚文本内容，设置文本字体、对齐方式等选项，单击【确定】按钮，返回【ACDSee屏幕保护程序】对话框。

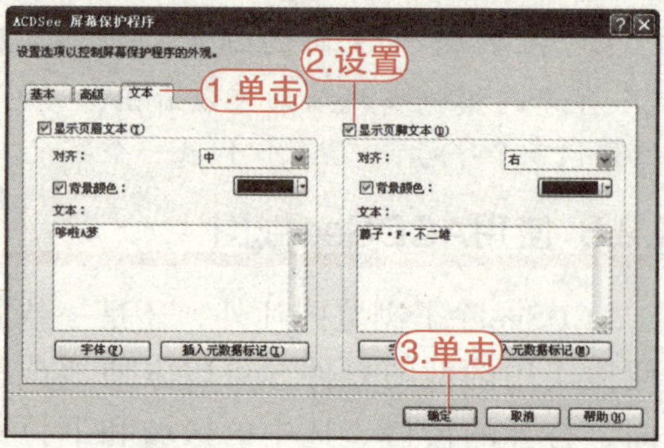

09 选中【设为默认屏幕保护程序】复选框，将配置的屏幕保护程序设置为系统默认的屏保程序，省去了再次设置屏保的步骤，单击【确定】按钮。

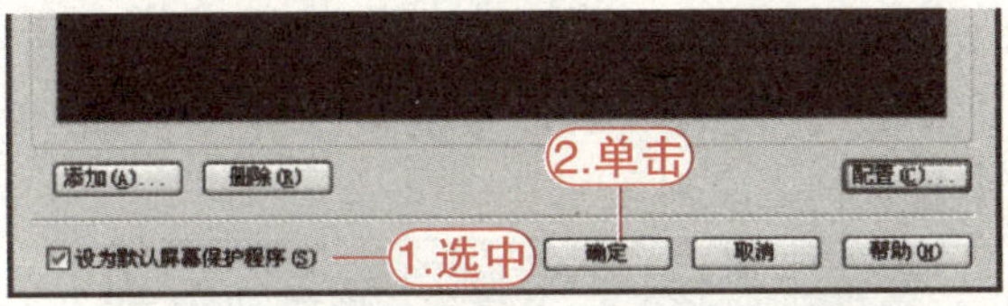

⑩ 返回系统桌面，右击桌面空白区域，在弹出的快捷菜单中选中【属性】命令，打开【显示 属性】对话框。

⑪ 单击【屏幕保护程序】选项卡，打开该选项卡对话框，显示了设置的屏保程序。

⑫ 单击【预览】按钮，可以预览屏幕保护程序。

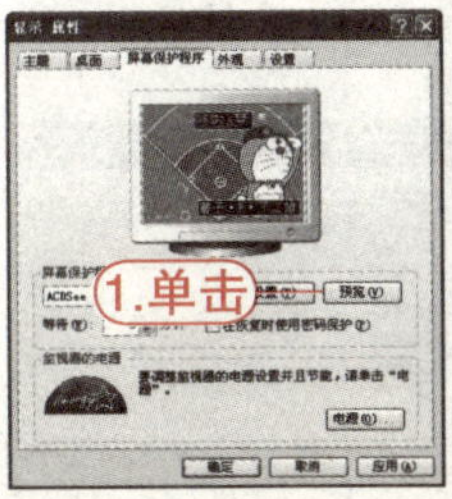

14.2.7 制作桌面日历

光影魔术手自带日历制作功能，用户可以选择自己喜欢的相片或者图片，添加当月的日期和时间，制作桌面日历。

【例14-15】使用光影魔术手制作桌面日历。

视频

01 启动光影魔术手，选择【文件】|【打开】命令，打开【打开】对话框。

02 选择日历背景图片，单击【打开】按钮，打开图片。

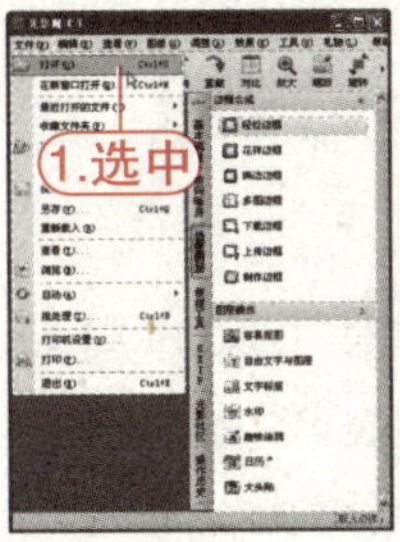

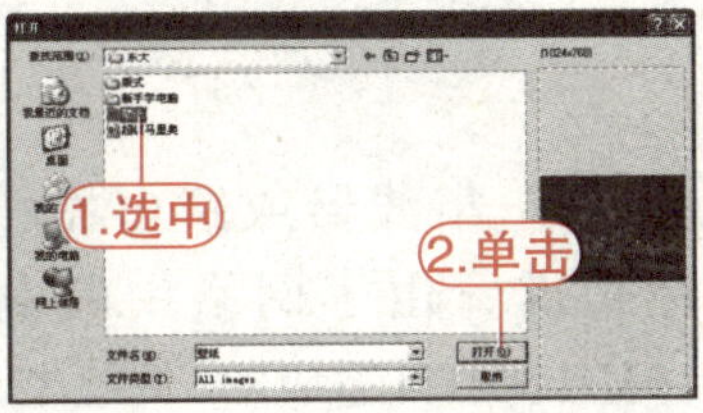

03 选择【工具】|【日历】命令，打开【日历】对话框。

04 单击【自定义日历】选项卡，打开该选项卡对话框，拖动日历图片到背景图片中间位置。

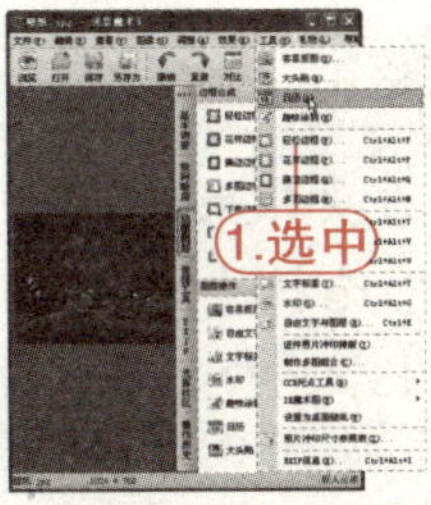

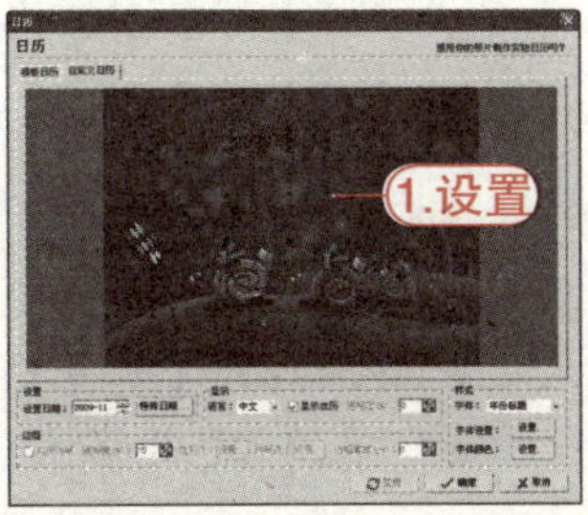

05 在【字体】下拉列表框中选择【年份标题】，单击【字体颜色】选项右侧的【设置】按钮，打开【颜色】对话框，选择日历年份标题颜色。

06 重复操作，在【字体】下拉列表框中分别选择【月份标题】、【星期标题】、【普通日期】和【节假日】选项，在【颜色】对话框中设置相应的颜色。

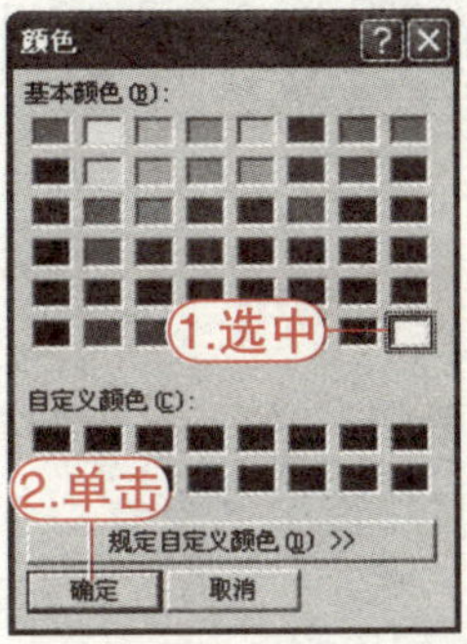

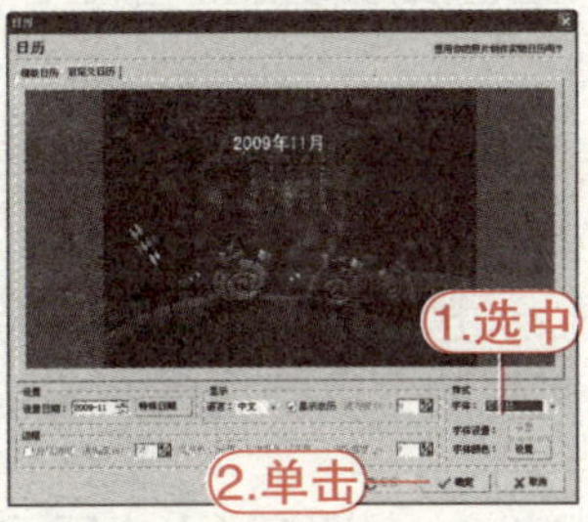

07 单击【确定】按钮，返回主界面。选择【工具】|【设置为桌面壁纸】命令。

08 系统会自动将修改的壁纸图片替换为桌面壁纸。

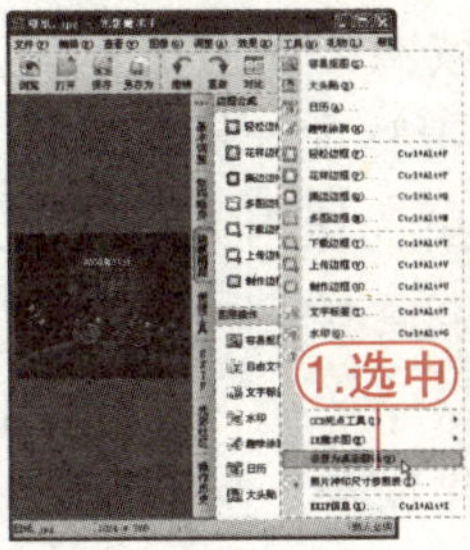

14.2.8 使用千千静听转换格式

使用千千静听转换音频格式，可以设置音频的编码格式和音效等。

【例14-16】使用千千静听转换格式。视频

01 启动千千静听，右击要转换格式的歌曲，在弹出的快捷菜单中选择【转换格式】命令，打开【转换格式】对话框。

02 在【输出格式】下拉列表中选中【Monkey's Audio编码器】选项，然后单击右侧的【配置】按钮，打开【APE编码器选项】对话框。

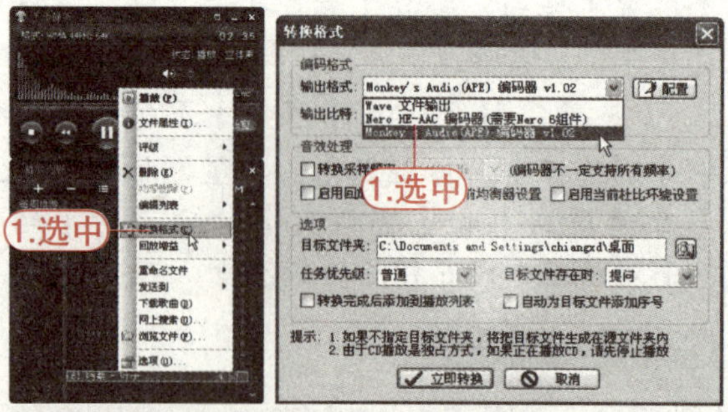

03 在【编码级别】下拉列表中选中【High】选项，单击【确定】按钮，返回【转换格式】对话框。

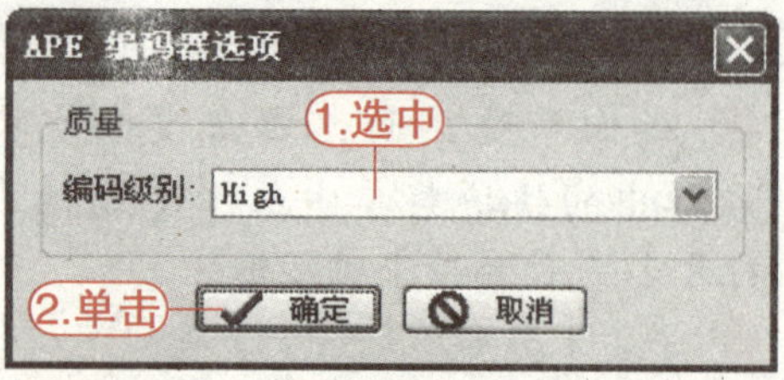

04 选中【转换采样频率】复选框，在右侧的列表框中选中【192000 Hz】选项，单击【目标文件夹】右侧的按钮，打开【浏览文件夹】对话框，选择转换格式文件目标文件夹。

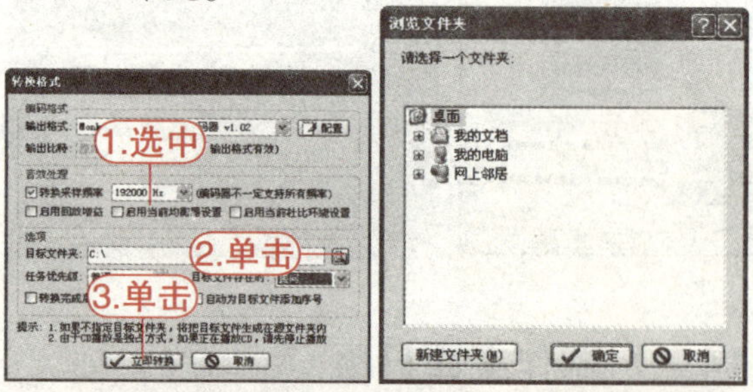

05 单击【确定】按钮，开始转换格式。

14.3 组建家庭局域网

随着电脑硬件的不断升级，许多家庭拥有两台或两台以上电脑，此时可以组建局域网，实现两台电脑之间互相访问和资源共享。

14.3.1 组建局域网所需设备

组建家庭局域网常用的硬件包括集线器（Hub）、网卡、双绞线以及墙座。下面将详细介绍如何合理选择这些硬件设备。

- 网卡：是家庭局域网内所有电脑必须安装的硬件设备，它负责整理计算机发往网络中的数据并将数据分解为适当大小的数据包，网卡的性能优劣直接影响到电脑之间的数据传输能力。

- 双绞线网线：制作简单，并且拥有很好的稳定性。在选择双绞线时应注意抗干扰性，它是决定双绞线网线传输速度的重要指标。屏蔽双绞线内有一层金属隔离膜，在传输数据时可以有效地减少电磁干扰，提高网络传输的稳定性，因此建议用户选择屏蔽双绞线。

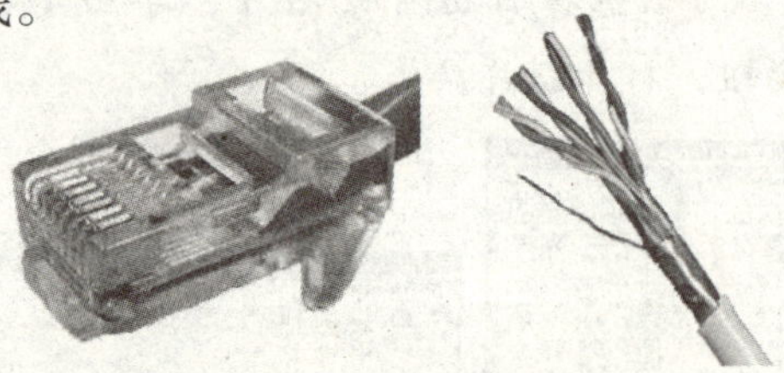

- 集线器或路由器：对于家庭局域网来说，由于网络中的电脑较少，选择10M/100M自适应8口集线器或路由器即可满足需求。在购买时应挑选知名品牌的产品，例如TP-Link。

14.3.2 组建局域网

双机互联网络组建方法十分简单，只要在两台计算机上都安装好网卡，然后使用交叉双绞线互联即可。

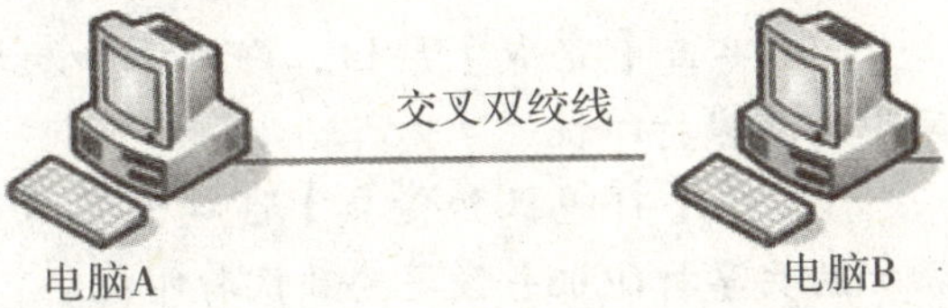

网络连接完成后，可以使用Ping命令测试网络的连通性。

【例14-17】使用Ping命令测试网络。视频

01 单击【开始】按钮，弹出【开始】菜单，选择【运行】命令，打开【运行】对话框。

02 在【打开】文本框中输入“ping+IP地址”，然后单击【确定】按钮，打开命令提示符窗口。

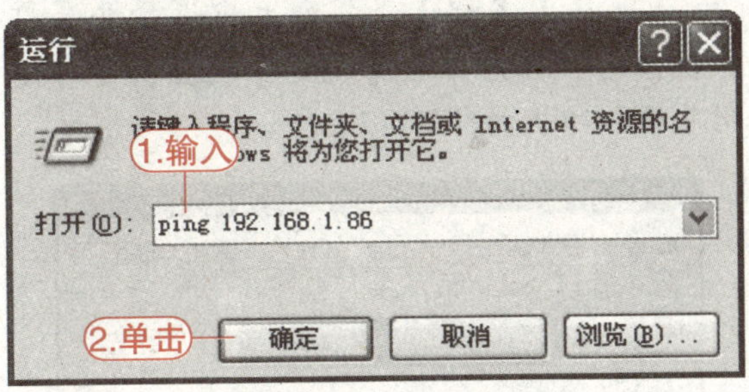

03 当窗口显示Ping statistics信息时，表示网络连通。

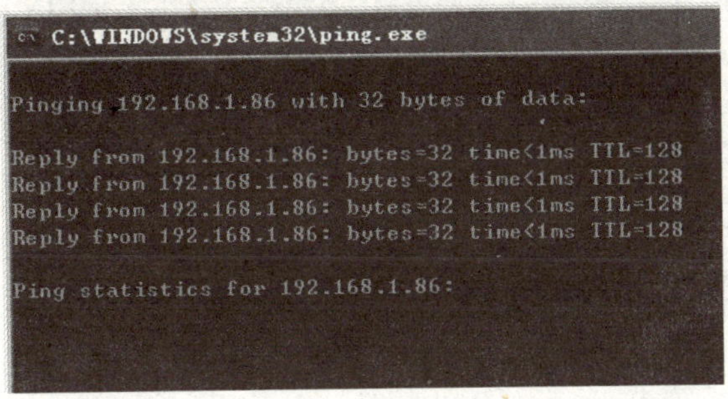

04 如果显示Request timed out信息时表示网络未连通。

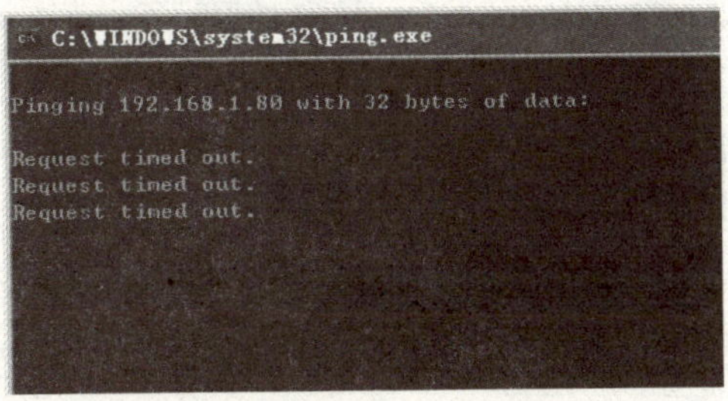

14.3.3 共享打印机

在组建家庭局域网后，可以设置共享打印机，这样网络中的每台电脑都能够方便地使用打印机。此外，如果局域网中已经设置了共享打印机，可以添加该共享打印机。

1. 设置共享打印机

下面通过实例来介绍设置共享打印机。

【例14-18】设置共享打印机。视频

01 打开【控制面板】窗口，双击【打印机和传真】图标，打开【打印机和传真】窗口。

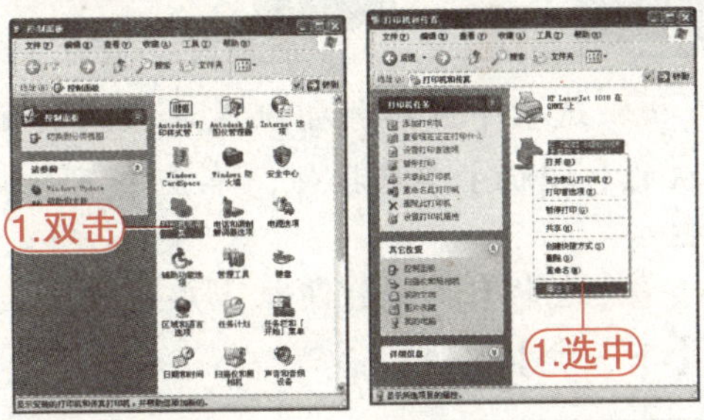

02 右击要设置的共享打印机，在弹出的快捷菜单中选择【属性】命令，打开该打印机的【属性】面板。

03 单击【共享】选项卡，打开该选项卡对话框。

04 选中【共享这台打印机】单选按钮，在【共享名】文本框中输入共享打印机名称，单击【确定】按钮，即可将其设置为共享打印机。

05 设置共享打印机后，该打印机会显示共享图标。

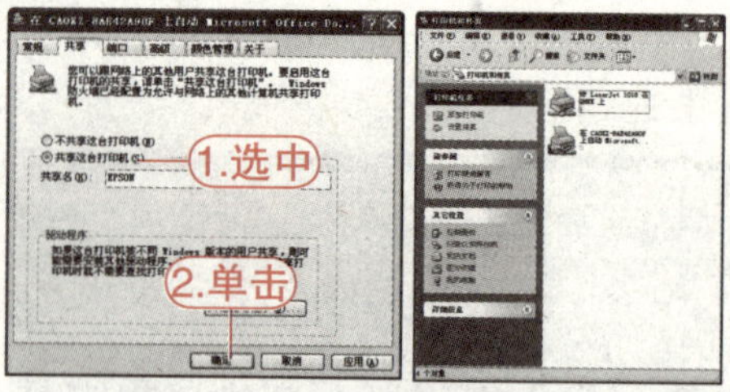

2. 使用共享打印机

添加局域网中设置的共享打印机，必须确定该打印机处于开启状态，下面通过实例来介绍使用共享打印机打印文档的方法。

【例14-19】使用共享打印机打印文档。视频

01 打开【打印机和传真】窗口，单击【打印机任务】列表框中的【添加打印机】链接，打开【添加打印机向导】对话框。

02 单击【下一步】按钮。

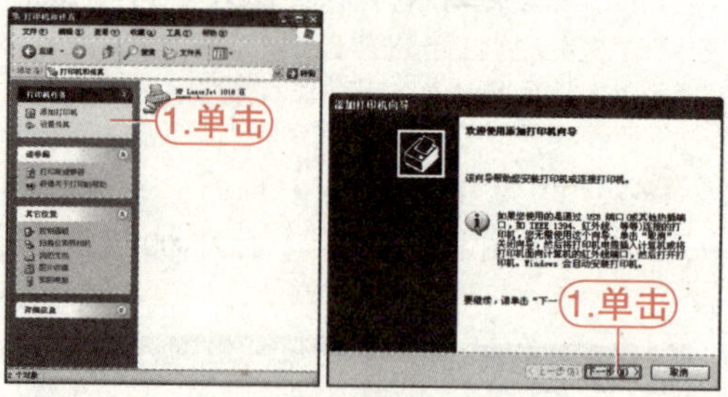

03 选中【网络打印机或连接到其他计算机的打印机】单选按钮，单击【下一步】按钮。

04 选中【浏览打印机】单选按钮，单击【下一步】按钮。

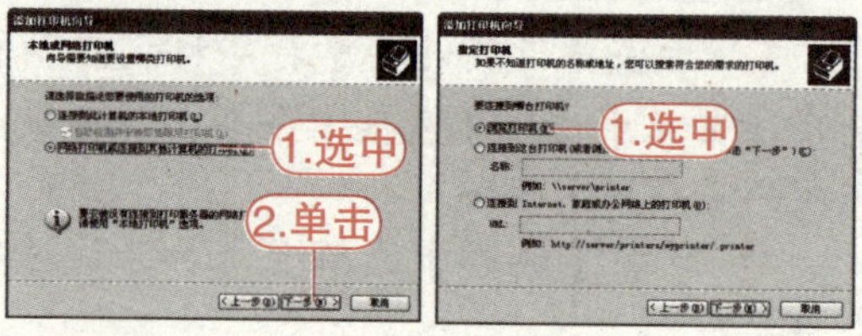

05 系统会自动搜索局域网中的共享打印机，选中要添加的打印机，然后单击【下一步】按钮。

06 选中【是】单选按钮，将添加的打印机设置为默认打印机，单击【下一步】按钮。

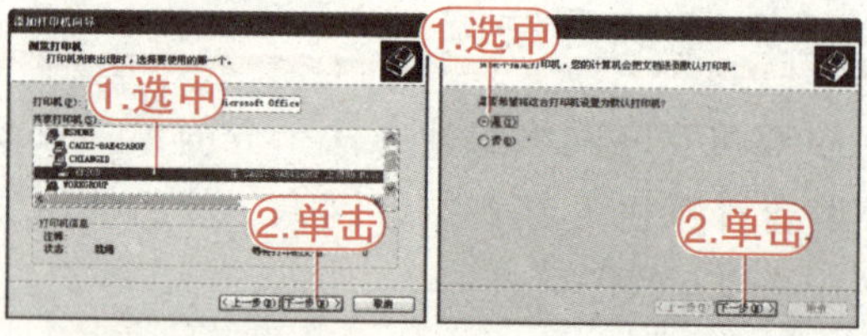

07 单击【完成】按钮，即可添加局域网中的共享打印机。

08 在【打印机和传真】窗口中显示了添加的共享打印机并设置为默认打印机。

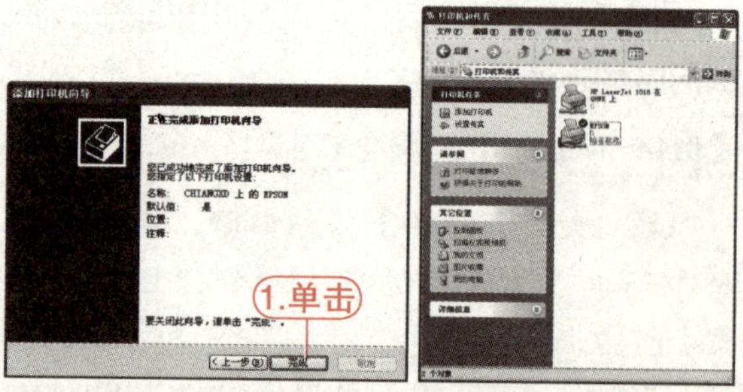

09 打开一篇Word文档，选择【文件】|【打印】命令，打开【打印】对话框。

10 在【名称】下拉列表中选择共享打印机选项，然后单击【确定】按钮，即可使用共享打印机打印Word文档。

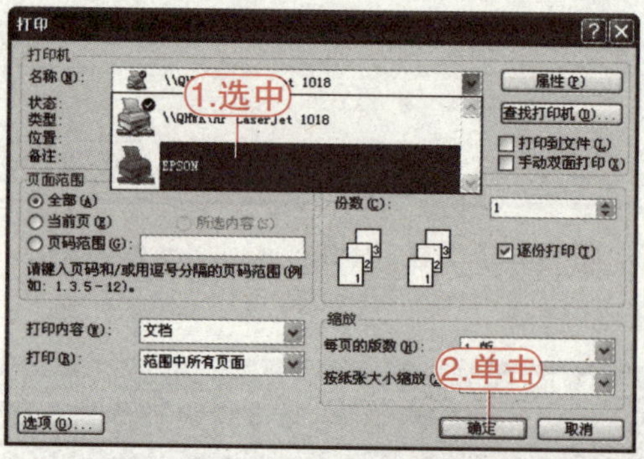

14.4 常见问题解析

本节介绍了在使用电脑过程中碰到的一些硬件上出错的问题和一些系统操作问题，当出现类似问题时，用户可以自行解决。

14.4.1 CPU常见问题

下面列举了CPU在运行过程中出现的一些常见问题和相应的解决方法。

1. CPU风扇噪音过大

CPU风扇噪音过大主要是以下几种情况造成的。

- 风扇安装不牢固：检查风扇和散热器固定在主板上的钢片，查看是否因弹性较小而起不到固定作用，如果情况属实需要更换钢片。另外有些风扇是通过螺丝固定在散热器上的，如果固定不牢也会产生振动和噪音。
- 风扇轴在转动过程中摆动幅度较大：更换风扇即可。
- 风扇轴在高速转动中发出噪音：可以给风扇轴加油，并用胶水粘牢即可。

2. 占用CPU资源较大时频繁死机

电脑在运行时如果占用CPU资源较大会出现频繁死机的现象，产生这些故障的原因可能是CPU的温度过高，可以检查电脑的CPU有无超频、机箱的散热情况是否良好、CPU的风扇工作是否正常。可以加装大功率风扇，彻底解决散热问题。

14.4.2 内存常见问题

下面列举了内存在运行过程中出现的一些常见问题和相应的解决方法。

1. 开机无显示且发出蜂鸣声

出现该情况一般是内存条与主板内存插槽接触不良造成的，有以下几种方法解决。

- 拔下内存后重新插入到插槽中。
- 用橡皮擦来回擦拭内存金手指，然后插入插槽。
- 使用毛笔刷清理内存插槽上的灰尘，然后将一张硬度适中的白纸折叠起来插入内存条插槽来回移动，将插槽中的金属物擦拭干净，最后插入内存条。

2. 增加内存后死机

增加内存后开机自检时死机，内存没有问题，碰到情况有两种解决方法。

- 将两条内存调换位置或插槽。
- 启动电脑，按下Del键，进入CMOS，选择Chipset Features Setup菜单项中的SDRAM Cycle Length参数，将参数值设置为3，按下F10键。然后按下Y键，保存CMOS设置并退出即可。

3. 虚拟内存不足

在打开应用程序或文件时，提示内存不足，无法启动，可以通过设置虚拟内存的方法解决。

【例14-20】设置虚拟内存。视频

01 右击【我的电脑】图标，在弹出的快捷菜单中选择【属性】命令，打开【系统属性】对话框。

02 单击【高级】选项卡，打开该选项卡对话框，单击【性能】选项区域中的【设置】按钮，打开【性能选项】对话框。

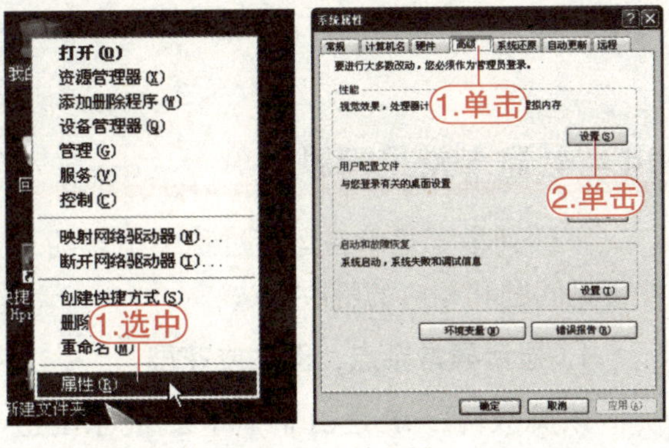

03 单击【高级】选项卡，打开该选项卡对话框，单击【虚拟内存】选项区域中的【更改】按钮，打开【虚拟内存】对话框。

04 在【驱动器】列表框中选择剩余磁盘空间最多的磁盘分区作为虚拟内存的使用空间，单击【确定】按钮即可。

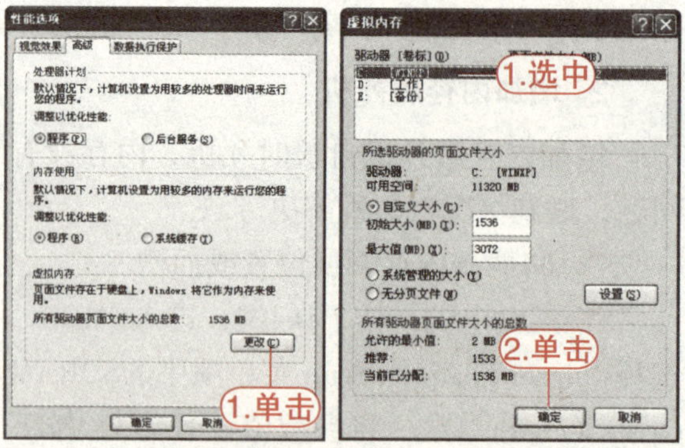

14.4.3 硬盘常见问题

下面列举了硬盘在运行过程中出现的一些常见问题和相应的解决方法。

1. 硬盘出现坏道

重新使用各品牌硬盘的自检程序进行完全扫描，如果检查的结果是【成功修复】，可以确定是逻辑坏道，否则只有更换硬盘。

2. 硬盘容量与标称值明显不符

一般来说，硬盘格式化后容量会小于标称值，但如果差距很大，可能是主板不支持大容量硬盘，此时可以尝试下载最新的主板BIOS并进行刷新来解决。此外，突然断电等原因使BIOS产生混乱也可能导致这种故障的发生。

14.4.4 显卡常见问题

下面列举了显卡在运行过程中出现的一些常见问题和相应的解决方法。

1. 显示异常杂点、图文或花屏

该类故障一般是由于显卡质量原因造成的，显卡在工作一段时间后，特别是在超频的情况下，由于温度升高，会造成显示内存、电容等原件工作不稳定而出现问题，建议将频率降下。

还有可能是显卡与主板接触不良，可以清洁显卡金手指后重新插入。

2. 游戏时出现黑屏

在玩一些大型3D游戏时，有些低端显卡时刻处于超负荷运行状态，可能会出现黑屏现象。

首先可以升级显卡驱动程序，最好附带将声卡驱动也升级。

如果是长时间运行游戏后出现黑屏现象，可以降低显示刷新频率。

3. 开机无显示

出现开机无显示情况一般是因为显卡与主板接触不良或主板插槽有问题造成。

对于一些集成显卡的主板，如果显存共用主内存，需要注意内存条的位置，一般在第1个内存条插槽上插内存条。由于显卡原因造成的开机无显示故障，开机后一般会发出一长两短的蜂鸣声，可以以此判断。

14.4.5 声卡常见问题

下面列举了声卡在运行过程中出现的一些常见问题和相应的解决方法。

1. 安装声卡后无法发出声音

如果安装声卡能识别到声卡设备却无法发出声音，可以从以下几个方面进行检查。

- 检查音频连接线是否损坏。
- 检查音箱是否正确连接到音频接口。
- 检查音箱是否性能完好。
- 检查Windows音量控制中心的各项声道通道是否被屏蔽。

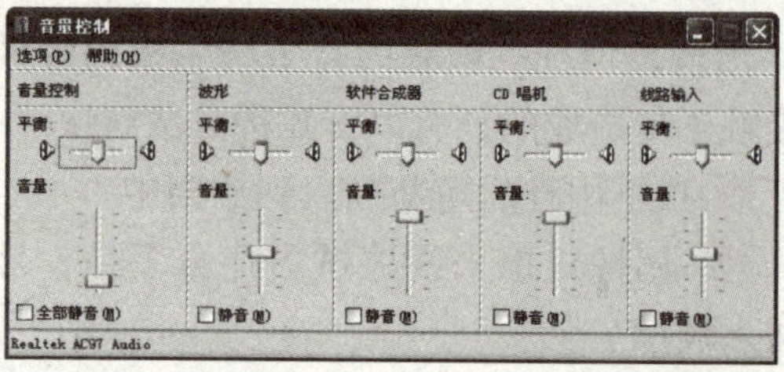

如果检查都正常，可以试着更换最新版本的声卡驱动程序，更新驱动程序后还无法播放声音很可能是声卡已经损坏。

2. 音频出现失真

在播放声音时，如果感觉声音有明显的失真现象，可以通过以下方法解决。

- 安装最新版本的声卡驱动程序。
- 声音失真也可能是由于扬声器音量太高，超出扬声器的处理范围，可以降低扬声器的音量。

如果检查正常，很可能是与其他设备发生冲突，可以在【设备管理器】中查看。

【例14-21】检查声卡是否与其他设备之间发生冲突。视频

01 右击【我的电脑】图标，在弹出的快捷菜单中选择【属性】命令，打开【系统属性】对话框。

02 单击【硬件】选项卡，打开该选项卡对话框，单击【设备管理器】按钮，打开【设备管理器】对话框。

03 检查声音设备是否出现黄色感叹号，如果出现则表明与其他设备冲突，右击声卡设备，在弹出的快捷菜单中选择【停用】命令，停用设备，然后右击设备，选择【启用】命令，重新启用设备。

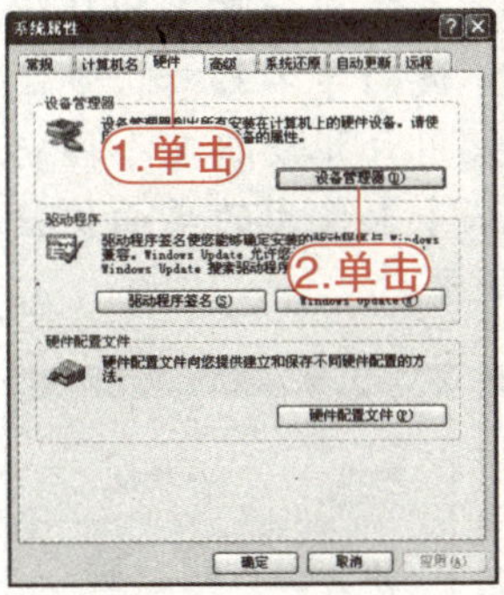

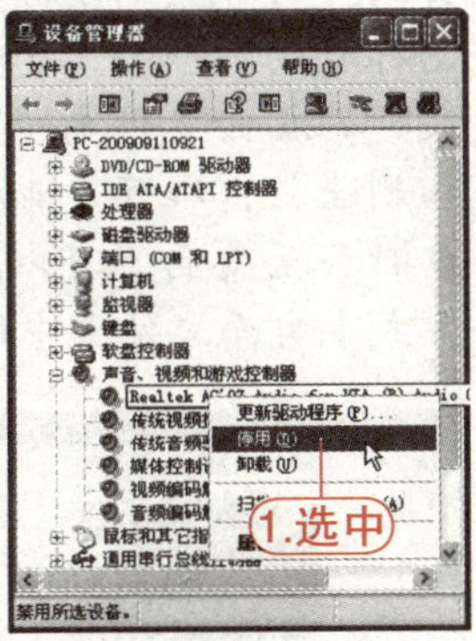

14.4.6 显示器常见问题

下面列举了显示器在运行过程中出现的一些常见问题和相应的解决方法。

1. 显示器无法找到信号

出现显示器无法找到信号情况是较常发生的情况，可以根据以下步骤进行检查。

- 检查显示器信号线是否有断针和歪针。
- 检查显卡是否与插槽接触不良。
- 主板提供的显卡插槽电量不足，需要更换主板。

2. 显示画面抖动

显示画面抖动由以下两种情况所致。

- 开机显示画面抖动厉害，但过一二分钟即可恢复正常，是显示器内部受潮的缘故，可以使用食品包装中的防潮砂用棉线串起来，然后打开显示器的后盖，将防潮砂挂于显像管管颈尾部靠近管座附近。
- 刷新频率过低，显示器刷新频率至少需要75Hz，建议设置在85Hz或以上。

14.4.7 主板常见问题

下面列举了主板在运行过程中出现的一些常见问题和相应的解决方法。

1. 开机无显示

电脑开机无显示，首先要检查的就是主板BIOS，可以通过检测硬盘数据是否完好来判断BIOS是否被破坏，如果硬盘数据完好无损，还有以下两种原因会造成开机无显示的情况。

- 主板扩展槽或扩展卡有问题导致诸如声卡等扩展卡没有响应而无显示。
- 设置的CPU频率不对，清除CMOS即可予以解决。

2. 无法保存CMOS设置

无法保存CMOS设置一般是由于主板电池电压不足造成，对此更换电池即可。

如果更换电池后不能解决问题，可能是主板CMOS跳线问题，错误地将主板上的CMOS跳线设为清除选项，或者设置成外接电池，使得CMOS数据无法保存。

14.4.8 Windows系统常见问题

下面列举了Windows系统在操作过程中出现的一些常见问题和解决方法。

1. 提高Win XP系统运行速度

通过设置系统性能，可以有效提高Windows XP操作系统的运行速度。

【例14-22】提高Windows XP操作系统的运行速度。视频

01 右击【我的电脑】图标，在弹出的快捷菜单中选择【属性】命令，打开【系统属性】对话框。

02 单击【高级】选项卡，打开该选项卡对话框。

03 单击【性能】选项区域的【设置】按钮，打开【性能选项】对话框。

04 选中【调整为最佳性能】单选按钮，然后单击【确定】按钮即可。

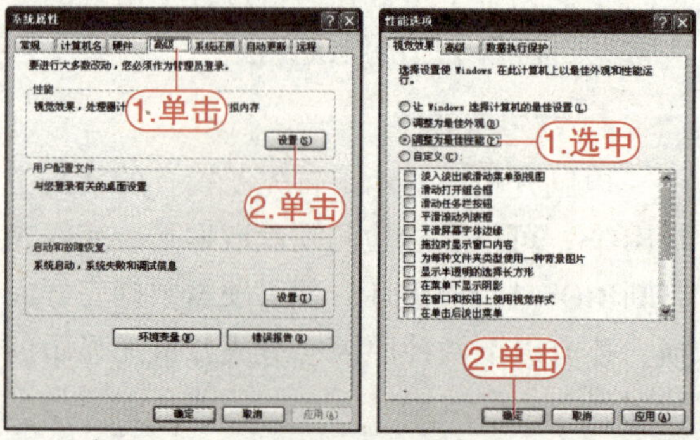

2. 自动关闭停止响应程序

程序无法响应是每个用户在使用电脑过程中都会遇到的问题，通过修改注册表自动关闭停止响应的程序。

【例14-23】自动关闭停止响应的程序。视频

01 选择【开始】|【运行】命令，输入regedit命令，单击【确定】按钮，打开【注册表编辑器】窗口。

02 展开HKEY_CURRENT_USER|Control panel|Desktop选项，双击AutoEndTasks选项，打开【编辑字符串】对话框。

03 在【数值数据】文本框中输入数值1，单击【确定】按钮即可。

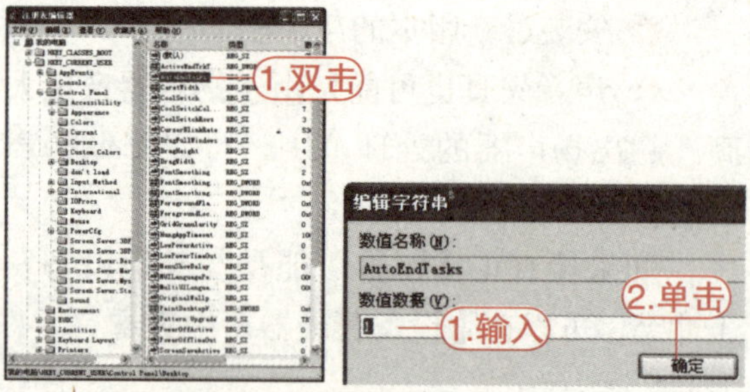

3. 自动清理桌面图标

系统桌面上不经常使用的图标，可以通过自动清理功能清理掉。

【例14-24】自动清理桌面图标。视频

01 右击桌面空白区域，在弹出的快捷菜单中选择【属性】命令，打开【显示属性】对话框。

02 单击【桌面】选项卡，打开该选项卡对话框，单击【自定义桌面】按钮，打开【桌面项目】对话框。

03 单击【现在清理桌面】按钮，系统会立即打开桌面清理向导，将用户不使用的图标移动到一个名为“未使用的桌面快捷方式”的桌面文件夹中，该向导不移动、更改和删除任何程序。如果用户想要将某个图标重新移至桌面，可以从【未使用的桌面快捷方式】桌面文件夹中还原。

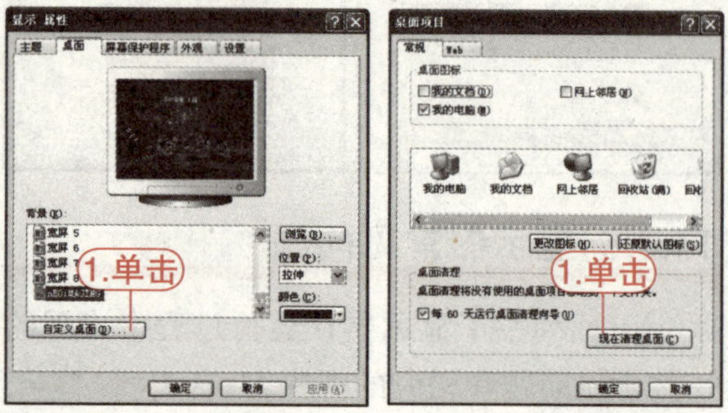

光盘使用说明

光盘内容及操作方法

本光盘为《轻松学》丛书的配套多媒体教学光盘，光盘中的内容包括书中实例视频、素材和源文件以及模拟练习。光盘通过模拟老师和学生教学情节，详细讲解电脑以及各种应用软件的使用方法和技巧。此外，本光盘附赠大量学习资料，其中包括3～4套与本书教学内容相关的多媒体教学演示视频。

将DVD光盘放入DVD光驱，几秒钟后光盘将自动运行。如果光盘没有自动运行，可双击桌面上的【我的电脑】图标，在打开的窗口中双击DVD光驱所在盘符，或者右击该盘符，在弹出的快捷菜单中选择【自动播放】命令，即可启动光盘进入多媒体互动教学光盘主界面。

光盘运行环境

- ★ 赛扬1.0GHz以上CPU
- ★ 256MB以上内存
- ★ 500MB以上硬盘空间
- ★ Windows XP/Vista/7操作系统
- ★ 屏幕分辨率1024×768以上
- ★ 8倍速以上的DVD光驱

普通视频教学模式

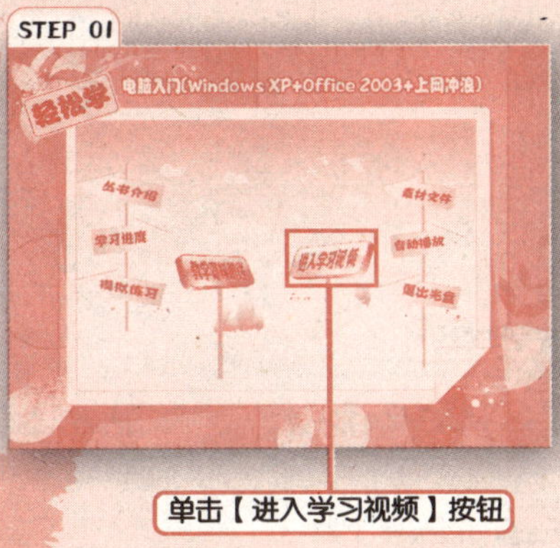

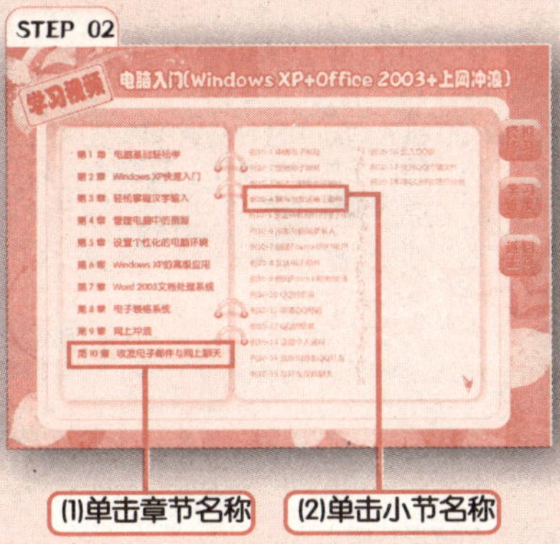

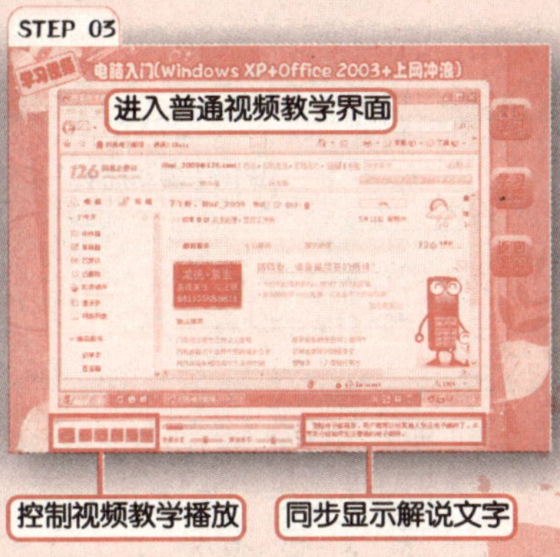

光盘使用说明

模拟练习操作模式

STEP 01

单击【模拟练习】按钮

STEP 02

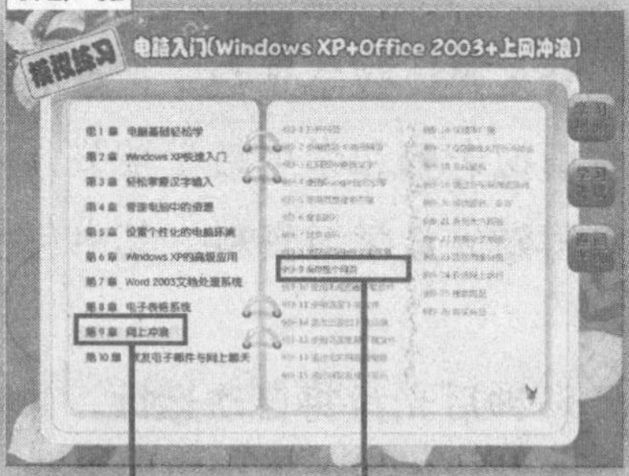

(1) 单击章节名称

(2) 单击小节名称

STEP 03

在练习界面中根据提示进行操作

学习进度查看模式

STEP 01

单击【学习进度】按钮

STEP 02

(2) 单击需要继续学习的小节名称

(1) 界面中显示每个实例的学习进度数值

STEP 03

此时从上次结束部分继续学习

自动播放演示模式

STEP 01

单击【自动播放】按钮

STEP 02

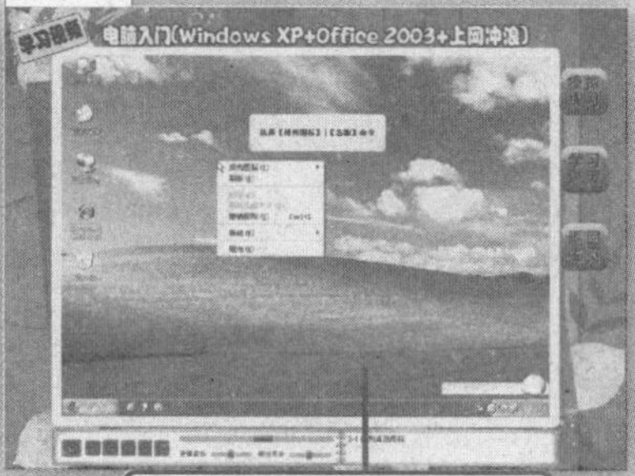

进入自动播放视频教学界面，用户无需动手操作，系统将播放整张光盘

在播放视频动画时，单击播放界面右侧的【模拟练习】、【学习进度】和【返回主页】按钮，即可快速执行相应的操作。

光盘播放控制按钮说明

视频播放控制进度条

播放　上一节　后退　暂停　快进　下一节

控制背景和解说音量大小

文字解说提示框